化工原理

（下册）

主　编　李　宁　孟祥春

副主编　李传强　贾乾发　叶　梅　王　巍　刘方彬

参　编　徐冬梅　牟　莉　刘学成　谷德银　李天一　许　锐　李　伟　于在乾　李　敏　张治山　刘珊珊　马艺心　周海峰

华中科技大学出版社

中国·武汉

内容提要

本书由重庆工商大学、长春工业大学、山东科技大学、重庆交通大学、长春理工大学、长江师范学院、长春大学等院校长期工作在教学第一线的教师，根据多年教学实践，参考国内外同类教材编写而成。

全书分为上、下两册，上册包括绪论、流体流动、流体输送机械、搅拌、非均相系统的分离、传热、蒸发等，下册包括吸收、蒸馏、气液传质设备、液-液萃取、固体干燥、其他传质分离过程等。每章设置了本章的学习要求。除绪论外，每章均有例题、习题和思考题。习题后附有参考答案，以供读者自我检查和复习，强化学习效果。书中设置了二维码，读者可以根据需要，扫码阅读课程思政及与课程相关的知识。

本书可作为普通高等院校化学工程与工艺、制药工程、环境工程、应用化学专业及相近专业相关课程的教材，也可供轻工、食品、石油、生物等专业选用及有关技术人员参考。

图书在版编目(CIP)数据

化工原理：上、下册/李宁，孟祥春主编. —武汉：华中科技大学出版社，2024.1
ISBN 978-7-5772-0495-6

Ⅰ.①化… Ⅱ.①李… ②孟… Ⅲ.①化工原理-高等学校-教材 Ⅳ.①TQ02

中国国家版本馆 CIP 数据核字(2024)第 008276 号

化工原理(下册)
Huagong Yuanli(Xiace)

李 宁 孟祥春 主编

策划编辑：王新华
责任编辑：王新华
封面设计：原色设计
责任校对：朱 霞
责任监印：周治超
出版发行：华中科技大学出版社(中国·武汉)　　电话：(027)81321913
武汉市东湖新技术开发区华工科技园　　邮编：430223
录　　排：武汉正风天下文化发展有限公司
印　　刷：武汉市洪林印务有限公司
开　　本：787 mm×1092 mm 1/16
印　　张：39.5
字　　数：1002 千字
版　　次：2024 年 1 月第 1 版第 1 次印刷
定　　价：98.00 元(上、下册)

前　言

本书系统地阐述了"三传"基础理论、主要化工单元操作的基本原理和过程计算、典型设备的结构及性能，涉及流体流动、流体输送机械、搅拌、非均相系统的分离、传热、蒸发、吸收、蒸馏、气液传质设备、液-液萃取、固体干燥和其他传质分离过程等单元过程，突出工程观点，力求做到理论联系实际，并适当引入过程强化措施、新型分离技术等前沿领域的研究内容。

本书分为上、下两册，由李宁、孟祥春主编，杜长海审阅了本书的部分内容。本书由重庆工商大学、长春工业大学、山东科技大学、重庆交通大学、长春理工大学、长江师范学院、长春大学等院校教师编写。参与本次编写的人员如下：李宁（重庆工商大学）、孟祥春（长春工业大学）、李传强（重庆交通大学）、贾乾发（长江师范学院）、叶梅（重庆工商大学）、牟莉（长春大学）、王巍（长春工业大学）、刘方彬（长春理工大学）、徐冬梅（山东科技大学）、李天一（长春工业大学）、许锐（长春工业大学）、李伟（长春工业大学）、于在乾（长春工业大学）、刘学成（重庆工商大学）、谷德银（重庆工商大学）、李敏（山东科技大学）、张治山（山东科技大学）、刘珊珊（山东科技大学）、马艺心（山东科技大学）、周海峰（山东科技大学）。

本书融入了课程思政元素，以培养学生的家国情怀和工程伦理意识；每章设置了本章的学习要求，使学习时有所侧重；设置了二维码，链接数字化内容，以期为读者提供"纸数融合"的新形态教材。

在本书编写过程中，参考了国内外公开出版的同类书籍，并偶有引用，特在此说明并表示感谢。

由于编者水平有限，书中难免存在不足之处，敬请读者批评指正。

编　者

2023 年 12 月

目　　录

第7章　吸　　收

本章学习要求

■ **掌握**：气体在液体中的溶解度，亨利定律各种表达式及相互间的关系；相平衡的应用；分子扩散、菲克定律及其在等分子反向扩散和单向扩散的应用；对流传质概念；双膜理论要点；吸收的物料衡算、操作线方程及图示方法；最小液气比概念、吸收剂用量的确定；填料层高度的计算，传质单元高度与传质单元数的定义、物理意义，传质单元数的计算（平均推动力法和吸收因数法）；吸收塔的设计计算。

■ **熟悉**：各种形式的传质速率方程、传质系数和传质推动力的对应关系；各种传质系数之间的关系；气膜控制与液膜控制；吸收剂的选择；吸收塔的操作型分析；解吸的特点及计算。

■ **了解**：分子扩散系数及影响因素；塔高计算基本方程的推导。

7.1　概　　述

吸收又名气体吸收，是分离气体混合物的操作方法之一。通俗地讲，就是利用混合气体中各组分在液体溶剂中溶解度的不同，用液体去除混合气体中一个或者几个组分的气体混合物的分离方法。具体来讲，就是使混合气体与适当的液体接触，气体中的一个或几个组分便溶解于液体内而形成溶液，使原混合气体的组分得以分离。这种利用气体混合物中各组分溶解度的差异而实现分离的操作称为吸收。

在化学工业生产中，经常需要将气体混合物中的各个组分加以分离，其目的有以下三点。

(1) 回收气体混合物中的有用物质，以制取产品。例如，用洗油处理焦炉煤气以回收其中的芳香烃，用硫酸处理焦炉气以回收其中的氨等。

(2) 除去工艺气体中的有害组分，使气体净化，以便进一步加工处理；或除去工业放空尾气中的有害组分，如 SO_2、NO、NO_2、HF 等，以免污染大气。例如，用水或碱液脱除锅炉烟道气中的 SO_2。

实际过程往往同时兼有净化与回收双重目的。

(3) 制备某种气体的溶液。例如，用水吸收 NO_2，以制备硝酸，用水吸收氯化氢以制备盐酸，用水吸收甲醛以制备福尔马林等。

7.1.1　工业吸收过程

气体吸收是典型的化工单元操作过程。现以脱除合成氨原料气中的 CO_2 为例，说明吸收操作的流程（见图 7-1）。在合成氨原料气的净化、精制过程中需要除去少量的 CO_2，而 CO_2 又是制取尿素、碳酸氢铵的原料。所用的吸收溶剂为乙醇胺，此法在工业上称为乙醇胺脱碳法。

回收 CO_2 的流程包括吸收和解吸两大部分。合成氨原料气（含 CO_2 约 30%）从底部进入吸收塔，塔顶喷入乙醇胺液体，乙醇胺吸收 CO_2 后从塔底排出，从塔顶排出的气体中 CO_2 的含量可降到 0.2%～0.5%。将吸收塔底排出的含 CO_2 的乙醇胺溶液用泵送至加热器，加热至 130 ℃左右后从解吸塔顶喷淋而下，从塔底通入蒸汽。CO_2 在高温、低压下自溶液中逸出而被蒸汽带走。从解吸塔顶排出的气体经冷却、冷凝后，得到可用的 CO_2。解吸塔底排出的溶液经冷却降温（约 50 ℃）、加压后仍作为吸收剂。这样，吸收剂可循环使用，溶质气体得到回收。

由此可见，采用吸收操作实现气体混合物的分离必须解决以下问题。

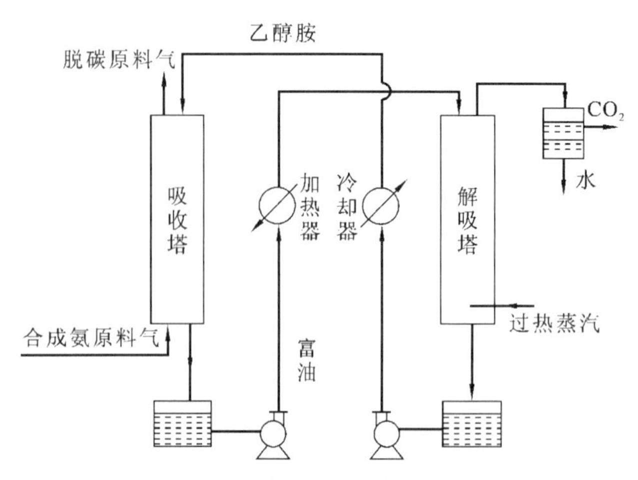

图 7-1　回收 CO_2 流程示意图

(1) 选择合适的溶剂,使溶剂能选择性地溶解某个(或某些)被分离组分。

(2) 提供适当的传质设备以实现气、液两相的接触,使被分离组分得以自气相转至液相(吸收)或相反(解吸)。

(3) 溶液的再生,即脱除溶解于其中的被分离组分,以便循环使用。

吸收只能使混合气体中的溶质溶解于吸收剂中而得到一种溶液,但溶质的存在形式仍然是一种混合物,并没有得到纯度较高的气体溶质。在工业生产中,大多要将所得的吸收液进行解吸(脱吸),以便得到纯净的气体溶质或使吸收剂再生后循环使用。总之,一个完整的吸收分离过程一般包括吸收和解吸(溶剂再生)两个组成部分。

吸收操作中所用的液体称为溶剂(或吸收剂),以 S 表示;混合气体中能溶解的部分称为溶质(或吸收质),以 A 表示;混合气体中不能溶解的组分称为惰性组分(或载体),以 B 表示;吸收操作所得的溶液称为吸收液(或溶液),它是溶质 A 在溶剂 S 中的溶液;被吸收后排出的气体称为吸收尾气,其主要成分为惰性组分 B,但仍含有少量未被吸收的溶质 A。

7.1.2　溶剂的选择

吸收操作是气、液两相之间的接触传质过程,吸收操作成功与否在很大程度上取决于溶剂的性质,特别是溶剂与气体混合物之间的相平衡关系。根据物理化学中有关相平衡的知识可知,溶剂的选择依据主要包括以下几点。

(1) 溶解度。溶剂应对混合气体中被分离组分(以下称溶质)有较大的溶解度,或者说在一定的温度与浓度下,溶质的平衡分压要低。这样,从平衡角度来说,处理一定量混合气体所需的溶剂量较少,气体中溶质的极限残余浓度亦可降低;就过程速率而言,溶质平衡分压低,过程推动力大,传质速率快,所需设备的尺寸小。

(2) 选择性。溶剂对混合气体中其他组分的溶解度要小,不吸收或吸收甚微,否则不能实现有效的分离。

(3) 挥发度。操作温度下溶剂的蒸气压要低,溶剂的挥发度愈高,在吸收和解吸中的损失愈大。

(4) 黏度。操作温度下溶剂应有较低的黏度,且在吸收过程中不易产生泡沫,以实现吸收塔内良好的气液接触和塔顶良好的气液分离。必要时,可在溶剂中加入少量消泡剂。

(5) 其他。所选的溶剂还应尽可能具有价廉易得、无毒、化学稳定性好、不易燃烧等特点。

实际上，很难找到一种能够满足以上所有要求的理想溶剂。因此，应对可供选用的吸收剂进行全面评价后作出经济合理的选择。

7.1.3 吸收的种类

1. 物理吸收和化学吸收

气体中各组分因在溶剂中溶解度的不同而被分离的吸收操作称为物理吸收，前面提到的用乙醇胺吸收CO_2、用洗油吸收芳香烃等过程都属于物理吸收。物理吸收过程中溶质与溶剂的结合力较弱，解吸比较方便。

但是，一般气体在溶剂中的溶解度不高。利用适当的化学反应，可大幅度地提高溶剂对气体的吸收能力。如果溶质与溶剂发生显著的化学反应，则称为化学吸收。用硫酸吸收氨、用碱液吸收CO_2等过程都属于化学吸收。

2. 单组分吸收与多组分吸收

若混合气体中只有一个组分进入液相，其余组分皆可认为不溶解于吸收剂，这样的吸收称为单组分吸收。若混合气体中两个或多个组分进入液相，则称为多组分吸收，如某工业尾气中含有SO_2、NO_2、HF等，用水或碱液对其进行吸收净化，则为多组分吸收。

3. 等温吸收与非等温吸收

气体在液体中溶解，常常伴有热效应，若有化学反应，则还会有反应热，结果液相温度会逐渐升高，这样的吸收过程称为非等温吸收。但若热效应很小，或被吸收的组分在气相中组成很低而吸收剂用量相对很大，温度升高并不显著，在这种情况下可视为等温吸收。此外，若吸收设备散热效果好，热量能及时排出而维持液相温度大体不变，也应按等温吸收处理。

7.1.4 吸收过程中气、液两相的接触方式

工业上为使吸收过程中气、液充分接触以实现传质过程，既可采用板式塔，也可采用填料塔。按气、液两相接触方式的不同，可将吸收设备分为逐级接触(级式接触)与微分接触(连续接触)两大类(见图7-2)。

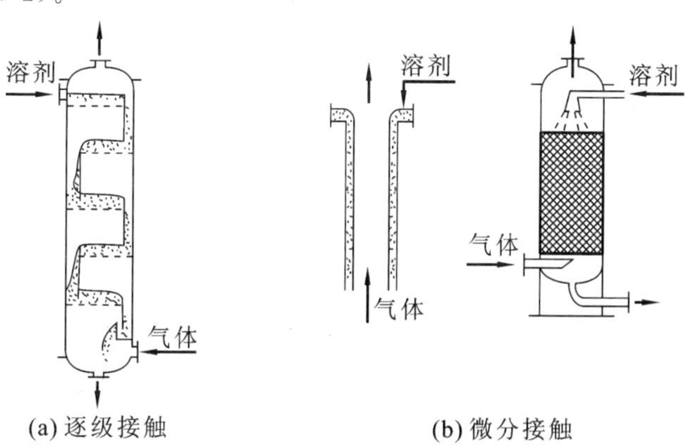

(a) 逐级接触　　(b) 微分接触

图7-2 两类吸收设备

板式塔如图7-2(a)所示，气、液两相逐级逆流接触。气体自下而上逐级通过板上小孔，在每一层板上与溶剂接触，其中可溶组分被部分地溶解。在此类设备中，两相的浓度沿塔高呈阶梯式变化，即气体逐板上升，其可溶组分的浓度阶梯式地降低；溶剂逐板下降，其可溶组分的浓度则阶梯式地升高。但在整个逐级接触过程中所进行的吸收过程可不随时间改变，为连续稳

态过程。

填料塔如图 7-2(b)所示,填料塔内充以某种特定形状的固体物——填料,以构成填料层,填料层是塔内实现气液接触的有效部位。填料塔内的气、液两相流动方式,可为逆流也可为并流流动。逆流操作时,液体自塔顶均匀喷淋而下并沿填料表面下流,气体通过填料间的空隙上升与液体作连续的逆流接触,而并流时则气、液两相同时从塔顶自上而下运动。逆流时,气体中的可溶组分不断地被吸收,其浓度自下而上连续降低;液体则相反,其可溶组分的浓度则由上而下连续地增高。在对等条件下,逆流方式可获得较大的平均推动力,因而能有效提高过程速率。同时,在逆流操作时,降至塔底的液体恰与刚刚进塔的混合气体接触,有利于提高出塔吸收液的组成,从而减少吸收剂用量;升至塔顶的气体恰与刚刚进塔的吸收剂相接触,有利于降低出塔气体的组成,从而提高溶质的吸收率。因此,吸收过程多采用逆流操作。

逐级接触与微分接触两类设备不仅用于气体吸收,而且用于液体精馏、萃取等其他传质单元操作。两类设备可采取完全不同的计算方法。本书将以气体吸收为例说明填料塔的计算方法,而以液体精馏、萃取为例叙述逐级接触设备的计算方法,并在第 9 章中说明两种方法之间的关系。

本章重点研究低含量、单组分、等温的物理吸收过程,基本内容包括吸收过程的相平衡、扩散与单相传质基本原理、低含量气体吸收过程计算等。在此基础上,再对解吸和其他条件(如高含量、非等温等)的吸收过程原理和计算作概略介绍。

7.2 气体吸收的平衡关系

吸收过程的气液平衡关系是研究气体吸收过程的基础,该关系通常用气体在液体中的溶解度及亨利(Henry)定律表示。

7.2.1 气体在液体中的溶解度

在恒定的温度与压力下,使一定量的溶剂与混合气体接触,溶质便不断向液相转移,直至达到饱和,此时气、液两相达到平衡,这个饱和浓度就称为溶质在液体中的溶解度。它与温度、溶质在气相中的分压有关。

在一定温度下,将气、液两相平衡时溶质在气相中的分压与液相中的浓度相关联,即得溶解度曲线。图 7-3、图 7-4 分别为常压、不同温度下 NH_3 和 SO_2 在水中的溶解度曲线。

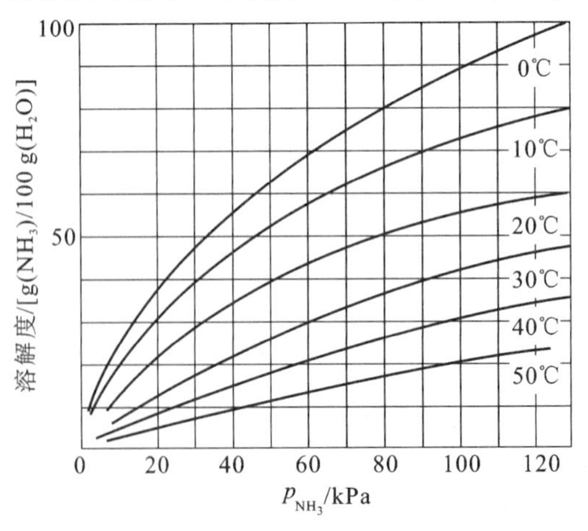

图 7-3 NH_3 在水中的溶解度曲线

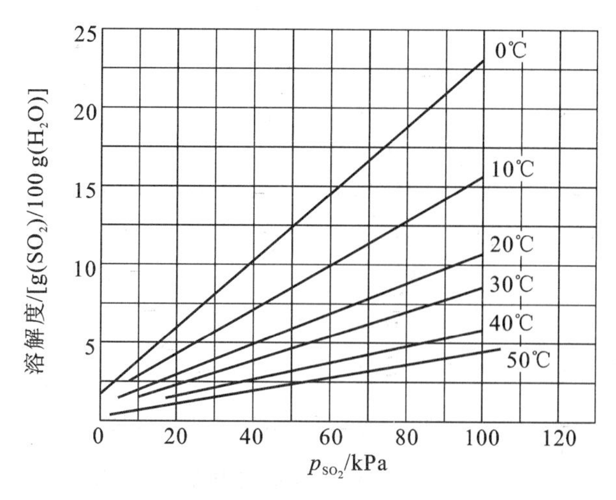

图 7-4　SO_2 在水中的溶解度曲线

（1）在同一溶剂中，相同的温度和溶质分压下，不同气体的溶解度不同。例如，在相同条件下，NH_3 在水中的溶解度大于 SO_2 在水中的溶解度。

（2）对同一溶质，在相同的气相分压下，溶解度随温度的升高而减小。

（3）对同一溶质，在相同的温度下，溶解度随气相分压的升高而增大。

溶解度曲线表明，加压和降温可使气体溶质的溶解度增大。加压和降温有利于吸收操作；反之，减压和升温则有利于解吸操作。

7.2.2　亨利定律

对于稀溶液或难溶气体，在一定温度下，当总压不很高（通常不超过 500 kPa）时，互成平衡的气、液两相组成间的关系服从亨利定律，即

$$p_A^* = E x_A \tag{7-1}$$

式中：p_A^*——溶质 A 在气相中的平衡分压，kPa；

x_A——溶质 A 在液相中的摩尔分数；

E——亨利系数，其数值随系统的特性及温度而异，kPa。

亨利定律表明，稀溶液上方的溶质分压与该溶质在液相中的摩尔分数成正比，其比例系数即为亨利系数。不管溶液是否为理想溶液，只要浓度足够低，亨利定律都适用。

对于理想溶液，在压力不太高及温度恒定的条件下，p_A^*-x_A 关系在整个组成范围内都符合亨利定律，而亨利系数即为该温度下纯溶质的饱和蒸气压，此时亨利定律与拉乌尔定律是一致的。而实际吸收操作所涉及的系统多为非理想溶液，此时亨利系数不等于纯溶质的饱和蒸气压，且只在液相溶质含量很低时才是常数。因此，亨利定律的适用范围是溶解度曲线的直线部分。

亨利系数可由实验测定，也可从有关手册中查得。附录 A 列出了某些气体溶于水的亨利系数。对于一定的气体溶质和溶剂，亨利系数 E 随温度的变化而变化。一般来说，温度升高，E 值增大，溶解度减小，体现了气体的溶解度随温度升高而减小的变化趋势。在同一溶剂中，难溶气体的 E 值很大，而易溶气体的 E 值很小。

当以其他单位表示可溶组分（溶质）在两相中的浓度时，亨利定律也可表示为

$$p_A^* = \frac{c_A}{H} \tag{7-2}$$

$$y_A^* = mx_A \tag{7-3}$$

式中:p_A^*——溶质 A 在气相中的平衡分压,kPa;

c_A——单位体积溶液中溶质 A 的物质的量,$kmol/m^3$;

H——溶解度系数,$kmol/(m^3 \cdot kPa)$;

x_A——液相中溶质 A 的摩尔分数;

y_A^*——与该液相平衡的气相中溶质 A 的摩尔分数;

m——相平衡常数或分配系数,无因次。

由于 $p_A = py_A$,则 $p_A^* = py_A^*$,将此关系式代入式(7-1),可得 $py_A^* = Ex_A$,则 $y_A^* = \frac{E}{p}x_A$。

将此式与式(7-3)对比,不难得出三个比例系数之间的关系为

$$m = \frac{E}{p} \tag{7-4}$$

对于一定的系统,相平衡常数 m 是温度和压力的函数,其数值可由实验测得。由式(7-4)可以看出,温度升高、总压下降时,m 值变大,不利于吸收操作。由 m 的数值大小同样可以比较气体溶解度的大小,m 值越大,表明该气体的溶解度越小。

溶解度系数 H 与亨利系数 E 的关系可推导如下。设溶液中溶质的浓度为 c_A $kmol/m^3$,而溶液的密度为 ρ kg/m^3,则 1 m^3 溶液中溶质 A 为 c_A kmol,而溶剂 S 为 $(\rho - c_A M_A)/M_S$ kmol(M_A、M_S 分别为溶质 A、溶剂 S 的摩尔质量),故可知溶质在液相中的摩尔分数为

$$x_A = \frac{c_A}{c_A + \frac{\rho - c_A M_A}{M_S}} = \frac{c_A M_S}{\rho + c_A(M_S - M_A)} \tag{7-5}$$

将上式代入式(7-1),可得

$$p_A^* = \frac{Ec_A M_S}{\rho + c_A(M_S - M_A)}$$

将上式与式(7-2)比较,可得

$$\frac{1}{H} = \frac{EM_S}{\rho + c_A(M_S - M_A)}$$

对于稀溶液,c_A 值很小,故上式可简化为

$$H = \frac{\rho}{EM_S} \tag{7-6}$$

溶解度系数 H 也是温度的函数。对于一定温度的溶质和溶剂,H 值随温度升高而减小。易溶气体有很大的 H 值,难溶气体的 H 值则很小。

在吸收计算中常认为惰性组分不进入液相,溶剂也没有显著的挥发现象,因而在塔的各个横截面上,气相中惰性组分 B 的摩尔流量和液相中溶剂 S 的摩尔流量不变。此时,若用摩尔分数表示气、液相组成,计算很不方便。为此引入以惰性组分为基准的摩尔比(物质的量比)来表示气、液相的组成。

摩尔比的定义如下:

$$X_A = \frac{\text{液相中溶质的摩尔分数}}{\text{液相中溶剂的摩尔分数}} = \frac{x_A}{1 - x_A} \tag{7-7}$$

$$Y_A=\frac{\text{气相中溶质的摩尔分数}}{\text{气相中惰性组分的摩尔分数}}=\frac{y_A}{1-y_A} \tag{7-8}$$

由上两式可知

$$x_A=\frac{X_A}{1+X_A} \tag{7-9}$$

$$y_A=\frac{Y_A}{1+Y_A} \tag{7-10}$$

将式(7-9)和式(7-10)代入式(7-3)可得

$$\frac{Y_A^*}{1+Y_A^*}=m\frac{X_A}{1+X_A}$$

整理可得

$$Y_A^*=\frac{mX_A}{1+(1-m)X_A} \tag{7-11}$$

当溶液中溶质组成(浓度)很低时,$(1-m)X_A \ll 1$,则式(7-11)可简化为

$$Y_A^*=mX_A \tag{7-12}$$

式(7-12)表明当液相中溶质组成足够低时,平衡关系在 Y_A^*-X_A 图中可近似地表示成一条通过原点的直线,其斜率为 m。

应予指出,亨利定律的各种表达式所描述的都是互成平衡的气、液两相组成之间的关系,它们既可用来根据液相组成计算与之平衡的气相组成,也可用来根据气相组成计算与之平衡的液相组成。

【例 7-1】 含有10%(体积分数)C_2H_2 的某种混合气体与水充分接触,系统温度为30 ℃,总压为101.3 kPa。试求达平衡时液相中 C_2H_2 的物质的量浓度。

练习题(7.2)

解 将混合气体按理想气体处理,由理想气体分压定律可知,C_2H_2 在气相中的分压为

$$p_A=py_A=101.3\times0.1\ \text{kPa}=10.13\ \text{kPa}$$

C_2H_2 为难溶于水的气体,其水溶液的组成很低,故气液平衡关系符合亨利定律,并且溶液的密度可按纯水的密度计算。

查得30 ℃水的密度

$$\rho=995.7\ \text{kg/m}^3$$

由式(7-2)可知 $c_A^*=Hp_A$,其中 H 为30 ℃时 C_2H_2 在水中的溶解度系数。

由式(7-6)可知

$$H=\frac{\rho}{EM_S}$$

故

$$c_A^*=\frac{\rho}{EM_S}p_A$$

查附录A可知,30 ℃时 C_2H_2 在水中的亨利系数 $E=1.48\times10^5$ kPa。

故

$$c_A^*=\frac{\rho}{EM_S}p_A=\frac{995.7\times10.13}{1.48\times10^5\times18}\ \text{kmol/m}^3=3.79\times10^{-3}\ \text{kmol/m}^3$$

【例 7-2】 在总压101.3 kPa及30 ℃下,氨在水中的溶解度为1.72 g。若氨水的气液平衡关系符合亨利定律,相平衡常数为0.764,试求气液平衡时的气相组成 Y_A^*。

解 液相组成

$$x_A=\frac{\frac{1.72}{17}}{\frac{1.72}{17}+\frac{100}{18}}=0.0179$$

由亨利定律求气相组成。

$$y_A^*=mx_A=0.764\times0.0179=0.0137$$

则
$$Y_A^* = \frac{y_A^*}{1-y_A^*} = \frac{0.0137}{1-0.0137} = 0.0139$$

7.2.3 相平衡关系在吸收过程中的应用

气体吸收是溶质自气相转移到液相的传质过程。混合气体中某一组分能否进入溶液,既取决于该组分的分压,也取决于溶液中该组分的平衡蒸气压。如果混合气体中该气体的分压大于溶液的平衡蒸气压,该组分便可自气相转移至液相,即被吸收。该组分转移后,溶液中该组分的浓度便增加,它的平衡蒸气压也随着升高并最终等于它在气相中的分压,传质过程于是停止,这时称为气、液两相达到平衡。反之,如果溶液中的某一组分的平衡蒸气压大于混合气体中该组分的分压,该组分便要从溶液中释放出来,即从液相转移到气相,这种情况称为解吸(或脱吸)。所以根据两相的平衡关系可以判断传质过程的方向与极限,而且,两相的浓度距离平衡愈远,则传质的推动力愈大,传质速率也愈大。

将气、液两相的实际组成与相应条件下的平衡组成进行比较,可以判断传质进行的方向,确定传质推动力的大小,并可指明传质过程所能达到的极限。

1. 判断传质进行的方向

若气液平衡关系为 $y_A^*=mx_A$ 或 $x_A^*=y_A/m$,当气、液两相接触时,要使溶质自气相转移至液相,即发生吸收过程的充要条件是 $y_A>y_A^*$ 或 $x_A<x_A^*$;若 $y_A<y_A^*$ 或 $x_A>x_A^*$,则溶质自液相转移至气相,即发生解吸过程;若 $y_A=y_A^*$ 或 $x_A=x_A^*$,则气、液两相达到平衡(动态平衡),物质净传递量为 0,传质过程达到极限。

2. 指明传质过程进行的极限

平衡状态是传质过程进行的极限。对以制取液相产品为目的的逆流吸收(见图 7-5(a)),若减少溶剂用量,则溶剂在塔底出口的摩尔分数 x_{A1} 必将增加,即使在塔很高、溶剂量很小的情况下,x_{A1} 都不可能大于与入塔气体组成 y_{A1} 相平衡的液相组成 x_{A1}^*,即

$$x_{A1,\max} \leqslant x_{A1}^* = \frac{y_{A1}}{m}$$

同理,对于以净化气体为目的的逆流吸收过程(见图 7-5(b)),无论气体流量有多小、溶剂流量有多大、吸收塔有多高,出塔净化气体中溶质的组成 y_{A2} 都不会低于与入塔溶剂组成 x_{A2} 相平衡的气相溶质组成 y_{A2}^*,即

$$y_{A2,\min} \geqslant y_{A2}^* = mx_{A2}$$

由此可见,相平衡关系限制了溶剂离塔时的最高浓度和气体混合物离塔时的最低浓度。

3. 确定传质过程的推动力

平衡是过程的极限,只有不平衡的两相互相接触才会发生气体的吸收或解吸。实际浓度偏离平衡浓度的程度越大,过程的推动力越大,过程的传质速率也越大。

在吸收过程中,通常以实际浓度与平衡浓度的偏离程度来表示吸收的推动力。

如图 7-6 所示,在吸收塔内某截面处,溶质在气、液两相中的组成分别为 y_A、x_A,若在操作条件下气液平衡关系为 $y_A^*=mx_A$,则在 y_A-x_A 坐标上可标绘出平衡线和该截面上的操作点 A。从图中看出,以气相浓度差表示的吸收推动力为 $y_A-y_A^*$,以液相浓度差表示的吸收推动力为 $x_A^*-x_A$。

同理,若气、液相组成分别以 p_A、c_A 表示,并且相平衡方程为 $p_A^*=c_A/H$ 或 $c_A^*=Hp_A$,则

以气相分压差表示的推动力为 $p_A - p_A^*$，以液相浓度差表示的推动力为 $c_A^* - c_A$。

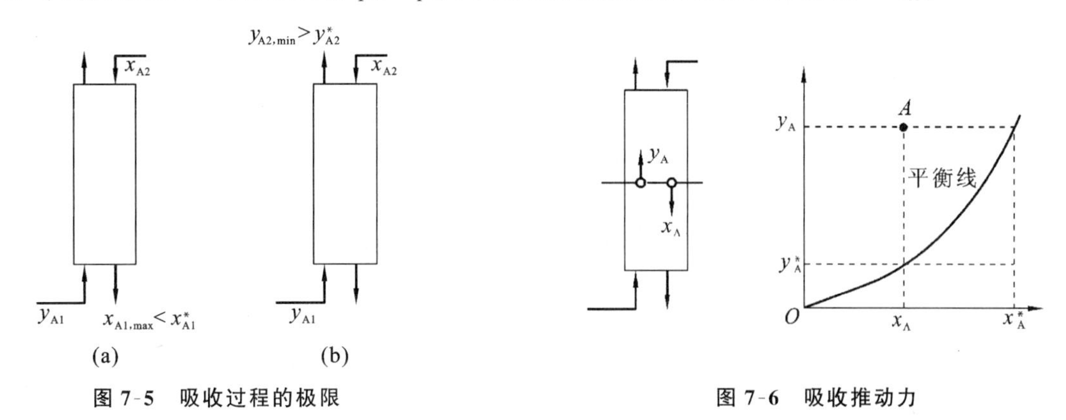

图 7-5　吸收过程的极限　　图 7-6　吸收推动力

7.3　扩散与单相传质

平衡关系只能回答混合气体中溶质能否进入液相这个问题，至于进入液相速率的大小，却无法解决，后者属于传质的机理问题。

吸收过程涉及两相之间的物质传递，包括三个步骤：

(1) 溶质由气相主体传递到气、液两相界面，即气相内的物质传递；

(2) 溶质在气、液两相界面溶解；

(3) 溶质由气、液两相界面传递至液相主体，即液相内的物质传递。

一般而言，溶质在气、液两相界面上发生的溶解过程很易进行，其阻力很小，通常认为界面上气、液两相的溶质浓度关系满足相平衡，即界面上总保持着两相的平衡。那么，总传质过程速率将由气相、液相的传质速率决定。

无论是气相还是液相，物质传递的机理包括以下两种情况。

(1) 分子扩散。分子扩散类似于传热中的热传导，是分子微观运动的宏观统计结果。混合物中存在温度梯度、压力梯度及浓度梯度时都会产生分子扩散，本章仅讨论因浓度梯度而造成的分子扩散。发生在静止或层流流体里的扩散就是分子扩散。

(2) 对流传质。凭借流体质点的湍流和旋涡而引起的扩散称为对流传质。发生在湍流流体里的传质除分子扩散外，更主要的是对流传质。

将一勺砂糖投于一杯水中，片刻后整杯的水都会变甜，这就是分子扩散的结果。若用勺搅动杯中水，则将甜得更快、更均匀，那便是对流传质的结果。

工业吸收过程多是稳态过程，因此以下分别讨论稳态条件下双组分系统的分子扩散和对流传质。

7.3.1　双组分混合物中的分子扩散

1. 分子扩散

分子扩散是在一相内部有浓度差异的条件下，由于分子的无规则热运动而造成的物质传递现象。习惯上常把分子扩散简称为扩散。

如果用一块板将容器隔为左、右两室(如图 7-7 所示)，两室中分别充入温度及压力相同的

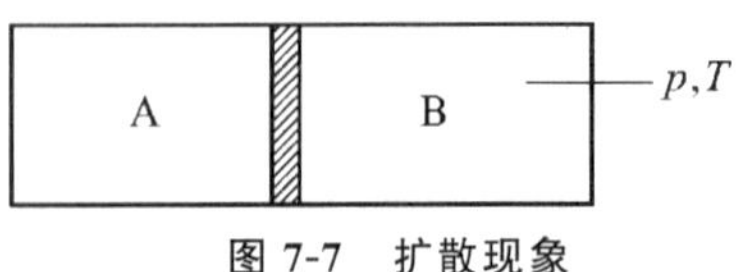

图 7-7　扩散现象

A、B两种气体。当隔板抽出后,由于气体分子的无规则运动,左侧的A分子会窜入右半部,右侧的B分子也会窜入左半部。左、右两侧交换的分子数虽相等,但因左侧A的浓度高而右侧A的浓度低,所以在同一时间内A分子进入右侧较多而返回左侧较少。同理,B分子进入左侧较多而返回右侧较少。净结果必然是物质A自左向右传递,而物质B自右向左传递,即两种物质各自沿其浓度降低的方向发生了传递现象。产生这种传递现象的推动力是不同部位上的浓度差异,实现这种传递是凭借分子的无规则热动力。

上述扩散过程将一直进行到整个容器里A、B两种物质的浓度完全均匀为止,这是一个非稳态的分子扩散过程。随着容器内各部位上的浓度差异逐渐变小,扩散的推动力也逐渐趋近于零,扩散过程将进行得越来越慢。

2. 菲克定律

扩散过程进行的快慢可用扩散通量来表征。单位面积上、单位时间内扩散传递的物质的量称为扩散通量,其单位为 $kmol/(m^2 \cdot s)$。

当物质A在介质B中发生扩散时,在恒温恒压下,任一点处物质A的扩散通量与该位置上A的浓度梯度成正比,即

$$J_A = -D_{AB}\frac{dc_A}{dz} \tag{7-13}$$

式中:J_A——组分A在 z 方向上的扩散通量,$kmol/(m^2 \cdot s)$;

$\frac{dc_A}{dz}$——组分A沿方向 z 上的浓度梯度,$kmol/m^4$;

D_{AB}——组分A在双组分混合物中的分子扩散系数,m^2/s。

式(7-13)中负号表示扩散是沿着组分A浓度降低的方向进行的。式(7-13)称为菲克(Fick)定律,它是由德国物理学家阿道夫·菲克于1955年提出的。菲克定律是对物质分子扩散现象基本规律的描述。菲克定律表明,只要混合物中存在浓度梯度,必产生物质的扩散流。

由分子运动引起的动量传递,可采用牛顿黏性定律描述;由分子运动引起的热量传递为热传导的一种形式,可采用傅里叶定律描述;而分子运动引起的质量传递称为分子扩散,则采用菲克定律描述。它与描述黏性流体内摩擦规律的牛顿黏性定律和描述热传导规律的傅里叶定律在表达形式上有共同的特点,因为它们都是描述某种传递现象的方程。上述三个定律又常称为分子传递的线性现象定律。

对于双组分混合物,在总压或总浓度各处相等(即 $c=c_A+c_B=$ 常数)的情况下,则有

$$\frac{dc_A}{dz} = -\frac{dc_B}{dz} \tag{7-14}$$

因此,在双组分混合物内,产生组分A的扩散流 J_A 的同时,必伴有方向相反的组分B的扩散流 J_B,由菲克定律可得

$$J_B = -D_{BA}\frac{dc_B}{dz} \tag{7-15}$$

对于双组分混合物

$$D_{AB} = D_{BA} = D \tag{7-16}$$

即在双组分系统中,A在B中的扩散系数等于B在A中的扩散系数。将式(7-14)和式(7-16)

代入式(7-15)可得

$$J_A = -J_B \tag{7-17}$$

式(7-17)表明,组分 A 的扩散通量 J_A 与组分 B 的扩散通量 J_B 大小相等、方向相反。

7.3.2　分子扩散与主体流动

1. 等分子反向扩散

如图 7-8 所示,有温度和总压均相同的两个大容器,分别装有不同浓度的 A、B 混合气体,中间用直径均匀的细管连接,两容器内设有搅拌器,各自保持气体浓度均匀,其中 $c_{A1} > c_{A2}$,$c_{B1} < c_{B2}$。由于两端存在浓度差异,在连通管内将发生分子扩散现象,组分 A 向右扩散,而组分 B 向左扩散。在 1、2 两截面上,A、B 的分压各自保持不变,为稳态分子扩散。

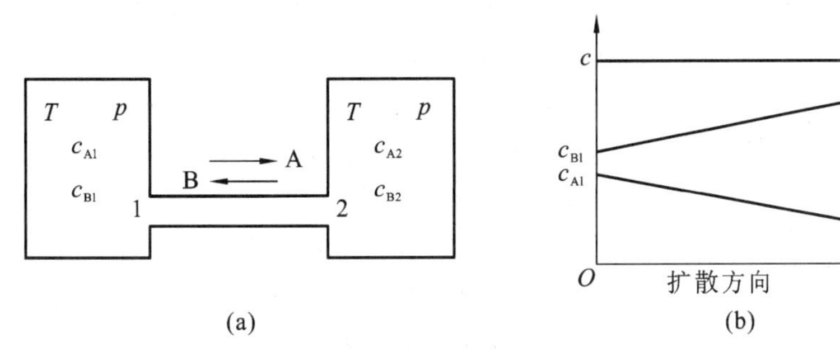

图 7-8　等分子反向扩散

因为两容器中气体总压相同,所以连通管内任一截面处,单位时间、单位面积向右传递的 A 分子数与向左传递的 B 分子数必定相等,此扩散称为等分子反向扩散。

传质速率定义为任一固定的空间位置上,单位时间内通过垂直传递方向单位面积上的物质的量,以 N 表示,单位为 $\text{kmol}/(\text{m}^2 \cdot \text{s})$。在图 7-8 所示的等分子反向扩散中,组分 A 的传质速率 N_A 等于其扩散速率,即

$$N_A = J_A = -D\frac{\mathrm{d}c_A}{\mathrm{d}z} \tag{7-18}$$

在稳态扩散条件下,N_A 为定值。从图 7-8 可知边界条件:$z=0$ 处,$c_A = c_{A1}$;$z=z$ 处,$c_A = c_{A2}$。对式(7-18)积分,则可得

$$N_A\int_0^z \mathrm{d}z = -\int_{c_{A1}}^{c_{A2}} D\mathrm{d}c_A$$

解得传质速率为

$$N_A = \frac{D}{z}(c_{A1} - c_{A2}) \tag{7-19}$$

式(7-19)对气相和液相均适用,它表明在扩散方向上组分 A 的浓度分布呈直线关系。

对于理想气体,组分的浓度与分压的关系为 $c_A = \frac{p_A}{RT}$,则式(7-19)可表示为

$$N_A = \frac{D}{RTz}(p_{A1} - p_{A2}) \tag{7-20}$$

式中:p_{A1}、p_{A2}——组分 A 在上述两截面处的分压。

2. 单向扩散

另一种很重要的扩散形式为单向扩散。当由 A、B 形成的气体混合物与液体接触时,组分 A 不断地溶解于液体中,而组分 B 由于不能溶于液体,液相中不存在组分 B,扩散量为零。因此,吸收过程是组分 A 通过“静止”组分 B 的单向扩散。

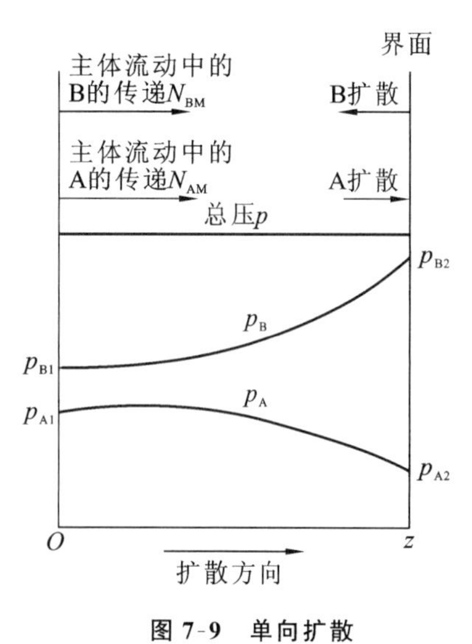

图 7-9　单向扩散

如图 7-9 所示,一方面由于界面处组分 A 不断被溶解吸收,$c_A > c_{Ai}$,组分 A 存在浓度梯度 dc_A/dz,则组分 A 从气相主体向界面扩散,同时由于组分 A 在界面处溶解,使得界面处的浓度稍低于气相主体的浓度;另一方面因 B 分子在界面处与气相主体中存在的浓度差必导致 B 分子的扩散,B 分子的扩散方向与 A 分子的相反,并且 $J_B = -J_A$。这两方面的作用使相界面处产生了较多的分子空穴(原 A、B 分子占据的位置),导致气相主体与界面间产生微小压差。这一压差必促使混合气体向界面流动,称为主体流动。主体流动是因分子扩散而引起的伴生流动,它不同于扩散流。

扩散流是分子微观运动的宏观结果,扩散流传递的是纯组分 A 和纯组分 B;主体流动是宏观运动,它同时携带组分 A 和组分 B 流向界面。

在稳态条件下,主体流动所带组分 B 的量必恰好等于组分 B 反向扩散的量,以使 c_{Bi} 保持恒定。当扩散稳定时,既存在等分子反向扩散,又存在主体流动。因气相主体与界面间的微小压差便足以造成必要的主体流动,因此气相各处的总压(或 c)仍可认为基本相等,即 $J_A = -J_B$ 的前提依然成立。

若以 N_M 代表主体流动的通量,即单位面积上、单位时间内向右递补的 A 和 B 的总的物质的量,c 为 A 和 B 的总浓度,则组分 A 和 B 因主体流动产生的传质速率分别为

$$N_{AM} = N_M \frac{c_A}{c}, \quad N_{BM} = N_M \frac{c_B}{c}$$

由于主体流动的存在,传质速率为扩散速率和主体流动所产生的传质速率之和。对于组分 A,扩散的方向与主体流动的方向一致,所以组分 A 的传质速率 N_A 为

$$N_A = J_A + N_M \frac{c_A}{c} \tag{7-21}$$

同理

$$N_B = J_B + N_M \frac{c_B}{c} \tag{7-22}$$

前已述及,因组分 B 不能通过气液界面,故在稳态条件下,吸收过程主体流动所带组分 B 的量必等于组分 B 反向分子扩散的量,组分 B 的传质速率为零,即 $N_B = 0$。于是,由式(7-22)可得

$$J_B = -N_M \frac{c_B}{c}$$

则

$$J_A = N_M \frac{c_B}{c}$$

代入式(7-21),得

$$N_A = N_M \frac{c_B}{c} + N_M \frac{c_A}{c} = N_M \frac{c_A + c_B}{c} = N_M \tag{7-23}$$

将上式和式(7-13)代入式(7-21)，得到

$$N_A = -\frac{Dc}{c - c_A} \frac{dc_A}{dz}$$

同样，在稳态条件下 N_A 为常数，在 $z=0$ 处 $c_A = c_{A1}$，$z=z$ 处 $c_A = c_{A2}$ 的边界条件下，将上式积分可得

$$N_A \int_0^z dz = -\int_{c_{A1}}^{c_{A2}} \frac{Dc}{c - c_A} dc_A$$

整理得

$$N_A = \frac{D}{z} \frac{c}{c_{Bm}} (c_{A1} - c_{A2}) \tag{7-24}$$

式中：c_{Bm}——在静止流体两侧组分 B 浓度的对数平均值，即$\dfrac{c_{B2} - c_{B1}}{\ln \dfrac{c_{B2}}{c_{B1}}}$。

从式(7-24)可以看出，在单向扩散时，组分 A 的浓度沿扩散方向的分布为一对数曲线。式(7-24)对气相和液相均适用。若扩散在气相中进行，则 $c_A = p_A/(RT)$ 及 $c = p/(RT)$，式(7-24)可写为

$$N_A = \frac{Dp}{RTz} \ln \frac{p_{B2}}{p_{B1}} \tag{7-25}$$

或

$$N_A = \frac{D}{RTz} \frac{p}{p_{Bm}} (p_{A1} - p_{A2}) \tag{7-26}$$

$$p_{Bm} = \frac{p_{B2} - p_{B1}}{\ln \dfrac{p_{B2}}{p_{B1}}}$$

式中：p_{Bm}——两截面处组分 B 分压的对数平均值，kPa；

p/p_{Bm}、c/c_{Bm}——漂流因子，无因次。因 $p > p_{Bm}$，$c > c_{Bm}$，故 p/p_{Bm}、c/c_{Bm} 总是大于 1。

比较式(7-19)和式(7-24)可知，漂流因子的大小反映了主体流动对传质速率的影响程度，溶质的浓度愈大，其影响愈大。其值是单向扩散因主体流动而使传质速率较单纯分子扩散增大的倍数。当混合物中 c_A 很低时，$p \approx p_{Bm}$，$c \approx c_{Bm}$，漂流因子接近于 1，主体流动可以忽略不计。

【例 7-3】 在温度为 20 ℃、总压为 101.3 kPa 的条件下，CO_2 与空气混合气缓慢地沿着 Na_2CO_3 溶液液面流过，空气不溶于 Na_2CO_3 溶液。CO_2 透过 1 mm 厚的静止空气层扩散到 Na_2CO_3 溶液中，混合气体中 CO_2 的摩尔分数为 0.2，CO_2 到达 Na_2CO_3 溶液液面上立即被吸收，故相界面上 CO_2 的浓度可忽略不计。已知温度为 20 ℃时，CO_2 在空气中的扩散系数为 0.18 cm^2/s。试求 CO_2 的传质速率。

解 CO_2 通过静止空气层扩散到 Na_2CO_3 溶液液面属单向扩散，可用式(7-26)计算。

已知 CO_2 在空气中的扩散系数 $D = 0.18\ cm^2/s = 1.8 \times 10^{-5}\ m^2/s$，扩散距离 $z = 1\ mm = 0.001\ m$，气相总压 $p = 101.3$ kPa。

气相主体中溶质 CO_2 的分压：

$$p_{A1} = p\, y_{A1} = 101.3 \times 0.2\ \text{kPa} = 20.26\ \text{kPa}$$

气液界面上 CO_2 的分压：

$$p_{A2} = 0$$

所以，气相主体中空气(惰性组分)的分压：

$$p_{B1} = p - p_{A1} = (101.3 - 20.26)\ \text{kPa} = 81.04\ \text{kPa}$$

气液界面上空气(惰性组分)的分压：

$$p_{B2} = p - p_{A2} = (101.3 - 0)\ \text{kPa} = 101.3\ \text{kPa}$$

空气在气相主体和界面上分压的对数平均值为

$$p_{Bm}=\frac{p_{B2}-p_{B1}}{\ln\frac{p_{B2}}{p_{B1}}}=\frac{101.3-81.04}{\ln\frac{101.3}{81.04}}\ \text{kPa}=90.8\ \text{kPa}$$

代入式(7-26)，得

$$\begin{aligned}N_A&=\frac{Dp}{RTzp_{Bm}}(p_{A1}-p_{A2})=\frac{1.8\times10^{-5}\times101.3}{8.314\times293\times0.001\times90.8}\times(20.26-0)\ \text{kmol/(m}^2\cdot\text{s)}\\&=1.67\times10^{-4}\ \text{kmol/(m}^2\cdot\text{s)}\end{aligned}$$

7.3.3 分子扩散系数

分子扩散系数简称扩散系数，它是物质的特性常数之一。扩散系数是计算分子扩散通量的关键。扩散系数的意义为单位浓度梯度下的扩散通量，反映某组分在一定介质中的扩散能力，单位是 m^2/s。

扩散系数是物质的一种传递性质。它在传质中的作用与导热系数在传热中的作用相类似，但比导热系数更为复杂：一种物质的扩散总是相对于其他物质而言的，所以它至少要涉及两种物质，同一组分在不同混合物中的扩散系数是不一样的；扩散系数还与系统的温度、总压(气相)或浓度(液相)有关。对于气体中的扩散，浓度的影响可以忽略；对于液体中的扩散，浓度的影响不可忽略，而压力的影响不显著。

目前，扩散系数可由以下三种途径获得。

(1) 实验测定。实验测定是求物质扩散系数的根本途径，后面通过例 7-4 说明实验测定扩散系数的方法，当然还有其他的实验测定法。

(2) 从有关手册中查得。

(3) 借助某些经验的或半经验的公式进行估算(查不到扩散系数又缺乏进行实验测定的条件时)。

气体扩散系数一般在 $0.1\sim1.0\ cm^2/s$；液体扩散系数一般比气体小得多，在 $1\times10^{-5}\sim5\times10^{-5}\ cm^2/s$。

例如，组分在气体中的扩散系数，可按马克斯韦尔-吉利兰(Maxwell-Gilliland)公式进行估算，即

$$D=\frac{4.36\times10^{-5}T^{\frac{3}{2}}\left(\frac{1}{M_A}+\frac{1}{M_B}\right)^{\frac{1}{2}}}{p\left(v_A^{\frac{1}{3}}+v_B^{\frac{1}{3}}\right)^2}\tag{7-27}$$

式中：D——气体的扩散系数，m^2/s；

p——总压，kPa；

M_A、M_B——A、B 两种物质的摩尔质量，g/mol；

v_A、v_B——A、B 两种物质的分子体积，cm^3/mol。

分子体积 v 是 1 mol 物质在正常沸点下呈液态时的体积(cm^3)。它表征分子本身所占据空间的大小，可在一般理化手册中查到。当 $p<0.5$ MPa 时，扩散系数的数值与组分 A 的浓度无关，此时根据上式可估算气体的扩散系数 D。对于一定的气体物质，有

$$D=D_0\frac{p_0}{p}\left(\frac{T}{T_0}\right)^{\frac{3}{2}}\tag{7-28}$$

根据上式可由已知温度 T_0、压力 p_0 下的扩散系数 D_0，推算出温度为 T、压力为 p 时的扩散系数 D。

组分在液体中的扩散比在气体中慢得多，这是由于液体分子比较密集。一般来说，气体的扩散系数约为液体的 10^5 倍，但组分在液体中的浓度较气体大，因此，组分在气相中的扩散速率约为液相中的 100 倍。此外，液体中组分的浓度对扩散系数有较显著的影响，一般手册中所记载的数据均为稀溶液中的扩散系数。

液体中的扩散系数也可用经验公式来估算。例如，当扩散组分为低摩尔质量的非电解质时，其在稀溶液中的扩散系数可按下式估算：

$$D_{AB}=\frac{7.7\times10^{-15}T}{\mu(v_A^{\frac{1}{3}}-v_0^{\frac{1}{3}})} \tag{7-29}$$

式中：D_{AB}——组分 A 在液体中的扩散系数，m^2/s；

T——绝对温度，K；

μ——液体的黏度，Pa · s；

v_A——扩散组分 A 的分子体积，cm^3/mol；

v_0——常数，扩散物质在水、甲醇及苯的稀溶液中的 v_0 值可分别取8 cm^3/mol、14.9 cm^3/mol 及 22.8 cm^3/mol。用于估算液体中扩散系数的经验公式较多，式(7-29)是其中之一。它的形式比较简单，但准确性较差。本书附录 B 和附录 C 分别列举了一些物质在空气及水中的扩散系数，供计算时参考。

安全教育案例：
“11 · 28”张家口
氯乙烯气柜泄漏爆炸事故

【例 7-4】 如图 7-10 所示，有一直立的玻璃管，底端封闭，内充丙酮，液面距上端管口11 mm，上端有一股空气通过，5 h 后，管内液面降到距管口 20.5 mm，管内液体温度保持 293 K，大气压为 100 kPa，此条件下，丙酮的饱和蒸气压为 24 kPa。求丙酮在空气中的扩散系数。

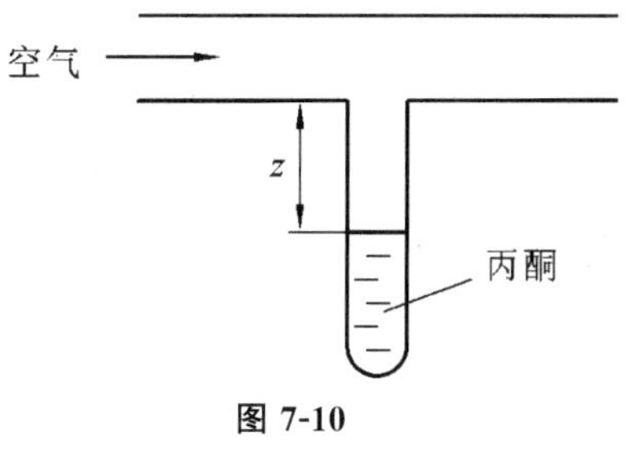

图 7-10

解　由式(7-25)来求算丙酮在空气中的扩散系数。

已知单位面积液面汽化的速率可用液面高度变化的速率来表示。

$$\frac{dN_A}{Ad\tau}=\frac{dm_A}{M_A Ad\tau}=\frac{\rho_A}{AM_A}\frac{dV_A}{d\tau}=\frac{\rho_A A}{AM_A}\frac{dz}{d\tau}=\frac{\rho_A}{M_A}\frac{dz}{d\tau}$$

而

$$\frac{\rho_A}{M_A}\frac{dz}{d\tau}=\frac{Dp}{RTz}\ln\frac{p_{B2}}{p_{B1}}$$

则

$$\int_0^{\tau}\frac{M_A Dp}{RT\rho_A}\ln\frac{p_{B2}}{p_{B1}}d\tau=\int_{z_0}^{z}z dz$$

所以

$$\tau\frac{M_A Dp}{RT\rho_A}\ln\frac{p_{B2}}{p_{B1}}=(z^2-z_0^2)/2$$

可得

$$D=\frac{\rho_A}{M_A}\frac{RT}{p\ln\frac{p_{B2}}{p_{B1}}}\frac{z^2-z_0^2}{2\tau}=\frac{790}{58}\times\frac{8.314\times293}{100\times\ln\frac{100}{76}}\times\frac{0.020\,5^2-0.011^2}{2\times18\,000}\ m^2/s$$

$$=1\times10^{-5}\ m^2/s$$

7.3.4　对流传质速率

1. 对流对传质的贡献

通常传质设备中的流体都是流动的，流动流体与相界面之间的物质传递称为对流传质(如前述溶质由气相主体传到气液界面及由气液界面传到液相主体)。与对流传热类似,流体流动加快了相内的物质传递。以气相与界面的传质为例,静止、层流和湍流流体中组分 A 的浓度分布见图 7-11。

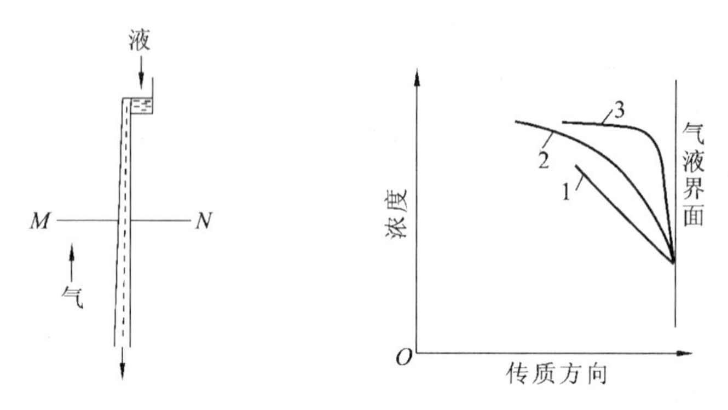

图 7-11 MN 截面上可溶组分的浓度分布

1—静止流体;2—层流流体;3—湍流流体

流体作层流流动时,可溶组分 A 在垂直于流动方向的传递机理仍为分子扩散,但流动改变了横截面 MN 上的浓度分布,在界面附近的浓度梯度变大(组分 A 的浓度分布由静止的直线 1 变为曲线 2),使得扩散速率增大。

流体作湍流流动时,流动核心湍化,横向的湍流脉动促进横向的物质传递,流体主体浓度被均化,界面处的浓度梯度进一步变大(曲线 3),在主体浓度与界面浓度相等的情况下,传递速率得到进一步提高。

通常把这种凭借流体质点的湍动和旋涡来传递物质的现象,称为涡流扩散。在湍流流体中,分子扩散与涡流扩散同时发挥着传递作用,但质点是大量分子的集群,质点传递的规模和速率远远大于单个分子,因此涡流扩散的效果应占主要地位。此时的扩散通量可以下式表达:

$$J=-(D+D_{\mathrm{E}})\frac{\mathrm{d}c_{\mathrm{A}}}{\mathrm{d}z} \tag{7-30}$$

式中:D——分子扩散系数,$\mathrm{m^2/s}$;

D_{E}——涡流扩散系数,$\mathrm{m^2/s}$;

$\frac{\mathrm{d}c_{\mathrm{A}}}{\mathrm{d}z}$——沿 z 方向的浓度梯度,$\mathrm{kmol/m^4}$;

J——扩散通量,$\mathrm{kmol/(m^2\cdot s)}$。

D_{E} 不像 D 那样是物性参数,它与流体的湍动程度有关,也与流体质点的位置有关。由于涡流扩散系数难以测定和计算,因此常将分子扩散和涡流扩散两种传质作用结合起来考虑。

2. 单相内对流传质速率方程

对流传质现象极为复杂,传质速率一般难以通过解析求解,必须依靠实验测定。由于对流传质与对流传热过程类似,故可以采用与处理对流传热问题类似的方法来处理对流传质问题。将对流传质速率方程写成类似于牛顿冷却定律($Q=\alpha A(T-T_{\mathrm{w}})$或 $q=\alpha(T-T_{\mathrm{w}})$)的形式,即认为 N_{A} 正比于流体主体浓度与界面浓度之差,但与对流传热不同的是气、液两相的浓度都可用不同的单位表示,所以 N_{A} 可写成多种形式。

气相与界面间的对流传质速率(即气膜吸收速率)方程:

$$N_A=k_G(p_A-p_{Ai}) \tag{7-31}$$

或

$$N_A=k_y(y_A-y_{Ai}) \tag{7-32}$$

或

$$N_A=k_Y(Y_A-Y_{Ai}) \tag{7-33}$$

式中:k_G——以分压差表示推动力的气相传质系数,kmol/(m^2·s·kPa);

p_A、p_{Ai}——溶质A在气相主体、界面处的分压,kPa;

k_y——以摩尔分数差为推动力的气相传质系数,kmol/(m^2·s);

y_A、y_{Ai}——溶质A在气相主体、界面处的摩尔分数;

k_Y——以摩尔比差为推动力的气相传质系数,kmol/(m^2·s);

Y_A、Y_{Ai}——溶质A在气相主体、界面处的摩尔比。

液相与界面间的对流传质速率(即液膜吸收速率)方程:

$$N_A=k_L(c_{Ai}-c_A) \tag{7-34}$$

或

$$N_A=k_x(x_{Ai}-x_A) \tag{7-35}$$

或

$$N_A=k_X(X_{Ai}-X_A) \tag{7-36}$$

式中:k_L——以浓度差为推动力的液相传质系数,kmol/(m^2·s·kmol/m^3)或m/s;

c_A、c_{Ai}——溶质A在液相主体、界面处的浓度,kmol/m^3;

k_x——以液相组成摩尔分数差为推动力的液相传质系数,kmol/(m^2·s);

x_A、x_{Ai}——溶质A在液相主体、界面处的摩尔分数;

k_X——以液相组成摩尔分数差为推动力的液相传质系数,kmol/(m^2·s);

X_A、X_{Ai}——溶质A在液相主体、界面处的摩尔分数。

比较式(7-31)与式(7-32)、式(7-34)与式(7-35)不难导出如下关系:

$$k_y=pk_G \tag{7-37}$$

$$k_x=ck_L \tag{7-38}$$

当气体为低含量吸收时,组分A在气液的摩尔比近似等于摩尔分数,即$X_A\approx x_A$,$Y_A\approx y_A$,因而不难推出:$k_Y\approx pk_G$,$k_X\approx ck_L$。

上述处理方法实际上是将一组流体主体浓度和界面浓度之差作为对流传质的推动力,而将影响对流传质的众多因素包括到气相(或液相)传质系数中。现在问题归结到如何得到各种具体条件下的传质系数k_G、k_L(或k_y、k_x、k_Y、k_X)的数值及流动条件对它们的影响。

7.3.5 对流传质理论

对流传质设备异常复杂,难以进行严格的数学描述,自然也无从通过解析求解。不同的研究者根据各自对过程的理解,抓住主要因素而忽略细枝末节,由此构成对流传质的简化物理图像,即对其进行适当的数学描述,得到数学模型。然后,对简化的数学模型进行解析求解,得出传质系数的理论式,将得到的理论式与实验结果比较,便可检验其准确性和合理性。下面简要介绍三个重要的传质模型。

1. 双膜理论

惠特曼(Whitman)在20世纪20年代提出的双膜理论一直占有重要地位。双膜理论是基于:气、液相界面两侧各存在一层静止的或作层流流动的气膜和液膜,其厚度分别为 z_G 和 z_L,气相或液相主体内由于流体高度湍动混合均匀,不存在浓度差,所有浓度差集中于有效气膜和液膜内,故气相和液相的传质阻力也全部集中于该两层有效膜内;在静止或层流有效膜中的传质是稳态的分子扩散。

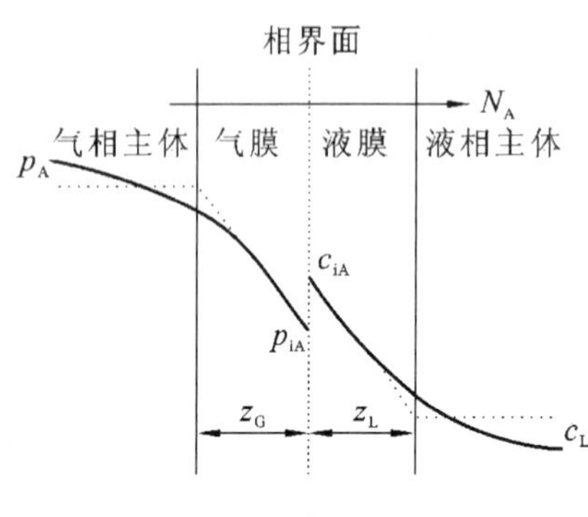

图 7-12　双膜理论示意图

双膜理论把两流体间的对流传质过程描述成如图 7-12 所示的模式。它含有以下三个基本假定。

(1) 相互接触的气、液两流体间存在着稳定的相界面,相界面两侧各有一个很薄的有效滞流膜层,吸收质以扩散方式通过此双膜层。

(2) 在相界面处,气、液两相达到平衡,传质阻力为零,传质阻力集中于气液双膜层内。

(3) 在膜层以外的气、液两相中心区,由于液体充分湍动,吸收质浓度是均匀的,即两相中心区内浓度梯度皆为零,全部浓度变化集中在两个有效膜层内。

根据上述有效膜物理模型,通过膜的扩散为分子扩散,且吸收为单向扩散,故分别可用式(7-24)和式(7-26)描述气膜和液膜的传质情况,不难看出气、液两相各自的传质系数 k_G、k_L 为

$$k_G=\frac{D_G p}{RTz_G p_{Bm}} \tag{7-39}$$

$$k_L=\frac{D_L c}{z_L c_{Bm}} \tag{7-40}$$

式中:D_G、D_L——溶质组分在气膜、液膜中的扩散系数;

$\frac{p}{p_{Bm}}$——气相扩散中的漂流因子;

$\frac{c}{c_{Bm}}$——液相扩散中的漂流因子。

式(7-39)与式(7-40)中分别包含了待定的参数 z_G 与 z_L,即有效膜的厚度,称之为数学模型参数,需由实验测定。由此可见,数学模型方法是理论和实验相结合的方法或半经验的方法。

如果该模型能有效地反映过程的实质,那么 z_G、z_L 应主要取决于流体的流动状况(流体湍动越剧烈,膜厚度越薄;反之亦然),而与溶质组分 A 的扩散系数 D 无关,然而以上两式预示 k_G、k_L 均正比于 D,而实验结果表明 $k\propto D^{0.67}$,两者不符合。若为了与实验结果相吻合,有效膜厚度不仅与流动状况有关,而且与扩散系数 D 有关。这样,z_G、z_L 不是实际存在的有效膜厚度,而是一种虚拟的或当量的膜厚,从而使该模型失去了应具有的理论含义。

2. 溶质渗透理论

在许多实际传质设备里,气、液两相是在高度湍动情况下互相接触的,如果认为非稳态的两相界面上会存在着稳定的停滞膜层,显然是不切实际的。为了更准确地描绘这种情况下气相溶质经过相界面到达液相主体的传质过程,Higbie 于 1935 年提出了溶质渗透理论。该理论假定液面是由无数微小的流体单元所构成的,暴露于表面的每个单元都在与气相接触某一短暂时间(暴露时间)后,即被来自液相主体的新单元取代,而其自身则返回液相主体内。在此

时间内，液相中发生的不再是稳态的扩散过程，而是非稳态的扩散过程，即液体表层往往来不及建立稳态的浓度梯度，溶质总是处于由界面到液相主体纵深方向逐渐渗透的非稳态过程。液相内浓度分布随着时间的变化如图7-13所示。

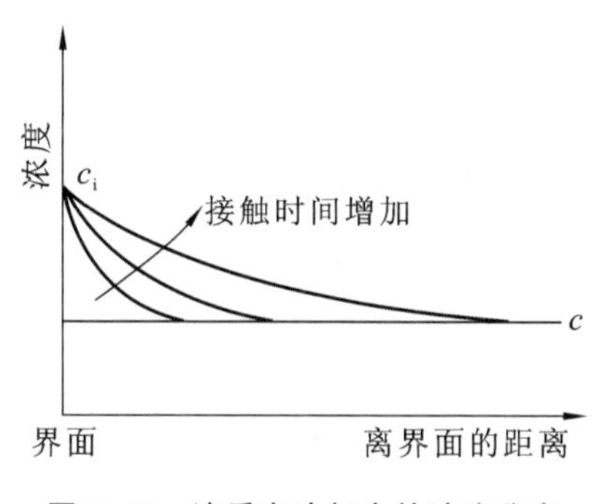

图7-13 溶质在液相中的浓度分布

在发生混合的最初瞬间，只有界面处的浓度处于平衡浓度 c_i，而界面以外的其他地方浓度均与液相主体浓度相同。此时界面处的浓度梯度最大，传质速率也最大。由图可见，随着接触时间增加，界面处的浓度梯度逐渐变小，传质速率下降。根据特定条件下的推导结果，按每次接触时间平均值计算的传质通量与液相传质推动力 c_i-c_0 间应符合如下关系：

$$N_A=2\sqrt{\frac{D}{\pi\tau_0}}(c_i-c_0) \tag{7-41}$$

溶质渗透理论建立的是溶质以非稳态扩散方式向无限厚度的液层内逐渐渗透的传质模型。与把传质过程视为通过停滞膜层的稳态分子扩散的双膜理论相比，溶质渗透理论为描述湍流下的传质机理提供了更合理的解释。根据上述假设，经数学描述得出传质系数的理论式为

$$k_L=2\sqrt{\frac{D}{\pi\tau_0}} \tag{7-42}$$

式(7-42)表明传质系数与 $\sqrt{D}$ 成正比，与实验的数值较为接近。这一结果表明溶质渗透理论较双膜理论更接近于实际情况。

3. *表面更新理论*

Danckwerts认为液体在流动过程中表面不断更新，即不断地有液体从主体转为界面而暴露于气相中，这种界面不断更新使传质过程大大强化，其原因在于原来需要通过缓慢的扩散过程才能将溶质传至液体深处，现通过表面更新，深处的液体就有机会直接与气体接触以接受传质。液体表面由具有不同暴露时间(或称"年龄")的液体微元所构成，各种年龄的微元置换下去的概率与它们的暴露时间无关，而与液体表面上该暴露时间的微元数成正比。表面液体微元的暴露时间分布函数为

$$\tau=s\mathrm{e}^{-s\theta} \tag{7-43}$$

式中：τ——暴露时间在 $\theta\sim\theta+\mathrm{d}\theta$ 区间的微元数在表面微元总数中所占的分数；

s——表面更新率，常数，可由实验测定。

据此理论，作出数学模型，经解析求解后得出对流传质系数的理论式为

$$k_L=\sqrt{Ds} \tag{7-44}$$

同样表明 k_L 与 $\sqrt{D}$ 成正比，与溶质渗透理论相同。

综上所述，虽然溶质渗透理论和表面更新理论比双膜理论更接近实际情况，但 τ_0 或 s 难以测定，将它们用于传质过程的设计仍有一段距离，故目前用于传质设备设计的主要还是双膜理论。

因此，本章此后关于吸收速率的讨论，仍以双膜理论模型为基础。

7.4 相际传质速率

7.4.1 界面组成

气膜或液膜吸收速率方程,都涉及某一相主体组成与界面组成之差,要使用气膜或液膜吸收速率方程,就必须解决如何确定界面组成的问题。

根据双膜理论,界面处气、液组成符合平衡关系。同时,在稳态吸收情况下,气膜和液膜中的传质速率应当相等。在两相主体组成(如 p、c)及两膜吸收系数已知的情况下,便可根据界面处的平衡关系及两膜中的传质速率相等的关系来确定界面处的气体组成,进而确定传质速率,因为

$$N_A = k_G(p_A - p_{Ai}) = k_L(c_{Ai} - c_A)$$

所以

$$\frac{p_A - p_{Ai}}{c_A - c_{Ai}} = -\frac{k_L}{k_G} \tag{7-45}$$

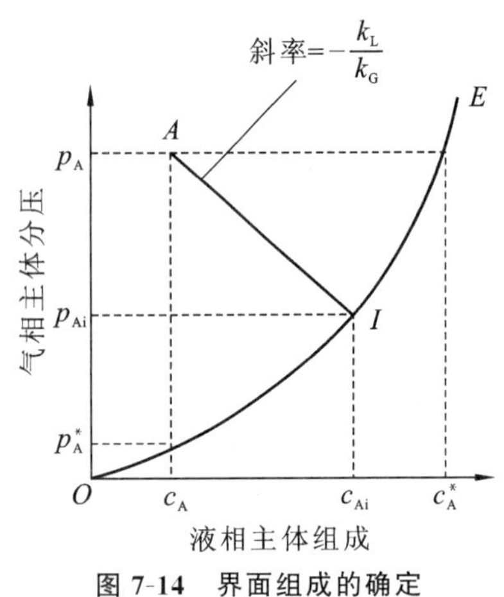

图 7-14 界面组成的确定

式(7-45)表明,p_{Ai}-c_{Ai}关系在直角坐标系中为一条通过定点(c,p)而斜率为$-\frac{k_L}{k_G}$的直线,该直线与平衡线 $p^* = f(c)$的交点坐标代表了界面上液相溶质组成与气相溶质分压,如图 7-14 所示。图中点 A 代表稳态操作下吸收设备内某一部位上的液相主体组成 c 与气相主体分压 p,直线 AI 的斜率为$-\frac{k_L}{k_G}$,则直线 AI 与平衡线 OE 的交点 I 的纵、横坐标分别为 p_{Ai}和 c_{Ai}。

7.4.2 总传质速率方程

为了避开难以测定的界面组成,可以效仿间壁传热中类似问题的处理方法。对于吸收过程,可以采用两相主体组成的某种差值来表示总推动力而写出吸收速率方程。这种速率方程中的吸收系数称为总系数,以 K 表示。总系数的倒数即为总阻力,总阻力应当是两膜传质阻力之和。问题在于气、液两相的组成表示法不同(如气相组成以分压表示,而液相组成以单位体积内溶质的物质的量表示),两者不能直接相减,即使两者的表示方法相同(如都以摩尔分数表示)时,其差值也不能代表过程的推动力,这一点与传热中的情况不同。吸收过程的总推动力应用任何一相的主体组成与其平衡组成的差值来表示。

1. *以气相总传质系数表示的传质速率方程*

令 p_A^* 为与液相主体组成 c_A 平衡的气相分压,p_A 为吸收质在气相主体中的分压,若吸收系统服从亨利定律,或在过程所涉及的组成区间内呈直线关系,则

$$p_A^* = \frac{c_A}{H}$$

根据双膜理论,相界面上两相互成平衡,则

$$p_{Ai} = \frac{c_{Ai}}{H}$$

将上两式分别代入液相传质速率方程 $N_A=k_L(c_{Ai}-c_A)$，得

$$N_A=k_L H(p_{Ai}-p_A^*)$$

气相传质速率方程为

$$N_A=k_G(p_A-p_{Ai})$$

上两式相加得

$$N_A\left(\frac{1}{Hk_L}+\frac{1}{k_G}\right)=p_A-p_A^* \tag{7-46}$$

令

$$\frac{1}{K_G}=\frac{1}{Hk_L}+\frac{1}{k_G} \tag{7-47}$$

则

$$N_A=K_G(p_A-p_A^*) \tag{7-48}$$

式中：p_A^*——与液相主体组成 c_A 平衡的气相平衡分压，kPa；

　K_G——以分压差表示推动力的气相总传质系数，kmol/(m^2 · s · kPa)。

式(7-48)即为以气相总传质系数表示的传质速率方程。总系数 K_G 的倒数为两相总阻力。由式(7-47)可见，吸收过程的总阻力包括气相阻力$\frac{1}{k_G}$和液相阻力$\frac{1}{Hk_L}$。

当$\frac{1}{k_G}\gg\frac{1}{Hk_L}$，或者对于易溶气体，$H$ 很大时，则$\frac{1}{K_G}=\frac{1}{k_G}+\frac{1}{Hk_L}\approx\frac{1}{k_G}$，此时传质阻力主要集中于气相，此类过程称为气相阻力控制过程。易溶气体的吸收速率主要受气相传质速率控制，例如用水吸收 NH_3 和 HCl 等气体属于这类情况。对于以气相阻力为主的吸收操作，增加气体流率，可降低气相阻力而有效地提高吸收过程的速率。反之，则为难溶气体，需要增加液体流率，降低液相阻力而有效地提高吸收过程的速率。

2. *以液相总传质吸收系数表示的传质速率方程*

令 c_A^* 为与气相主体分压 p_A 平衡的液相平衡浓度，若吸收系统服从亨利定律，或在过程所涉及的组成区间内平衡关系为直线，则

$$p_A^*=\frac{c_A}{H},\quad p_A=\frac{c_A^*}{H}$$

若将式(7-46)两端均乘以 H，可得

$$N_A\left(\frac{H}{k_G}+\frac{1}{k_L}\right)=c_A^*-c_A \tag{7-49}$$

令

$$\frac{1}{K_L}=\frac{H}{k_G}+\frac{1}{k_L} \tag{7-50}$$

则

$$N_A=K_L(c_A^*-c_A) \tag{7-51}$$

式中：c_A^*——与气相主体分压 p_A 平衡的液相平衡浓度，kmol/m^3；

　K_L——以浓度差表示推动力的液相总传质系数，m/s。

式(7-51)即为以液相总传质系数表示的传质速率方程。

练习题(7.4(1))

$\frac{1}{K_L}$为与 $c_A^*-c_A$ 相对应的吸收总阻力，它包括气相阻力$\frac{H}{k_G}$和液相阻力$\frac{1}{k_L}$。

当$\frac{H}{k_G}\ll\frac{1}{k_L}$，或者对于难溶气体，$H$ 很小时，则$\frac{1}{K_L}=\frac{H}{k_G}+\frac{1}{k_L}\approx\frac{1}{k_L}$，此时传质阻力主要集中于液相，此类过程称为液相阻力控制过程。难溶气体的吸收速率主要受液相传质速率控制，例如

用水吸收 CO_2 和 O_2 等气体基本上属于这类情况。对于以液相阻力为主的吸收操作,增加液体流率,可降低液相阻力而有效地提高吸收过程的速率。反之,则为易溶气体,需要增加气体流率,降低气相阻力而有效地提高吸收过程的速率。

对于溶解度适中的气体的吸收,气相阻力和液相阻力均不能忽略,为了提高其传质速率,必须同时增大两相的湍动程度。

7.4.3 传质速率方程的各种表达式

传质速率方程中的传质系数可用总传质系数或某一相传质系数两种方法表示,相应的推动力也有总推动力或某一相的推动力两种,而且,当气、液两相中溶质的浓度采用摩尔分数(或摩尔比)表示时,速率式中的传质系数和推动力也不同。故传质速率方程有多种表现形式。

(1) 以分传质系数表示的吸收速率方程:

$$N_A = k_G(p_A - p_{Ai}) = k_y(y_A - y_{Ai}) = k_Y(Y_A - Y_{Ai})$$
$$= k_L(c_{Ai} - c_A) = k_x(x_{Ai} - x_A) = k_X(X_{Ai} - X_A) \tag{7-52}$$

(2) 以总传质系数表示的吸收速率方程:

$$N_A = K_G(p_A - p_A^*) = K_y(y_A - y_A^*) = K_Y(Y_A - Y_A^*)$$
$$= K_L(c_A^* - c_A) = K_x(x_A^* - x_A) = K_X(X_A^* - X) \tag{7-53}$$

(3) 总阻力与分阻力的关系:

$$\frac{1}{K_G} = \frac{1}{k_G} + \frac{1}{Hk_L} \tag{7-54}$$

$$\frac{1}{K_L} = \frac{H}{k_G} + \frac{1}{k_L} \tag{7-55}$$

$$\frac{1}{K_y} = \frac{1}{k_y} + \frac{m}{k_x} \tag{7-56}$$

$$\frac{1}{K_x} = \frac{1}{k_x} + \frac{1}{mk_y} \tag{7-57}$$

$$\frac{1}{K_Y} = \frac{1}{k_Y} + \frac{m}{k_X} \tag{7-58}$$

$$\frac{1}{K_X} = \frac{1}{k_X} + \frac{1}{mk_Y} \tag{7-59}$$

由此可得

$$K_y = pK_G \tag{7-60}$$

$$K_x = cK_L \tag{7-61}$$

且

$$K_G = K_L H \tag{7-62}$$

$$K_y m = K_x \tag{7-63}$$

当气体为低含量吸收时,组分 A 在气液的摩尔比近似等于摩尔分数,即 $X_A \approx x_A$,$Y_A \approx y_A$,因而不难推出:$K_Y \approx p \cdot K_G$,$K_X \approx c \cdot K_L$,$K_Y m \approx K_X$。

应当注意,在使用与总系数相对应的传质速率方程时,在整个吸收过程中所涉及的浓度区间内,平衡关系须为直线。因为在推导这些方程时,引用了亨利定律,即溶解度系数 H 为常数，否则即使气、液传质系数 k_G 和 k_L 为常数，总系数仍随浓度而变化。但是也有一些例外情况，如对于易溶气体（$K_G \approx k_G$），或对于难溶气体（$K_L \approx k_L$），此时可分别使用总系数 K_G 或 K_L 及与其对应的传质速率方程。

【例 7-5】 在总压为 100 kPa、温度为 30 ℃时，用清水吸收混合气体中的氨，气相传质系数 $k_G = 3.86 \times 10^{-6}$ kmol/(m² · s · kPa)，液相传质系数 $k_L = 1.83 \times 10^{-4}$ m/s，溶解度系数 $H = 0.4146$ kmol/(m³ · kPa)。试求气相总传质系数 K_G，并分析该过程的控制因素。

解 因系统符合亨利定律，故可按式(7-47)计算总系数 K_G。

$$\frac{1}{K_G} = \frac{1}{Hk_L} + \frac{1}{k_G} = \left(\frac{1}{0.4146 \times 1.83 \times 10^{-4}} + \frac{1}{3.86 \times 10^{-6}}\right)\ \mathrm{m^2 \cdot s \cdot kPa/kmol}$$

$$= (13\,180 + 259\,067)\ \mathrm{m^2 \cdot s \cdot kPa/kmol} = 2.72 \times 10^5\ \mathrm{m^2 \cdot s \cdot kPa/kmol}$$

$$K_G = \frac{1}{2.72 \times 10^5}\ \mathrm{kmol/(m^2 \cdot s \cdot kPa)} = 3.68 \times 10^{-6}\ \mathrm{kmol/(m^2 \cdot s \cdot kPa)}$$

气相传质阻力为

$$\frac{1}{k_G} = 2.59 \times 10^5\ \mathrm{m^2 \cdot s \cdot kPa/kmol} \approx \frac{1}{K_G}$$

练习题(7.4(2))

而液相传质阻力为

$$\frac{1}{Hk_L} = 1.3 \times 10^4\ \mathrm{m^2 \cdot s \cdot kPa/kmol}$$

可见液相传质阻力远小于气相传质阻力，该吸收过程为气相阻力控制过程。

7.5 低含量气体吸收

在许多工业吸收中，进塔混合气体中的溶质浓度不高（如小于 5%），因被吸收的溶质量很小，所以流经全塔的混合气体量与液体量变化不大。同时，由溶质的溶解热引起的塔内液体温度升高不显著，故可以认为吸收是在等温下进行，因而可以不作热量衡算。由于气、液两相在塔内的流量变化不大，全塔的流动状态基本相同，分传质系数在全塔为常数。若在操作范围内平衡线斜率变化不大，总传质系数也可认为是常数，这样就可使低含量气体吸收计算大为简化。

吸收塔计算的内容主要是通过物料衡算及操作线方程，确定吸收剂的用量、出塔溶液组成和塔设备的主要尺寸，包括塔径和塔的有效段高度。塔的有效段高度，对填料塔是指填料层高度，对板式塔则为板间距与实际板层数的乘积。根据 7.1.4 小节的阐述，本章对于吸收操作的分析和讨论将主要结合填料塔进行。

7.5.1 吸收塔的物料衡算与操作线方程

吸收过程中的混合气体中含有溶质和不被吸收的惰性组分，而液体中含有吸收剂和溶解于其中的溶质。在吸收过程中，气相中的溶质不断转移到液相中，使其在气体混合物中的量不断减少，而在溶液中的量不断增加。但气相中纯惰性气体量和液相中吸收剂的量始终不变。因此，在进行物料衡算时，以不变的惰性气体流量和吸收剂流量作为计算基准，并用摩尔比表示气相和液相的组成最为方便。

图 7-15 为稳态操作的逆流吸收塔，其横截面积为 Ω，单位体积内具有的有效吸收表面积

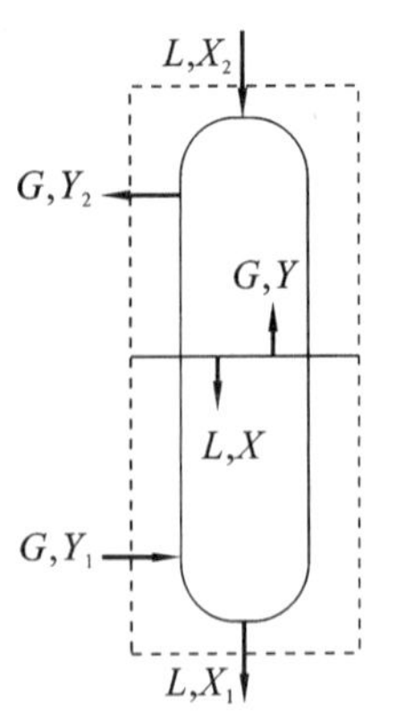

图 7-15 逆流吸收塔的物料衡算

为 α(m^2/m^3)。混合气体自下而上流动,气体的摩尔流量为 G(kmol/s),液体自上而下流动,液体的摩尔流量为 L(kmol/s)。

1. 全塔物料衡算

对稳态吸收过程,单位时间内气相在塔内被吸收的溶质A的量必须等于液相吸收的量。对单位时间内通过全塔A的量作物料衡算,可写出下式:

$$GY_1+LX_2=GY_2+LX_1$$

或

$$G(Y_1-Y_2)=L(X_1-X_2) \tag{7-64}$$

下标"1"代表塔底截面,下标"2"代表塔顶截面。为简便起见,在计算中表示组分的各项均略去下标。

进塔气量 G 和组成 Y_1 是吸收任务规定的,进塔吸收剂温度和组成 X_2 一般由工艺条件确定,出塔气体组成 Y_2 可由分离任务给定的吸收率 η 求出。

$$\eta=\frac{Y_1-Y_2}{Y_1}=1-\frac{Y_2}{Y_1} \tag{7-65}$$

$$Y_2=Y_1(1-\eta)$$

式中:η——混合气体中溶质A被吸收的百分数,称为吸收率(回收率)。

2. 吸收塔的操作线方程与操作线

吸收塔内气、液组成沿塔高的变化受物料衡算式的约束,为求得逆流吸收塔任一截面上相互接触的气、液组成(摩尔比)Y 与 X 的关系,可在塔顶或塔底与任一截面间作溶质A的物料衡算。在图7-15中对任一截面与塔底端面之间作组分A的物料衡算,可得

$$GY+LX_1=GY_1+LX$$

或

$$Y=Y_1-\frac{L}{G}(X_1-X) \tag{7-66}$$

同理,在塔顶与任一截面间作组分A的物料衡算,则可得

$$Y=Y_2+\frac{L}{G}(X-X_2) \tag{7-67}$$

式(7-66)及式(7-67)均称为逆流吸收塔的操作线方程,它表明塔内任一截面上的气相组成(摩尔比)Y 与液相组成(摩尔比)X 之间呈直线关系,直线的斜率为 L/G,且通过 $A(X_2,Y_2)$ 及 $B(X_1,Y_1)$ 两点。如图7-16所示的直线 AB,即为逆流吸收塔的操作线。操作线 AB 上任何一点 P,代表着塔内相应截面上的液、气相组成 X、Y;端点 A 代表填料层顶部端面,即塔顶的情况;端点 B 代表填料层底部端面,即塔底的情况。在填料塔内,对于气体流量与液体流量一定的稳态吸收操作,气、液组成沿塔高连续变化;在塔的任一截面接触的气、液两相组成是相互制约的。

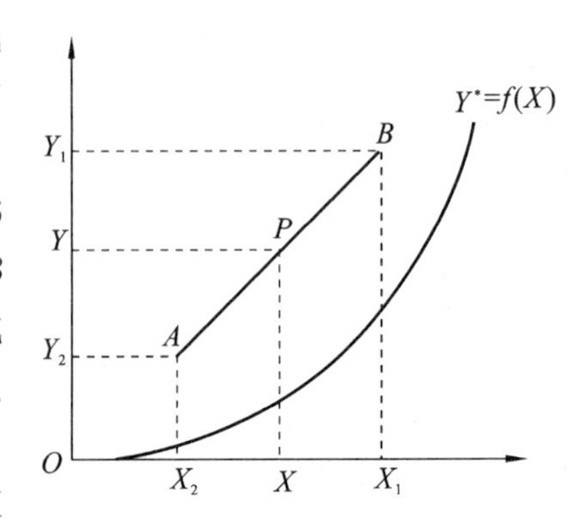

图 7-16 逆流吸收塔的操作线

当进行吸收操作时，在塔内任一截面上，溶质在气相中的实际分压总是高于与其接触的液相平衡分压，所以吸收操作线总是位于平衡线上方。反之，如果操作线位于平衡线下方，则应为解吸过程。

7.5.2　吸收剂用量与最小液气比

吸收剂用量是影响操作的重要因素之一，它直接影响设备尺寸和操作费用。

如图 7-17(a)所示，操作线的斜率 L/G 称为液气比，是溶剂与混合气体摩尔流量的比值。它反映单位气体处理量的溶剂耗用量的大小。若增加吸收剂用量 L，则操作线向远离平衡线的方向偏移，过程的对数平均推动力增大，传质单元数减小，在单位时间内吸收相同量的溶质所需填料层高度降低，设备费用减少。但吸收剂用量增加，溶剂再生所需设备费用和操作费用增大。若减少吸收剂用量 L，操作线的斜率变小，操作线便沿水平线 $Y=Y_1$ 向右移动，出塔吸收液浓度增加，传质推动力相应减小，完成规定分离要求所需填料层高度增加，设备费用增大。若吸收剂用量减少到恰好使操作线与平衡线相交或者相切时，亦即塔底流出的吸收液与刚进塔的混合气达到平衡。这是理论上吸收液所能达到的最高浓度，但此时过程的推动力为零，所需填料层高度为无穷大。实际上这是办不到的，只能用来表示一种极限状况，此时吸收操作线的斜率称为最小液气比，以 $(L/G)_{min}$ 表示，相应的吸收剂用量即为最小吸收剂用量，以 L_{min} 表示。

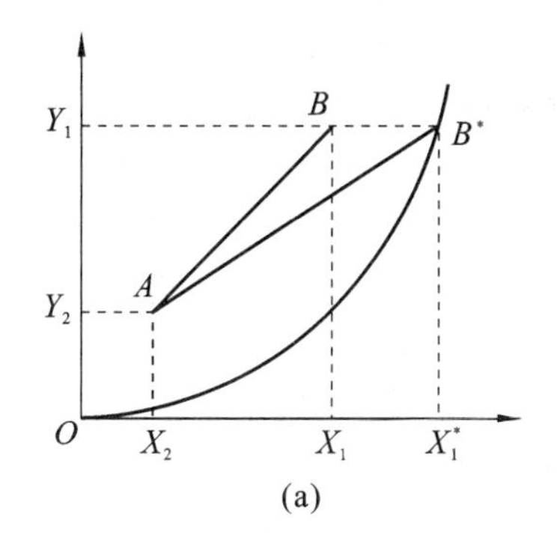

(a)

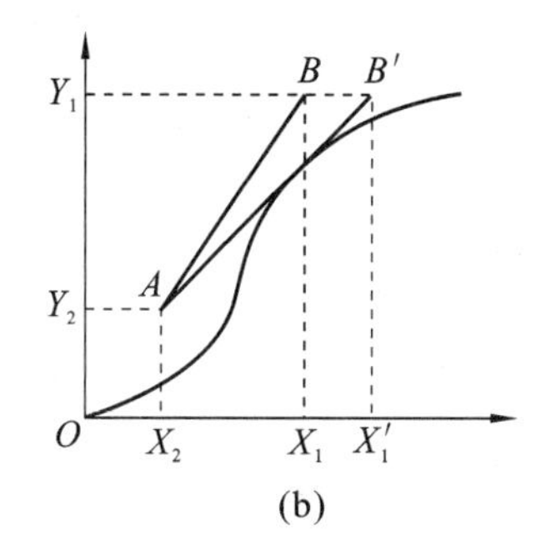

(b)

图 7-17　吸收塔的最小液气比

由于一般情况下，Y_1、Y_2、X_2 均为已知，根据图 7-17(a)可得

$$\left(\frac{L}{G}\right)_{min}=\frac{Y_1-Y_2}{X_1^*-X_2} \tag{7-68}$$

即

$$L_{min}=G\,\frac{Y_1-Y_2}{X_1^*-X_2} \tag{7-69}$$

若平衡关系符合亨利定律，则 $Y^*=mX$，可直接用下式计算出最小液气比：

$$\left(\frac{L}{G}\right)_{min}=\frac{Y_1-Y_2}{\frac{Y_1}{m}-X_2} \tag{7-70}$$

即

$$L_{min}=G\,\frac{Y_1-Y_2}{\frac{Y_1}{m}-X_2} \tag{7-71}$$

必须指出,最小液气比来自规定的分离要求,并非吸收塔不能在更低的液气比操作,当液气比小于此最小值时,将达不到规定的分离要求。

如果操作线与平衡线相切(如图 7-17(b)所示),则应读取 B' 点的横坐标 X_1' 的数值,然后按下式计算最小液气比:

$$\left(\frac{L}{G}\right)_{\min}=\frac{Y_1-Y_2}{X_1'-X_2} \tag{7-72}$$

即

$$L_{\min}=G\frac{Y_1-Y_2}{X_1'-X_2} \tag{7-73}$$

在最小液气比下操作时,在塔的某截面(塔底或塔内)上气、液两相达平衡,传质推动力为零,完成规定的传质任务所需的填料层高度为无穷大。实际液气比应在大于最小液气比的基础上,兼顾设备费用和操作费用,按总费用最低的原则来选取。根据生产实践经验,一般取吸收剂用量为最小用量的 1.1～2.0 倍是比较适宜的,即

$$\frac{L}{G}=(1.1\sim2.0)\left(\frac{L}{G}\right)_{\min} \tag{7-74}$$

必须说明,以上在最小液气比基础上计算的吸收剂用量是以热力学平衡为出发点的。从两相流体力学角度出发,还必须使填料表面能被液体充分润湿以保证两相均匀分散并有足够的传质面积,因此实际设计时,所取吸收剂用量 L 值还应不小于所选填料的最低润湿率,即单位塔截面上、单位时间内的液体流量不得小于某一最低允许值。

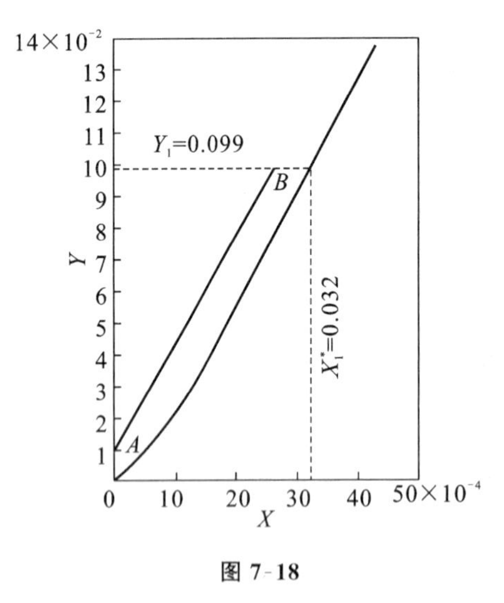

图 7-18

【例 7-6】 由矿石焙烧炉排出含 SO_2 的混合气体,冷却后送入填料吸收塔中用水洗涤,以除去其中的 SO_2。炉气(混合气体)量为 1 000 m^3/h,炉气温度为 20 ℃。炉气中含 9%(体积分数)的 SO_2,其余可视为惰性气体(其性质视为与空气相同)。要求 SO_2 的回收率为 90%。吸收剂用量为理论最小用量的 1.2 倍。已知操作压力为 101.33 kPa,温度为 20 ℃。在此条件下 SO_2 在水中的溶解度如图 7-18 所示。

(1) 当吸收剂入塔组成 $X_2=0.000\ 3$ 时,试求吸收剂的用量(kg/h)及离塔溶液组成 X_1;

(2) 若吸收剂为清水,即 $X_2=0$,回收率不变,则出塔溶液组成 X_1 为多少?此时吸收剂用量比(1)项中的用量大还是小?

解　将气体入塔组成(体积分数)9%换算为摩尔比。

$$Y_1=\frac{y_1}{1-y_1}=\frac{0.09}{1-0.09}=0.099\ \text{kmol(SO}_2\text{)/kmol(惰性气体)}$$

根据回收率计算出塔气体浓度 Y_2。回收率为

$$\eta=\frac{Y_1-Y_2}{Y_1}=90\%$$

所以

$$Y_2=Y_1(1-\eta)=0.099\times(1-0.9)=0.009\ 9\ \text{kmol(SO}_2\text{)/kmol(惰性气体)}$$

惰性气体流量为

$$G=\frac{1\ 000}{22.4}\times\frac{273}{273+20}\times(1-0.09)\ \text{kmol(惰性气体)}=37.85\ \text{kmol(惰性气体)/h}$$

$$=0.010\ 5\ \text{kmol(惰性气体)/s}$$

从图7-18查得与Y_1相平衡的液体组成，则

$$X_1^*=0.003\ 2\ \text{kmol}(SO_2)/\text{kmol}(H_2O)$$

(1) $X_2=0.000\ 3$时，根据式(7-68)得

$$\left(\frac{L}{G}\right)_{\min}=\frac{Y_1-Y_2}{X_1^*-X_2}=\frac{0.099-0.009\ 9}{0.003\ 2-0.000\ 3}=30.72$$

$$\frac{L}{G}=1.2\left(\frac{L}{G}\right)_{\min}=1.2\times30.72=36.86$$

吸收剂用量为

$$L=36.86G=36.86\times37.85\times18\ \text{kg/h}=25\ 112.72\ \text{kg/h}$$

因为

$$\frac{L}{G}=\frac{Y_1-Y_2}{X_1-X_2}$$

所以

$$X_1=\frac{Y_1-Y_2}{L/G}+X_2=\left(\frac{0.099-0.009\ 9}{36.86}+0.000\ 3\right)\ \text{kmol}(SO_2)/\text{kmol}(H_2O)$$

$$=0.002\ 71\ \text{kmol}(SO_2)/\text{kmol}(H_2O)$$

(2) $X_2=0$，回收率η不变时，回收率不变，即出塔炉气中SO_2的组成Y_2不变，仍为

$$Y_2=0.009\ 9\ \text{kmol}(SO_2)/\text{kmol(惰性气体)}$$

$$\left(\frac{L}{G}\right)_{\min}=\frac{Y_1-Y_2}{X_1^*-0}=\frac{0.099-0.009\ 9}{0.003\ 2}=27.84$$

$$\frac{L}{G}=1.2\left(\frac{L}{G}\right)_{\min}=1.2\times27.84=33.41$$

吸收剂用量为

$$L=33.41G=33.41\times37.85\times18\ \text{kg/h}=22\ 760.87\ \text{kg/h}$$

出塔溶液组成为

$$X_1=\frac{Y_1-Y_2}{L/G}+X_2=\left(\frac{0.099-0.009\ 9}{33.41}+0\right)\ \text{kmol}(SO_2)/\text{kmol}(H_2O)$$

$$=0.002\ 67\ \text{kmol}(SO_2)/\text{kmol}(H_2O)$$

由(1)、(2)计算结果可以看到，在维持相同回收率的情况下，吸收剂所含溶质浓度降低，溶剂用量减少，出口溶液浓度降低。所以吸收剂再生时应尽可能完善，但还应兼顾解吸过程的经济性。

7.5.3 塔径的计算

与精馏塔直径的计算原则相同，吸收塔的直径也可根据圆形管道内的流量公式计算，即

$$\frac{\pi}{4}D^2u=V$$

$$D=\sqrt{\frac{4V}{\pi u}} \tag{7-75}$$

式中：D——塔径，m；

V——操作条件下混合气体的体积流量，m^3/s；

u——空塔气速，即按空塔截面积计算的混合气体线速度，m/s。

在吸收过程中，由于吸收质不断进入液相，故混合气体量由塔底至塔顶逐渐减小，在计算塔径时，一般应以塔底的气量为依据。

7.5.4 填料层高度的计算

填料塔是微分接触式设备，气、液两相的流量与含量都沿填料层高度连续变化，每通过一个微元填料层即发生微分变化，因此对填料塔操作的分析，应从填料层的一个微分段着手。

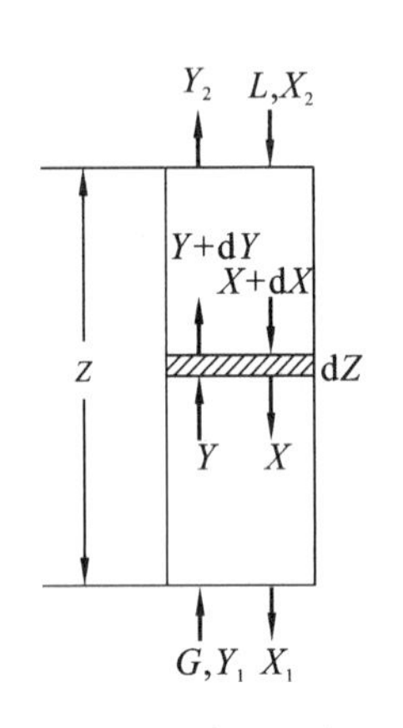

图 7-19　微元填料层的物料衡算

如图 7-19 所示，在横截面积为 Ω、填料层有效比表面积为 α 的填料吸收塔中任意截取一段高度为 dZ 的微元填料层，对其中溶质 A 作物料衡算，并忽略微元填料层两端轴向的分子扩散，则

气相　$$G\mathrm{d}Y = N_A \alpha \Omega \mathrm{d}Z \tag{7-76}$$

液相　$$L\mathrm{d}X = N_A \alpha \Omega \mathrm{d}Z \tag{7-77}$$

由式(7-53)可知，微元填料层内的相际传质速率 N_A 为

$$N_A = K_Y (Y_A - Y_A^*)$$

$$N_A = K_X (X_A^* - X)$$

将以上两式代入式(7-76)和式(7-77)可得

$$G\mathrm{d}Y = K_Y (Y_A - Y_A^*) \alpha \Omega \mathrm{d}Z \tag{7-78}$$

$$L\mathrm{d}X = K_X (X_A^* - X) \alpha \Omega \mathrm{d}Z \tag{7-79}$$

根据低含量气体吸收的特点，气、液两相流量 G 和 L 均为常数，气、液两相传质系数 k_Y 和 k_X 皆为常数。若在吸收塔操作范围内平衡线斜率变化不大，则由式(7-58)和式(7-59)可知，气、液总传质系数 K_Y 和 K_X 亦为常数。若 α 沿填料层高度保持不变，则对式(7-78)和式(7-79)沿填料层高度进行积分，有

$$\int_{Y_2}^{Y_1} \frac{\mathrm{d}Y}{Y - Y^*} = \frac{K_Y \alpha \Omega}{G} \int_0^Z \mathrm{d}Z$$

及

$$\int_{X_2}^{X_1} \frac{\mathrm{d}X}{X^* - X} = \frac{K_X \alpha \Omega}{L} \int_0^Z \mathrm{d}Z$$

因此，低含量气体吸收填料层高度计算的基本关系式为

$$Z = \frac{G}{K_Y \alpha \Omega} \int_{Y_2}^{Y_1} \frac{\mathrm{d}Y}{Y - Y^*} \tag{7-80}$$

及

$$Z = \frac{L}{K_X \alpha \Omega} \int_{X_2}^{X_1} \frac{\mathrm{d}X}{X^* - X} \tag{7-81}$$

由于操作中并非所有的填料表面都被液体润湿，而润湿的表面上液体若停滞不动也不能完全有效地参与传质过程，所以以上各式中的 α 总是小于单位体积填料层的总表面积。α 的大小不仅与填料的几何特性有关，还与气、液两相的物理性质、流动情况有关。要直接测出 α 值也很困难，实验研究中大都是把它与传质系数一并测定的，因此，常将传质系数与有效比表面积 α 的乘积（$K_Y\alpha$ 及 $K_X\alpha$）作为一个完整的物理量看待，称为总体积传质系数或总体积吸收系数，单位均为 $\mathrm{kmol/(m^3 \cdot s)}$。其物理意义是传质推动力为一个单位时，单位时间、单位体积填料层内吸收的溶质的物质的量。

1. 传质单元高度与传质单元数

为了方便起见，将上述计算填料层高度的基本关系式改写为传质单元高度和传质单元数乘积的形式

$$Z=H_{OG}N_{OG}=H_{OL}N_{OL} \tag{7-82}$$

气相传质单元高度

$$H_{OG}=\frac{G}{K_Y\alpha\Omega} \tag{7-83}$$

气相传质单元数

$$N_{OG}=\int_{Y_2}^{Y_1}\frac{dY}{Y-Y^*} \tag{7-84}$$

液相传质单元高度

$$H_{OL}=\frac{L}{K_X\alpha\Omega} \tag{7-85}$$

液相传质单元数

$$N_{OL}=\int_{X_2}^{X_1}\frac{dX}{X^*-X} \tag{7-86}$$

传质单元数 N_{OG} 和 N_{OL} 所含的变量只与相平衡以及进、出口含量条件有关，与设备的型式和设备中的操作条件等无关。这样，可在选择设备型式之前根据分离要求先计算 N_{OG} 和 N_{OL}。N_{OG} 和 N_{OL} 的大小反映分离任务的难易。如果 N_{OG} 和 N_{OL} 的数值太大，则表明分离要求太高或吸收剂性能太差。传质单元高度 H_{OG} 和 H_{OL} 则与设备的型式和设备中的操作条件有关，H_{OG} 和 H_{OL} 表示完成一个传质单元所需的填料层高度，反映吸收设备效能的高低。通常体积传质系数 $K_Y\alpha$ 或 $K_X\alpha$ 随 G 或 L 增加而增加，但 $G/(K_Y\alpha)$ 或 $L/(K_X\alpha)$ 则与流量的关系较小。常用吸收设备的传质单元高度为 0.15～1.5 m，具体数值须由实验测定。

另外，若将传质速率 N_A 的其他表达形式代入式(7-78)与式(7-79)并进行积分，可得类似的填料层高度的计算式。这些填料层高度计算式及相应的传质单元数与传质单元高度一并列入表 7-1。该表所列计算式对解吸操作同样适用，只是传质单元数中的推动力与吸收操作的刚好相反。

表 7-1　传质单元高度与传质单元数

填料层高度计算式	传质单元高度	传质单元数	
$Z=H_{OG}N_{OG}$	$H_{OG}=\frac{G}{K_Y\alpha\Omega}$	$N_{OG}=\int_{Y_2}^{Y_1}\frac{dY}{Y-Y^*}$	$H_{OG}=H_G+\frac{mG}{L}H_L$
$Z=H_{OL}N_{OL}$	$H_{OL}=\frac{L}{K_X\alpha\Omega}$	$N_{OL}=\int_{X_2}^{X_1}\frac{dX}{X^*-X}$	$H_{OL}=\frac{L}{mG}H_G+H_L$
$Z=H_GN_G$	$H_G=\frac{G}{k_Y\alpha\Omega}$	$N_G=\int_{Y_2}^{Y_1}\frac{dY}{Y-Y_i}$	
$Z=H_LN_L$	$H_L=\frac{L}{k_X\alpha\Omega}$	$N_L=\int_{X_2}^{X_1}\frac{dX}{X_i-X}$	$H_{OG}\frac{L}{mG}=H_{OL}$

2. 传质单元数的计算方法

根据气液平衡关系呈直线(或操作范围内是直线)、曲线的情况，介绍三种常用的传质单元数的计算方法。

1) 对数平均推动力法

低含量气体的吸收操作线近似为直线，若在操作浓度范围内平衡关系符合亨利定律，则平

衡线亦为直线，如图 7-20 所示。在此情况下，对应于某一 X 值的这两直线的纵坐标之差 $(Y-Y^*)$ 与 X 或 Y 亦呈直线关系。

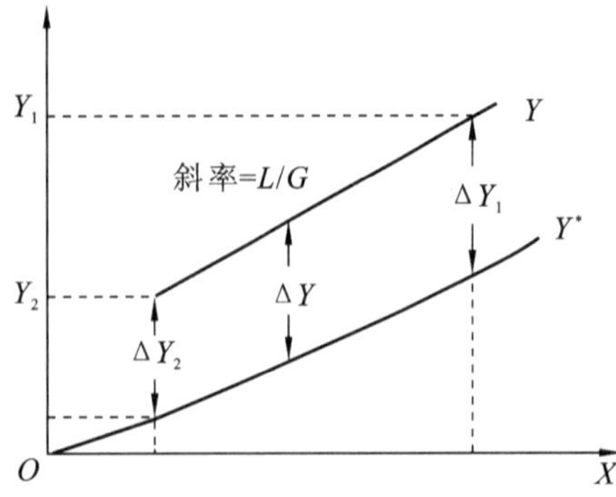

图 7-20　对数平均推动力法求传质单元数

令任一位置上的差值为 ΔY，塔底 $\Delta Y_1=Y_1-Y_1^*$，塔顶 $\Delta Y_2=Y_2-Y_2^*$，因 ΔY 与 Y 呈直线关系，故

$$\frac{\mathrm{d}(\Delta Y)}{\mathrm{d}Y}=\frac{\Delta Y_1-\Delta Y_2}{Y_1-Y_2}=\text{常数}$$

$$\mathrm{d}Y=\frac{Y_1-Y_2}{\Delta Y_1-\Delta Y_2}\mathrm{d}(\Delta Y)$$

$$N_{\mathrm{OG}}=\int_{Y_2}^{Y_1}\frac{\mathrm{d}Y}{Y-Y^*}=\frac{Y_1-Y_2}{\Delta Y_1-\Delta Y_2}\int_{Y_2}^{Y_1}\frac{\mathrm{d}(\Delta Y)}{\Delta Y}$$

$$=\frac{Y_1-Y_2}{\Delta Y_1-\Delta Y_2}\ln\frac{\Delta Y_1}{\Delta Y_2}=\frac{Y_1-Y_2}{\Delta Y_\mathrm{m}} \tag{7-87}$$

其中

$$\Delta Y_\mathrm{m}=\frac{(Y_1-Y_1^*)-(Y_2-Y_2^*)}{\ln\dfrac{Y_1-Y_1^*}{Y_2-Y_2^*}} \tag{7-88}$$

式中：ΔY_m——气相对数平均推动力。

同理，液相总传质单元数为

$$N_{\mathrm{OL}}=\int_{X_2}^{X_1}\frac{\mathrm{d}X}{\Delta X}=\frac{X_1-X_2}{\Delta X_\mathrm{m}} \tag{7-89}$$

液相对数平均推动力

$$\Delta X_\mathrm{m}=\frac{\Delta X_1-\Delta X_2}{\ln\dfrac{\Delta X_1}{\Delta X_2}}=\frac{(X_1^*-X_1)-(X_2^*-X_2)}{\ln\dfrac{X_1^*-X_1}{X_2^*-X_2}} \tag{7-90}$$

当 $\frac{1}{2}<\frac{\Delta Y_1}{\Delta Y_2}<2$ 或 $\frac{1}{2}<\frac{\Delta X_1}{\Delta X_2}<2$ 时，ΔY_m 或 ΔX_m 可用算术平均值代替对数平均值，则吸收过程的基本方程可写成

$$Z=\frac{G}{K_\mathrm{Y}\alpha\Omega}\frac{Y_1-Y_2}{\Delta Y_\mathrm{m}} \tag{7-91}$$

或

$$Z=\frac{L}{K_X\alpha\Omega}\frac{X_1-X_2}{\Delta X_\mathrm{m}} \tag{7-92}$$

2）吸收因数法

该方法的应用前提是在吸收过程中涉及的浓度范围内平衡关系符合亨利定律，即平衡线为一通过原点的直线。

设平衡线方程为

$$Y^*=mX$$

逆流吸收操作线方程为

$$X=X_2+\frac{G}{L}(Y-Y_2)$$

将上两式代入式(7-84)得

$$N_{\mathrm{OG}}=\int_{Y_2}^{Y_1}\frac{\mathrm{d}Y}{Y-Y^*}=\int_{Y_2}^{Y_1}\frac{\mathrm{d}Y}{Y-mX}=\int_{Y_2}^{Y_1}\frac{\mathrm{d}Y}{Y-m\left[X_2+\dfrac{G}{L}(Y-Y_2)\right]}$$

令 $A=\frac{L}{mG}$，将上式积分可得

$$N_{OG}=\frac{1}{1-\frac{1}{A}}\ln\left[\left(1-\frac{1}{A}\right)\frac{Y_1-Y_2^*}{Y_2-Y_2^*}+\frac{1}{A}\right]$$

$$=\frac{1}{1-\frac{1}{A}}\ln\left[\left(1-\frac{1}{A}\right)\frac{Y_1-mX_2}{Y_2-mX_2}+\frac{1}{A}\right] \tag{7-93}$$

式中：A 称为吸收因数，$\frac{1}{A}=\frac{mG}{L}=S$ 称为解吸因数。

将式(7-93)标绘在半对数坐标系中，可以得到传质单元数的关联图，如图7-21所示。

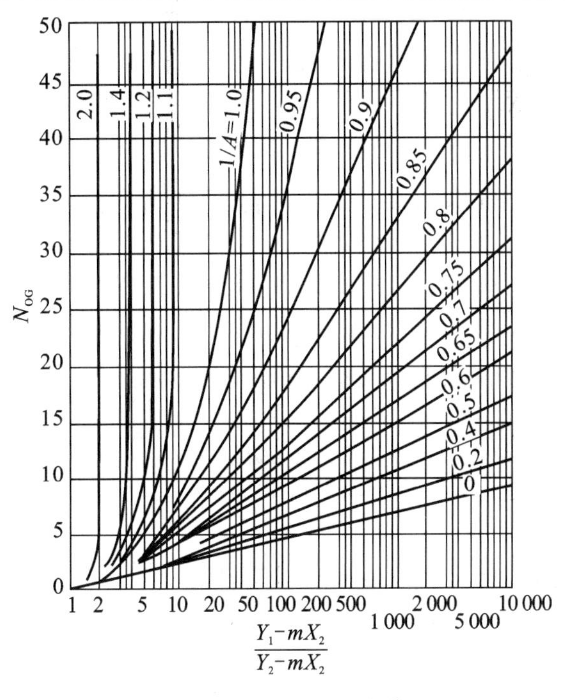

图 7-21　传质单元数关联图

同理，可以推导出以液相摩尔分数差为推动力的传质单元数。

$$N_{OL}=\frac{1}{1-A}\ln\left[(1-A)\frac{Y_1-mX_2}{Y_1-mX_1}+A\right] \tag{7-94}$$

式(7-94)中 N_{OL}、A 及 $\frac{Y_1-mX_2}{Y_1-mX_1}$ 三者的关系也服从图 7-21 的曲线。与对数平均推动力法相比，采用吸收因数法计算吸收操作型问题较为方便。

【例 7-7】 在一塔径为 0.8 m 的填料塔内，用清水逆流吸收空气中的氨，要求氨的吸收率为 99.5%。已知空气和氨的混合气质量流量为 1 400 kg/h，气体总压为 101.3 kPa，其中氨的分压为 1.333 kPa。若实际吸收剂用量为最小用量的 1.4 倍，操作温度(293 K)下的气液平衡关系为 $Y^*=0.8X$，气相总体积传质系数为 0.088 kmol/m³ · s。

(1) 试求每小时用水量；

(2) 用平均推动力法求出所需填料层高度。

解　(1) 吸收塔进口空气中氨含量(摩尔比)为

$$Y_1=\frac{1.333}{101.3-1.333}=0.0133$$

吸收塔出口空气中氨含量(摩尔比)为

$$Y_2=Y_1(1-\eta)=0.0133\times(1-0.995)=0.0000665$$

根据题意,有

$$X_2=0$$

因混合气中氨含量很少,故

$$\overline{M}\approx 29\ \text{kg/kmol}$$

则吸收塔惰性混合气体流量为

$$G=\frac{1400}{29}\times(1-0.0133)\ \text{kmol/h}=47.63\ \text{kmol/h}$$

由式(7-69)得

$$L_{\min}=G\frac{Y_1-Y_2}{X_1^*-X_2^*}=\frac{47.63\times(0.0133-0.0000665)}{\dfrac{0.0133}{0.8}-0}\ \text{kmol/h}=37.91\ \text{kmol/h}$$

则实际清水(吸收剂)用量

$$L=1.4L_{\min}=1.4\times37.91\ \text{kmol/h}=53.07\ \text{kmol/h}$$

(2) 根据操作线方程可得

$$X_1=\frac{G}{L}(Y_1-Y_2)+X_2=\frac{47.63\times(0.0133-0.0000665)}{53.07}+0=0.0119$$

由气液平衡关系可得

$$Y_1^*=0.8X_1=0.8\times0.0119=0.00952$$

$$Y_2^*=0$$

$$\Delta Y_2=Y_2-Y_2^*=0.0000665-0=0.0000665$$

$$\Delta Y_1=Y_1-Y_1^*=0.0133-0.00952=0.00378$$

则吸收塔的平均推动力为

$$\Delta Y_{\mathrm{m}}=\frac{\Delta Y_1-\Delta Y_2}{\ln\dfrac{\Delta Y_1}{\Delta Y_2}}=\frac{0.00378-0.0000665}{\ln\dfrac{0.00378}{0.0000665}}=0.000939$$

传质单元数为

$$N_{\mathrm{OG}}=\frac{Y_1-Y_2}{\Delta Y_{\mathrm{m}}}=\frac{0.0133-0.0000665}{0.000939}=14.09$$

传质单元高度为

$$H_{\mathrm{OG}}=\frac{G}{K_Y a\Omega}=\frac{47.63/3600}{0.088\times\dfrac{\pi}{4}\times0.8^2}\ \text{m}=0.30\ \text{m}$$

所以吸收塔填料层高度

$$Z=N_{\mathrm{OG}}H_{\mathrm{OG}}=14.09\times0.30\ \text{m}=4.23\ \text{m}$$

3) 图解积分法与数值积分法

当气、液两相的平衡关系 $Y^*=f(X)$ 为一曲线时,总传质系数亦不再为常数,由式(7-78)可知,此时的填料层高度应采用图解积分法或数值积分法按下式进行计算:

$$Z=\int_{Y_2}^{Y_1}\frac{G\mathrm{d}Y}{K_Y a\Omega(Y-Y^*)}\tag{7-95}$$

但在某些实验数据处理中,往往将 $\dfrac{G}{K_Y a\Omega}$ 取作全塔的某一平均值而移至积分符号外,以便在平衡线为曲线的情况下计算 N_{OG} 的值。

积分式 $N_{OG}=\int_{Y_2}^{Y_1}\frac{dY}{Y-Y^*}$ 之值等于图 7-22(b)中阴影部分的面积，可用图解积分法求此面积。其步骤是，在操作线和平衡线上得若干组与 Y 相对应的 $\frac{1}{Y-Y^*}$ 值；以 $\frac{1}{Y-Y^*}$ 为纵坐标、Y 为横坐标作图，$Y_2\sim Y_1$ 区间曲线下的阴影面积即为传质单元数 N_{OG}。

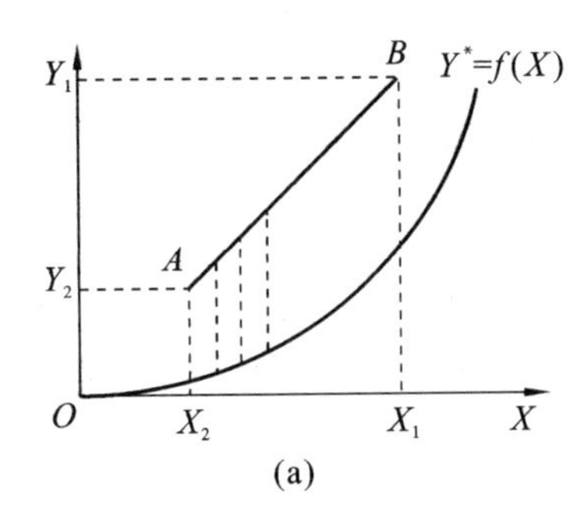

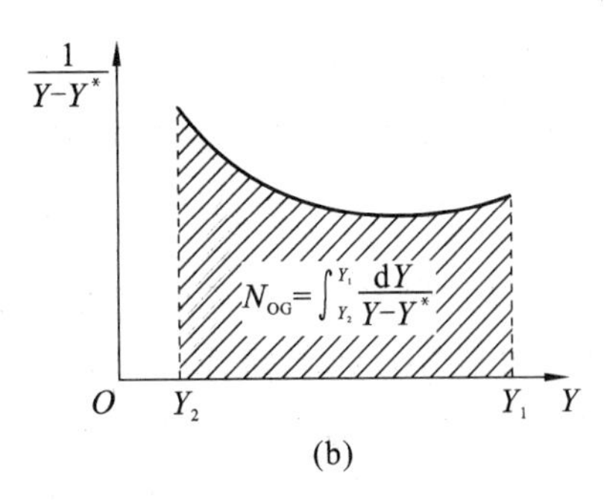

图 7-22　平衡线为曲线时 N_{OG} 的计算

图解积分法的关键在于找到若干点与积分变量 Y 相对应的被积分函数的值。图解积分法比较烦琐，且准确度较低，可用数值积分法计算。下面介绍常用的辛普森数值积分法。

将 Y_2 和 Y_1 之间分为偶数等份，对每一个 Y 值算出对应的 $f(Y)=1/(Y-Y^*)$，用 Y_0 代替塔顶组成 Y_2，Y_n 代替塔底组成 Y_1，令 $f_i=f(Y_i)$，然后按下式求积分：

$$\int_{Y_0}^{Y_n}f(Y)\mathrm{d}Y=\frac{\xi}{3}(f_0+4f_1+2f_2+4f_3+2f_4+\cdots+2f_{n-2}+4f_{n-1}+f_n)\tag{7-96}$$

式中：$\xi=\frac{Y_n-Y_0}{n}$，称为步长。n 可取任一偶数。n 值越大，计算就越准确。此时 Y_n 相当于入塔气相摩尔比 Y_1，Y_0 相当于出塔气相摩尔比 Y_2。

7.5.5　吸收塔的设计型计算

吸收塔的计算问题可分为设计型与操作型两类，两类问题均可通过联立以下三式求解。

全塔物料衡算式　　$G(Y_1-Y_2)=L(X_1-X_2)$

相平衡方程　　$Y^*=f(X)$

吸收过程基本方程　　$Z=H_{OG}N_{OG}=\frac{G}{K_Y\alpha\Omega}\int_{Y_2}^{Y_1}\frac{\mathrm{d}Y}{Y-Y^*}$

或　　$Z=H_{OL}N_{OL}=\frac{L}{K_X\alpha\Omega}\int_{X_2}^{X_1}\frac{\mathrm{d}X}{X^*-X}$

吸收塔的设计型计算是按给定的分离任务及条件（已知待分离气体的处理量与组成），计算塔的主要工艺尺寸，包括塔径和塔的有效段高度。塔的有效段高度对填料塔是指填料层高度，对板式塔则是板间距与实际板层的乘积。

1. 设计型计算的命题

设计要求：计算达到指定的分离要求所需要的填料层高度。

给定条件：进口气体的溶质组成 Y_1、混合气体的进塔流量 G、气液平衡关系以及分离要求。

分离要求通常有两种表达方式：一种是规定吸收后气体中有害溶质的残余含量 Y_2，另一种是规定有用物质(溶质)的回收率 η。

为了计算填料层高度 Z,必须知道总体积传质系数 $K_Y a$ 或 $K_X a$。H_{OG} 或 H_{OL} 涉及吸收塔的类型及其在操作条件下的传质性能,此将在第 9 章中讨论,本节暂且作为已知量。

显然,根据上述已知条件,设计型问题尚未有定解,设计者必须面临一系列条件的选择。

2. 流向选择

在微分接触吸收塔内,气、液两相可作逆流流动,也可作并流流动。如图 7-23 所示的并流吸收操作,在塔顶与任一截面处作物料衡算,可得并流时的操作线方程:

$$Y=Y_1-\frac{L}{G}(X-X_1)$$

操作线 AB 是斜率为 $-L/G$ 的直线,如图 7-24 所示。因此,只要在 $Y_2 \sim Y_1$ 范围内平衡线是直线,则对数平均推动力 ΔY_m 仍可按式(7-87)计算。同理,只要在 $X_1 \sim X_2$ 范围内平衡线是直线,则对数平均推动力 ΔX_m 可按式(7-90)计算。

比较并流操作线(见图 7-24)与逆流操作线(见图 7-16)可知,在两相进、出口组分浓度相同的情况下,逆流时的对数平均推动力必大于并流的。同时,逆流时下降至塔底的液体与刚进塔的气体接触,有利于提高出塔的液体浓度,且减少吸收剂的用量;上升至塔顶的气体与刚进塔的新鲜吸收剂接触,有利于降低出塔气体的浓度,从而提高溶质的回收率,故就吸收过程而言,逆流优于并流。但是,针对吸收设备而言,逆流操作时液体的向下流动会受到上升气体的作用力,这种曳力过大时会妨碍液体的顺利流下,因而限制了吸收塔所允许的液体量和气体量,这是逆流的缺点。

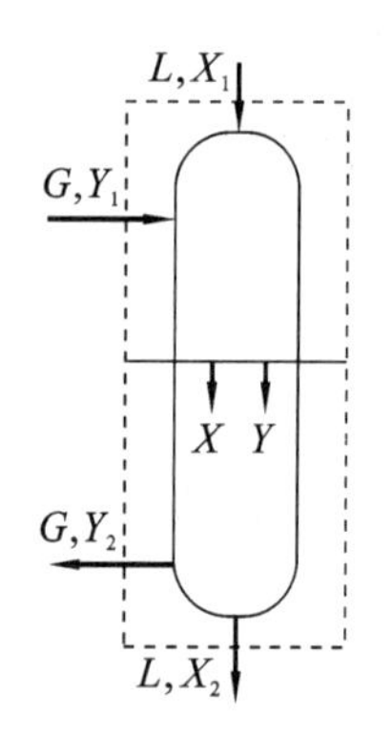

图 7-23　并流吸收塔的物料衡算

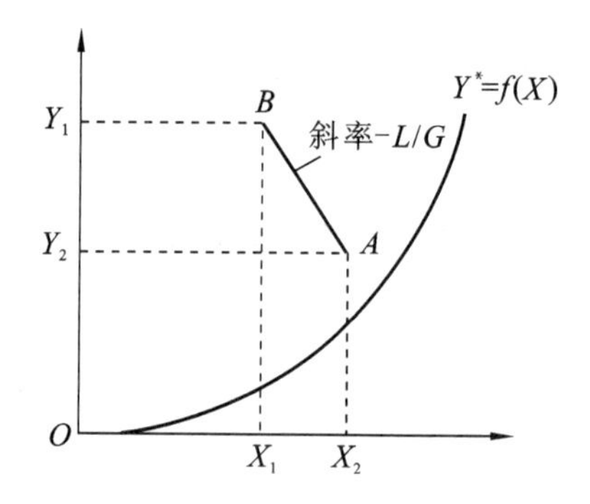

图 7-24　并流吸收塔的操作线

为了使过程具有最大的推动力,吸收操作一般采用逆流,在以下吸收计算的讨论中,除注明外均指逆流操作。在特殊情况下,如相平衡线斜率很小时,逆流并无太大优势,可考虑采用并流操作。

3. 吸收剂进口含量的选择及其最高允许含量

若设计时所选择的吸收剂进口溶质组分含量过高,吸收过程的推动力减小,所需的吸收塔高度将增加。而选择的吸收剂进口溶质组分含量过低,则对吸收剂的再生提出了过高的要求,再生设备和再生费用加大。因此,吸收剂进口溶质组分含量 X_2 的选择是一个经济上的优化问题,需要通过计算和比较方可确定。

除了上述经济方面的考虑之外,还有一个技术上的限制,即存在一个技术上允许的最高进口溶质组分含量,超过这一含量便不可能达到规定的分离要求。

气、液两相逆流操作时,塔顶气相浓度按设计要求规定为 Y_2,而与之成平衡的液相组成为 X_2^*。显然,所选择的吸收剂进口组成 X_2 必须低于 X_2^* 才能达到规定的分离要求。如所选 X_2 等于 X_2^*,则吸收塔顶的推动力 ΔY_2 为零,所需的塔高将为无穷大,这就是 X_2 的上限。

7.5.6 吸收塔的操作型计算

1. 操作型计算的命题

1) 第一类命题

已知吸收塔的填料层高度及其他有关尺寸,两相的流量、进口含量、平衡关系及流动方式,两相总体积传质系数 $K_Y\alpha$ 或 $K_X\alpha$,计算气、液两相的出口含量。

2) 第二类命题

已知吸收塔的填料层高度及其他有关尺寸,气体的流量和进、出口含量,吸收液的进口含量,两相平衡关系及流动方式,两相总体积传质系数 $K_Y\alpha$ 或 $K_X\alpha$,计算吸收剂的用量及其出口含量。

2. 操作型问题的计算方法

吸收操作型的计算问题可通过式(7-64)、式(7-80)或式(7-81)联立求解解决。在一般情况下,相平衡方程和吸收过程方程都是非线性的,求解时必须采用试差或迭代的方法。如果平衡线在操作范围内可近似看成直线,吸收过程基本方程可写为式(7-91)或式(7-92)的形式。对于第一类命题,可通过数学处理将吸收过程基本方程线性化,然后采用消元法计算气、液两相的出口含量;对于第二类命题,因无法将吸收过程基本方程线性化,只有采用试差或迭代方法计算。

当平衡关系服从亨利定律时,采用吸收因数法求解更为方便;但对于第二类命题,即使采用吸收因数法,试差或迭代计算仍不可避免。

3. 吸收塔的操作及调节

吸收塔的气体入口条件是由前一工序决定的,一般不能随意改变,因此,吸收塔在操作时最为常见的调节手段是改变吸收剂的进口条件。吸收剂的进口条件包括流量、温度、组成。

增大吸收剂用量,气体出口含量降低,当吸收过程为气相阻力控制时,因 $K_Y\alpha$ 不变,对数平均推动力增大。

降低吸收剂温度,气体溶解度增大,气体出口含量降低,平衡常数减小,平衡线下移,当吸收过程为气相阻力控制时,因 $K_Y\alpha$ 不变,对数平均推动力增大。

降低吸收剂入口含量,则气体出口含量降低,全塔对数平均推动力随之增大。

总之,适当调节上述三个因素皆可强化传质过程,提高吸收效果。当吸收与再生操作联合进行时,吸收剂的进口条件将受再生操作的制约,如果再生不良,吸收剂进塔含量将上升;如果再生后的吸收剂冷却不足,吸收剂温度将升高。若再生操作中操作不当,将给吸收操作带来不良影响。

提高吸收剂流量 L,虽然可强化传质,但必须同时考虑再生设备的处理能力。吸收剂循环量加大时会使解吸操作恶化,则吸收塔的液相进口含量将上升,最终得不偿失。

另外,采用提高吸收剂循环量的方法调节气体出口含量 Y_2 是有一定限度的。设有一填料层高度为足够高的吸收塔($Z=\infty$),操作时必在塔底或塔顶达到平衡(见图 7-25)。当气、液两相在塔底达到平衡时($L/G<m$),增大吸收剂用量可有效降低 Y_2(见图 7-25(a));当气、液

两相在塔顶达到平衡时($L/G>m$),则增大吸收剂用量不能有效降低 Y_2(见图 7-25(b)),此时,只有降低吸收剂进口组成或进口温度才能使 Y_2 下降。

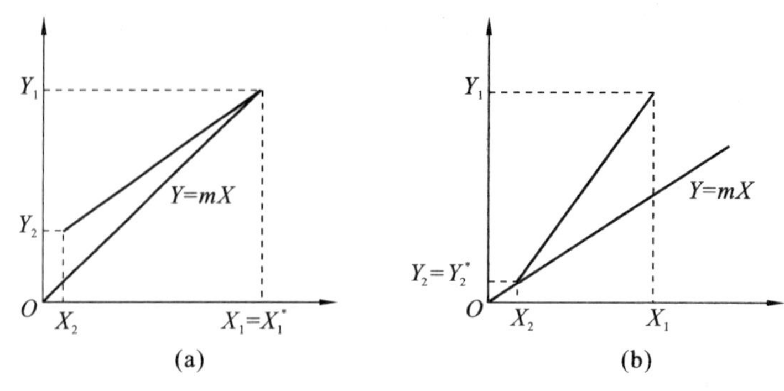

图 7-25 吸收操作的调节

【例 7-8】 在一填料吸收塔内,用三羟基乙胺的水溶液逆流吸收煤气中的 H_2S,原工况下进气塔中含 H_2S 1.6%(摩尔比,下同),进塔吸收剂中不含 H_2S,操作液气比为最小液气比的1.4倍,回收率为 98%。现由于生产工艺的改变,入塔气体含量(摩尔比)降为 1.1%,进塔惰性气体流量提高了 18%,而吸收剂用量、入塔含量及其他操作条件均不变,已知操作条件下平衡关系可用 $Y^*=mX$ 表示,$K_Y\alpha \propto G^{0.7}$。试求:

(1) 新工况下该塔的回收率;

(2) 维持回收率仍为 98% 时新工况下填料层高度的改变值。

解 (1) 由回收率定义可求出气体出口摩尔比

$$Y_2=Y_1(1-\eta)=0.016\times(1-0.98)=0.000\ 32$$

根据题意,由式(7-68)可得最小液气比

$$\left(\frac{L}{G}\right)_{\min}=\frac{Y_1-Y_2}{X_1^*-X_2}=\frac{Y_1-Y_2}{\dfrac{Y_1}{m}}=m\eta$$

$$\frac{L}{G}=1.4m\eta$$

原工况下

$$\frac{1}{A}=\frac{mG}{L}=\frac{m}{1.4m\eta}=\frac{1}{1.4\times0.98}=0.73$$

传质单元数

$$N_{OG}=\frac{1}{1-\dfrac{1}{A}}\ln\left(\frac{1-\dfrac{1}{A}}{1-\eta}+\frac{1}{A}\right)=\frac{1}{1-0.73}\ln\left(\frac{1-0.73}{1-0.98}+0.73\right)=9.83$$

由题意知新工况下 Z 不变,$G'=1.18G$,有

$$K'_Y\alpha=1.18^{0.7}K_Y\alpha=1.123K_Y\alpha$$

$$Z=H_{OG}N_{OG}=\frac{G}{K_Y\alpha\Omega}\times9.83=\frac{G'}{K'_Y\alpha\Omega}N'_{OG}$$

所以

$$N'_{OG}=\frac{9.83\times1.123}{1.18}=9.36$$

又

$$\frac{1}{A'}=\frac{mG'}{L}=1.18m\frac{G}{L}=1.18\times0.73=0.86$$

所以

$$9.36=\frac{1}{1-\dfrac{1}{A'}}\ln\left[\left(1-\frac{1}{A'}\right)\frac{Y_1}{Y_2}+\frac{1}{A'}\right]=\frac{1}{1-0.86}\ln\left(\frac{1-0.86}{1-\eta'}+0.86\right)$$

解得

$$\eta'=95\%$$

(2) 新工况下，回收率仍为 98%，则

$$N''_{OG}=\frac{1}{1-\frac{1}{A'}}\ln\left(\frac{1-\frac{1}{A'}}{1-\eta}+\frac{1}{A'}\right)=\frac{1}{1-0.86}\ln\left(\frac{1-0.86}{1-0.98}+0.86\right)=14.73$$

$$Z'=H'_{OG}N''_{OG}=\frac{G'}{K'_{Y}\alpha\Omega}\times 14.73=\frac{1.18G}{1.123K_{Y}\alpha\Omega}\times 14.73=15.48\frac{G}{K_{Y}\alpha\Omega}$$

所以

$$\frac{Z'}{Z}=\frac{15.48}{9.83}=1.6$$

即维持回收率仍为 98%时新工况下填料层高度将提高到原来的 1.6 倍。

7.6　传质系数

传质系数对于吸收过程的计算具有十分重要的意义，若没有准确可靠的传质系数数据，则上述所涉及吸收速率公式与方法都将失去其实际意义。

一般而言，传质过程的影响因素较传热过程复杂得多，传质系数不仅与物性、设备类型、填料的形状和规格等有关，而且还与塔内流体的流动状况、操作条件密切相关。因此，迄今尚无通用的计算公式和方法。目前，在进行吸收设备的计算时，获取传质系数的途径有三条：一是实验测定；二是选用适当的经验公式进行估算；三是选用适当的特征数关联式进行计算。

7.6.1　传质系数的测定

实验测定是获得传质系数的根本途径。实验测定一般在已知内径和填料层高度的中间实验设备或生产装置上进行，用实验操作的系统，选定一定的操作条件进行实验。在稳态操作状况下测得进、出口气液流量及组成，根据物料衡算及气、液两相的平衡关系算出吸收负荷 G_A 及气相对数平均推动力 ΔY_m。再依具体设备的尺寸算出填料层体积 V_P，便可按下式计算气相总体积传质系数 $K_Y\alpha$：

$$K_Y\alpha=\frac{G(Y_1-Y_2)}{\Omega z\Delta Y_m}=\frac{G_A}{V_P\Delta Y_m} \tag{7-97}$$

式中：G_A——塔的吸收负荷，即单位时间在塔内吸收的溶质流量，kmol/s；

V_P——填料层体积，$V_P=\Omega z$，m^3；

ΔY_m——塔内气相对数平均推动力。

测定时可针对全塔进行，也可针对任一塔段进行，测定值代表所测范围内的总体积传质系数的平均值。

测定气相或液相传质系数时，总是设法在另一相的阻力可忽略或可以推算的条件下进行实验。如可采用如下的方法求得用水吸收低含量氨气时的气相体积传质系数 $K_G\alpha$。

首先直接测定总体积传质系数 $K_G\alpha$，然后依下式计算气相体积传质系数 $k_G\alpha$ 的数值。

$$\frac{1}{k_G\alpha}=\frac{1}{K_G\alpha}-\frac{1}{Hk_L\alpha} \tag{7-98}$$

液相体积传质系数 $k_L\alpha$ 可根据相同条件下用水吸收氧气时的液相体积传质系数来推算，即

$$(k_L\alpha)_{NH_3}=(k_L\alpha)_{O_2}\left(\frac{D'_{NH_3}}{D'_{O_2}}\right)^{0.5} \tag{7-99}$$

因为氧气在水中的溶解度甚微,故当用水吸收氧气时,气相阻力可以忽略,所测得的 $K_L\alpha$ 等于 $k_L\alpha$,代入上式即可计算氨的 $k_L\alpha$。

7.6.2 传质系数的经验关联式

计算传质系数的经验公式较多,现介绍几个计算体积传质系数的经验公式。

1. 用水吸收氨气

用水吸收氨气属于易溶气体的吸收,吸收阻力主要在气相中,液相阻力约占10%。根据实验数据得出的气相体积传质系数的经验关联式为

$$k_G\alpha=6.07\times10^{-4}W_G^{0.9}W_L^{0.39} \tag{7-100}$$

式中:$k_G\alpha$——气相体积传质系数,$mol/(m^3 \cdot h \cdot Pa)$;

W_G——气体空塔质量流速,$kg/(m^2 \cdot h)$;

W_L——液体空塔质量流速,$kg/(m^2 \cdot h)$。

式(7-100)的适用条件:① 系统用水吸收氨气;② 填料为直径12.5 mm的陶瓷环形填料。

2. 常压下用水吸收二氧化碳

这是难溶气体的吸收,吸收的主要阻力在液相中,液相体积传质系数的经验关联式为

$$k_L\alpha=2.57U^{0.96} \tag{7-101}$$

式中:$k_L\alpha$——液相体积传质系数,1/h;

U——液相喷淋密度,即单位时间、单位塔截面上喷淋的液体体积,$m^3/(m^2 \cdot h)$,即m/h。

式(7-101)的适用条件:① 系统为用水吸收二氧化碳;② 填料为直径10~32 mm的陶瓷环形填料;③ 液相喷淋密度为3~20 $m^3/(m^2 \cdot h)$;④ 气相的空塔质量流速为130~580 $kg/(m^2 \cdot h)$;⑤ 操作温度为21~27 ℃。

3. 用水吸收二氧化硫

用水吸收二氧化硫属于中等溶解度的气体吸收,气相阻力和液相阻力在总阻力中都占有相当的比例。根据实验数据得出的计算体积传质系数的经验关联式为

$$k_G\alpha=9.81\times10^{-4}W_G^{0.7}W_L^{0.25} \tag{7-102}$$

$$k_L\alpha=a'W_L^{0.82} \tag{7-103}$$

式(7-103)中各符号的意义与单位同前,a'与温度的关系列于表7-2。

表7-2 a'的值

温度/℃	a'	温度/℃	a'
10	0.009 3	25	0.012 8
15	0.010 2	30	0.014 3
20	0.011 6	—	—

式(7-102)及式(7-103)的适用条件:① 系统为用水吸收二氧化硫;② 气相的空塔质量流速为320~150 $kg/(m^2 \cdot h)$;③ 液相的空塔质量流速为4 400~58 500 $kg/(m^2 \cdot h)$;④ 所用填料为直径25 mm的环形填料。

7.7 高含量气体吸收

7.7.1 高含量气体吸收过程分析

当入塔混合气体中溶质含量较高，被吸收的溶质量较多时，7.5节中低含量气体吸收的简化处理便不再适用。高含量气体吸收过程具有以下特点。

1. 吸收过程为非等温过程

在高含量气体吸收过程中，被吸收的溶质量较多，所产生的溶解热将使两相温度升高，故应作热量衡算以确定流体温度沿塔高的分布。液体温度升高对相平衡产生不利影响，相平衡线一般为曲线。当溶解热较大时，此项影响应予以计及。

2. 气、液两相流量沿填料层高度变化

在高含量气体吸收过程中，混合气体流量 G'、液体流量 L' 沿填料层高度将有明显变化，不能再视为常数。但惰性气体流量 G_B 沿塔填料层高度不变；假设溶剂不挥发，则纯溶剂流量 L_S 亦为常数。此时，若溶质在气、液两相中的组成以摩尔分数 y 及 x 表示，对全塔作物料衡算可得

$$G_B\left(\frac{y_1}{1-y_1}-\frac{y_2}{1-y_2}\right)=L_S\left(\frac{x_1}{1-x_1}-\frac{x_2}{1-x_2}\right) \tag{7-104}$$

操作线方程可写成

$$\frac{y}{1-y}=\frac{y_1}{1-y_1}-\frac{L_S}{G_B}\left(\frac{x_1}{1-x_1}-\frac{x}{1-x}\right) \tag{7-105}$$

由上式可以看出，在 y-x 坐标系中，操作线为一曲线。

3. 传质系数与含量有关

因气、液两相流量沿填料层高度变化，使气、液两相传质系数在全塔不再为一常数。按照双膜理论，气相和液相传质系数均与漂流因子有关。因此当气相含量较高时，气、液相含量对传质系数的影响不可忽略。以气相传质系数为例，其计算式为

$$k_y=pk_G=\frac{Dp}{RTz_G}\frac{p}{p_{Bm}}=k'_y\frac{p}{p_{Bm}} \tag{7-106}$$

式中：k'_y——在气相中A、B组分作等分子反向扩散的传质系数，其值与 y 无关，即

$$k'_y=\frac{Dp}{RTz_G} \tag{7-107}$$

漂流因子 p/p_{Bm} 可写为

$$\frac{p}{p_{Bm}}=\frac{p}{\dfrac{p_{B1}-p_{B2}}{\ln\dfrac{p_{B1}}{p_{B2}}}}=\frac{1}{\dfrac{(1-y_1)-(1-y_2)}{\ln\dfrac{1-y_1}{1-y_2}}}=\frac{1}{(1-y)_m} \tag{7-108}$$

因此

$$k_y=k'_y\frac{1}{(1-y)_m} \tag{7-109}$$

同理

$$k_x=k'_x\frac{1}{(1-x)_m} \tag{7-110}$$

7.7.2 高含量气体吸收过程的数学描述

高含量吸收过程的数学描述应以微元塔段 dZ 为控制体，列出物料衡算、热量衡算、过程的传质速率和传热速率方程。

1. 物料衡算微分方程

对微元塔段 dZ 作可溶组分 A 的物料衡算，单位时间内由气相转入液相的组分 A 的传递量为

$$d(G'y)=d(L'x)=N_A\alpha\Omega dZ \tag{7-111}$$

因为
$$G'=\frac{G_B}{1-y}$$

所以
$$d(G'y)=d\left(G_B\frac{y}{1-y}\right)=G_B\frac{dy}{(1-y)^2}=G'\frac{dy}{1-y} \tag{7-112}$$

同理
$$d(L'x)=L\frac{dx}{1-x} \tag{7-113}$$

2. 热量衡算及其简化

在高含量气体吸收过程中，由于溶解热的释出，气、液两相间必有温差，因而必存在两相间的传热及溶剂的气化。两相间的传热及溶剂的气化使热量衡算变得复杂。鉴于气体的比热容很小，吸收剂蒸气压通常较低，假设气体温度升高可带走的热量很小，溶剂气化量很小，若不考虑热损失，则吸收过程产生的溶解热将全部用于液体温度升高。

为了简化计算，本节进一步作如下假定：若吸收过程产生的溶解热不大，而吸收采用的液、气量又较大，则吸收过程产生的热量使吸收液的温度升高不显著，或吸收塔散热效果较好，吸收过程产生的溶解热可及时散发，那么此类吸收可视为在等温下进行，可不作热量衡算，并省去了描述气、液两相传热过程特征的传热速率方程。

3. 相际传质速率方程

由式(7-109)和式(7-110)可知，高含量气体吸收的传质系数 k_y 和 k_x 不是常数，故总传质系数 K_y 或 K_x 也不是常数。因此，高含量气体吸收过程中，相际传质速率方程多用传质系数表示，即

$$N_A=k_y\alpha\Omega(y-y_i)=k'_y\alpha\Omega\frac{1}{(1-y)_m}(y-y_i) \tag{7-114}$$

$$N_A=k_x\alpha\Omega(x_i-x)=k'_x\alpha\Omega\frac{1}{(1-x)_m}(x_i-x) \tag{7-115}$$

将式(7-112)、式(7-113)、式(7-114)和式(7-115)代入式(7-111)，得到

$$G'\frac{dy}{1-y}=\frac{k'_y\alpha\Omega(y-y_i)dZ}{(1-y)_m} \tag{7-116}$$

$$L'\frac{dx}{1-x}=\frac{k'_x\alpha\Omega(x_i-x)dZ}{(1-x)_m} \tag{7-117}$$

用传质系数计算传质速率时需知界面含量，界面含量可由下面两式试差求解：

$$y_i=f(x_i) \tag{7-118}$$

$$k'_{y}a\Omega \frac{1}{(1-y)_{\mathrm{m}}}(y-y_{\mathrm{i}})=k'_{x}a\Omega \frac{1}{(1-x)_{\mathrm{m}}}(x_{\mathrm{i}}-x) \tag{7-119}$$

7.7.3 高含量气体等温吸收过程的计算

将式(7-116)和式(7-117)变形并积分得

$$Z=\int_{0}^{Z}\mathrm{d}Z=\int_{y_2}^{y_1}\frac{G(1-y)_{\mathrm{m}}\mathrm{d}y}{k'_{y}a\Omega(1-y)(y-y_{\mathrm{i}})} \tag{7-120}$$

$$Z=\int_{0}^{Z}\mathrm{d}Z=\int_{x_2}^{x_1}\frac{L(1-x)_{\mathrm{m}}\mathrm{d}x}{k'_{x}a\Omega(1-x)(x_{\mathrm{i}}-x)} \tag{7-121}$$

式(7-120)和式(7-121)表明,高含量气体等温吸收的填料层高度 Z 须通过数值积分或图解积分才可求得。

【例 7-9】 在一填料塔内,用清水吸收空气混合气体中的 SO_2。混合气中惰性组分为空气。已知操作压力为 101.3 kPa,温度为 20 ℃。操作条件下 SO_2 在水中的溶解度数据见表 7-3。进塔气体中 SO_2 的摩尔分数为 0.20,出塔时为 0.02。惰性气体流量为 6.53×10^{-4} kmol/s,清水流量为 4.20×10^{-2} kmol/s,塔截面积为 0.092 9 m^2。在 101.3 kPa 下,气相和液相体积传质系数计算式分别为

$$k_{y}a=0.066W_{\mathrm{G}}^{0.7}W_{\mathrm{L}}^{0.25}$$

$$k_{x}a=0.152W_{\mathrm{L}}^{0.82}$$

式中 $k_{y}a$、$k_{x}a$ 的单位为 kmol/(m^3 · s),气液质量流速的单位为 kg/(m^2 · s)。

表 7-3

溶解度/g	2.5	1.5	1.0	0.7	0.5	0.3	0.2	0.15	0.10	0.05	0.02
p_{SO_2}/kPa	21.5	12.3	7.87	5.20	3.47	1.88	1.13	0.773	0.427	0.160	0.067

试求所需填料层高度 Z。

解　首先要在全塔范围内作组分 A(SO_2)的物料衡算,以求出塔底液相浓度。依式(7-104)有

$$L_{\mathrm{S}}\frac{x_2}{1-x_2}+G_{\mathrm{B}}\frac{y_1}{1-y_1}=L_{\mathrm{S}}\frac{x_1}{1-x_1}+G_{\mathrm{B}}\frac{y_2}{1-y_2}$$

即

$$4.20\times10^{-2}\times\frac{0}{1-0}+6.53\times10^{-4}\times\frac{0.2}{1-0.2}$$

$$=4.20\times10^{-2}\frac{x_1}{1-x_1}+6.53\times10^{-4}\times\frac{0.02}{1-0.02}$$

解得

$$x_1=0.003\ 57$$

则操作线方程应写为

$$\frac{y}{1-y}=\frac{4.20\times10^{-2}x}{6.53\times10^{-4}(1-x)}+\left(\frac{0.2}{1-0.2}-\frac{4.20\times10^{-2}}{6.53\times10^{-4}}\times\frac{0.003\ 57}{1-0.003\ 57}\right)$$

$$=64.32\frac{x}{1-x}+0.02$$

本题采用数值积分法计算所需填料层高度。把 $y_1\sim y_2$ 分为 6 个相等的小区间,则可确定该浓度范围的各个 y 值,如表 7-4 所示。根据上面的操作线方程计算出各个相应的液面组成 x,再由 G_{B}、L_{S} 值及 y、x 值计算出塔内气、液相的摩尔流量 G、L 及质量流速 W_{G}、W_{L}。随后可利用题给的经验公式算出各相应截面上的体积传质系数 $k_{y}a$ 及 $k_{x}a$。

表 7-4

编　号	1	2	3	4	5	6
y	0.02	0.04	0.08	0.12	0.16	0.20
x	0	0.000 337	0.001 04	0.001 81	0.002 64	0.003 57
$G'\times10^3/(\text{kmol/s})$	7.169	7.320	7.643	7.987	8.364	8.784
$L'/(\text{kmol/s})$	0.452 1	0.452 2	0.452 5	0.453 0	0.453 3	0.453 7
$W_G/[\text{kg/(m}^2\cdot\text{s)}]$	0.213 0	0.222 6	0.242 9	0.265 2	0.289 5	0.316 3
$W_L/[\text{kg/(m}^2\cdot\text{s)}]$	8.138	8.148	8.168	8.190	8.214	8.241
$k_y\alpha/[\text{kmol/(m}^3\cdot\text{s)}]$	0.037 76	0.038 96	0.041 44	0.044 10	0.046 92	0.049 96
$k_x\alpha/[\text{kmol/(m}^3\cdot\text{s)}]$	0.848 1	0.849 0	0.850 7	0.852 6	0.854 6	0.856 9
$-\dfrac{k_x\alpha}{k_y\alpha}$	−22.46	−21.79	−20.53	−19.33	−18.21	−17.15
y_i	0.009	0.025 0	0.056 0	0.093 0	0.130	0.166
$1-y$	0.98	0.96	0.92	0.88	0.84	0.80
$y-y_i$	0.011	0.015 0	0.024 0	0.027 0	0.030 0	0.034 0
$f(y)$	17.61	13.05	8.35	7.62	7.07	6.46

以 $y=0.04$ 为例，其计算过程如下。

$$\frac{0.04}{1-0.04}=64.32\frac{x}{1-x}+0.02$$

解得

$$x=0.000\ 337$$

则

$$G'=\frac{G_B}{1-y}=\frac{6.53\times10^{-4}}{1-0.04}\ \text{kmol/s}=6.80\times10^{-4}\ \text{kmol/s}$$

$$L'=\frac{L_S}{1-x}=\frac{4.20\times10^{-2}}{1-0.000\ 337}\ \text{kmol/s}=0.042\ 01\ \text{kmol/s}$$

$$W_G=\frac{G_BM_B+G_B\dfrac{y}{1-y}M_A}{\Omega}=\frac{6.53\times10^{-4}\times29+6.53\times10^{-4}\times\dfrac{0.04}{1-0.04}\times64}{0.092\ 9}\ \text{kg/(m}^2\cdot\text{s)}$$

$$=0.222\ 6\ \text{kg/(m}^2\cdot\text{s)}$$

$$W_L=\frac{L_SM_S+L_S\dfrac{x}{1-x}M_A}{\Omega}=\frac{4.20\times10^{-2}\times18+4.20\times10^{-2}\times\dfrac{0.000\ 337}{1-0.000\ 337}\times64}{0.092\ 9}\ \text{kg/(m}^2\cdot\text{s)}$$

$$=8.148\ \text{kg/(m}^2\cdot\text{s)}$$

$$k_y\alpha=0.066W_G^{0.7}W_L^{0.25}=0.066\times0.222\ 6^{0.7}\times8.148^{0.25}=0.038\ 96\ \text{kmol/(m}^3\cdot\text{s)}$$

$$k_x\alpha=0.152W_L^{0.82}=0.152\times8.148^{0.82}=0.849\ 0\ \text{kmol/(m}^3\cdot\text{s)}$$

将各个 y 值对应的 x、G、L、W_G、W_L、$k_y\alpha$ 及 $k_x\alpha$ 值列于表 7-4。在 y-x 直角坐标中，根据操作线方程绘出吸收操作线，如图 7-26 所示曲线 BT。根据表 7-4 中 SO_2 在水中的溶解度数据，在 y-x 直角坐标中绘出平衡线，如图 7-26 所示曲线 OE。由操作线上各已知点出发，作斜率为 $-\dfrac{k_x\alpha}{k_y\alpha}$ 的直线，读出此直线与平衡线交点的纵、横坐标值，便是相应各截面上界面浓度 x_i 及 y_i。随后即可计算出 $f(y)=\dfrac{G'}{k_y\alpha(1-y)(1-y_i)}$ 的数值。

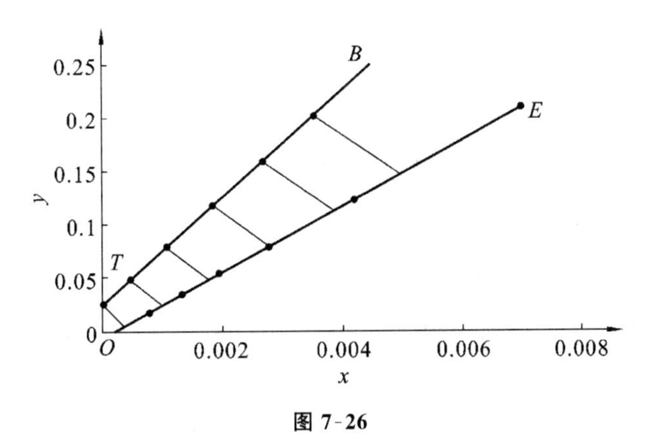

图 7-26

仍以 $y=0.04$ 为例，直线的斜率为

$$-\frac{k_x\alpha}{k_y\alpha}=-\frac{0.849\ 0}{0.038\ 96}=-21.79$$

过操作线上已知点(0.000 337,0.04)作斜率为−21.79的直线，该直线与平衡线的交点坐标为

$$x_i=0.001\ 06,\quad y_i=0.025\ 0$$

则在此截面上有

$$y-y_i=0.04-0.025\ 0=0.015\ 0$$
$$1-y=1-0.04=0.96$$
$$1-y_i=1-0.025\ 0=0.975$$

于是可算出此截面上被积函数 $f(y)$ 的值：

$$f(y)=\frac{G'}{k_y\alpha(1-y)(y-y_i)}=\frac{7.32\times10^{-3}}{0.038\ 96\times0.96\times0.015\ 0}=13.05$$

其余各 y 值对应的 $-\frac{k_x\alpha}{k_y\alpha}$、$y_i$、$1-y$、$y-y_i$ 及 $f(y)$ 数值的计算结果也列于表 7-4 中。

由数值积分得

$$Z=\int_{y_2}^{y_1}f(y)\mathrm{d}y=1.58\ \mathrm{m}$$

应当指出，体积传质系数不仅与物性、温度、压力及气液两相的流速有关，而且与溶质浓度有关。溶质浓度的影响体现于漂流因子中。

以气相体积传质系数为例，高浓度气体吸收的塔高可由式(7-120)求得。而根据式(7-120)进行图解积分以计算填料层高度 Z 时，步骤较烦琐，且需采用试差方法。

在一般情况下，尽管 $k'_y\alpha$ 和 G 都随截面位置而变化，但是 $k'_y\alpha$ 与单位塔截面积上的气相流量之比值能在整个填料层中不发生很大变化。因此，通常可将 $G/(k'_y\alpha)$ 视为常数而不致带来显著误差，于是式(7-120)可写成

$$Z=\frac{G}{k'_y\alpha\Omega}\int_{y_2}^{y_1}\frac{(1-y)_m\mathrm{d}y}{(1-y)(1-y_i)}\tag{7-122}$$

或

$$Z=H_GN_G\tag{7-123}$$

其中

$$H_G=\frac{G}{k'_y\alpha\Omega}\tag{7-124}$$

$$N_G=\int_{y_2}^{y_1}\frac{(1-y)_m}{(1-y)(y-y_i)}\tag{7-125}$$

为了简化计算，当塔内任一横截面上的 $(1-y)_m$ 可用 $1-y$ 与 $1-y_i$ 的算术平均值代替

时,即

$$(1-y)_m=\frac{1}{2}[(1-y)+(1-y_i)]=(1-y)+\frac{y-y_i}{2}$$

则

$$N_G=\int_{y_2}^{y_1}\frac{\left[(1-y)+\frac{1}{2}(y-y_i)\right]dy}{(1-y)(y-y_i)}$$

$$N_G=\int_{y_2}^{y_1}\frac{dy}{y-y_i}+\frac{1}{2}\ln\frac{1-y_2}{1-y_1} \tag{7-126}$$

式(7-126)等号右侧第二项可按进、出塔的气相浓度直接计算,只有第一项须用图解积分或数值积分法求得,比较简单。

当然,在某些特殊条件下,式(7-126)还可进一步简化。如当溶质在气、液两相中的摩尔分数不超过10%时,工程计算中即可视为低含量气体吸收,此时$(1-y_2)/(1-y_1)\approx 1$,则式(7-126)变成

$$N_G=\int_{y_2}^{y_1}\frac{dy}{y-y_i} \tag{7-127}$$

此种情况下,塔内不同高度上气、液两相流量的变化将不会超过10%,传质系数的变化更加小于这个比例,因而可取塔顶及塔底传质系数$k_y\alpha$的平均值,将其视为常数来计算H_G,于是可用前面所述的关于低含量气体吸收的种种计算方法求得填料层高度Z。

7.8 化学吸收

在实际生产中,多数吸收过程都伴有化学反应。伴有显著化学反应的吸收过程称为化学吸收。例如,用NaOH或Na_2CO_3等水溶液、氨水吸收CO_2或SO_2、H_2S,以及用硫酸吸收氨气等,都属于化学吸收。

7.8.1 化学反应对相平衡的影响

1. 化学吸收的优点

工业吸收操作多数是化学吸收,这是由于化学反应提高了吸收的选择性;化学反应能加快吸收速率,从而减小设备容积;在反应过程中增加了溶质在液相的溶解度,因此能有效地减少吸收剂用量;同时由于工业吸收中存在化学反应,能降低溶质在气相中的平衡分压,可较彻底地除去气相中很少量的有害气体。

2. 反应对相平衡的影响

当可溶组分A在液相中发生化学反应时,气相的组分A(分压为p_A)仅与液相中处于溶解状态的(即未反应掉的)A之间建立物理相平衡。溶解态的A仅为液相中组分A的总浓度的一部分,因此,对同一气相分压p_A而言,可以说化学反应的存在,增大了液相中可溶组分的溶解度。

与气相浓度成物理相平衡的溶解态A的浓度取决于液相中反应的平衡常数。设液相溶解态的A与液相中的组分B发生如下可逆反应:

$$A+B\rightleftharpoons P$$

反应平衡常数为

$$K_e=\frac{c_P}{c_A c_B} \tag{7-128}$$

式中：c_A、c_B、c_P——液相中物质A、B、P的物质的量浓度。

显然，液相中组分A的总浓度为$c=c_A+c_P$。将$c_P=c-c_A$代入上式可得

$$c_A=\frac{c}{1+K_e c_B} \tag{7-129}$$

当可溶组分A与纯溶剂的物理相平衡关系服从亨利定律时，有

$$p_A^*=\frac{c_A}{H}$$

或

$$p_A^*=\frac{c}{(1+K_e c_B)H} \tag{7-130}$$

若能测得反应的平衡常数，由式(7-130)可算出气相平衡分压p_A与液相中组分A的总浓度之间的关系。从式(7-130)可知，反应平衡常数K_e越大，气相分压p_A越低。当化学反应为不可逆时，气相的平衡分压为零。若将式(7-130)改写成$y=mx$，相平衡常数$m=0$，此时x为液相中A的总摩尔分数。

7.8.2 化学吸收速率

一般化学吸收是可溶组分A与吸收剂中某个活性物质B发生化学反应。气相中组分A首先由气相主体扩散至气液界面(此与物理吸收相同)，溶质A在界面上溶解并向液相主体传递的同时与组分B发生反应。因此，溶质A的浓度沿扩散途径的变化情况不仅与其自身的扩散速率有关，而且与液相中活性组分B的反向扩散速率、化学反应以及反应产物的扩散速率等因素有关。这就使得化学吸收的速率关系十分复杂。总的来说，由于化学反应消耗了进入液相中的溶质，使溶质气体的有效溶解度增大而平衡分压降低，即增大了吸收过程的推动力；同时，溶质在液膜内扩散过程中因发生化学反应而消耗，使传质阻力减小，传质系数相应增大。因此，发生化学反应总会使吸收速率得到不同程度的提高。但是，提高的程度又根据不同情况而有很大差异。

如当液相中活性组分B的含量足够高，而且发生的是快速不可逆反应时，即溶质组分A进入液相后能立即反应而被消耗掉，此时气、液两相界面上溶质A的分压为零，吸收过程速率为气相中的扩散阻力所控制，可按气相控制的物理吸收计算。用硫酸吸收氨气的过程即属此种情况。

而当化学反应速率较低致使反应主要在液相主体中进行时，吸收过程中气、液两相的扩散阻力均未有明显变化，仅在液相主体中因发生化学反应而使溶质浓度降低，此时吸收过程的总推动力较单纯物理吸收的大。用Na_2CO_3水溶液吸收CO_2的过程即属此种情况。

介于上述两者之间的吸收速率计算，目前仍无可靠的一般方法，设计时往往依靠实测数据。

化学吸收速率的计算可以应用与物理吸收相同的方程：

$$N_A=k_y(y-y_i)=k'_x(x_i-x) \tag{7-131}$$

由以上分析可知，除了推动力外，化学吸收与物理吸收的传质过程的主要差别在于液相化学吸收的液相传质系数k'_x为物理吸收的液相传质系数k_x的某一倍数，即

$$k'_x=\beta k_x \tag{7-132}$$

β称为化学吸收增强因子。于是,当已知相平衡关系 $y=mx$ 时,则总传质系数为

$$K_y=\frac{1}{\dfrac{1}{k_y}+\dfrac{m}{\beta k_x}} \tag{7-133}$$

于是,低浓度气体化学吸收的填料层高度 Z 为

$$Z=\frac{G}{K_y a\Omega}\int_{y_2}^{y_1}\frac{\mathrm{d}y}{y-y^*}=H_{OG}N_{OG} \tag{7-134}$$

β的大小与组分 A、B 的扩散系数,化学反应速率常数,界面组成和物理吸收传质系数有关,难以确定。因此,设计时往往是通过同一系统,在相同或相近操作条件下进行实验,直接测出 k_x'的数据。

由式(7-133)可以看出,当吸收过程为液相阻力控制过程时,液相的化学反应能显著地减小液相阻力,从而增大总传质系数,这时采用化学吸收的优点非常明显;当吸收过程为气相阻力控制过程时,液相阻力即使大为减小,对总传质系数的影响也不大,这时应用化学吸收除能降低气相平衡分压外,效果不大。同时,采用化学吸收虽然使吸收较为容易,但解吸困难,在解吸时需要消耗较多的能量。若反应是不可逆的,则反应剂不能循环使用。

7.9　解吸塔的最小气液比与设计型计算

使溶解于液相的气体释放出来的操作称为解吸(或脱吸)。解吸是吸收的逆过程,其操作方法通常是使溶液与惰性气体或蒸汽逆流接触。应用惰性气体进行解吸的过程适用于溶剂回收及不能直接得到纯净的溶质组分;若原溶质组分不溶于水,应用蒸汽解吸,则可将塔顶所得混合气体冷凝并由冷凝液中分离出水层,得到纯净的原溶质组分。例如,洗油从焦炉气吸收了苯与甲苯后形成的溶液,再用蒸汽进行解吸,便可把苯与甲苯从冷凝器中分离出来。

此外,气体在液体中的溶解度随温度升高而减小,提高温度可增大推动力,对解吸有利;若吸收塔的操作压力低,气相中溶质气体的分压也低,解吸推动力便增大,因此有些解吸塔在真空下操作。

按逆流方式操作的解吸塔,溶液从顶部送入,空气、蒸汽或其他惰性气体从底部通入,解吸出来的溶质气体混于惰性气体中从塔顶送出,经解吸后的溶液从塔底送出,如图 7-27(a)所示。

解吸过程中,溶质组分在液相中的实际浓度总是大于与气相成平衡的浓度,故解吸的推动力应该是 Y^*-Y 或 $X-X^*$,因而解吸过程的操作线总是位于平衡线下方,与吸收操作相反,如图 7-27(b)所示。

当解吸用气量 G 减小时,出口气体 Y_1 必增大,操作线的 A 点向平衡线靠近,其极限位置为 C 点,此时解吸气出口的摩尔比 Y_1^* 与吸收剂进口摩尔比 X_1 成平衡,解吸操作线斜率 L/G 最大而气液比最小,即

$$\left(\frac{G}{L}\right)_{\min}=\frac{X_1-X_2}{Y_1^*-Y_2} \tag{7-135}$$

当平衡线为下凹形状曲线(见图 7-27(c))时,可由 B 点作平衡线的切线,以确定最小气液比的数值。实际操作的气液比可选为最小气液比的 1.1～2.0 倍。

解吸塔的设计型计算与吸收塔类似,唯一不同的是解吸推动力与吸收推动力刚好相反。

当平衡关系满足亨利定律时,解吸过程同样有

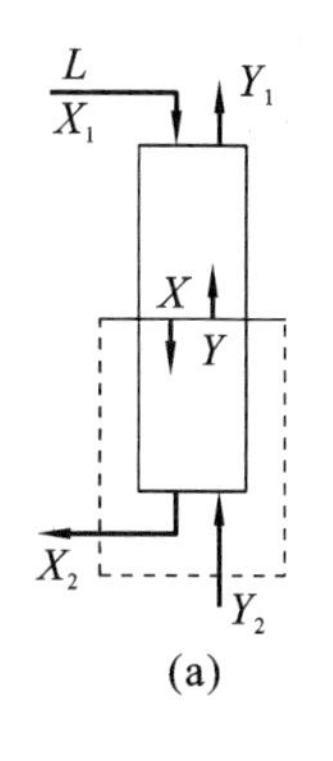

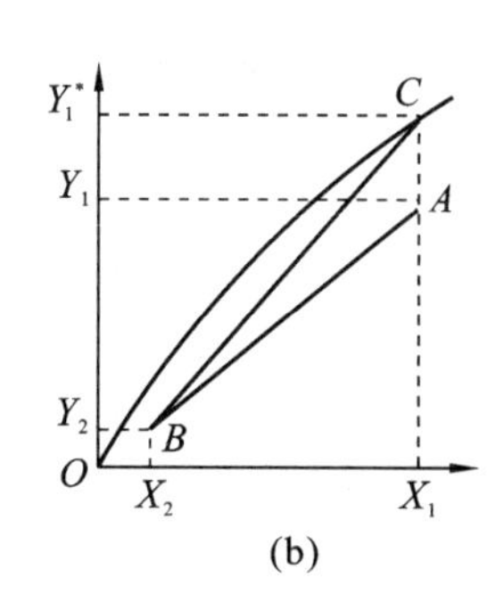

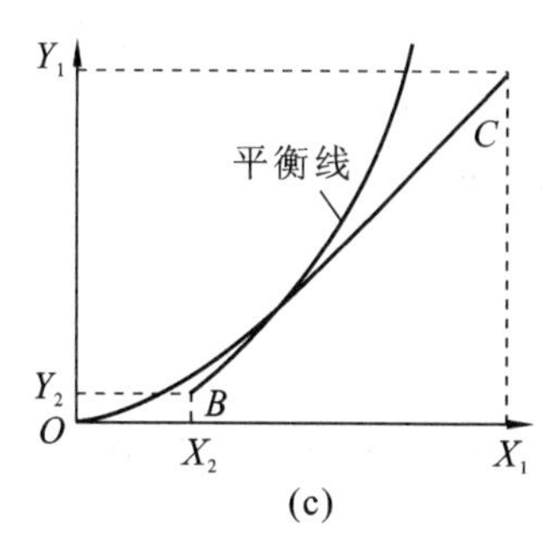

图 7-27　解吸的操作线和最小气液比

$$N_{OL}=\frac{1}{1-A}\ln\left[(1-A)\frac{Y_1-Y_2^*}{Y_1-Y_1^*}+A\right]$$

下标"1"、"2"分别代表塔顶与塔底，如图 7-27(a)所示。只需将吸收计算中用来求 N_{OG} 的图 7-21 中的纵、横坐标及参数分别改为 N_{OL}、$\frac{Y_1-Y_2^*}{Y_1-Y_1^*}$ 及 A(即 $\frac{L}{mG}$)，便可求算解吸过程的液相传质单元数 N_{OL}。

练习题(7.9)

思　考　题

1. 亨利定律为何具有不同的表达式？E、m、H 三者各自与温度、总压有何关系？
2. 摩尔分数与摩尔比有何不同？它们之间的关系如何？
3. 扩散通量 J_A、传递速率 N_A 相互之间有什么联系和区别？
4. 分子传质(扩散)与分子传热(导热)有何异同？
5. 漂流因子有什么含义？等分子反向扩散时是否有漂流因子？为什么？
6. 双膜理论的要点是什么？
7. 什么是液相阻力控制？什么是气相阻力控制？用水吸收混合气体中的 CO_2 属于什么控制过程？提高吸收速率的有效措施是什么？
8. 低含量气体吸收和高含量气体吸收各自有什么特点？
9. 什么是最小液气比？它与哪些因素有关？
10. 传质单元高度和传质单元数有何物理意义？
11. N_{OG} 的计算方法有几种？各有什么条件？

习　　题

1. 在总压为 101.3 kPa，温度为 25 ℃的条件下，1 000 g 水中含 SO_2 50 g，在此浓度下亨利定律适用，通过实验测定其亨利系数 E 为 4.13 MPa，试求该溶液上方 SO_2 的平衡分压和相平衡常数 m。(溶液密度近似取为 1 000 kg/m^3。)　　(57.41 kPa，40.77)

2. 已知 20 ℃时，在一个大气压下氨气溶解于水的溶解度数据如下，据此画出溶解度曲线，横坐标用 x(摩尔分数)，纵坐标用 p^*(kPa)。

氨溶解度/kg	2	2.5	3	4	5	7.5	10	15
氨平衡分压/mmHg	12	15	18.2	24.9	31.7	50	69.6	114

3. 分析下列过程是吸收过程还是解吸过程,计算其推动力的大小,并在 y-x 图上表示。

(1) 含 NO_2 0.003(摩尔分数)的水溶液和含 NO_2 0.06(摩尔分数)的混合气接触,总压为 101.3 kPa,温度为 15 ℃,已知 15 ℃时,NO_2 水溶液的亨利系数 $E=1.68\times10^2$ kPa;

(2) 气液组成及温度同(1),总压达 200 kPa(绝对压力)。

((1)吸收过程,$\Delta y=0.0550$,$\Delta x=0.0332$;(2)吸收过程,$\Delta y=0.0575$,$\Delta x=0.0684$)

4. 在 20 ℃及 101.325 kPa 下,CO_2 与空气的混合物缓慢地沿 Na_2CO_3 溶液液面流过,空气不溶于 Na_2CO_3 溶液。CO_2 透过厚 1 mm 的静止空气层扩散到 Na_2CO_3 溶液中。气体中 CO_2 的摩尔分数为 0.2。在 Na_2CO_3 溶液液面上,CO_2 被迅速吸收,故相界面上 CO_2 的浓度极小,可忽略不计。CO_2 在空气中 20 ℃时的扩散系数 D 为 0.18 cm^2/s。问:CO_2 的扩散速率是多少?　　(1.67×10^{-4} kmol/(m^2·s))

5. 在总压为 110.5 kPa 的条件下,采用填料塔用清水逆流吸收混于空气中的氨气。测得在塔的某一截面上,氨的气、液相组成分别为 $y=0.032$、$c=1.06$ kmol/m^3。气膜吸收系数 $k_G=5.2\times10^{-6}$ kmol/(m^2·s·kPa),液膜吸收系数 $k_L=1.55\times10^{-4}$ m/s。假设操作条件下平衡关系服从亨利定律,溶解度系数 $H=0.725$ kmol/(m^3·kPa)。

(1) 试计算以 Δp、Δc 表示的总推动力和相应的总吸收系数;

(2) 试分析该过程的控制因素。

((1) $\Delta p=2.074$ kPa,$K_G=4.97\times10^{-6}$ kmol/(m^2·s·kPa),$\Delta c=1.504$ kmol/m^3,$K_L=6.855\times10^{-6}$ m/s;(2) 气膜控制)

6. 在一逆流吸收塔中用吸收剂吸收某混合气体中的可溶组分。已知操作条件下该系统的平衡关系为 $Y=1.15X$,入塔气体可溶组分含量为 9%(体积分数),吸收剂入塔浓度为 1%(体积分数),试求液体出口的最大浓度。　　(0.0792)

7. 在吸收塔内用水吸收混于空气中的甲醇蒸气,操作温度为 25 ℃,压力为 105 kPa(绝对压力)。稳定操作状况下,塔内某截面上的气相中甲醇分压为 7.5 kPa,液相中甲醇浓度为 2.85 kmol/m^3。甲醇在水中的溶解度系数 $H=2.162$ kmol/(m^3·kPa),液膜分吸收系数 $k_L=2.0\times10^{-5}$ m/s,气膜分吸收系数 $k_G=1.2\times10^{-5}$ kmol/(m^2·s·kPa)。试求:

(1) 气液界面处气相侧甲醇浓度 y_i;

(2) 该截面上的吸收速率。

((1) 0.0249;(2) 5.87×10^{-5} kmol/(m^2·s))

8. 在 101.3 kPa 及 25 ℃的条件下,用清水在填料塔中逆流吸收某混合气中的 SO_2。已知混合气进塔和出塔的组成分别为 $y_1=0.04$、$y_2=0.002$。假设操作条件下平衡关系服从亨利定律,亨利系数为 4.13×10^3 kPa,吸收剂用量为最小用量的 1.45 倍。

(1) 试计算吸收液的组成;

(2) 若操作压力提高到 1013 kPa 而其他条件不变,再求吸收液的组成。

((1) 7.054×10^{-4};(2) 7.054×10^{-3})

9. 在一逆流吸收塔中用三乙醇胺水溶液吸收混于气态烃中的 H_2S,进塔气相中含 H_2S 2.91%(体积分数),要求吸收率不低于 99%,操作温度为 300 K,压力为 101.33 kPa,平衡关系为 $Y^*=2X$,进塔液体为新鲜溶剂,出塔液体中 H_2S 浓度为 0.013 kmol(H_2S)/kmol(溶剂),已知单位塔截面积、单位时间流过的惰性气体量为 0.015 kmol/(m^2·s),气相总体积传质系数为 0.000395 kmol/(m^3·s·kPa)。求所需填料层高度。

(7.9 m)

10. 在一直径为 0.8 m 的填料塔内,用清水吸收某工业废气中所含的 SO_2 气体。已知混合气的流量为 45 kmol/h,SO_2 的体积分数为 0.032。操作条件下气液平衡关系为 $Y^*=34.5X$,气相总体积传质系数为 0.0562 kmol/(m^3·s)。若吸收液中 SO_2 的摩尔比为饱和摩尔比的 76%,要求回收率为 98%。求水的用量(kg/h)及所需的填料层高度。　　(3.488×10^{-4} kg/h,4.749 m)

11. 常压(101.325 kPa)下用水吸收丙酮-空气混合物中的丙酮(逆流操作),入塔混合气中含丙酮 7%(体积分数),混合气体流量为 1 500 m^3/h(标准状态下),要求吸收率为 97%,已知亨利系数为 200 kPa(低浓度吸收)。

(1) 试计算每小时被吸收的丙酮量。

(2) 若用水量为 3 200 kg/h,求溶液的出口浓度。在此情况下,塔进、出口处的推动力 ΔY 分别为多少?

(3) 若溶液的出口组成 $x_1=0.030\,5$,求所需用水量。此用水量为最小用水量的多少倍?

((1) 4.891 kmol/h;(2) 0.026 8,塔进口处的推动力 0.021 0,塔出口处的推动力 0.002 26;(3)155.470 kmol/h,1.213)

12. 在常压填料吸收塔中,用清水吸收废气中氨气,废气流量为 2 500 m^3/h (标准状态下),其中氨气浓度为 0.02(摩尔分数),要求回收率不低于 98%,若水用量为 3.6 m^3/h,操作条件下平衡关系为 $Y^*=1.2X$ (式中 X、Y 为摩尔比),气相总传质单元高度为 0.7 m ,试求:

(1) 塔底、塔顶推动力,全塔对数平均推动力;

(2) 气相总传质单元数;

(3) 填料层高度。

((1) 塔底推动力 0.007 32,塔顶推动力 0.000 41,全塔对数平均推动力 0.002 4;(2) 8.33;(3) 5.83 m)

13. 现有空气和氨气的混合气体,在直径为 0.8 m 的填料吸收塔中用清水吸收其中的氨气。已知送入的空气量为 1 390 kg/h ,混合气体中氨气的分压为 1.33 kPa ,经过吸收后混合气中有 99.5%的氨气被吸收下来。操作温度为 20 ℃,压力为 101.325 kPa 。在操作条件下,平衡关系为 $Y^*=0.75X$ 。若吸收剂(水)用量为 52 kmol/h 。已知氨气的气相总体积传质系数 $K_{Y}\alpha=314$ kmol/(m^3 · h)。试求:

(1) 吸收液的出塔组成;

(2) 所需填料层高度。(用吸收因数法)

((1) 0.012 3;(2) 4.07 m)

14. 在一塔径为 1.3 m、逆流操作的填料塔内用清水吸收氨气-空气混合气体中的氨气,已知混合气体流量为 3 400 m^3/h(标准状态下),其中氨气含量为 5%(体积分数),吸收率为 90%,液气比为最小液气比的 1.3 倍,操作条件下的平衡关系为 $Y=1.2X$,气相总体积传质系数 $K_{Y}\alpha=187$ kmol/(m^3 · h),试求:

(1) 吸收剂用量;

(2) 填料层高度;

(3) 在液气比及其他操作条件不变的情况下,回收率提高到 95%时,填料层高度应增加多少?

((1) 202.452 kmol/h;(2) 3.34 m;(3)1.96 m)

15. 在吸收塔中用清水吸收混合气体中的 SO_2,气体流量为 5 000 m^3/h(标准状态下),其中 SO_2 占 10%,要求 SO_2 的回收率为 95%。气液逆流接触,在塔的操作条件下,SO_2 在两相间的平衡关系近似为 $Y^*=26.7X$。

(1) 若取用水量为最小用量的 1.5 倍,用水量应为多少?

(2) 在上述条件下,用图解法求所需理论塔板层数。

((1) 7 684 kmol/h;(2) 5.5)

16. 在某逆流操作的填料塔内,用清水回收混合气体中的可溶组分 A,混合气体中 A 的初始浓度为 0.02(摩尔分数)。为了节约成本,吸收剂为解吸之后的循环水,液气比为 1.5,在操作条件下,气液平衡关系为 $Y^*=1.2X$。当解吸塔操作正常时,解吸后水中 A 的浓度为 0.001(摩尔分数),吸收塔气体残余 A 的浓度为 0.002(摩尔分数);若解吸操作不正常,解吸后水中 A 的浓度为 0.005(摩尔分数),其他操作条件不变,气体残余 A 的浓度为多少?　($Y_2'=0.006\,6$)

17. 在一逆流操作的填料塔中,用循环溶剂吸收气体混合物中溶质。气体入塔组成为 0.025(摩尔比,下同),液气比为 1.6,操作条件下气液平衡关系为 $Y=1.2X$。若循环溶剂组成为 0.001,则出塔气体组成为 0.002 5,现因脱吸不良,循环溶剂组成变为 0.01,试求此时出塔气体组成。　($Y_2'=0.012\,7$)

本章主要符号说明

符号	意　　义	计量单位
A	吸收因数 $A=L/(mG)$	
S	脱吸因数 $S=mG/L$	
c_i	液相界面上溶质的物质的量浓度	$kmol/m^3$
c	混合液总物质的量浓度	$kmol/m^3$
D	在气相或液相中的分子扩散系数;塔径	m^2/s;m
D_E	涡流扩散系数	m^2/s
E	亨利系数	kPa
G	惰性气体的摩尔流量(下标“B”略)	kmol/s
G_B	惰性气体通过塔截面的气相流量	kmol/s
G'	混合气体通过塔截面的气相流量	kmol/s
G_A	吸收负荷,即单位时间吸收的A的物质的量	kmol/s
H	溶解度系数	$kmol/(m^3 \cdot kPa)$
m	相平衡常数或分配系数	
H_G	以 $Y-Y_i$ 为推动力的气相传质单元高度	m
H_L	以 X_i-X 为推动力的液相传质单元高度	m
H_{OG}	以 $Y-Y^*$ 为推动力的气相传质单元高度	m
H_{OL}	以 X^*-X 为推动力的液相传质单元高度	m
J	扩散通量	$kmol/(m^2 \cdot s)$
k_G	以分压差为推动力的气相传质系数	$kmol/(m^2 \cdot s \cdot kPa)$
k_L	以浓度差为推动力的液相传质系数	m/s
k_x	以摩尔分数差为推动力的液相传质系数	$kmol/(m^2 \cdot s)$
k_y	以摩尔分数差为推动力的气相传质系数	$kmol/(m^2 \cdot s)$
k_X	以摩尔比之差为推动力的气相传质系数	$kmol/(m^2 \cdot s)$
k_Y	以摩尔比之差为推动力的液相传质系数	$kmol/(m^2 \cdot s)$
K_G	以分压差为推动力的气相总传质系数	$kmol/(m^2 \cdot s \cdot kPa)$
K_L	以浓度差为推动力的液相总传质系数	m/s
K_x	以摩尔分数差为推动力的液相总传质系数	$kmol/(m^2 \cdot s)$
K_y	以摩尔分数差为推动力的气相总传质系数	$kmol/(m^2 \cdot s)$
K_X	以(X^*-X)为推动力的液相总传质系数	$kmol/(m^2 \cdot s)$
K_Y	以$(Y-Y^*)$为推动力的气相总传质系数	$kmol/(m^2 \cdot s)$
$K_X\alpha$	以(X^*-X)为推动力的液相总体积传质系数	$kmol/(m^3 \cdot s)$
$K_Y\alpha$	以$(Y-Y^*)$为推动力的气相总体积传质系数	$kmol/(m^3 \cdot s)$
L	纯吸收剂的流量(下标“S”略)	kmol/s
L_S	纯吸收剂的流量	kmol/s
L'	液体流量	kmol/s
N_M	主体流动通量	$kmol/(m^2 \cdot s)$
N_A	组分A的传质速率	$kmol/(m^2 \cdot s)$
N_G	以 $Y-Y_i$ 为推动力的气相传质单元数	

符号	意　　义	计量单位
N_L	以 X_i-X 为推动力的液相传质单元数	
N_{OG}	以 $Y-Y^*$ 为推动力的气相传质单元数	
N_{OL}	以 X^*-X 为推动力的液相传质单元数	
p_A	A 组分的分压	Pa
p	总压	Pa
R	摩尔气体常数	J/(mol·K)
s	表面更新率	
T	热力学温度	K
u	流体速度	m/s
u_0	气体通过填料空隙的平均速度	m/s
U	喷淋密度	$m^3/(m^2\cdot h)$
v	分子体积;物质传递速度	cm^3/mol;m/s
V_P	填料层体积	m^3
W_G	气体空塔质量流速	$kg/(m^2\cdot s)$
W_L	液体空塔质量流速	$kg/(m^2\cdot s)$
x	组分在液相中的摩尔分数	
X	组分在液相中的摩尔比	
y	组分在气相中的摩尔分数	
Y	组分在气相中的摩尔比	
Δy_m	气相对数平均推动力	m
z	扩散距离	m
z_G	气膜厚度	m
z_L	液膜厚度	m
Z	填料层高度	m
α	填料层的有效比表面积	m^2/m^3
Ω	填料塔的横截面积	m^2
η	吸收率或回收率	
μ	黏度	Pa·s
ρ	密度	kg/m^3
上标		
*	平衡状态	
下标		
A	组分 A	
B	组分 B	
G	气相	
i	相界面	
L	液相	
m	对数平均	
S	溶剂	

第8章 蒸 馏

本章学习要求

■ **掌握**：双组分理想物系的汽液平衡；拉乌尔定律；泡点方程；露点方程；汽液相平衡图；挥发度；相对挥发度；相平衡方程及应用；精馏分离原理；物料衡算；操作线方程；q 线方程。

■ **熟悉**：平衡蒸馏和简单蒸馏的特点；精馏装置的热量衡算；理论板数捷算法（芬斯克方程和吉利兰图）；非常规二元连续精馏塔计算（直接蒸汽加热、多股进料、侧线采出、塔釜进料、塔顶采用分凝器、提馏塔等）。

■ **了解**：非理想物系汽液平衡；间歇精馏的特点及应用；恒沸精馏、萃取精馏的特点及应用。

8.1 概 述

8.1.1 蒸馏分离的依据及在工业生产中的应用

蒸馏是分离液体混合物常用的一种典型单元操作，它利用液体混合物中各组分挥发性的差异来实现组分的分离。例如，对苯-甲苯混合物，加热使之部分汽化，苯由于沸点较低、挥发性较大，因此比甲苯更易于从液相中汽化出来，即蒸气中苯的组成高于溶液中苯的组成，若将汽化产生的蒸气全部冷凝，则可获得苯含量较高的冷凝液，若重复上述部分汽化和冷凝操作，最终便可以实现苯和甲苯的分离。习惯上，把混合物中易挥发的组分称为轻组分，难挥发的组分称为重组分。

蒸馏单元操作广泛应用于工业生产中。例如，石油炼制工业利用蒸馏方法将原油分离成汽油、柴油、润滑油等不同沸程的产品；在工业生产中常需要大量高纯度的氧气和氮气等，常用方法就是将空气加压、深冷液化后，采用蒸馏的方法进行分离，获得所需的氧气、氮气及氩气；此外，蒸馏方法还广泛地应用于食品加工以及医药生产中。

8.1.2 蒸馏的分类

由于待分离混合物中各组分挥发度的差异、对分离程度的要求、操作条件等各有不同，故蒸馏方法也有多种，其分类如下。

（1）按操作方式分为连续蒸馏和间歇蒸馏。连续蒸馏通常为稳态操作，在生产中使用较多；而间歇蒸馏为非稳态操作，主要应用于小规模生产或某些有特殊要求的场合。

（2）按蒸馏方法分为简单蒸馏、平衡蒸馏、精馏和特殊精馏等。当混合物中各组分的挥发度差异较大，且分离要求又不高时，可采用简单蒸馏和平衡蒸馏，它们是最简单的蒸馏方法；当混合物中各组分的挥发度相差不大，且分离要求较高时，宜采用精馏，它在工业生产中的应用最为广泛；当混合物中各组分的挥发度差异很小或形成共沸物时，普通精馏方法达不到分离要求，则应采用特殊精馏。

（3）按操作压力分为常压蒸馏、加压蒸馏和减压蒸馏。通常，常压蒸馏适用于在常压下沸点介于室温和150 ℃左右的混合液，加压蒸馏比较适用于在常压下为气态的混合物，而减压蒸馏则适用于常压下沸点较高的或热敏性系统。

(4) 按待分离系统中组分的数目可分为双组分(二元)蒸馏和多组分蒸馏。工业中的蒸馏以多组分蒸馏为主,但基本原理和计算与双组分蒸馏无本质区别,只是多组分蒸馏过程更为复杂,常以双组分蒸馏为基础。

8.1.3 蒸馏分离的特点

中国蒸馏技术起源

(1) 蒸馏分离历史悠久,应用广泛。它不仅可分离液体混合物,还可分离气体混合物和固体混合物。例如,空气可通过加压液化建立汽[①]、液两相系统,再用蒸馏方法使它们分离;脂肪酸的混合物可通过加热使其熔化并在减压下建立汽、液两相系统,同样可用蒸馏方法进行分离。

(2) 蒸馏操作流程简单,它不需要外加其他物料(特殊精馏除外),各组分可以直接互相分离而制得符合要求的产品。

(3) 由于物质需要通过汽化、冷凝才能建立两相系统,因此需消耗大量的能量。此外,为了建立两相系统,有时需要高压、高真空、高温或低温等不易实现的条件,这常是不宜采用蒸馏分离某些系统的原因。

8.2 双组分溶液的汽液平衡关系

溶液的汽液平衡是指溶液与其上方蒸气达到平衡状态时汽液两相间各组分组成的关系,它是蒸馏过程的热力学基础,是精馏操作分析和过程计算的重要依据。其平衡数据可由实验测定,也可由热力学公式计算得到。

8.2.1 理想溶液的汽液平衡关系

根据溶液中同种分子间与异种分子间作用力的差异,可将溶液分为理想溶液和非理想溶液。理想系统的液相和汽相应符合以下条件。

(1) 液相为理想溶液,服从拉乌尔定律。严格地讲,理想溶液并不存在,但对化学结构相似、性质极相近的组分组成的系统,如苯-甲苯、甲醇-乙醇、常压及150 ℃以下的各种轻烃的混合物等都可视为理想溶液。

(2) 汽相为理想气体,服从道尔顿分压定律。总压不太高时的汽相可视为理想气体。

1. 相律

相律是研究相平衡的基本规律,它表示平衡系统中的自由度数、相数及独立组分数间的关系,即

$$F=C-\Phi+2 \tag{8-1}$$

式中:F——自由度数;

C——独立组分数;

Φ——相数。

式(8-1)中的“2”表示可以影响系统平衡状态的外界因素只有温度和压力。对双组分系统的汽液平衡,有$C=2$、$\Phi=2$,则可得$F=2$,即双组分系统汽液平衡的自由度数为2。在汽液

① 汽相指蒸气相——编者注。

平衡中可以变化的参数有四个：温度 t、压力 p、汽相组成 y 和液相组成 x。若规定其中任意两个，此平衡系统的状态也就被唯一地确定了。蒸馏通常可视为恒压操作，即 p 一定，则在 t、y、x 中任意确定一个，系统的状态就确定了，所以双组分系统的汽液平衡可以用一定压力下的 t-x(或 y)及 y-x 的函数关系或相图表示。

2. 汽液平衡的函数关系

1) 用饱和蒸气压表示的汽液平衡关系

根据拉乌尔定律，理想系统达到平衡时溶液上方的分压为

$$p_A = p_A^\circ x_A \tag{8-2}$$

$$p_B = p_B^\circ x_B = p_B^\circ (1 - x_A) \tag{8-3}$$

式中：x_A、x_B——溶液中组分 A、B 的摩尔分数；

p_A°、p_B°——在溶液温度下纯组分 A、B 的饱和蒸气压，Pa。

其中，下标“A”表示易挥发组分，下标“B”表示难挥发组分。为了方便起见，常略去上式中的下标，以 x 和 y 分别表示易挥发组分在液相和汽相中的摩尔分数，以$1-x$和 $1-y$ 分别表示难挥发组分在液相和汽相中的摩尔分数。

在指定压力下，溶液沸腾的条件是各组分的蒸气压之和等于外压，即

$$p_A + p_B = p \tag{8-4}$$

或

$$p_A^\circ x_A + p_B^\circ (1 - x_A) = p \tag{8-5}$$

整理上式可得

$$x_A = \frac{p - p_B^\circ}{p_A^\circ - p_B^\circ} = \frac{p - f_B(t)}{f_A(t) - f_B(t)} \tag{8-6}$$

式(8-6)即为汽液平衡时液相组成与平衡温度间的关系，称为泡点方程。

当外压不太高时，平衡的汽相可视为理想气体，遵循道尔顿分压定律，即

$$y_A = \frac{p_A}{p} \tag{8-7}$$

联立式(8-2)与式(8-7)有

$$y_A = \frac{p_A^\circ}{p} x_A \tag{8-8}$$

将式(8-6)代入式(8-8)可得

$$y_A = \frac{p_A^\circ}{p} \frac{p - p_B^\circ}{p_A^\circ - p_B^\circ} = \frac{f_A(t)}{p} \frac{p - f_B(t)}{f_A(t) - f_B(t)} \tag{8-9}$$

式(8-9)表示平衡时汽相组成与平衡温度间的关系，称为露点方程。

若引入相平衡常数(K)，则式(8-8)可写为

$$y_A = K_A x_A \tag{8-10}$$

其中

$$K_A = \frac{p_A^\circ}{p} \tag{8-11}$$

式(8-10)即为用相平衡常数表示的汽液平衡关系，在多组分精馏计算中多采用此方程。由于 p_A° 是温度的函数，所以在蒸馏过程中，相平衡常数并非常数，在一定总压下，相平衡常数随温度而变。当溶液组成改变时，必引起平衡温度的变化，因此相平衡常数不能保持常数。

对任一双组分的理想溶液，恒压下若已知某一温度下组分的饱和蒸气压，就可求得平衡时的汽相组成；若已知总压和其中一相组成，也可求得与之平衡的另一相组成和平衡温度，一般

需用试差法计算。

此外，纯组分的饱和蒸气压 p° 与温度 t 的关系通常用安托因(Antoine)方程表示，即

$$\lg p^\circ = A - \frac{B}{t+C} \tag{8-12}$$

式中：A、B、C 为安托因常数，可由相关手册查得。

2) 用相对挥发度表示的汽液平衡关系

在双组分蒸馏的分析和计算中，应用相对挥发度来表示汽液平衡关系更为简便。通常纯组分的挥发度是指该液体在一定温度下的饱和蒸气压。但在溶液中，各组分挥发度的大小受其他组分的影响，所以不能用各组分的饱和蒸气压反映它的挥发性，故在溶液状态下，组分的挥发度 ν 可用它在蒸气中的分压和与之平衡的液相中的摩尔分数之比来表示，即

$$\nu_A = \frac{p_A}{x_A} \tag{8-13}$$

$$\nu_B = \frac{p_B}{x_B} \tag{8-14}$$

若对纯组分，$x_A = 1$，平衡分压即为挥发度，也即饱和蒸气压。

对于理想溶液，因符合拉乌尔定律，则有

$$\nu_A = p_A^\circ, \quad \nu_B = p_B^\circ$$

显然，溶液中组分的挥发度是随温度而变化的，在使用上不太方便，所以引入相对挥发度的概念。习惯上将溶液中易挥发组分的挥发度和难挥发组分的挥发度之比称为相对挥发度，以 α 表示，即

$$\alpha = \frac{\nu_A}{\nu_B} = \frac{p_A/x_A}{p_B/x_B} \tag{8-15}$$

若汽相服从道尔顿分压定律，$p_A = py_A$，$p_B = py_B$，则式(8-15)又可写为

$$\alpha = \frac{y_A/y_B}{x_A/x_B} \tag{8-16}$$

式(8-16)即为相对挥发度 α 的定义式。

对双组分系统，由于 $y_A + y_B = 1$，$x_A + x_B = 1$，代入式(8-16)并解出 y(以轻组分表示)得

$$y = \frac{\alpha x}{1+(\alpha-1)x} \tag{8-17}$$

式(8-17)称为相平衡方程。如果能知道 α，则可计算易挥发组分互成平衡的汽、液两相组成的对应关系(y-x)。

对理想系统，拉乌尔定律($p_i = p_i^\circ x_i$)适用，则

$$\alpha = \frac{p_A/x_A}{p_B/x_B} = \frac{p_A^\circ}{p_B^\circ} \tag{8-18}$$

可见，α 的大小依赖于各组分的性质。由于 p_A° 与 p_B° 均是温度的函数，则 α 也是温度的函数，但 α 随温度的变化比 p_A°、p_B° 随温度的变化小得多，因而在工程设计中取 α 的某一平均值计算 y-x 关系颇为方便。

平均相对挥发度的求法常用如下两种方式。

(1) 几何平均 α_m。当在操作温度的变化范围内 α 变化不大时，可取上限温度下的 α_1 和下

限温度下的 α_2 的几何平均值作为整个温度范围内的 α_m，即

$$\alpha_m = \sqrt{\alpha_1 \alpha_2} \tag{8-19}$$

(2) 内插平均。当温度变化范围内 α 变化较大，但仍小于 30%时，可取

$$\alpha = \alpha_1 + (\alpha_2 - \alpha_1)x \tag{8-20}$$

α_1、α_2 仍分别为上限温度和下限温度下的相对挥发度，则给定一系列 x，可求出一系列 α。

α 的大小可作为蒸馏分离某个系统难易程度的标准。α 越大，挥发度差异越大，分离越容易。若 $\alpha=1$，则汽相组成与液相组成相等，该混合液不能通过普通精馏方法分离。

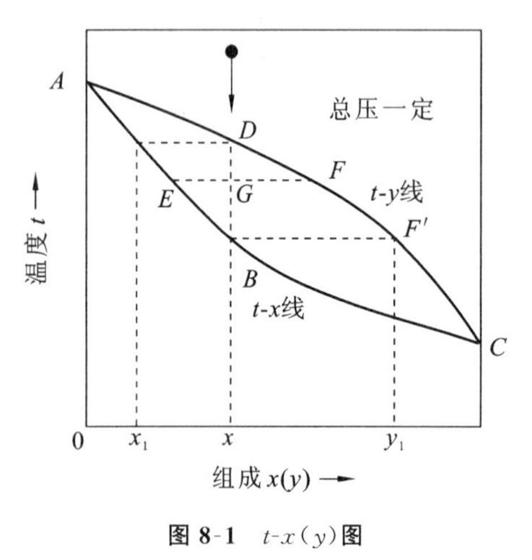

图 8-1　t-$x(y)$图

3) 双组分理想溶液的汽液平衡相图

相图可以直观、清晰地表达出汽液平衡关系，而且影响双组分蒸馏的因素可在相图上直接反映出来，对于分析和计算都非常方便。蒸馏中常用的相图为恒压下的温度-组成图及汽相-液相组成图。

(1) 温度-组成(t-$x(y)$)图。双组分混合物的温度-组成(t-$x(y)$)图是在恒定的压力下，由不同温度下互成平衡时的液相-汽相组成(x_i，y_i)数据，在温度-组成坐标中标绘得到的图形，如图 8-1 所示。

图中有两条曲线，其中曲线 ADC 为t-y线，表示混合物的平衡温度 t 与汽相组成 y 之间的关系，称为饱和蒸气线(露点线)；曲线 AEC 为 t-x 线，表示混合物的平衡温度 t 与液相组成 x 之间的关系，称为饱和液体线(泡点线)。这两条曲线将t-$x(y)$图划分成三个区域：t-x 线下方表示未沸腾的液体，为过冷液相区；t-y 线上方表示过热蒸气，为过热蒸气区；两曲线包围的区域表示汽、液两相同时存在，为汽液共存区。

当组成为 x 的液体在恒压下升温到 B 点时，产生第一个气泡，其组成为 y_1，相应的温度称为泡点，因此饱和液体线又称为泡点线；同样，当组成为 y 的过热蒸气降温到 D 点时，凝结出第一滴液体，组成为 x_1，相应的温度称为露点，因此饱和蒸气线又称为露点线；当混合物的状态点位于 G 时，则此系统被分成互成平衡的汽、液两相，其组成分别用 E、F 两点表示，其量可由杠杆规则确定。

(2) 汽相-液相组成(y-x)图。对一定的双组分系统，在总压一定时，把汽液平衡的各组数据(t_i，x_i，y_i)中的(x_i，y_i)在以 x 为横轴、y 为纵轴的图上标出，连接各点绘成的曲线便是平衡曲线，它表示液相组成和与之平衡的汽相组成之间的关系，又称汽液平衡图。如图 8-2 所示，图中曲线上任意点 D 表示组成为 x_1 的液相与组成为 y_1 的汽相达到平衡，且表示点 D 有一确定的状态。其中对角线供查图时参考使用，即为参照线。对于大多数溶液，当两相达到平衡时，易挥发组分的汽相组成 y 总大于液相组成 x，所以平衡线居于对角线左上方，两者位置的远近反映了两

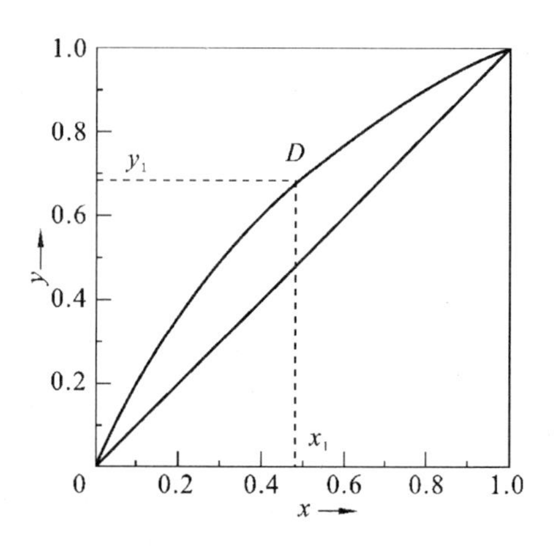

图 8-2　y-x 图

组分挥发度差异的大小或分离的难易程度。平衡线离对角线越远,说明两组分挥发度的差异越大,越易于分离。反之,则说明挥发度差异越小,越不易分离。当平衡线与对角线趋近或重合时,则不能采用常规蒸馏方法进行分离。

【例 8-1】 试分别利用拉乌尔定律和相对挥发度计算苯-甲苯溶液在总压为 101.33 kPa 下的汽液平衡数据。苯(A)-甲苯(B)的温度与饱和蒸气压数据如表 8-1 所示。假设该系统为理想溶液。

表 8-1

t/℃	80.1	85	90	95	100	105	110.6
p_A°/kPa	101.33	116.9	135.5	155.7	179.2	204.2	240.0
p_B°/kPa	40.0	46.0	54.0	63.3	74.3	86.0	101.33

解 (1) 利用饱和蒸气压数据计算。由泡点方程和露点方程计算平衡时的汽、液相组成,以 $t=100$ ℃为例,计算过程如下。

$$x_A=\frac{p-p_B^\circ}{p_A^\circ-p_B^\circ}=\frac{101.33-74.3}{179.2-74.3}=0.258$$

$$y_A=\frac{p_A^\circ}{p}x_A=\frac{179.2}{101.33}\times 0.258=0.456$$

将各个平衡温度下对应的 x、y 值列于表 8-2 中。

表 8-2

t/℃	80.1	85	90	95	100	105	110.6
x	1.000	0.780	0.581	0.412	0.258	0.130	0
y	1.000	0.900	0.777	0.633	0.456	0.262	0

(2) 利用相对挥发度计算。仍以 $t=100$ ℃为例,计算过程如下。

$$\alpha=\frac{p_A^\circ}{p_B^\circ}=\frac{179.2}{74.3}=2.41$$

将各个平衡温度下的 α 值列于表 8-3 中。

在操作温度变化范围内 α 变化不大时,可取上、下限温度下 α 的几何平均值作为整个温度范围内的 α_m,即

$$\alpha_m=\sqrt{\alpha_1\alpha_2}=\sqrt{2.54\times 2.37}=2.45$$

将平均相对挥发度 α_m 代入式(8-17)中,得

$$y=\frac{\alpha x}{1+(\alpha-1)x}=\frac{2.45\times 0.258}{1+1.45\times 0.258}=0.460$$

依次按表 8-2 中的各 x 值,由式(8-17)即可计算出汽相平衡组成 y(见表 8-3)。

表 8-3

t/℃	80.1	85	90	95	100	105	110.6
α	—	2.54	2.51	2.46	2.41	2.37	—
x	1.000	0.780	0.581	0.412	0.258	0.130	0
y	1.000	0.897	0.773	0.633	0.460	0.269	0

比较表 8-2 和表 8-3,可以看出所求得的 y-x 数据基本一致,但利用平均相对挥发度表示汽液平衡关系比较简单。

(3) 总压对汽、液相平衡的影响

前述的 t-$x(y)$图和 y-x 图都是在恒定总压下得到的。图 8-3 表示总压对汽、液相平衡的影响。当系统的总压由 p_1增加到 p_2时,泡点、露点升高,t-$x(y)$图中泡点线和露点线向上移动,同时汽、液两相区变窄;在 y-x 图中,相平衡曲线向对角线靠拢,这时相对挥发度变小,分离变困难。反之,总压降低,物系变得易于分离。

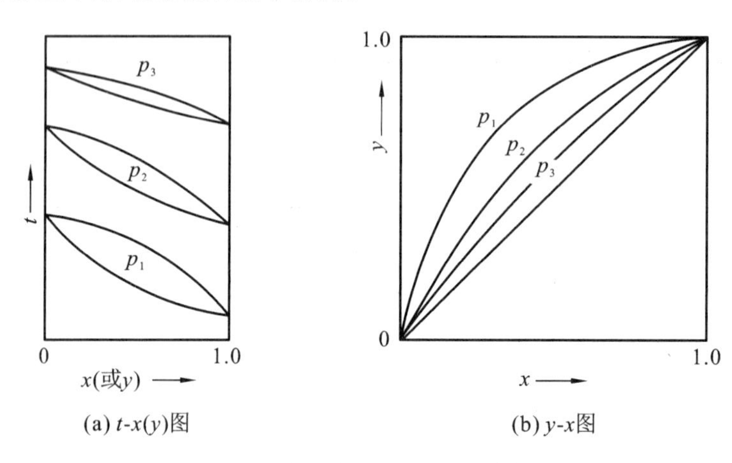

图 8-3　总压对汽、液相平衡的影响

8.2.2　非理想溶液的汽液平衡关系

实际生产中所遇到的系统大多为非理想系统。溶液的非理想性主要来源于异种分子间的作用力不同于同种分子间的作用力,表现为溶液中各组分的平衡蒸气压偏离拉乌尔定律,此偏差可正、可负,对应的溶液分别称为正偏差溶液或负偏差溶液,实际溶液以正偏差居多。非理想溶液的平衡分压可用修正的拉乌尔定律表示,并引入活度系数 γ。

$$\gamma_i=\frac{\hat{a}_i}{x_i}=\frac{\hat{f}_{iL}}{f_{iL}x_i} \tag{8-21}$$

式中:γ_i——i 组分的活度系数;

$\hat{a}_i$——实际溶液的活度;

$\hat{f}_{iL}$——i 组分在液相中的逸度;

f_{iL}——i 组分在纯态时的逸度。

若汽相为理想气体,在达到平衡时有

$$\hat{f}_{iL}=\hat{f}_{iV}=p_i \tag{8-22}$$

$$f_{iL}=p_i^{\circ} \tag{8-23}$$

代入式(8-21),得

$$\gamma_i=\frac{p_i}{p_i^{\circ}x_i} \tag{8-24}$$

故

$$p_i=p_i^{\circ}x_i\gamma_i \tag{8-25}$$

若汽相服从道尔顿分压定律,$p_i=py_i$,则

$$y_i=\frac{p_i^{\circ}x_i}{p}\gamma_i \tag{8-26}$$

γ_i 的大小表明了该溶液偏离理想溶液的程度。当 $\gamma_i>1$ 时，该溶液对理想溶液存在正偏差，该偏差使溶液产生的总压高于理想溶液的总压。当溶液总压高于纯易挥发组分的饱和蒸气压时，其总压出现一个最高点，相应最高点处必然形成一个最低沸点的共沸物，对双组分系统如图 8-4M 点所示，此共沸物中各组分的相对挥发度$\alpha=1$。反之，当 $\gamma_i<1$ 时，说明溶液存在负偏差，当偏差大到使总压低于其中纯难挥发组分的饱和蒸气压时，其总压会出现一个最低点，则该系统在对应最低点处形成一最高沸点共沸物，对双组分系统如图 8-5M 点所示，共沸物中各组分的相对挥发度$\alpha=1$。此类系统不能采用常规蒸馏方法进行分离，而只能采用共沸蒸馏、萃取蒸馏或萃取等其他方法进行分离。

非理想溶液相平衡关系确定的关键是其活度系数 γ_i 的确定，它可由实验测定或热力学关系计算。只是通过热力学关系推算出的相平衡关系数据，也需要采用实验数据或实际生产数据加以检验，才可用于实际的工程设计和操作分析。

需要指出的是，非理想溶液并非都具有恒沸点，如甲醇-水、二硫化碳-四氯化碳等系统。只有非理想性足够大时，才有恒沸点。

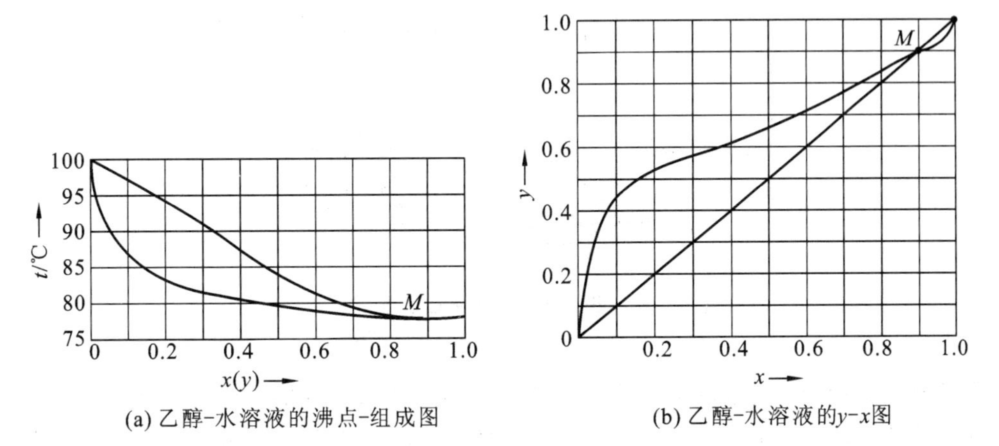

图 8-4　乙醇-水溶液的沸点-组成图和 y-x 图

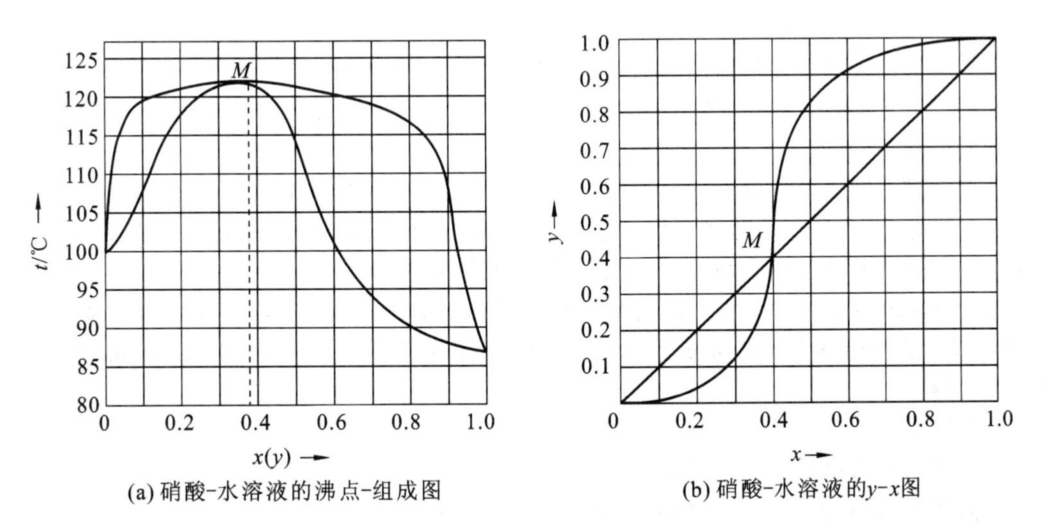

图 8-5　硝酸-水溶液的沸点-组成图和 y-x 图

8.3 简单蒸馏与平衡蒸馏

8.3.1 简单蒸馏

1. 简单蒸馏装置

简单蒸馏也称微分蒸馏,是一种不稳定的单级蒸馏过程,需分批(间歇)进行。其装置如图8-6所示,混合液通过蒸汽加热在蒸馏釜1中逐渐汽化,产生的蒸气进入冷凝器2,所得的馏出液流入接收器3中,作为馏出液产品。由于易挥发组分的汽相组成 y 大于液相组成 x,因而随着蒸馏过程的进行,x 将逐渐降低,这使得与 x 平衡的汽相组成 y(即馏出液的组成)也随之降低,釜内溶液的沸点则逐渐升高。因为馏出液的组成开始时最高,随后逐渐降低,所以常设有几个接收器,按时间的先后顺序分别可得到不同组成的馏出液。

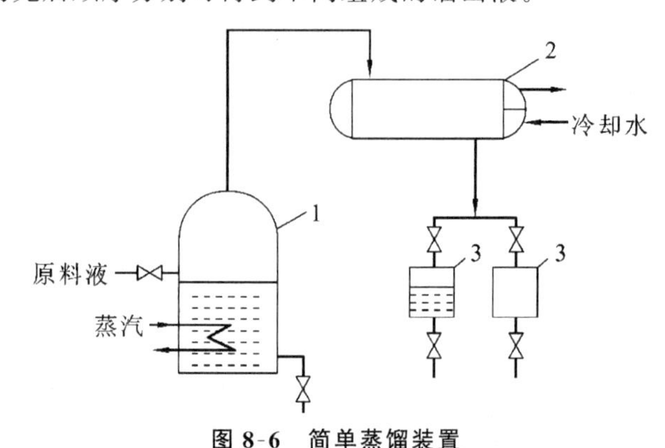

图 8-6 简单蒸馏装置

1—蒸馏釜;2—冷凝器;3—接收器

简单蒸馏多用于混合液的初步分离,特别是对相对挥发度大的混合物进行分离颇为有效。比如从含乙醇不到10%的发酵液中,经一次蒸馏可得到50度的烧酒,要得到60~65度的烧酒,须再蒸馏一次。

2. 简单蒸馏的计算

简单蒸馏的计算主要包括两方面:① 根据料液的量和组成,确定馏出液与釜液的量和组成之间的关系;② 根据热负荷和传热速率的有关原理计算蒸馏釜的生产能力。这里只讨论第一方面的内容。

简单蒸馏中馏出液与釜液的量和组成的计算主要应用物料衡算和汽液平衡关系,但由于简单蒸馏是非稳态过程,从蒸馏开始到结束,其釜液量和组成均随时间而改变,所以为了找出馏出液与釜液的量和组成之间的关系,必须进行微分衡算。

假设某瞬间的釜液量为 L kmol、组成为 x,经微元时间 $\mathrm{d}t$ 后,釜液量变为 $L-\mathrm{d}L$、组成为 $x-\mathrm{d}x$,蒸出的汽相量为 $\mathrm{d}D$、组成为 y,且 y 与 x 成平衡关系。对微元时间 $\mathrm{d}t$ 的始、末进行物料衡算可得

总物料衡算 $$\mathrm{d}D=\mathrm{d}L \tag{8-27}$$

易挥发组分物料衡算 $$Lx=(L-\mathrm{d}L)(x-\mathrm{d}x)+y\mathrm{d}D \tag{8-28}$$

联立上面两式,并略去二阶无穷小量 $\mathrm{d}L\mathrm{d}x$,式(8-28)可写为

$$\frac{\mathrm{d}L}{L}=\frac{\mathrm{d}x}{y-x}$$

对上式进行积分，有

$$\int_{W}^{F}\frac{\mathrm{d}L}{L}=\int_{x_2}^{x_F}\frac{\mathrm{d}x}{y-x}$$

即

$$\ln\frac{F}{W}=\int_{x_2}^{x_F}\frac{\mathrm{d}x}{y-x} \tag{8-29}$$

式中：F——加入蒸馏釜的料液量，kmol；

W——蒸馏终了时的釜液量，kmol；

x_F、x_2——料液和釜液中易挥发组分的摩尔分数。

式(8-29)中右边的积分项可根据相平衡关系进行计算，一般分以下几种情况考虑。

(1) 对理想溶液，其相平衡关系如下：

$$y=\frac{\alpha x}{1+(\alpha-1)x}$$

其中 α 为常数，代入式(8-29)得

$$\ln\frac{F}{W}=\frac{1}{\alpha-1}\left(\ln\frac{x_F}{x_2}+\alpha\ln\frac{1-x_2}{1-x_F}\right) \tag{8-30}$$

(2) 当溶液的相平衡关系符合 $y=mx+b$，即直线关系时，代入式(8-29)得

$$\ln\frac{F}{W}=\frac{1}{m-1}\ln\frac{(m-1)x_F+b}{(m-1)x_2+b} \tag{8-31}$$

当平衡线通过原点，即 $y=mx$ 时，式(8-31)可简化为

$$\ln\frac{F}{W}=\frac{1}{m-1}\ln\frac{x_F}{x_2} \tag{8-32}$$

(3) 当平衡关系不能用简单的数学式表示时，可以应用图解积分法或数值积分法求解。

此外，馏出液的平均组成 $\overline{y}$(或 $x_{D,m}$)可通过物料衡算求得。

总物料衡算

$$D=F-W \tag{8-33}$$

易挥发组分物料衡算

$$D\overline{y}=Fx_F-Wx_2 \tag{8-34}$$

则

$$\overline{y}=\frac{Fx_F-Wx_2}{F-W}=x_F+\frac{W}{D}(x_F-x_2) \tag{8-35}$$

8.3.2　平衡蒸馏

1. 平衡蒸馏装置

平衡蒸馏(闪蒸)是一种连续、稳态的单级蒸馏操作，其装置如图 8-7 所示。料液送到加热器 1 中加热，使液体温度高于分离器 3(又称闪蒸塔)压力下的沸点，通过减压阀 2，过热液体发生自蒸发，使部分液体汽化，这种过程称为闪蒸。然后平衡的汽、液两相在分离器中分开，汽相为顶部产物，其中易挥发组分浓度较高；液相为底部产物，其中难挥发组分获得增浓。

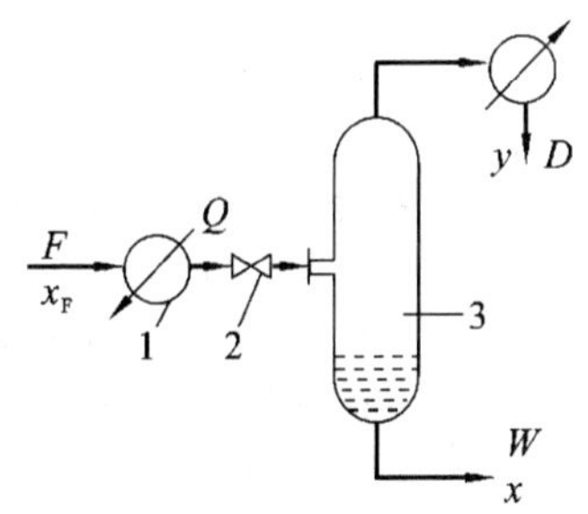

图 8-7　平衡蒸馏装置简图

1—加热器；2—减压阀；3—分离器

2. 平衡蒸馏的计算

平衡蒸馏的计算所应用的基本关系式包括物料衡算、热量衡算及汽液平衡关系。现以双组分系统的平衡蒸馏为例分述如下。

1) 物料衡算

对图 8-7 所示的平衡蒸馏装置(连续稳态过程)进行物料衡算。

总物料衡算
$$F=D+W \tag{8-36}$$
易挥发组分物料衡算
$$Fx_F=Dy+Wx \tag{8-37}$$
式中:F、D、W——原料液、汽相产品与液相产品流量,kmol/h 或 kmol/s;

x_F、y、x——原料液、汽相产品与液相产品的摩尔分数。

联立式(8-36)和式(8-37),可得
$$\frac{D}{F}=\frac{x_F-x}{y-x} \tag{8-38}$$
若令液相产品量 W 占总加料量 F 的分率 $\frac{W}{F}=q$,q 称为液化率,则汽化率 $\frac{D}{F}=1-q$,代入上式并整理可得
$$y=\frac{q}{q-1}x-\frac{1}{q-1}x_F \tag{8-39}$$
式(8-39)即为平衡蒸馏中汽、液相组成的关系。当 q 为定值时,该式为直线方程,在 y-x 图上,其通过点(x_F,x_F),斜率为 $q/(q-1)$。

2) 热量衡算

对加热器作热量衡算,若其热损失可忽略,则有
$$Q=Fc_p(T-t_F) \tag{8-40}$$
式中:Q——加热器的热负荷,kJ/h 或 kW;

c_p——原料液的平均比热容,kJ/(kmol·℃);

T——加热后原料液的温度,℃;

t_F——原料液的初始温度,℃。

原料经减压阀进入分离器后,物料汽化所需的潜热由原料液本身的显热提供,即
$$Fc_p(T-t_e)=(1-q)Fr \tag{8-41}$$
式中:t_e——分离器中的平衡温度,℃;

r——平均摩尔汽化潜热,kJ/kmol。

则物料离开加热器的温度
$$T=t_e+(1-q)\frac{r}{c_p} \tag{8-42}$$
3) 汽液平衡关系

在平衡蒸馏中,汽、液两相处于平衡状态,也就是说两相温度相同,组成互为平衡。对于理想溶液,则有
$$y=\frac{\alpha x}{1+(\alpha-1)x}$$
平衡温度与组成 x 应满足泡点方程,即
$$t_e=f(x) \tag{8-43}$$
【例 8-2】 常压下分别用简单蒸馏和平衡蒸馏分离苯摩尔分数为 0.5 的苯-甲苯混合物。已知原料处理量为 100 kmol,系统的平均相对挥发度为 2.5,汽化率为 0.4,试计算:

(1) 平衡蒸馏的汽、液相组成;

(2) 简单蒸馏的馏出液量及平均组成。

解 (1) 由题意知,液化率为　$q=1-0.4=0.6$

物料衡算式为
$$y=\frac{q}{q-1}x-\frac{1}{q-1}x_F=\frac{0.6}{0.6-1}x-\frac{0.5}{0.6-1}=1.25-1.5x$$
相平衡方程为
$$y=\frac{\alpha x}{1+(\alpha-1)x}=\frac{2.5x}{1+1.5x}$$

联立上面两式可解得　　$x=0.410,\quad y=0.635$

(2) 由题意知，馏出液的量为

$$D=0.4F=0.4\times 100\ \text{kmol}=40\ \text{kmol}$$

则

$$W=F-D=(100-40)\ \text{kmol}=60\ \text{kmol}$$

将相关数据代入式(8-30)，即

$$\ln\frac{F}{W}=\frac{1}{\alpha-1}\left(\ln\frac{x_F}{x_2}+\alpha\ln\frac{1-x_2}{1-x_F}\right)$$

$$\ln\frac{100}{60}=\frac{1}{2.5-1}\times\left(\ln\frac{0.5}{x_2}+2.5\times\ln\frac{1-x_2}{1-0.5}\right)$$

可解得

$$x_2=0.387$$

由式(8-35)可得馏出液的平均组成

$$\bar{y}=x_F+\frac{W}{D}(x_F-x_2)=0.5+\frac{60}{40}\times(0.5-0.387)=0.670$$

从上面的计算结果可以看出，在相同的汽化率条件下，简单蒸馏较平衡蒸馏可获得更好的分离效果。

8.4　精　　馏

简单蒸馏和平衡蒸馏都是单级分离过程，只能达到组分部分增浓和提纯的目的，若要求得到高纯度的产品，则必须采用多次部分汽化和多次部分冷凝的精馏方法。精馏可视为由多次蒸馏演变而来的，其依据仍是混合液中各组分间挥发度的差异。

8.4.1　精馏过程原理和条件

精馏过程原理可以用汽液平衡相图说明。如图 8-8 所示，将组成为 x_F 的原料在恒压条件下加热至泡点以上温度 t_1，料液部分汽化，产生平衡的汽、液两相，其组成分别为 y_1、x_1，且 $y_1>x_F>x_1$，通过分离器将两相分开。再将组成为 y_1 的蒸气冷凝至温度 t_2，可得到组成为 y_2 的汽相和组成为 x_2 的液相。依次再将组成为 y_2 的汽相降温至 t_3，则可获得组成为 y_3 的汽相和组成为 x_3 的液相。显然，$y_3>y_2>y_1$。依次进行下去，用多个容器将汽相多次部分冷凝，最终在汽相中可获得高纯度的易挥发组分。同理，将组成为 x_1 的液相多次部分汽化，则在液相中可获得高纯度的难挥发组分。因此，通过多次部分汽化和多次部分冷凝，最终可以获得几乎纯态的易挥发组分和难挥发组分(可用如图 8-9 所示的流程来实现)，但得到的汽相量和液相量越来越少。

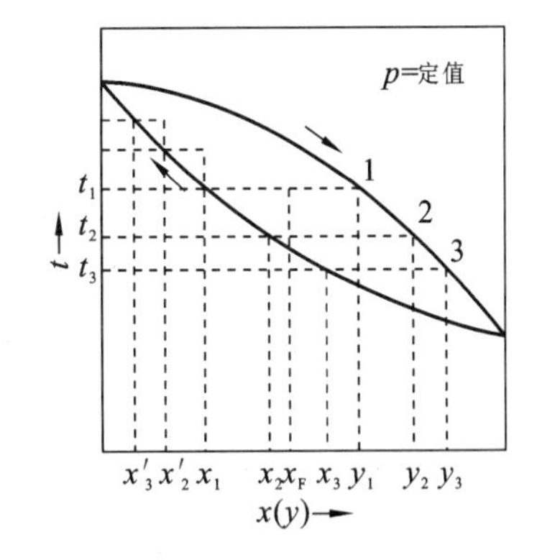

图 8-8　多次部分汽化和冷凝的 t-$x(y)$ 图

图 8-9 所示的流程若用于工业生产则会带来许多弊病：流程庞大，设备费用高，能量消耗大，产品收率低。为了解决这些问题，可设法将中间产物引回前一级分离器，即将各级部分冷凝的液体 $L_1, L_2, \cdots, L_n$ 和部分汽化的蒸气 $V'_1, V'_2, \cdots, V'_m$ 分别送回上一级分离器。在最上一级，需设置分凝器或全凝器，以得到回流的液体 L_n；在最下一级，需设置部分汽化器，以获得上升的蒸气 V'_m。这样，如图 8-10 所示，对任一级分离器都有来自下一级较高温度的蒸气和来自上一级较低温度的液体，不平衡的汽、液两相在接触的过程中，蒸气部分冷凝放出的热量用于加热液体，使之部分汽化，又产生新的汽、液两相，从而省去了中间加热器和中间冷凝器。蒸气

逐渐上升,液体逐渐下降,最终得到较纯的产品。工业上用若干块塔板取代中间各级,在塔顶设置分凝器或全凝器,在塔底设置再沸器,这就形成了典型的板式精馏塔。

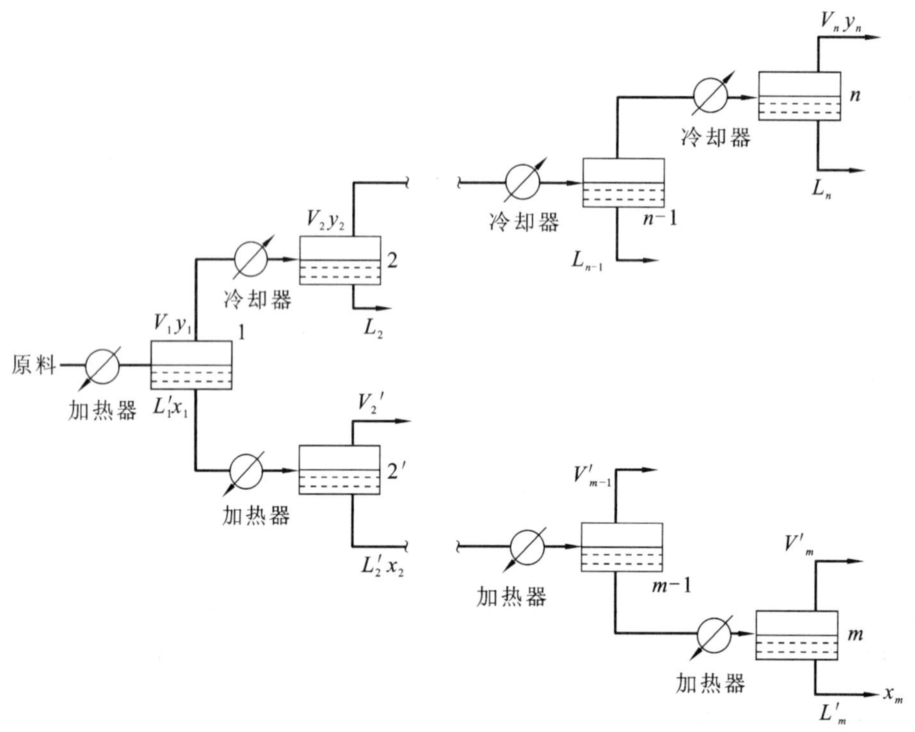

图 8-9　无回流多次部分汽化和部分冷凝的精馏过程

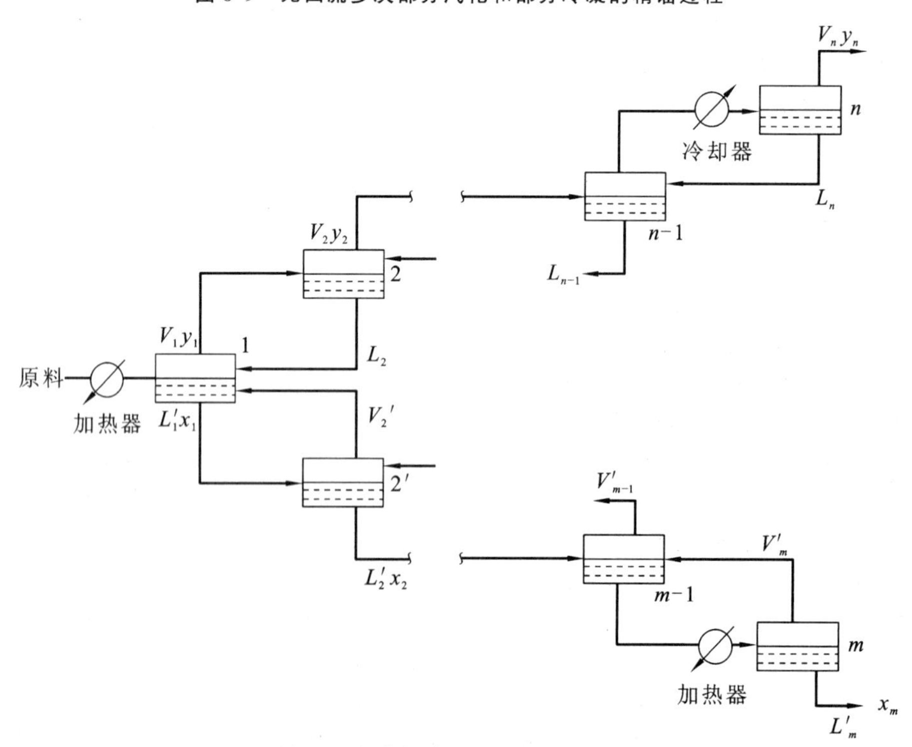

图 8-10　有回流多次部分汽化和部分冷凝的精馏过程

化工生产中精馏操作是在精馏塔内进行的。为了进一步说明精馏原理，现以图 8-11所示的第三块塔板的操作情况来分析。自塔板 4 上升的组成为 y_4、温度为 t_4 的汽相与自塔板 2 流下的组成为 x_2、温度为 t_2 的液相在塔板 3 相遇，在汽、液两相接触过程中，假设汽、液两相离开塔板达到平衡时，其组成为 y_3、x_3，则当组成为 y_4 的汽相和组成为 x_2 的液相接触时，易挥发组分以扩散方式进入汽相，同时难挥发组分以反方向扩散方式进入液相，其结果是液相组成从 x_2 趋近于 x_3，而汽相组成从 y_4 趋近于 y_3。当易挥发组分从液相汽化进入汽相所需的热量由难挥发组分从汽相冷凝进入液相放出的热量供给时，那么汽、液两相传质过程中同时也进行着部分汽化和部分冷凝的传热过程。

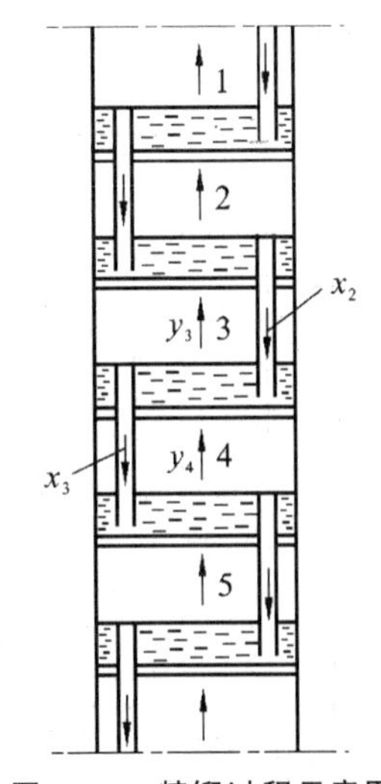

图 8-11 精馏过程示意图

在精馏塔内每一块塔板都有上述相同的作用。所以，塔内的汽相在逐板上升中易挥发组分逐渐增多，难挥发组分逐渐减少；而塔顶蒸气冷凝成液体后返回塔中，在逐板下降的过程中难挥发组分逐渐增多，易挥发组分逐渐减少。故只要塔板层数足够多，在塔顶和塔底就可以达到指定的分离要求。

要实现上述精馏分离的稳定操作，除了需要有若干层塔板的精馏塔外，要加热塔釜使液相部分汽化产生汽相，而塔顶要有回流，使上升蒸气和回流液体之间进行逆流接触和物质传递。原料液通常从塔中间与原料液组成相同或相近的塔板加入塔内，并与塔内汽、液相混合。

通常，将原料液进入的那层塔板称为加料板，加料板以上的塔段称为精馏段，以下的塔段(包括加料板)称为提馏段。

8.4.2 精馏装置与流程

精馏操作可分为连续精馏和间歇精馏，但无论何种方式，必须同时在精馏塔塔底设置再沸器，塔顶设置冷凝器。冷凝器的作用是获得液相产品，以及保证有一定的液相回流量；再沸器的作用是提供一定量的上升蒸气流。此外，有时还需要原料液预热器、回流液泵等附属设备，才能实现整个操作。

图 8-12 所示为连续精馏装置。原料液经预热器加热到一定温度后，进入精馏塔中部的加料板，在该板与上升的蒸气和下降的液体汇合，产生的蒸气再逐层上升，直至进入塔顶冷凝器；产生的液体再逐层下流，最后流入塔底再沸器。液体在下降的同时，与上升的蒸气在各板上互相接触，同时进行着部分汽化、部分冷凝的传热过程和汽、液两相传质过程。出塔顶的蒸气经冷凝器冷凝成液体，一部分送入塔顶作回流液，一部分经冷却器后作为塔顶产品(馏出液)。塔底再沸器的液体一部分汽化，产生上升蒸气，依次通过各层塔板，一部分作为塔底产品(釜液)。

图 8-13 所示为间歇精馏装置。它与连续精馏不同的是，物料一次性加入塔釜，所以间歇精馏没有提馏段，只有精馏段，另外随着操作过程的进行，间歇精馏中釜液的浓度不断地减小，塔顶产品的组成也随之变化。

在工业生产和科研中，除了应用板式塔外，还可用填料塔进行精馏操作。在填料塔内装有各种填料，液体分散在填料表面，而气体由填料间隙向上流过时，汽、液两相在填料表面相互接触,同时进行汽、液两相的传热与传质过程。

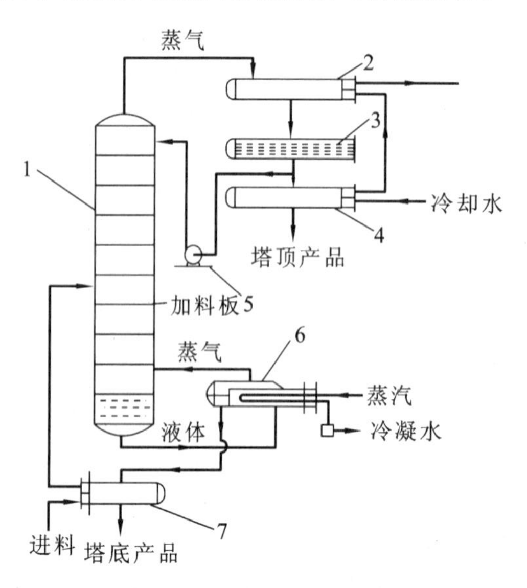

图 8-12 连续精馏装置

1—精馏塔;2—全凝器;3—贮槽;4—冷却器;5—回流液泵;6—再沸器;7—原料液预热器

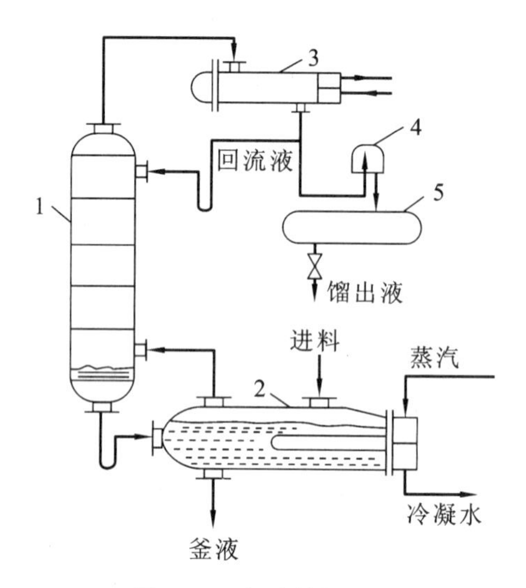

图 8-13 间歇精馏装置

1—精馏塔;2—再沸器;3—全凝器;4—观察罩;5—贮槽

8.5 双组分连续精馏的计算

精馏专家余国琮

精馏过程的计算包括设计型和操作型两类。本节重点讨论板式精馏塔的设计型计算。

连续精馏塔的设计型计算,通常已知原料的组成、流量和分离要求,需要确定和计算的内容有:

(1) 计算产品的流量或组成;

(2) 选择合适的操作条件,包括操作压力、回流比(回流液量与馏出液量的比值)和加料状态等;

(3) 计算精馏塔的塔板层数和适宜的加料位置;

(4) 选择精馏塔的类型,确定塔径、塔高及塔的其他结构和操作参数;

(5) 计算冷凝器和再沸器的热负荷,并确定两者的类型和尺寸。

8.5.1 理论板的概念与恒摩尔流的假设

1. 理论板与板效率

在精馏过程中,未达到平衡的汽、液两相在塔板上的传质过程十分复杂,它不仅与系统有关,还与塔板的结构和操作条件有关,同时在传质过程中还伴有传热过程,难以用简单的数学方程来表示,为简化计算引入理论板这一概念。

所谓理论板,是一个汽、液两相都充分混合而且传热、传质过程的阻力都为零的理想化塔板。因此,不论进入理论塔板的汽、液两相组成如何,在塔板上充分混合并进行传热与传质的最终结果总是使离开塔板的汽、液两相在传热与传质两方面都达到平衡状态:两相温度相同,组成互成平衡。实际上,由于塔板上汽、液间的接触面积和接触时间是有限的,因此塔板上汽、液两相一般难以达到平衡状态,也就是说,难以达到理论板的传质分离效果,理论板仅作为实际板分离效率的依据和标准。在工程设计中,可先求出理论塔板层数,再根据塔板效率来确定实际塔板层数。所谓塔板效率,即一块实际板的分离作用与一块理论板的分离作用之比,它有多种表示方法,下面介绍常用的两种。

1) 单板效率 E_m

单板效率又称默弗里(Murphree)板效率,它是以汽相(或液相)经过实际板的组成变化值与经过理论板的组成变化值之比来表示的。对于任意的第 n 层塔板,单板效率可分别按汽相组成及液相组成的变化来表示,即

$$E_{mV}=\frac{y_n-y_{n+1}}{y_n^*-y_{n+1}} \tag{8-44}$$

$$E_{mL}=\frac{x_{n-1}-x_n}{x_{n-1}-x_n^*} \tag{8-45}$$

式中:E_{mV}——汽相默弗里板效率;

E_{mL}——液相默弗里板效率;

y_n^*——与 x_n 成平衡的汽相组成(摩尔分数);

x_n^*——与 y_n 成平衡的液相组成(摩尔分数)。

单板效率一般由实验测定。

2) 全塔效率 E

在一个精馏塔内,各塔板上的传质情况不完全相同,因而各层塔板的板效率往往不完全一样,为了便于工程计算,引入全塔效率这一概念。全塔效率是指精馏过程中完成规定的任务所需的理论塔板层数与实际塔板层数之比,表示为

$$E=\frac{N_T}{N_P} \tag{8-46}$$

式中:N_T——理论塔板层数;

N_P——实际塔板层数。

全塔效率反映了塔中各层塔板的平均效率,因此它是理论塔板层数的一个校正系数,其值恒小于1。对一定结构的板式塔,若已知在某种操作条件下的全塔效率,便可由理论塔板层数求得实际塔板层数。

由于影响板效率的因素很多,且非常复杂,目前还不能用纯理论公式计算其值。设计时一般选用经验数据或用经验公式进行估算。

2. 恒摩尔流假设

为了简化精馏计算,通常引入恒摩尔流假设。该假设应满足以下条件:

(1) 两组分的摩尔汽化潜热相等;

(2) 汽、液两相接触时,因两相温度不同而交换的显热可忽略不计;

(3) 塔设备保温良好,热损失可以忽略不计。

塔内的恒摩尔流假设包括以下两方面。

1) 汽相摩尔流量恒定

精馏段内,在没有进料和出料的塔段中,每层塔板上升的蒸气摩尔流量都是相等的,即

$$V_1 = V_2 = \cdots = V = \text{常数}$$

同理,在提馏段内每层塔板上升的蒸气摩尔流量也相等,即

$$V'_1 = V'_2 = \cdots = V' = \text{常数}$$

由于加料的缘故,精馏段和提馏段上升的蒸气摩尔流量不一定相等。

2) 液相摩尔流量恒定

精馏段内,在没有进料和出料的塔段中,每层塔板下降的液体摩尔流量都是相等的,即

$$L_1 = L_2 = \cdots = L = \text{常数}$$

同理,在提馏段内每层塔板下降的液体摩尔流量也相等,即

$$L'_1 = L'_2 = \cdots = L' = \text{常数}$$

由于加料的原因,精馏段和提馏段下降的液体摩尔流量不一定相等。

恒摩尔流虽然是一项简化假设,但某些系统基本上能符合该假设,可将这些系统在精馏塔内的汽、液两相视为恒摩尔流。

8.5.2 物料衡算与操作线方程

1. 全塔物料衡算

连续精馏过程的馏出液和釜液的流量、组成与进料的流量和组成有关。通过全塔物料衡算,可求得它们之间的定量关系。

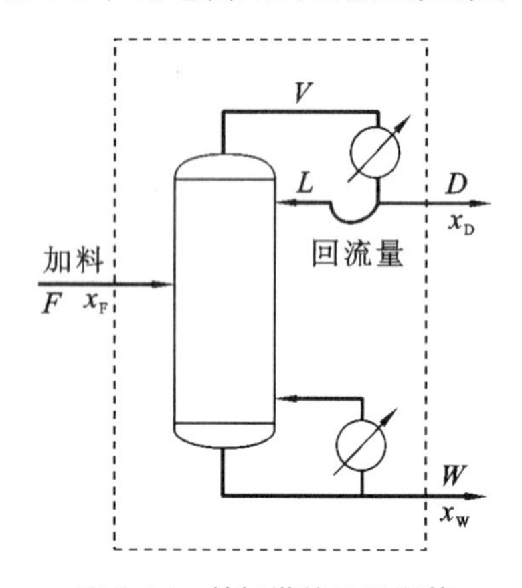

图 8-14 精馏塔的物料衡算

对图 8-14 所示的连续精馏塔作全塔物料衡算,并以单位时间为基准。

总物料衡算
$$F = D + W \tag{8-47}$$

易挥发组分的物料衡算
$$Fx_F = Dx_D + Wx_W \tag{8-48}$$

式中:F、D、W——原料液、塔顶馏出液、塔底釜液流量,kmol/h;

x_F、x_D、x_W——原料液、塔顶产品、塔底产品组成(摩尔分数)。

联立式(8-47)和式(8-48)可得馏出液的采出率

$$\frac{D}{F} = \frac{x_F - x_W}{x_D - x_W} \tag{8-49}$$

釜液采出率
$$\frac{W}{F} = 1 - \frac{D}{F} = \frac{x_D - x_F}{x_D - x_W} \tag{8-50}$$

另外,在精馏计算中,有时还用回收率表示分离要求,回收率是指回收原料中易挥发或难挥发组分的百分数,即

塔顶易挥发组分的回收率

$$\eta_D = \frac{Dx_D}{Fx_F} \times 100\% \tag{8-51}$$

塔釜难挥发组分的回收率

$$\eta_W = \frac{W(1 - x_W)}{F(1 - x_F)} \times 100\% \tag{8-52}$$

由于受上述物料衡算式的约束,在给定进料组成 x_F 和流量 F 时,若规定产品组成 x_D、x_W,则产品采出率 D/F 和 W/F 随之确定,不能自由选择;若规定塔顶产品的产量 D 和组成

x_D(或 W、x_W)，则塔底产品的产量 W 和组成 x_W(或 D、x_D)也随之确定，不能自由选择。

在规定分离要求时，应使 $Dx_D \leqslant Fx_F$ 或 $D/F \leqslant x_F/x_D$。如果塔顶产品采出率过大，即使精馏塔有足够的分离能力，塔顶仍不可能获得高纯度产品，因其组成必须受物料衡算式的约束：$x_D \leqslant Fx_F/D$。

【例 8-3】 将 5 000 kg/h 含苯 0.45(质量分数)的苯-甲苯混合液在连续精馏塔中分离，要求馏出液中苯的回收率为 98%，釜液中苯含量不高于 2%，试求馏出液与釜液的流量与组成。

解　苯的相对分子质量为 78，甲苯的相对分子质量为 92，则

进料组成

$$x_F = \frac{45/78}{45/78 + 55/92} = 0.491$$

釜液组成

$$x_W = \frac{2/78}{2/78 + 98/92} = 0.023\ 5$$

原料液的平均相对分子质量为

$$M_F = 78 \times 0.491 + 92 \times (1 - 0.491) = 85.1$$

原料液流量

$$F = \frac{5\ 000}{85.1}\ \text{kmol/h} = 58.75\ \text{kmol/h}$$

由题意知

$$\frac{Dx_D}{Fx_F} = 0.98$$

所以

$$Dx_D = 0.98 \times 58.75 \times 0.491\ \text{kmol/h} = 28.27\ \text{kmol/h} \quad ①$$

全塔物料衡算

$$D + W = F = 58.75\ \text{kmol/h} \quad ②$$

$$Dx_D + Wx_W = Fx_F = 58.75 \times 0.491\ \text{kmol/h} = 28.85\ \text{kmol/h} \quad ③$$

联立式①、式②和式③，解得

$$D = 34.07\ \text{kmol/h},\quad W = 24.68\ \text{kmol/h},\quad x_D = 0.830$$

2. 操作线方程

操作线方程是表达由任一塔板下降的液相组成 x_n 及由其下一层板上升的蒸气组成 y_{n+1} 之间关系的方程。在连续精馏塔中，由于原料液不断从塔的中部加入，所以精馏段和提馏段具有不同的操作关系，应分别讨论。

1) 精馏段操作线方程

对图 8-15 所示虚线框范围内(包括精馏段的第 $n+1$ 层板以上的塔段及冷凝器)作物料衡算，以单位时间为基准。

总物料衡算

$$F = D + W \tag{8-53}$$

易挥发组分的物料衡算

$$Vy_{n+1} = Lx_n + Dx_D \tag{8-54}$$

式中：x_n——精馏段中第 n 层板下降液相中易挥发组分的摩尔分数；

y_{n+1}——精馏段中第 $n+1$ 层板上升蒸气中易挥发组分的摩尔分数。

将式(8-54)中各项除以 V 得

$$y_{n+1} = \frac{L}{V}x_n + \frac{D}{V}x_D \tag{8-55}$$

或

$$y_{n+1} = \frac{L}{L+D}x_n + \frac{D}{L+D}x_D \tag{8-56}$$

令 $R = \frac{L}{D}$，代入上式得

$$y_{n+1} = \frac{R}{R+1}x_n + \frac{1}{R+1}x_D \tag{8-57}$$

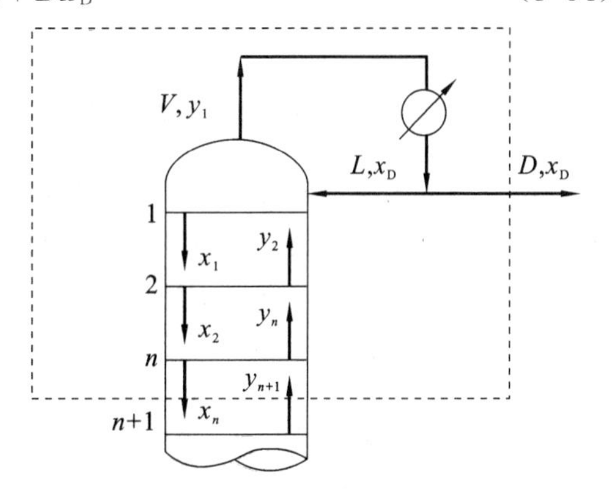

图 8-15　精馏段的物料衡算

式(8-55)至式(8-57)均为精馏段操作线方程。其中 R 称为回流比，根据恒摩尔流假设，L 为定值，且在稳态操作时，D 及 x_D 为定值，所以 R 也是常量，其值一般由设计者选定。

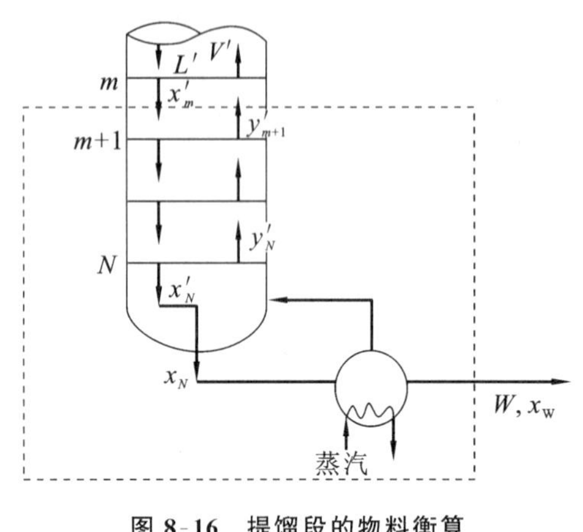

图 8-16 提馏段的物料衡算

精馏段操作线方程表示在一定操作条件下，精馏段内自任意第 n 层板下降的液相组成 x_n 与其相邻的下一层板（第 $n+1$ 层板）上升的汽相组成 y_{n+1} 之间的关系。该方程在直角坐标图上为直线，其斜率为 $R/(R+1)$，截距为 $x_D/(R+1)$，过对角线上(x_D，x_D)点。

2）提馏段操作线方程

对图 8-16 所示虚线框范围内（包括提馏段的第 m 层板以下的塔段及再沸器）作物料衡算，以单位时间为基准。

总物料衡算 $L'=V'+W$ (8-58)

易挥发组分的物料衡算

$$L'x'_m=V'y'_{m+1}+Wx_W \tag{8-59}$$

式中：x'_m——提馏段中第 m 层板下降液相中易挥发组分的摩尔分数；

y'_{m+1}——提馏段中第 $m+1$ 层板上升蒸气中易挥发组分的摩尔分数；

L'——提馏段中每块塔板下降的液体流量，kmol/h；

V'——提馏段中每块塔板上升的蒸气流量，kmol/h。

将式(8-59)除以 V' 得

$$y'_{m+1}=\frac{L'}{V'}x'_m-\frac{W}{V'}x_W \tag{8-60}$$

结合式(8-58)可得

$$y'_{m+1}=\frac{L'}{L'-W}x'_m-\frac{W}{L'-W}x_W \tag{8-61}$$

式(8-61)即为提馏段操作线方程，表示在一定操作条件下，提馏段内自任意第 m 层板下降的液相组成 x'_m 与其相邻的下一层板（第 $m+1$ 层板）上升的汽相组成 y'_{m+1} 之间的关系。

在稳态连续操作过程中，W、x_W 为定值，同时由恒摩尔流假设可知，L' 和 V' 为常数，故提馏段操作线方程亦为直线，其斜率为 L'/V'，截距为 $-Wx_W/V'$，过对角线上(x_W，x_W)点。

8.5.3 进料热状态的影响与 q 线方程

组成一定的原料液可在常温下加入塔内，也可预热至一定温度，甚至在部分或全部汽化的状态下进入塔内。原料入塔时的温度或状态称为进料的热状态。进料的热状态不同，精馏段与提馏段两相流量的差别也不同。

实际生产中精馏塔进料的热状态有五种：

(1) 冷液进料，即料液温度低于泡点的冷液体；

(2) 饱和液体进料，即料液为温度等于泡点的饱和液体；

(3) 汽液混合物进料，即料液温度介于泡点和露点之间；

(4) 饱和蒸气进料，即进料为温度等于露点的饱和蒸气；

(5) 过热蒸气进料，即进料为温度高于露点的过热蒸气。

1. 进料热状态参数

设第 m 块板为加料板，进、出该板的各股物流的流量、组成和焓如图 8-17 所示。对加料板进行物料衡算和热量衡算。

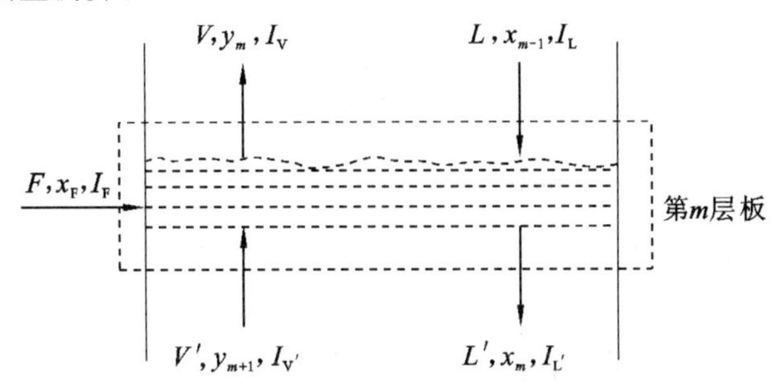

图 8-17　加料板的物料衡算和热量衡算

物料衡算

$$F+L+V'=V+L'$$

则

$$V-V'=F-(L'-L) \tag{8-62}$$

热量衡算

$$FI_F+LI_L+V'I_{V'}=L'I_{L'}+VI_V \tag{8-63}$$

式中：I_F——原料液的焓，kJ/kmol；

$I_{V'}$、I_V——进、出加料板的饱和蒸气的焓，kJ/kmol；

I_L、$I_{L'}$——进、出加料板的饱和液体的焓，kJ/kmol。

由于精馏塔中液体和蒸气均呈饱和状态，且加料板与相邻的上、下板的温度及汽、液两相组成均相差不大，故有

$$I_V \approx I_{V'},\quad I_L \approx I_{L'} \tag{8-64}$$

所以式(8-63)可简化为

$$FI_F+LI_L+V'I_V=L'I_L+VI_V$$

将式(8-62)代入上式，并整理得

$$[F-(L'-L)]I_V=FI_F-(L'-L)I_L$$

$$\frac{L'-L}{F}=\frac{I_V-I_F}{I_V-I_L} \tag{8-65}$$

定义：

$$q=\frac{I_V-I_F}{I_V-I_L}=\frac{L'-L}{F}=\frac{1\ \text{kmol 原料变成饱和蒸气所需的热}}{\text{原料的摩尔汽化潜热}} \tag{8-66}$$

q 为进料热状态参数，进料热状态不同，q 值亦不同。

由式(8-66)可得提馏段液量计算式为

$$L'=L+qF \tag{8-67}$$

将上式代入式(8-62)可得提馏段汽相流量

$$V'=V-(1-q)F \tag{8-68}$$

2. 进料热状态的影响

根据式(8-66)至式(8-68)可分析进料热状态对进料板上、下流量的影响。图 8-18定性地表示在不同的进料热状态下，由加料板上升的蒸气及由该板下降的液体的摩尔流量的变化情况。

(1) 冷液进料时，提馏段内回流液量 L' 包括三部分：精馏段的回流液流量 L、原料液流量

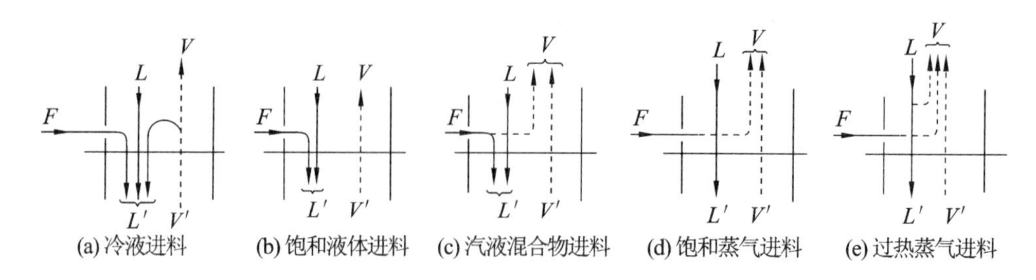

图 8-18 进料热状态对进料上、下板各流量的影响

F 及部分上升蒸气的冷凝液量。同时上升到精馏段的蒸气量 V 比提馏段的蒸气量 V' 要少,其差额即为冷凝的蒸气量,即 $L'>L+F, V<V'$。此时 $q>1$。

(2) 饱和液体进料时,料液的温度与板上液体的温度相近,原料液全部进入提馏段作为其回流液,两段上升的蒸气流量相等,即 $L'=L+F, V=V'$。此时 $q=1$。

(3) 汽液混合物进料时,料液中液相部分成为 L' 的一部分,而蒸气部分则成为 V 的一部分,即 $L'>L, V>V'$。此时 $0<q<1$。

(4) 饱和蒸气进料时,原料全部进入精馏段作为上升蒸气 V 的一部分,则两段的流体流量相等,即 $L'=L, V=V'+F$。此时 $q=0$。

(5) 过热蒸气进料时,与冷液进料相反,精馏段上升蒸气流量 V 包括三部分:提馏段上升蒸气流量 V'、原料流量 F 及部分回流液汽化的蒸气量。同时下降到提馏段的液体量 L' 将比精馏段的液体量 L 少,其差额即为汽化的那部分液体量,即 $L'<L, V>V'+F$。此时 $q<0$。

3. q 线方程

q 线方程即为精馏段操作线方程与提馏段操作线方程的交点(q 点)的轨迹方程,可通过联立精馏段与提馏段的操作线方程求出。由于在交点处式(8-54)和式(8-59)中相同变量的值相等,故可略去代表板数的下标,即

$$Vy=Lx+Dx_D$$

$$V'y=L'x-Wx_W$$

两式相减得

$$(V'-V)y=(L'-L)x-(Wx_W+Dx_D)$$

将式(8-67)和式(8-68)代入上式,得

$$(q-1)Fy=qFx-Fx_F$$

整理得

$$y=\frac{q}{q-1}x-\frac{x_F}{q-1} \tag{8-69}$$

此直线方程即为 q 线方程,或称为进料线方程。由此式可知,在 $x=x_F$ 时,$y=x_F$,即直线在 y-x 图上通过对角线上的进料组成点$e(x_F, x_F)$,并且其斜率为 $q/(q-1)$,故此 q 线完全由进料组成和进料热状态确定。在五种不同情况的进料热状态下,q 线在 y-x 图上的大致情况如图 8-19 所示。

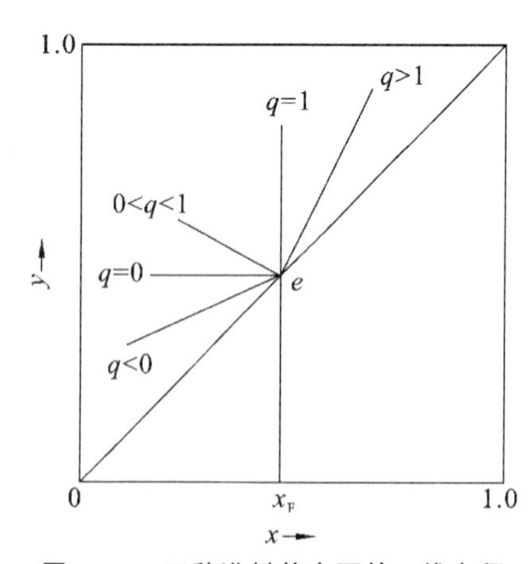

图 8-19 五种进料状态下的 q 线方程

【例 8-4】 分离例 8-3 中的溶液时,若为泡点进料,操作回流比为 2.5。试分别计算精馏段和提馏段的汽、液相流量及操作线方程。

解　例8-3的计算结果为

原料液　$F=58.75\ \text{kmol/h}$，　$x_F=0.491$

馏出液　$D=34.07\ \text{kmol/h}$，　$x_D=0.830$

釜液　$W=24.68\ \text{kmol/h}$，　$x_W=0.0235$

泡点进料时　$q=1$

（1）精馏段。

两相流量

$$V=(R+1)D=(2.5+1)\times34.07\ \text{kmol/h}=119.25\ \text{kmol/h}$$

$$L=RD=2.5\times34.07\ \text{kmol/h}=85.18\ \text{kmol/h}$$

操作线方程

$$y_{n+1}=\frac{R}{R+1}x_n+\frac{1}{R+1}x_D=\frac{2.5}{2.5+1}x_n+\frac{0.830}{2.5+1}=0.714x_n+0.237$$

（2）提馏段。

两相流量

$$L'=L+qF=(85.18+1\times58.75)\ \text{kmol/h}=143.93\ \text{kmol/h}$$

$$V'=V-(1-q)F=V=119.25\ \text{kmol/h}$$

操作线方程

$$y'_{m+1}=\frac{L'}{L'-W}x'_m-\frac{W}{L'-W}x_W=\frac{143.93}{143.93-24.68}x'_m-\frac{24.68}{143.93-24.68}\times0.0235$$

$$=1.207x'_m-0.0049$$

8.5.4　理论塔板层数的计算

双组分连续精馏塔所需的理论塔板层数可采用逐板计算法和图解法求得，这两种方法均以系统的相平衡关系和操作线方程为依据，现分述如下。

1．逐板计算法

逐板计算法是在已知 x_F、x_D、x_W、q 及 R 的条件下，应用相平衡方程与操作线方程从塔顶（或塔底）开始逐板计算各板的汽相与液相组成，从而求得所需要的理论塔板层数。

如图8-20所示，假设塔顶冷凝器将来自塔顶的蒸气全部冷凝（这种冷凝器称全凝器），冷凝液在泡点下部分回流到塔内（泡点回流），塔釜为间接蒸汽加热。由于塔顶采用全凝器，所以从塔顶第一层塔板上升的蒸气进入冷凝器后被全部冷凝，故塔顶馏出液及回流液组成即为第一层塔板上升的蒸气组成 y_1，且 $y_1=x_D$。

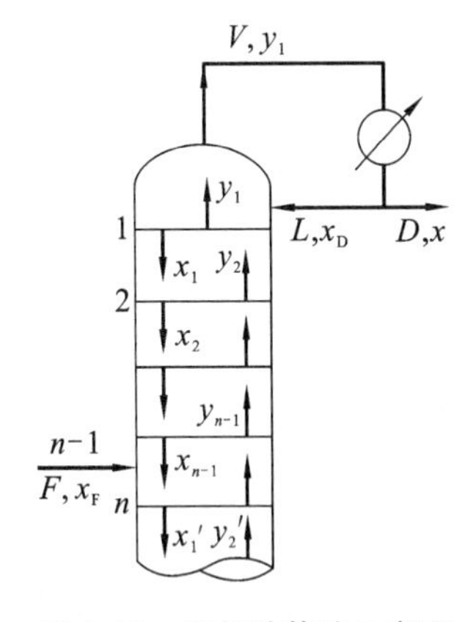

图8-20　逐板计算法示意图

根据理论板的概念，离开第一层塔板的液相组成 x_1 与从该板上升的蒸气组成 y_1 互成平衡，可利用相平衡方程由 y_1 求得 x_1。

$$x_1=\frac{y_1}{y_1+\alpha(1-y_1)}$$

从第二层塔板上升的蒸气组成 y_2 与 x_1 符合精馏段操作线关系，故可用精馏段操作线方程由 x_1 求得 y_2。

$$y_2=\frac{R}{R+1}x_1+\frac{1}{R+1}x_D$$

同理，用相平衡关系从 y_2 求出 x_2，再用操作线方程从 x_2 求出 y_3，以此类推，即

$$x_D=y_1\xrightarrow{\text{相平衡}}x_1\xrightarrow{\text{操作线}}y_2\xrightarrow{\text{相平衡}}x_2\xrightarrow{\text{操作线}}y_3\longrightarrow\cdots\longrightarrow x_n$$

直到计算出 $x_n\leqslant x_q$（精馏段操作线方程与提馏段操作线方程的交点 q 点的横坐标值）时为止，说明第 n 层理论塔板为加料板，精馏段所需理论塔板层数为 $n-1$。在计算过程中，每应用一次相平衡方程就表示需要一层理论塔板。

当 $x_n \leqslant x_q$ 后改用提馏段操作线方程，其计算方法和步骤与精馏段相同，反复利用相平衡方程和提馏段操作线方程，一直计算到 $x_m \leqslant x_W$ 为止。对间接蒸汽加热情况，再沸器相当于一层理论塔板，所以提馏段所需理论塔板层数为 $m-1$。

用逐板计算法计算理论塔板层数，结果较准确，且可求得塔板上的汽、液相组成，但计算过程烦琐，尤其是当理论塔板层数较多时更为突出。若采用计算机计算，既可提高准确性，又可以提高计算速度。

2. 图解法(McCabe-Thiele 法)

1）作出操作线

以逐板计算法的基本原理为基础，在 y-x 相图上，用平衡曲线和操作线代替平衡方程和操作线方程，用简便的图解法代替繁杂的计算，在双组分精馏计算中应用广泛。其基本步骤如下：①在 y-x 坐标上作出平衡曲线及对角线；②在 y-x 相图上作出操作线。

精馏段和提馏段操作线方程在 y-x 图上均为直线。实际作图时，分别找出两直线上的固定点，如操作线与对角线的交点及两操作线的交点等，然后分别作出两条操作线。

(1) 精馏段操作线的作法。若略去精馏段操作线方程中代表板数的下标，则方程可变为

$$y=\frac{R}{R+1}x+\frac{1}{R+1}x_D$$

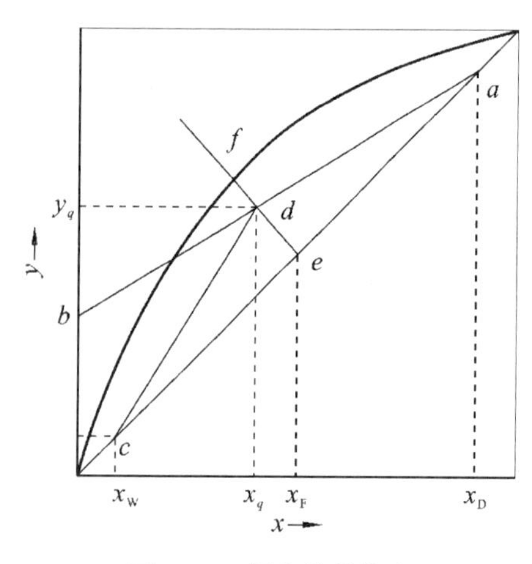

图 8-21　操作线的作法

将上式与对角线方程联立求解，可以得到精馏段操作线与对角线的交点，其坐标为(x_D, x_D)，如图 8-21 所示的点 a，并且该直线在 y 轴上的截距为 $x_D/(R+1)$，如图中的点 b 所示，则连接 a、b 两点的直线即为精馏段操作线。此外，还可以从 a 点作斜率为 $R/(R+1)$ 的直线 ab 得到精馏段操作线。

(2) q 线的作法。由 q 线方程 $y=\frac{q}{q-1}x-\frac{x_F}{q-1}$ 与对角线方程联立求解，可以得到 q 线与对角线的交点，其坐标为(x_F, x_F)，如图8-21所示的点 e，过点 e 作斜率为 $q/(q-1)$ 的直线 ef，即可得到 q 线。q 线与精馏段操作线交点为 d。

(3) 提馏段操作线的作法。若略去提馏段操作线方程中代表板数的下标，则方程可写为

$$y'=\frac{L+qF}{L+qF-W}x'-\frac{W}{L+qF-W}x_W$$

将上式与对角线方程联立求解，可以得到提馏段操作线与对角线的交点，其坐标为(x_W, x_W)，如图 8-21 所示的点 c，连接 c、d 两点即得到提馏段操作线 cd。

2）图解法求理论塔板层数

理论塔板层数的图解法如图 8-22 所示。从对角线上的点 a 开始作水平线与平衡线交于点 1，该点代表离开第一层理论板的汽、液相平衡组成(x_1, y_1)，再由点 1 作垂线与精馏段操作线的交点 1′来确定 y_2，过点 1′作水平线与平衡线交于点 2，由此确定出 x_2。以此方法重复在平衡线与精馏段操作线之间作阶梯，当阶梯跨过两操作线的交点 d 时，改在平衡线与提馏段操作线之间作阶梯，直至阶梯的垂线达到或跨过点 $c(x_W, x_W)$为止。平衡线上每

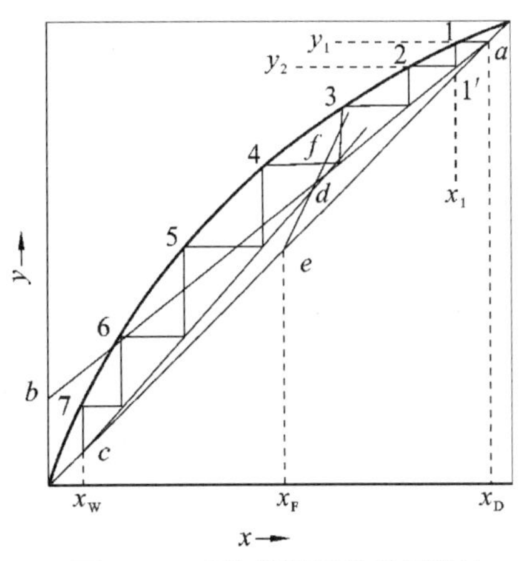

图 8-22　理论塔板层数的图解法

个阶梯的顶点即代表一层理论板，其中跨过点 d 的阶梯为加料板，最后一个阶梯为再沸器，总理论塔板层数为阶梯数减 1。在图 8-22 中，所需理论塔板层数为 7(包括塔釜在内)，精馏段与提馏段各为 3，第 4 层板为加料板。

图解时也可从点 c 开始作阶梯，所得结果相同。

3）确定适宜的进料位置

最优的进料位置一般宜在塔内液相或汽相组成与进料液组成相近或相同的塔板上。在采用图解法时，跨过两操作线交点的阶梯即为适宜的加料板，对于一定的分离任务而言，如此作图所需的理论塔板层数最少。跨过两操作线交点后继续在提馏段操作线与平衡线之间作阶梯，或没有跨过交点便过早更换操作线，都会使得某些阶梯的增浓、减浓程度减小而使所需理论塔板层数增加。

如图 8-23 所示，若在第 5 层塔板不加料，而在第 7 层塔板加料，则第 5、6 层塔板的汽相增浓程度必小于第 5 层塔板加料的增浓程度，由此可知，加料过晚是不利的。

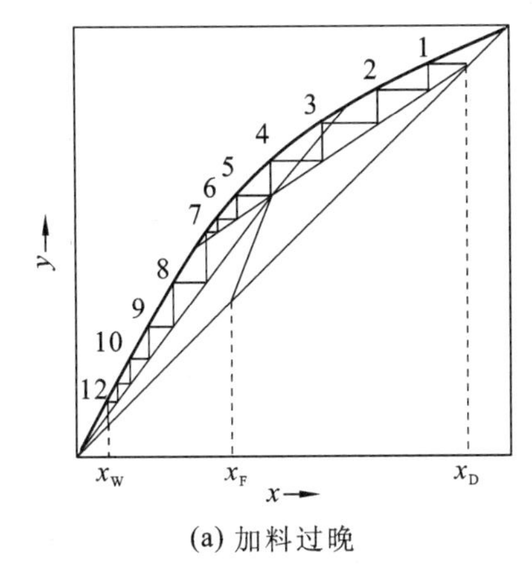

(a) 加料过晚

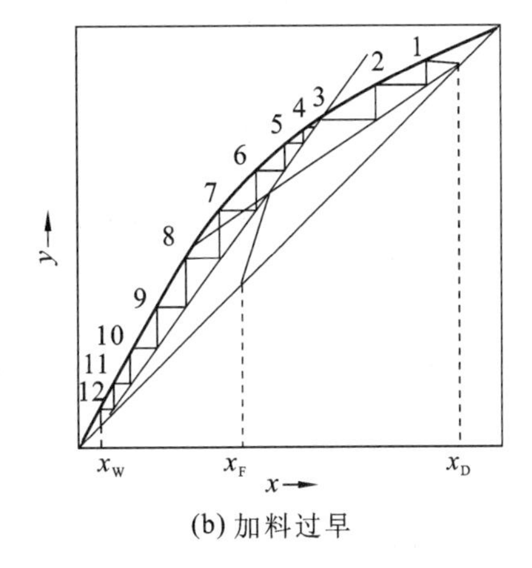

(b) 加料过早

图 8-23　加料板位置选择不当

相反，若在第 3 层塔板加料，则第 3、4、5 层塔板的提馏程度有所降低，说明过早加料也是不利的。

当然，加料板不在适宜加料位置，例如在第 3 层或第 7 层加料，都能求出所需要的理论塔板层数，但为达到指定分离任务所需要的理论塔板层数增多。此外，加料板位置的变化范围在两操作线与相平衡线交点的范围内，若超出此范围，则达不到规定的分离要求。

逐板计算法和图解法计算理论塔板层数都是以塔内恒摩尔流为前提的，对于偏离该条件较远的系统，需要对摩尔汽化潜热进行校正。

【例 8-5】 在一常压连续精馏塔内分离苯-甲苯混合物。已知进料液流量为 80 kmol/h，进料液中苯的含量为 0.40(摩尔分数，下同)，泡点进料，塔顶馏出液含苯 0.90，要求苯回收率不低于 90%。塔顶为全凝器，回流比为 2，同时在操作条件下，系统的相对挥发度为 2.47。试分别用逐板计算法和图解法计算所需的理论塔板层数。

解 (1) 逐板计算法。

根据苯的回收率计算塔顶产品流量

$$D=\frac{\eta F x_F}{x_D}=\frac{0.9\times 80\times 0.40}{0.90}\ \text{kmol/h}=32\ \text{kmol/h}$$

则

$$W=F-D=(80-32)\ \text{kmol/h}=48\ \text{kmol/h}$$

$$x_W=\frac{Fx_F-Dx_D}{W}=\frac{80\times 0.40-32\times 0.90}{48}=0.066\ 7$$

已知 $R=2$,所以精馏段操作线方程为

$$y_{n+1}=\frac{R}{R+1}x_n+\frac{1}{R+1}x_D=\frac{2}{2+1}x_n+\frac{0.90}{2+1}=0.667x_n+0.30 \qquad ①$$

提馏段上升蒸气量 $V'=V-(1-q)F=V=(R+1)D=(2+1)\times 32\ \text{kmol/h}=96\ \text{kmol/h}$

下降液体量 $L'=L+qF=RD+qF=(2\times 32+80)\ \text{kmol/h}=144\ \text{kmol/h}$

提馏段操作线方程为

$$y'_{m+1}=\frac{L'}{V'}x'_m-\frac{Wx_W}{V'}=\frac{144}{96}x'_m-\frac{48\times 0.066\ 7}{96}=1.5x'_m-0.033 \qquad ②$$

相平衡方程可写为

$$x=\frac{y}{\alpha-(\alpha-1)y}=\frac{y}{2.47-1.47y} \qquad ③$$

利用式①、式②及式③,可自上而下逐板计算所需理论塔板层数。因塔顶为全凝器,则

$$y_1=x_D=0.9$$

由式③求得第一层塔板下降的液体组成

$$x_1=\frac{y_1}{2.47-1.47y_1}=\frac{0.9}{2.47-1.47\times 0.9}=0.785$$

利用精馏段操作线方程计算第二层塔板上升的蒸气组成

$$y_2=0.667x_1+0.30=0.667\times 0.785+0.30=0.824$$

以此交替使用式①和式③,直到 $x_n\leqslant x_F$(因为是泡点进料,$q=1$,所以 $x_q=x_F$),然后改用提馏段操作线方程,直到 $x_n\leqslant x_W$,计算结果见表 8-4。

表 8-4

板号	1	2	3	4	5	6	7	8	9	10
y	0.9	0.824	0.737	0.652	0.587	0.515	0.419	0.306	0.194	0.101
x	0.785	0.655	0.528	0.431	0.365($<x_F$)	0.301	0.226	0.151	0.089	0.044($<x_W$)

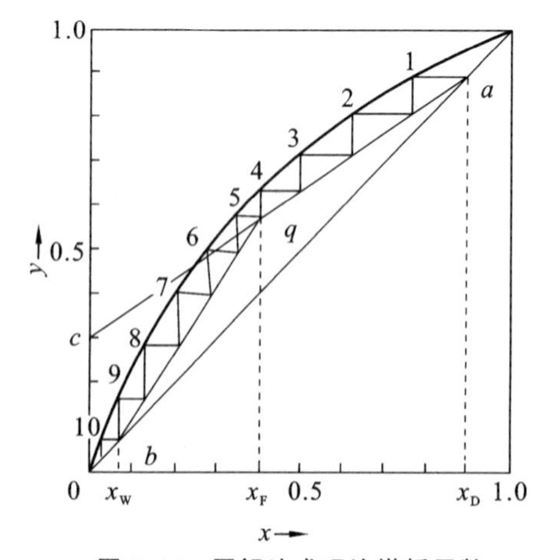

图 8-24 图解法求理论塔板层数

所以精馏塔内理论塔板层数为 10-1=9,其中精馏段为 4 层塔板,第 5 层为加料板。

(2) 图解法。

在直角坐标系中绘出 y-x 图,如图8-24所示。根据精馏段操作线方程①,找到点 $a(0.9,0.9)$和点$c(0,0.3)$,连接 ac 即得到精馏段操作线。因为泡点进料,故 $x_q=x_F$,由 $x=x_F$ 作垂线交精馏段操作线于点 q,连接点 $b(0.066\ 7,0.066\ 7)$ 和点 q 即为提馏段操作线 bq。

从点 a 开始在平衡线与操作线之间绘直角阶梯,直到 $x_n\leqslant x_W$。所以理论塔板层数为 10,除去再沸器,塔内理论塔板层数为 9,其中精馏段为 4 层塔板,第 5 层为加料板,与逐板计算法结果一致。

8.5.5 回流比的影响及其选择

为了维持精馏塔的正常操作，回流是不可缺少的，而且回流比的大小直接影响着理论塔板层数、塔径及冷凝器和再沸器的负荷等，因而，选择回流比是精馏中的一个重要问题。回流比的选择既是技术上的问题，又是经济上的问题。

从回流比的定义式看，回流比可以在零到无穷大之间变化，前者对应于无回流，后者对应于全回流（即没有产品取出），但实际上对指定的分离任务，回流比不能小于某一下限，否则即使塔内安装无穷多个理论板也达不到分离要求，回流比的这一下限称为最小回流比。而实际回流比是介于两个极限值之间的某个适宜值。

1. 全回流与最少理论塔板层数

练习题(8.5.5)

1）全回流的特点

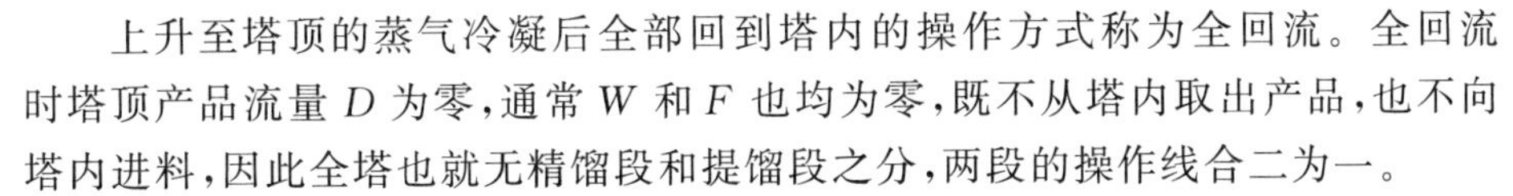

上升至塔顶的蒸气冷凝后全部回到塔内的操作方式称为全回流。全回流时塔顶产品流量 D 为零，通常 W 和 F 也均为零，既不从塔内取出产品，也不向塔内进料，因此全塔也就无精馏段和提馏段之分，两段的操作线合二为一。

全回流时的回流比 $$R=\frac{L}{D}=\infty$$

精馏段操作线在 y 轴的截距 $$\frac{x_D}{R+1}=0$$

精馏段操作线的斜率 $$\frac{R}{R+1}=1$$

所以全回流时的操作线方程即精馏段操作线方程为

$$y_{n+1}=x_n$$

此时操作线与对角线重合，且离平衡线的距离最远，为完成同样的分离任务所需的理论塔板层数最少，用 N_{min} 表示。

2）全回流时最少理论塔板层数的确定

全回流时的最少理论塔板层数 N_{min} 可由逐板计算法或图解法求出，也可由芬斯克(Fenske)方程计算，计算推导如下。

对于理想系统的任一层理论板，根据相对挥发度的定义，汽液平衡关系可表示为

$$\frac{y_{An}}{y_{Bn}}=\alpha_n\frac{x_{An}}{x_{Bn}} \tag{8-70}$$

结合全回流时的操作线方程可变为

$$\frac{y_{An+1}}{y_{Bn+1}}=\frac{x_{An}}{x_{Bn}} \tag{8-71}$$

也就是说，对于全回流，塔内任意截面上相遇的汽、液两相流量与组成相同。

若塔顶采用全凝器，则

$$y_1=x_D \quad 或 \quad \frac{y_{A1}}{y_{B1}}=\frac{x_{AD}}{x_{BD}}$$

第一层理论板的汽液平衡关系为

$$\frac{y_{A1}}{y_{B1}}=\alpha_1\frac{x_{A1}}{x_{B1}}=\frac{x_{AD}}{x_{BD}}$$

第一层理论板下降的液相组成与第二层理论板上升的汽相组成满足操作线方程,即

$$\frac{y_{A2}}{y_{B2}}=\frac{x_{A1}}{x_{B1}}$$

则

$$\frac{y_{A1}}{y_{B1}}=\alpha_1\frac{y_{A2}}{y_{B2}}$$

同理,第二层理论板的汽液平衡关系为

$$\frac{y_{A2}}{y_{B2}}=\alpha_2\frac{x_{A2}}{x_{B2}}$$

所以

$$\frac{y_{A1}}{y_{B1}}=\alpha_1\alpha_2\frac{x_{A2}}{x_{B2}}$$

若把再沸器看作第 $N+1$ 层理论板,则以此类推,离开第一层的汽相组成与离开第 $N+1$ 层的液相组成之间的关系为

$$\frac{y_{A1}}{y_{B1}}=\alpha_1\alpha_2\cdots\alpha_{N+1}\frac{x_{AW}}{x_{BW}}$$

将 $\frac{y_{A1}}{y_{B1}}=\frac{x_{AD}}{x_{BD}}$ 代入上式,得

$$\frac{x_{AD}}{x_{BD}}=\alpha_1\alpha_2\cdots\alpha_{N+1}\frac{x_{AW}}{x_{BW}}$$

若令 $\alpha_m=\sqrt[N+1]{\alpha_1\alpha_2\cdots\alpha_{N+1}}$,则上式可改写为

$$\frac{x_{AD}}{x_{BD}}=\alpha_m^{N+1}\frac{x_{AW}}{x_{BW}}$$

等式两边取对数解出 N,可得到全回流理论塔板层数,即最少理论塔板层数 N_{min}。

$$N_{min}=\frac{\lg\left(\frac{x_{AD}}{x_{BD}}\frac{x_{BW}}{x_{AW}}\right)}{\lg\alpha_m}-1 \tag{8-72}$$

此式即为芬斯克方程。当塔底和塔顶的挥发度相差不大时,有

$$\alpha=\sqrt{\alpha_{顶}\alpha_{底}} \tag{8-73}$$

对双组分系统,芬斯克方程可以写成

$$N_{min}=\frac{\lg\left(\frac{x_D}{1-x_D}\frac{1-x_W}{x_W}\right)}{\lg\alpha}-1 \tag{8-74}$$

此式简略地表明在全回流条件下分离程度与总理论塔板层数(N_{min} 中不包括塔釜)之间的关系。全回流操作只用于精馏塔的开工、调试及实验研究中。

2. 最小回流比 R_{min}

在精馏操作中,对一定的分离要求而言,当减小回流比时,两操作线向平衡线靠近,使所需的理论塔板层数增多。当回流比减小到一定数值时,两操作线的交点 $d(x_q,y_q)$ 恰好落在平衡线上,如图 8-25 所示。此时,若在平衡线与操作线之间绘阶梯,将需要无穷个阶梯才到达点 d,则相应的回流比为最小回流比,此即完成指定分离任务时的最小回流比,用 R_{min} 表示。在最小回流比条件下操作时,在点 d 附近(加料板上、下区域)各板上汽、液两相组成基本上无变化,故 d 点称为夹点,这个区域称为恒浓区。最小回流比是回流的下限,当回流比比 R_{min} 还要

低时，操作线和 q 线的交点就落在平衡线之外，精馏操作无法完成指定分离任务。

最小回流比可用作图法或解析法来确定。

1）作图法

如图 8-25 所示，由精馏段操作线 ad 的斜率知

$$\frac{R_{\min}}{R_{\min}+1}=\frac{x_D-y_q}{x_D-x_q}$$

经整理得

$$R_{\min}=\frac{x_D-y_q}{y_q-x_q} \tag{8-75}$$

式中：x_q、y_q——q 线与平衡线交点的横坐标、纵坐标，可在图中直接读出。

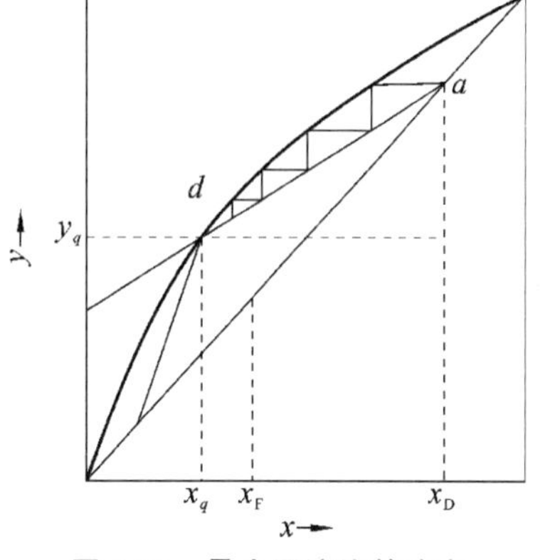

图 8-25 最小回流比的确定

2）解析法

对于理想溶液，相对挥发度可取为常数（或取平均值），则由相平衡方程得

$$y_q=\frac{\alpha x_q}{1+(\alpha-1)x_q}$$

将上式代入式(8-75)，整理可得

$$R_{\min}=\frac{1}{\alpha-1}\left[\frac{x_D}{x_q}-\frac{\alpha(1-x_D)}{1-x_q}\right] \tag{8-76}$$

若已知进料热状态 q，则可由相平衡方程和 q 线方程联立求解得到交点 $d(x_q,y_q)$ 的坐标，代入式(8-76)便可求得最小回流比。对于某些特殊的进料热状态，式(8-76)可进一步化简。

饱和蒸气进料时，$y_q=x_F$，则

$$R_{\min}=\frac{1}{\alpha-1}\left(\frac{\alpha x_D}{x_F}-\frac{1-x_D}{1-x_F}\right)-1 \tag{8-77}$$

若为饱和液体进料，$x_q=x_F$，式(8-76)可进一步变成

$$R_{\min}=\frac{1}{\alpha-1}\left[\frac{x_D}{x_F}-\frac{\alpha(1-x_D)}{1-x_F}\right] \tag{8-78}$$

3）非理想系统的最小回流比

对于非理想系统，当平衡线出现明显下凹时，在操作线与 q 线的交点尚未落到平衡线上之前，精馏段操作线或提馏段操作线就有可能与平衡线在某点相切，此时即使有无穷多层塔板，其组成也不能跨越切点 g，如图 8-26 所示。图中的切点 g 即为夹点，故该回流比为最小回流比。

对图 8-26(a)，设切点 g 坐标(x_q,y_q)，$R_{\min}$的计算式与式(8-75)同。

当图 8-26(b)中回流比减小到某一数值时，提馏段操作线与平衡线相切于点 g，此时可先解出两操作线交点 d 的坐标(x_q,y_q)，同样可用式(8-75)求出 $R_{\min}$。

最后应该指出，最小回流比一方面与系统的相平衡性质有关，另一方面也与分离要求有关。对于确定的系统，最小回流比是对一定的分离要求而言的，脱离分离要求而谈最小回流比是毫无意义的，分离要求改变，最小回流比也会改变。另一方面，若实际采用的回流比小于最小回流比，操作仍能进行，只是不能达到规定的分离要求。

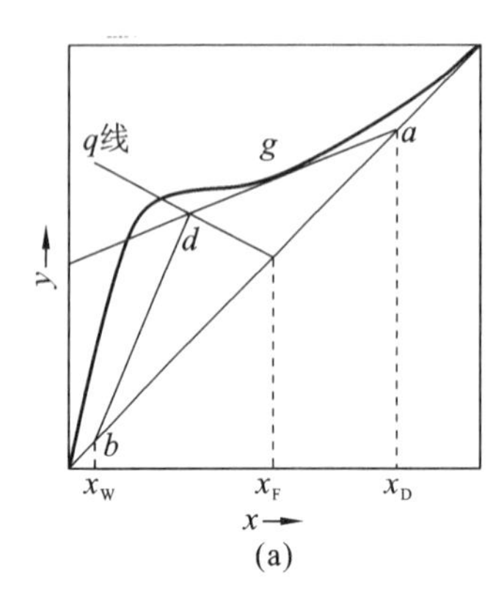

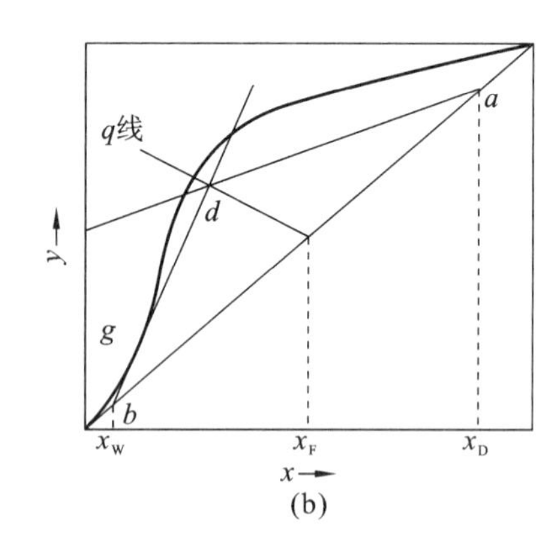

图 8-26　非理想溶液 R_{min} 的确定

3. 适宜回流比的选择

对于一定的分离任务,若在全回流下操作,所需的理论塔板层数最少,但是得不到产品;若在最小回流比下操作,则所需理论塔板层数为无限多。这两种情况都无法在正常工业生产中应用,实际所采用的回流比应介于全回流与最小回流比之间。

适宜回流比是指操作费用和设备费用之和最低时的回流比,需要通过经济衡算来决定。精馏的设备费用包括精馏塔、再沸器、冷凝器等设备的折旧费,而操作费用主要是指再沸器中加热剂用量、冷凝器中冷凝剂用量和动力消耗等,这些又与塔内上升蒸气量有关,即

$$V=(R+1)D$$

$$V'=V-(1-q)F$$

因而当 F、q、D 一定时,上升蒸气量 V' 和 V 随着 R 的增大而增大。增加回流比,开始可显著降低所需塔板层数。随着 R 的增大,为得到同样数量的产品 D,精馏段上升蒸气量 V 随着增大,使再沸器和冷凝器的负荷随之增大,设备费用的明显下降能补偿操作费用(能耗)的增加。再增加回流比,所需的理论塔板层数缓慢下降,此时设备费用的减少将不足以补偿操作费用的增长,此外,回流比的增加也将使塔顶冷凝器和塔底再沸器的传热面积增大,设备费用随着 R 的增大而增加。因此,随着 R 的增加,设备费用先降低而后又重新增加。操作费用主要是加热蒸汽和冷却水的费用,它随着 R 的增大呈线性增长。

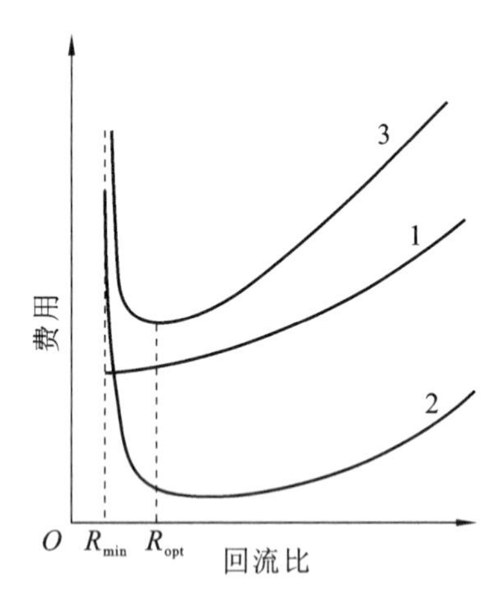

图 8-27　回流比对精馏费用的影响

1—操作费用;2—设备费用;3—总费用

回流比与费用的关系如图 8-27 所示,显然存在着一个总费用的最低点,与此对应的回流比即为最适宜回流比(R_{opt}),但很难完整、准确地知道这一点,通常取经验数据,即 $R_{opt}=(1.1\sim2)R_{min}$。实际中还应视具体情况而定,如为了减少加热蒸汽耗量,可采用较小的回流比,而对于难分离系统则选用较大的回流比。

【例 8-6】 在常压连续精馏塔中分离某理想混合液,已知 $x_F=0.4$(摩尔分数,下同),$x_D=0.97$,$x_W=0.03$,相对挥发度 $\alpha=2.47$。试分别计算在(1) 冷液进料,$q=1.387$;(2) 泡点进料;(3) 饱和蒸气进料时的最小回流比和全回流下的最少理论塔板层数。

解　(1) 由题意知，q线方程为

$$y=\frac{q}{q-1}x-\frac{x_F}{q-1}=\frac{1.387}{1.387-1}x-\frac{0.4}{1.387-1}=3.584x-1.034$$

相平衡方程为

$$y=\frac{\alpha x}{1+(\alpha-1)x}=\frac{2.47x}{1+1.47x}$$

联立两式解得

$$x_q=0.483,\quad y_q=0.698$$

$$R_{min}=\frac{x_D-y_q}{y_q-x_q}=\frac{0.97-0.698}{0.698-0.483}=1.265$$

(2) 泡点进料时，$q=1$，则

$$x_q=x_F=0.4$$

$$y_q=\frac{\alpha x_q}{1+(\alpha-1)x_q}=\frac{2.47\times0.4}{1+1.47\times0.4}=0.622$$

$$R_{min}=\frac{x_D-y_q}{y_q-x_q}=\frac{0.97-0.622}{0.622-0.4}=1.568$$

(3) 饱和蒸气进料时，$q=0$，则

$$y_q=x_F=0.4$$

$$x_q=\frac{y_q}{\alpha-(\alpha-1)y_q}=\frac{0.4}{2.47-1.47\times0.4}=0.213$$

$$R_{min}=\frac{x_D-y_q}{y_q-x_q}=\frac{0.97-0.4}{0.4-0.213}=3.048$$

(4) 全回流时的最少理论塔板层数

$$N_{min}=\frac{\lg\left(\frac{x_D}{1-x_D}\frac{1-x_W}{x_W}\right)}{\lg\alpha}-1=\frac{\lg\left(\frac{0.97}{0.03}\times\frac{0.97}{0.03}\right)}{\lg2.47}-1=6.69\approx7\ \text{(不含再沸器)}$$

由此可见，在同样的分离要求下，最小回流比与进料热状态有关，且最小回流比随着q值的增大而减小。

4. 理论塔板层数的简捷计算法

精馏塔理论塔板层数的计算除可用前面叙述的逐板计算法和图解法求解外，还可借助吉利兰图(Gilliland)进行简捷计算。此法是一种应用最为广泛的利用经验关联图的简捷计算法，特别适用于在塔板层数较多的情况下作初步估算，但误差较大。

1) 吉利兰图

吉利兰图为双对数坐标图，如图8-28所示。它关联了R_{min}、R、N_{min}及N四个变量，横坐标为$(R-R_{min})/(R+1)$，纵坐标为$(N-N_{min})/(N+2)$。其中N和N_{min}分别为不包括再沸器时的理论塔板层数和最小理论塔板层数。

吉利兰图是用八个系统在组分数目为2～11、五种进料状态、R_{min}为0.53～7.0、组分间相对挥发度为1.26～4.05、理论塔板层数为2.4～43.1的精馏条件下，由逐板计算法得出的结果绘制而成的。图中曲线在$(R-R_{min})/(R+1)<0.17$范围内可用下式代替：

$$\lg\frac{N-N_{min}}{N+2}=-0.9\times\frac{R-R_{min}}{R+1}-0.17\tag{8-79}$$

2) 简捷计算法求理论塔板层数的步骤

(1) 根据分离要求求出R_{min}，并选择合适的R。

(2) 求全回流下所需最少理论塔板层数N_{min}。

(3) 计算$(R-R_{min})/(R+1)$，在吉利兰图的横坐标上找到相应点，并作垂线与曲线相交，

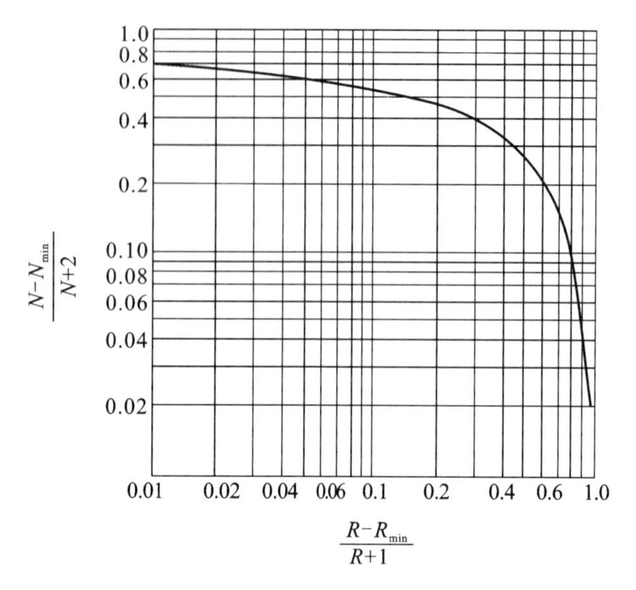

图 8-28　吉利兰图

由交点的纵坐标$(N-N_{min})/(N+2)$便可算出理论塔板层数 N。

(4) 确定加料位置。可把加料组成看成釜液组成,求出理论塔板层数,即为精馏段所需的理论塔板层数,从而可以确定加料位置。

【例 8-7】 在连续精馏塔中分离某苯-甲苯的混合物,已知 $x_F=0.501$(摩尔分数,下同),$x_D=0.98$,$x_W=0.03$,$R=4$,精馏段和全塔的平均相对挥发度分别为 2.52 和 2.50。试用简捷计算法计算泡点进料时的理论塔板层数和加料板的位置。

解　(1) 对于泡点进料,可由式(8-78)计算最小回流比,即

$$R_{min}=\frac{1}{\alpha-1}\left[\frac{x_D}{x_F}-\frac{\alpha(1-x_D)}{1-x_F}\right]=\frac{1}{2.50-1}\times\left[\frac{0.98}{0.501}-\frac{2.50\times(1-0.98)}{1-0.501}\right]=1.237$$

(2) 由于

$$\frac{R-R_{min}}{R+1}=\frac{4-1.237}{4+1}=0.553$$

可由吉利兰图查得

$$\frac{N-N_{min}}{N+2}=0.24$$

其中

$$N_{min}=\frac{\lg\left(\frac{x_D}{1-x_D}\frac{1-x_W}{x_W}\right)}{\lg\alpha}-1=\frac{\lg\left(\frac{0.98}{0.02}\times\frac{0.97}{0.03}\right)}{\lg 2.50}-1=7.041$$

所以

$$\frac{N-7.041}{N+2}=0.24$$

可解得

$$N=9.9\approx 10\ (\text{不含再沸器})$$

(3) 将精馏段的平均相对挥发度和料液组成代入芬斯克方程,便可求得精馏段所需的最小理论塔板层数,即

$$N'_{min}=\frac{\lg\left(\frac{x_D}{1-x_D}\frac{1-x_F}{x_F}\right)}{\lg\alpha_1}-1=\frac{\lg\left(\frac{0.98}{0.02}\times\frac{0.499}{0.501}\right)}{\lg 2.52}-1=3.206$$

所以

$$\frac{N_1-3.206}{N_1+2}=0.24$$

解得　　　　$N_1=4.85\approx5$（不含加料板）

故加料板为第 6 层理论板(从塔顶往下数)。

8.5.6　加料热状态的选择

前已述及 q 为加料的热状态参数,其值表示加料中饱和液体所占的比例。对指定的系统,在分离要求及回流比一定的条件下,q 值变化不影响精馏段操作线的位置,但明显改变了提馏段操作线的位置,因为 q 值变化时,q 线斜率也变化,从而使精馏段与 q 线交点改变。q 值不同时,加料板位置也不同,影响理论塔板层数 N。从图 8-29 可以看出,q 值越大(即冷液进料),两操作线的交点越靠近对角线,而远离平衡线,此时所需要的理论塔板层数越少。

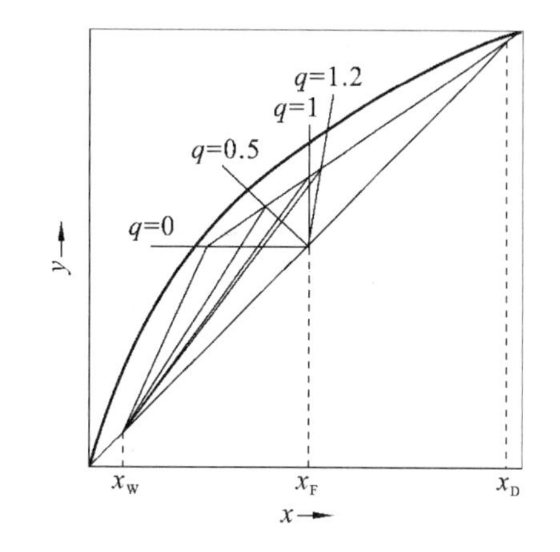

图 8-29　q 值对提馏段操作线的影响(R 一定)

为理解这一点,应明确比较的标准。精馏的核心是回流,精馏操作的实质是塔底供热产生蒸气回流,塔顶冷凝造成液体回流。由全塔热量衡算可知,塔底加热量与进料带入热量的和等于塔顶冷凝量。以上对不同 q 值进料所作的比较是以固定回流比 R,即以固定的冷却量为基准的。这样,塔顶冷却量不变时,进料带入热量愈多,则塔底供热愈少,塔釜上升蒸气量 V' 亦愈少;塔釜上升蒸气量减少,使提馏段操作线的斜率(L'/V')增大,其位置向平衡线靠近,所需理论塔板层数增多。

当然,如果塔釜热量不变,进料带入热量增多,则塔顶冷却量必然增大,回流比相应增大,所需的塔板层数将减少。但须注意,这是以增加热耗为代价的。

所以从精馏本身考虑,通常应进冷料。在热耗不变的情况下,热量应尽可能在塔底输入,使所产生的汽相回流能在全塔中发挥作用;而冷却量应尽可能施加于塔顶,使所产生的液体回流能经过全塔而发挥最大的效能。但工业上有时利用废热把原料预热甚至采用汽态进料,其目的不是减少塔板层数,而是减少塔釜的加热量。尤其当塔釜温度过高、物料易发生聚合或结焦时,这样做更为有利。

8.5.7　双组分精馏过程的其他类型

练习题(8.5.6)

1. 直接蒸汽加热

当待分离系统为某种轻组分的水溶液时,往往可将加热蒸汽直接通入塔釜以汽化釜液。为了便于计算,通常设加热介质为饱和蒸汽,且按恒摩尔流对待,即塔底蒸发量与通入的蒸汽量相等。

直接蒸汽加热时理论塔板层数的求法,原则上与前面叙述的相同。精馏段的操作情况与普通精馏塔没有区别,故其操作线不变,q 线的作法也与常规塔相同。对于提馏段来说,由于多了一股蒸汽进入塔釜,所以提馏段操作线方程发生了改变。

如图 8-30(a)所示,对虚线框范围内作物料衡算,有

总物料衡算 $$L'+S=V'+W \tag{8-80}$$

易挥发组分衡算 $$L'x'=V'y'+Wx_W \tag{8-81}$$

由于按恒摩尔流对待，则 $L'=W, V'=S$，所以提馏段操作线方程为

$$y'=\frac{L'}{V'}x'-\frac{W}{V'}x_W=\frac{W}{S}x'-\frac{W}{S}x_W \tag{8-82}$$

当 $x=x_W$ 时，$y=0$，故提馏段操作线方程通过点$(x_W, 0)$，如图 8-30(b)所示。同时，直接蒸汽的通入量 S 与间接蒸汽加热时蒸汽耗用量的计算类似。

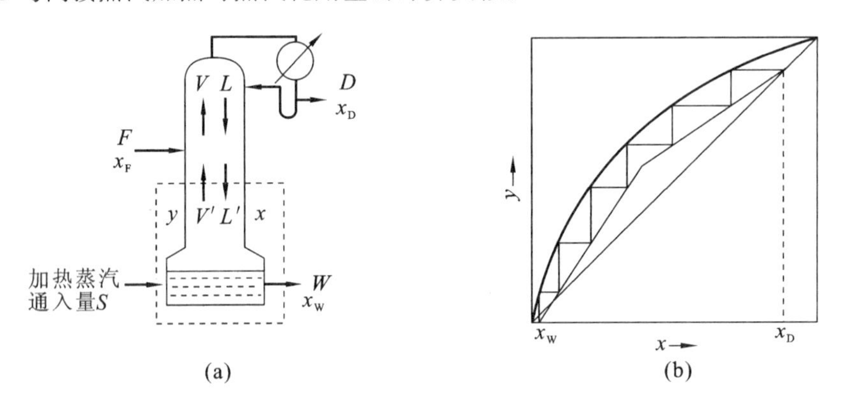

图 8-30 直接蒸汽加热

比较直接蒸汽加热与间接蒸汽加热可知，在 x_F、x_D 及釜液组成 x_W 相同的情况下，因加热蒸汽的冷凝液排出时也带走少量轻组分，将使轻组分的回收率 η 降低。因此，为了减少塔底轻组分的损失，加热蒸汽在进塔釜前应尽可能除去其中所夹带的水。

此外，由于直接蒸汽的通入必使釜液排放量增加，为了保持两种加热情况下的轻组分回收率不变，釜液组成 x_W 比间接加热时低。这样，使用直接蒸汽加热所需要的理论塔板层数将稍有增加。

前已说明，用间接蒸汽加热时，一定的冷凝量对应于一定的塔釜蒸发量。同理，当用直接蒸汽加热时，一定的塔顶冷凝量对应于一定的直接蒸汽用量 S。换言之，当加料热状态与塔顶产品流量 D 一定的条件下，加热蒸汽量取决于回流比。

2. 提馏塔

提馏塔又称回收塔，是指只有提馏段而没有精馏段的塔。这种塔主要用于系统在低浓度下的相对挥发度较大，不需要精馏段也可以达到所希望的产品组成，或用于回收稀溶液中的易挥发组分而分离程度要求不高的场合。也就是说，着眼点是将原料液浓度 x_F 降至尽可能小的排液浓度 x_W，而不是取得纯度高的塔顶产品。提馏塔的装置简图如图 8-31 所示，原料从塔顶加入塔内，在逐板下降中提供塔内的液相，塔顶蒸气冷凝后全部作为馏出液产品，塔釜用间接蒸汽加热。若给定原料液流量 F、组成 x_F 及加料热状态参数 q，同时规定塔顶轻组分的回收率 η_A 及釜液组成 x_W，则馏出液组成 x_D 及其流量 D 可由全塔物料衡算确定。此情况下的操作线方程与一般精馏塔的提馏段操作线方程相同，即

$$y'_{m+1}=\frac{L'}{V'}x'_m-\frac{W}{V'}x_W$$

当泡点进料时，$L'=F, V'=D$，则操作线方程可变为

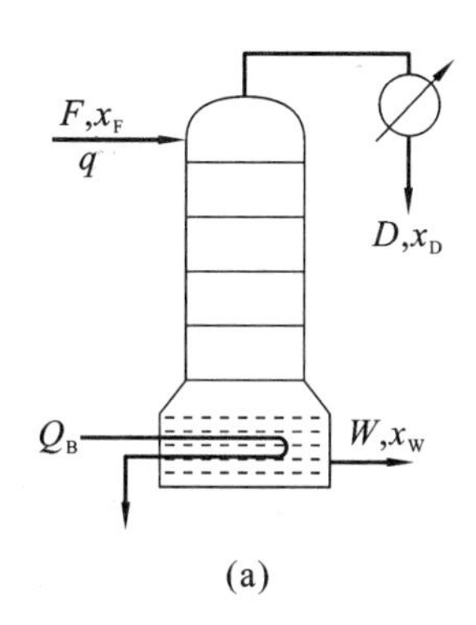

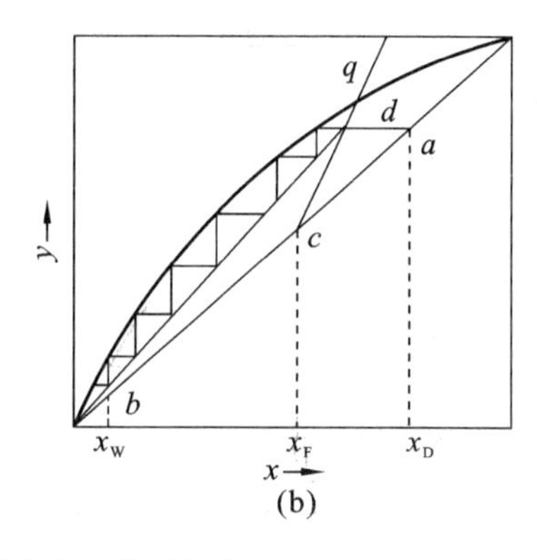

图 8-31　提馏塔装置及操作线

$$y'_{m+1}=\frac{F}{D}x'_m-\frac{W}{D}x_W \tag{8-83}$$

如图 8-31(b)所示，此操作线的下端为点 $b(x_W, x_W)$，上端点 d 为 q 线与 $y=x_D$ 的交点，然后在操作线与平衡线之间绘阶梯来确定理论塔板层数。

欲提高馏出液组成，必须减少蒸发量，即减小汽液比，增大操作线斜率 F/D，所需的理论塔板层数将增加。当操作线上端移至平衡线上时，与 x_F 成平衡的汽相组成为最大可能获得的馏出液含量。

3. 多股加料

当组分相同但组成不同的料液要在同一个塔内进行分离时，为了避免不同组成的物料混合并节省分离所需的能量，可使不同组成的料液分别在适当的位置加入塔内，如图 8-32(a)所示。此时精馏塔分三段，第Ⅰ段为精馏段，第Ⅲ段为提馏段，其操作线方程与常规塔相同。第Ⅱ段的操作线方程可通过对图中虚线框范围内作物料衡算求得，即

总物料衡算

$$V'+F_1=L'+D \tag{8-84}$$

易挥发组分衡算

$$V'y_{S+1}+F_1x_{F1}=L'x_S+Dx_D \tag{8-85}$$

式中：V'——两股进料之间各层的上升蒸气流量，kmol/h；

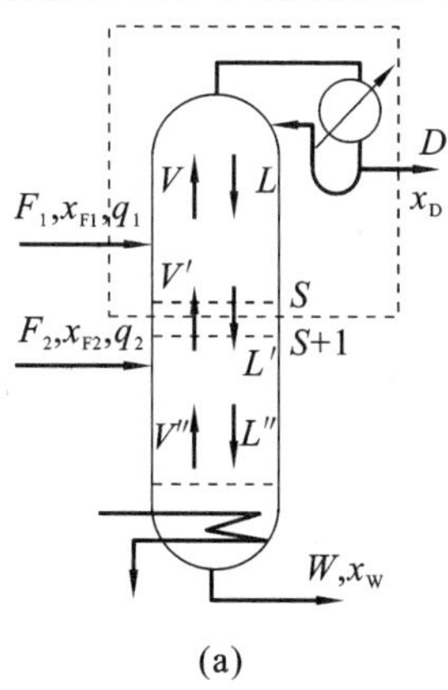

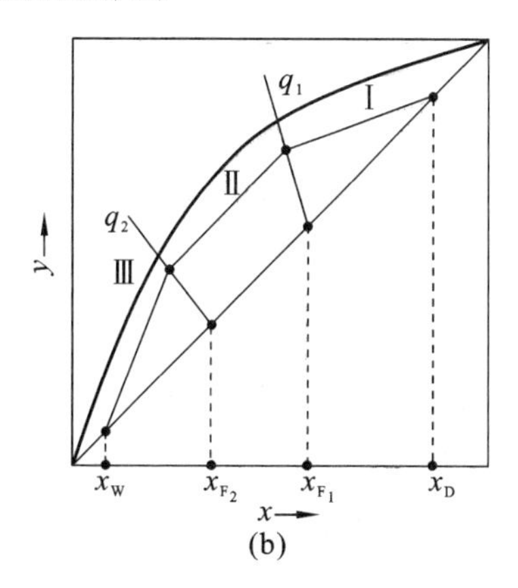

图 8-32　两股进料时的装置及操作线

L'——两股进料之间各层的下降液体流量,kmol/h。

由式(8-85)可得

$$y_{S+1}=\frac{L'}{V'}x_S+\frac{Dx_D-F_1x_{F1}}{V'} \tag{8-86}$$

当饱和液体进料时,$q_1=1,V'=V=(R+1)D,L'=L+F_1$,则

$$y_{S+1}=\frac{L+F_1}{(R+1)D}x_S+\frac{Dx_D-F_1x_{F1}}{(R+1)D} \tag{8-87}$$

两股进料的操作线的相对位置如图 8-32(b)所示。比较各段操作线的斜率可知,无论进料的热状态如何,第Ⅱ段斜率总比第Ⅰ段的大,第Ⅲ段斜率较第Ⅱ段的大。各股进料的 q 线方程与单股进料时相同。

对于双股进料的精馏塔,减小回流比 R 时,三段操作线均向平衡线靠拢,所需理论塔板层数增加,当 R 减小到一定程度时,其夹点可能出现在Ⅰ、Ⅱ两段操作线的交点,也可能出现在Ⅱ、Ⅲ段两操作线的交点。进行设计型计算时,求出两个最小回流比后,取其中较大者作为设计依据。对于不正常的平衡曲线(非理想系统),夹点也可能出现在塔的中间某个位置。

如果将两股进料先混合后,再在塔中某一合适位置进料进行精馏分离,能耗必定增加,因为混合与分离是两个相反的过程,精馏分离是以能量消耗为代价的。故任何形式的混合必定意味着能耗的增加。

4. 侧线出料

为了获得不同规格的精馏产品,可根据所要求的产品组成从塔的不同位置上开设侧线出料口,侧线产品可以是饱和液体或蒸气。图 8-33(a)所示为有一个侧线产品采出口的精馏塔。

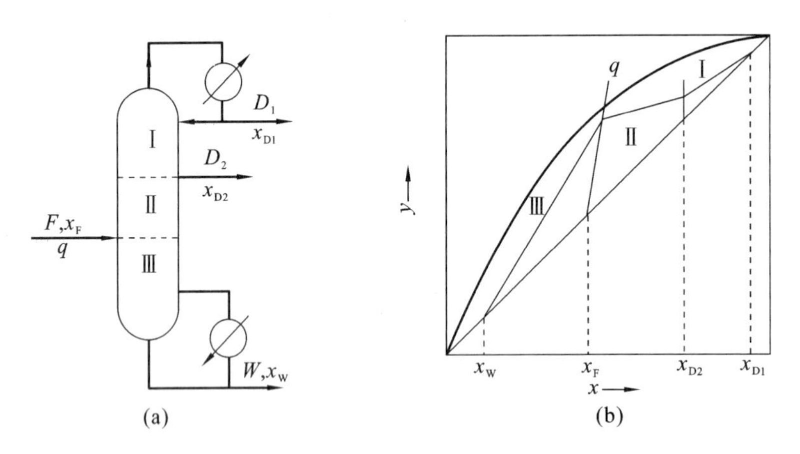

图 8-33　侧线出料的操作线

与两股进料的精馏塔相似,塔内的三段分别对应着精馏段操作线方程、两侧口(第二取料板与加料板之间)间的操作线方程及提馏段操作线方程,当侧线产品为泡点液体时,通过物料衡算可得第Ⅱ段的操作线方程:

$$y_{S+1}=\frac{L-D_2}{L+D_1}x_S+\frac{D_1x_{D1}+D_2x_{D2}}{L+D_1} \tag{8-88}$$

或
$$y_{S+1}=\frac{RD_1-D_2}{(R+1)D_1}x_S+\frac{D_1x_{D1}+D_2x_{D2}}{(R+1)D_1} \tag{8-89}$$

当侧线产品为饱和蒸气时，通过物料衡算可得第Ⅱ段的操作线方程：

$$y_{n+1}=\frac{L}{V+D_2}x_n+\frac{D_1x_{D1}+D_2x_{D2}}{V+D_2} \tag{8-90}$$

或
$$y_{n+1}=\frac{RD_1}{(R+1)D_1+D_2}x_n+\frac{D_1x_{D1}+D_2x_{D2}}{(R+1)D_1+D_2} \tag{8-91}$$

式中：D_1——塔顶馏出液流量，kmol/h；

D_2——侧线产品流量，kmol/h。

侧线出料时的三条操作线相对位置如图8-33(b)所示。不论是液相采出还是汽相采出，比较各段操作线的斜率可知，第Ⅱ段操作线斜率总是小于第Ⅰ段的斜率。所以夹点一般出现在q线与平衡线的交点处。

5. 分凝器

有时精馏塔顶流出的蒸气先经一个分凝器部分冷凝，其冷凝液作为回流液，从冷凝器出来的蒸气进入全凝器，其冷凝液作为塔顶产品。

在分凝器中蒸气部分冷凝所得的平衡液、汽的流量比通过分凝器的冷却剂流量与温度控制，亦即回流比由冷却剂控制。由于经过分凝器后蒸气浓度又进一步提高，且离开分凝器的汽、液两相互成平衡，故分凝器相当于一块理论板。在求理论塔板层数时，与全凝器不同的是，第1个阶梯表示分凝器，第2个阶梯才表示第一层理论板。

【例8-8】 有两股原料，一股为流量$F_1=10$ kmol/h，组成$x_{F1}=0.5$(摩尔分数，下同)，$q_1=1$的饱和液体，另一股为$F_2=5$ kmol/h，组成$x_{F2}=0.4$，$q_2=0$的饱和蒸气。现采用精馏操作进行分离，若要求馏出液中轻组分含量为0.9，釜液中轻组分含量为0.05。塔顶为全凝器，泡点回流，塔釜间接蒸汽加热，若两股原料分别在其泡点、露点下由最佳加料板进入，求：(1) 塔顶、塔底的产品流量D和W；(2) $R=1$时各段操作线方程。

解 (1) 对全塔作物料衡算，有

$$F_1+F_2=D+W$$
$$F_1x_{F1}+F_2x_{F2}=Dx_D+Wx_W$$

即
$$10+5=D+W$$
$$10\times0.5+5\times0.4=0.9D+0.05W$$

两式联立解得
$$D=7.35\ \text{kmol/h},\quad W=7.65\ \text{kmol/h}$$

(2) 精馏塔被分成三段，如图8-32所示，第Ⅰ段为第一个进料口以上部分，它与一般精馏段相同，故操作线为

$$y_{n+1}=\frac{R}{R+1}x_n+\frac{x_D}{R+1}=0.5x_n+0.45$$

第Ⅱ段为两股进料之间的塔段，其上升蒸气量和下降液体量与第Ⅰ段进料热状态有关。第Ⅰ段上升蒸气量和下降液体量分别为

$$L=RD=1\times7.35\ \text{kmol/h}=7.35\ \text{kmol/h}$$
$$V=(R+1)D=2\times7.35\ \text{kmol/h}=14.7\ \text{kmol/h}$$

第Ⅰ段为饱和液体进料，$q_1=1$，则第二个进料口以上部分的上升蒸气量和下降液体量分别为

$$L'=L+q_1F_1=(7.35+10)\ \text{kmol/h}=17.35\ \text{kmol/h}$$
$$V'=V-(1-q_1)F_1=14.7\ \text{kmol/h}$$

在第二个进料口以上，对其作物料衡算，有

$$F_1x_{F1}+V'y_{S+1}=L'x_S+Dx_D$$

得到第Ⅱ段操作线方程

$$y_{S+1}=\frac{L'}{V'}x_S+\frac{Dx_D-F_1x_{F1}}{V'}=\frac{17.35}{14.7}x_S+\frac{7.35\times0.9-10\times0.5}{14.7}=1.18x_S+0.11$$

第二个进料口以下塔段的操作线与一般提馏段相同，该段上升蒸气量和下降液体量与第二股进料热状态有关。第Ⅱ段为饱和蒸气进料，$q_2=0$，则第Ⅲ段上升蒸气量和下降液体量分别为

$$L''=L'+q_2F_2=L+q_1F_1+q_2F_2=17.35\ \text{kmol/h}$$

$$V''=V'-(1-q_2)F_2=V-(1-q_1)F_1-(1-q_2)F_2=(14.7-5)\ \text{kmol/h}=9.7\ \text{kmol/h}$$

故第三段操作线方程为

$$y'_{m+1}=\frac{L''}{V''}x'_m-\frac{Wx_W}{V''}=\frac{17.35}{9.7}x'_m-\frac{7.65\times0.05}{9.7}=1.789x'_m-0.039$$

8.5.8　精馏装置的热量衡算

精馏装置除主体精馏塔外，冷凝器和再沸器是两个极为重要的附属设备。对系统作热量衡算，可以求得这两个设备的热负荷，进而进行工艺设计及确定冷凝和加热介质的用量，并为换热设备的设计提供依据。

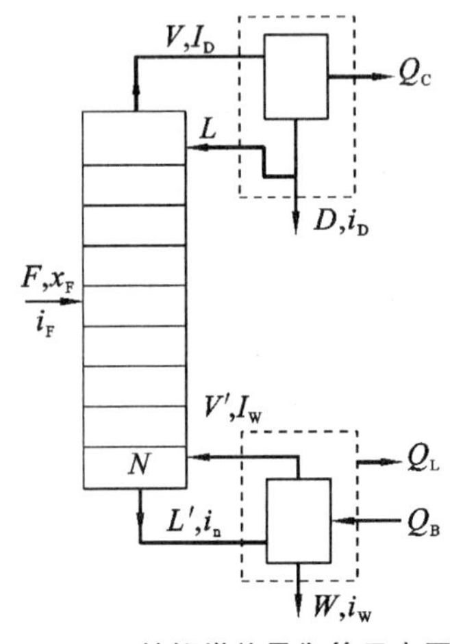

图 8-34　精馏塔热量衡算示意图

1. 冷凝器的热量衡算

对图 8-34 所示的全凝器在单位时间(1 h)内作热量衡算，以 0 ℃液体为计算焓值的基准，忽略热损失，可得到使上升蒸气全部在冷凝器中冷凝成液体所需的热量，即全凝器的热负荷：

$$Q_C=VI_D-(L+D)i_D$$

由于

$$V=L+D=(R+1)D$$

所以

$$Q_C=(R+1)D(I_D-i_D)\tag{8-92}$$

式中：Q_C——冷凝器带出的热量，kJ/h；

I_D——塔顶上升蒸气的焓(本书中指摩尔焓)，kJ/kmol；

i_D——塔顶馏出液的焓，kJ/kmol。

冷却介质的消耗量 q_{mC} 可按下式计算：

$$q_{mC}=\frac{Q_C}{c_p(t_2-t_1)}\tag{8-93}$$

式中：q_{mC}——冷却剂的消耗量，kg/h；

c_p——冷却剂的平均质量比热容，kJ/(kg·℃)；

t_1、t_2——冷却介质在冷凝器进、出口处的温度，℃。

2. 再沸器的热量衡算

对图 8-34 所示的再沸器在单位时间(1 h)内作热量衡算，以 0 ℃液体为热量计算基准，则再沸器的热负荷为

$$Q_B=V'I_W+Wi_W-L'i_n+Q_L\tag{8-94}$$

式中：Q_B——加热蒸汽带入系统的热量，kJ/h；

Q_L——再沸器的热损失，kJ/h；

I_W——再沸器上升蒸气的焓，kJ/kmol；

i_W——釜液的焓，kJ/kmol；

i_n——塔底流出液体的焓，kJ/kmol。

因为 $V'=L'-W$，若近似取 $i_n=i_W$，则得

$$Q_B=V'(I_W-i_W)+Q_L \tag{8-95}$$

加热剂的消耗量为

$$q_{mh}=\frac{Q_B}{I_{B1}-I_{B2}} \tag{8-96}$$

式中：I_{B1}、I_{B2}——加热介质进、出再沸器的焓，kJ/kg。

【例 8-9】 用一常压连续精馏塔分离含苯 0.44(摩尔分数，下同)的苯-甲苯混合液，要求塔顶产品含苯 0.975 以上，塔底产品含苯 0.023 5 以下，饱和液体进料，采用的回流比为 3.5。若进料量为 15 000 kg/h，加热蒸汽的压力为 245.2 kPa(绝对压力)，冷凝液在饱和温度下排出，冷却水进、出口温度分别为 25 ℃和 35 ℃，再沸器的热损失为 1.6×10^6 kJ/h，求冷凝器的冷却水量和再沸器的加热蒸汽用量。

解 (1) 料液的平均相对分子质量为

$$M_r=78\times0.44+92\times0.56=85.8$$

对全塔作物料衡算，有

$$F=D+W=\frac{15\ 000}{85.8}\ \text{kmol/h}=175\ \text{kmol/h} \qquad ①$$

$$(175\times0.44)\ \text{kmol/h}=0.975D+0.023\ 5W \qquad ②$$

联立式①和式②求解，得

$$D=76.7\ \text{kmol/h},\quad W=98.3\ \text{kmol/h}$$

由于馏出液接近纯苯，设冷凝液在冷凝温度下排出，则 I_D-i_D 即为苯的冷凝热，等于393.9 kJ/kg，所以冷凝器的热负荷为

$$Q_C=(R+1)D(I_D-i_D)=(3.5+1)\times76.7\times78\times393.9\ \text{kJ/h}=1.06\times10^7\ \text{kJ/h}$$

故冷却水用量为

$$q_{mC}=\frac{Q_C}{c_p(t_2-t_1)}=\frac{1.06\times10^7}{4.187\times(35-25)}\ \text{kg/h}=2.53\times10^5\ \text{kg/h}$$

(2)
$$V'=V=(R+1)D=4.5\times76.7\ \text{kmol/h}=345\ \text{kmol/h}$$

由于釜液几乎为纯甲苯，故 I_W-i_W 可取纯甲苯的汽化潜热，等于 363 kJ/kg，所以再沸器的热负荷为

$$Q_B=V'(I_W-i_W)+Q_L=(345\times363\times92+1.6\times10^6)\ \text{kJ/h}=1.312\times10^7\ \text{kJ/h}$$

可查得 245.2 kPa(绝对压力)下饱和蒸气的冷凝热为 2 187 kJ/kg，所以加热蒸汽用量为

$$W_h=\frac{Q_B}{H_{B1}-H_{B2}}=\frac{1.312\times10^7}{2\ 187}\ \text{kg/h}=6\ 000\ \text{kg/h}$$

3. 能量的回收利用

精馏是能耗较高的单元操作过程，其能耗约占石油化工生产总能耗的 60%。精馏的主要节能措施如下：①回收利用塔顶蒸气的冷凝热，例如，可用废热锅炉代替塔顶冷凝器，产生低压蒸汽供其他过程使用；也可用热泵将塔顶蒸气增压升温后，作为塔底的热源；还可利用塔顶冷凝热加热其他过程的物料，这样既回收了热量，又减少了冷却介质的消耗量。②回收利用塔底产品冷却过程放出的热，例如，利用此热预热进料等。③优化工艺，例如，优化工艺参数使精馏塔在最佳工况下运行，采用高效换热设备，必要时设置中间再沸器或中间冷凝器，优化多组分精馏过程各组分的分离次序和流程等。另外，对精馏单元与生产系统的能量利用进行集成优化，也可达到节能降耗的目的。

8.5.9 双组分精馏的操作型计算

在实际生产和科学研究中常会遇到下列问题：在设备已确定(全塔理论塔板层数与加料板

的位置确定)的条件下,由指定的操作条件预计精馏的操作结果,如各层塔板上的汽、液两相组成及温度分布;或是由一定的操作结果确定必要的操作条件(如回流比、加料板的位置);或是通过某些操作参数的改变来预测其他操作参数的变化。这类计算便为精馏的操作型计算。

1. 双组分精馏的操作型计算

操作型计算与设计型计算比较,所用的方程基本相同,包括物料衡算、热量衡算、平衡方程和操作线方程,但待求的未知量不同。设计型计算是计算完成规定的分离任务所需的理论塔板层数及加料板的位置,而操作型计算则是在这些条件已知的情况下,计算精馏操作的最终结果。所以两者的计算方法也有所不同。由于在操作型计算中,众多变量之间存在非线性关系,因此操作型计算一般须采用试差(迭代)的方法,即在计算过程中先假设一个塔顶(或塔底)组成,再用物料衡算及逐板计算予以求解,也可以用图解试差法求解。此外,操作型计算中加料板位置(或其他操作条件)一般不满足最优化条件。

现就两类操作型计算的图解试差法简单介绍如下。

(1) 已知全塔理论塔板层数、进料位置或精馏段和提馏段的理论塔板层数 N_D 和 N_W、进料组成 x_F、进料热状态参数 q、回流比 R 及系统平衡数据或相对挥发度 α,求可能达到的 x_D 和 x_W。其图解试差法的步骤如下。

① 根据系统相平衡数据或相对挥发度 α 在 y-x 图上作平衡线和对角线。

② 作 q 线。

③ 计算精馏段操作线斜率 $R/(R+1)$。

④ 求 x_D。先假设一个 x'_D,并作出精馏段的操作线,在其和平衡线间作阶梯得到精馏段所需的理论塔板层数 N'_D,若 $N'_D=N_D$,则假设合理,即 $x_D=x'_D$;若 $N'_D\neq N_D$,则重新假设并重复上述步骤,直到 $N'_D=N_D$ 为止。

⑤ 求 x_W。求解与步骤④相同,先假设一个 x'_W,并作出提馏段的操作线,在其和平衡线间作阶梯,得到提馏段所需的理论塔板层数 N'_W,若 $N'_W=N_W$,则假设合理,即 $x_W=x'_W$;若 $N'_W\neq N_W$,则重新假设并重复上述步骤,直到 $N'_W=N_W$ 为止。

(2) 已知进料组成 x_F、进料热状态参数 q、系统相平衡数据或相对挥发度 α、全塔理论塔板层数 N_T、x_D 和 x_W,求 R 及进料位置。其图解试差法的步骤如下。

① 根据相平衡数据或相对挥发度 α 值在 y-x 图上作平衡线和对角线。

② 作 q 线。

③ 假设一个 R',根据 x_D 和 x_W 作出精馏段和提馏段操作线。

④ 在操作线与平衡线间作阶梯,求理论塔板层数 N'_T,若 $N'_T=N_T$,则假设合理,R' 即为所求的回流比;若 $N'_T\neq N_T$,则重新假设并重复上述步骤,直到 $N'_T=N_T$ 为止。

⑤ 由两操作线的交点求加料板位置。

【例 8-10】 某精馏塔具有 10 层理论板,加料位置在第 8 层塔板,分离原料组成为 0.25(苯摩尔分数)的苯-甲苯混合液,系统相对挥发度为 2.47。已知回流比为 5,泡点进料时塔顶组成 x_D 为0.98,塔釜组成 x_W 为 0.085。现调节回流比为 8,塔顶采出率及进料热状态均不变,求塔顶、塔釜产品的组成和塔内各板的两相组成。

解 当回流比 $R=5$ 时

$$\frac{D}{F}=\frac{x_F-x_W}{x_D-x_W}=\frac{0.25-0.085}{0.98-0.085}=0.184\ 4$$

$$\frac{F}{D}=5.424$$

当回流比 $R=8$ 时，假设此时的 $x'_W=0.0821$，由物料衡算式得

$$x'_D=\frac{x_F-x'_W\left(1-\frac{D}{F}\right)}{\frac{D}{F}}=\frac{0.25-0.0821\times(1-0.1844)}{0.1844}=0.9928$$

精馏段操作线方程为

$$y_{n+1}=\frac{R}{R+1}x_n+\frac{x_D}{R+1}=0.8889x_n+0.1103$$

提馏段操作线方程为

$$y'_{n+1}=\frac{R+\frac{F}{D}}{R+1}x'_n-\frac{\frac{F}{D}-1}{R+1}x_W=1.4916x'_n-0.0404$$

相平衡方程为

$$x_n=\frac{y_n}{2.47-1.47y_n}$$

由 $x'_D=0.9928$ 开始，用精馏段操作线方程求出 $y_1=0.9928$，将 y_1 代入相平衡方程，求出 $x_1=0.9825$；将 x_1 代入精馏段的操作线方程，求出 $y_2=0.9836$，将 y_2 代入相平衡方程，求出 $x_2=0.9605$；如此反复计算，使用精馏段操作线方程8次，求出 $y_1\sim y_8$，使用相平衡方程8次，求出 $x_1\sim x_8$。

然后交替使用提馏段操作线方程和相平衡方程各2次，所得全塔的汽、液组成列于表8-5。$x_{10}=0.0825$ 与初始假设值 $x'_W=0.0821$ 基本相近，计算有效。显然，回流比增加时，x_D 增大而 x_W 减小，即塔顶和塔釜产品的纯度均提高了。

表 8-5

塔 段	汽相组成	液相组成
精馏段	$y_1=0.9928$	$x_1=0.9825$
	$y_2=0.9836$	$x_2=0.9605$
	$y_3=0.9641$	$x_3=0.9158$
	$y_4=0.9243$	$x_4=0.8318$
	$y_5=0.8497$	$x_5=0.6959$
	$y_6=0.7289$	$x_6=0.5212$
	$y_7=0.5736$	$x_7=0.3526$
	$y_8=0.4238$	$x_8=0.2294$
提馏段	$y_9=0.3018$	$x_9=0.1490$
	$y_{10}=0.1818$	$x_{10}=0.0825$

2. 精馏过程的操作与调节

正常操作的精馏装置，能够保证 x_D 和 x_W 维持规定值，但生产中某一因素（如 R、x_F、q 和传热量）的波动将会影响产品的质量，因此应及时予以调节控制。

由相平衡关系可知，在总压一定时，混合系统的泡点和露点均取决于混合物的组成，因此可以用测量温度的方法预测塔内组成尤其是塔顶馏出液组成的变化。

在一定总压下，塔顶温度是馏出液组成的直接反映。但对于高纯度分离，在塔顶（或塔底）附近相当一段高度内，温度变化极小，典型的温度分布曲线如图8-35所示。因此，当塔顶温度有了可觉察的变化时，馏出液组成的波动早已超出允许的范围，再设法调节为时已晚。例如，在8 kPa下对乙苯-苯乙烯混合液进行减压精馏，当塔顶馏出液中乙苯由99.9%降至90%时，泡点变化仅

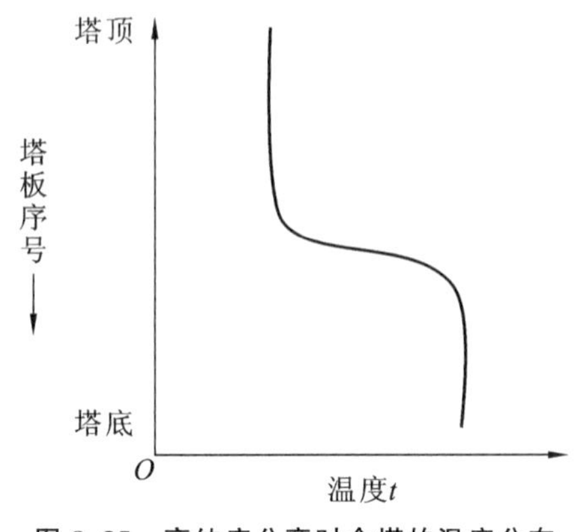

图 8-35　高纯度分离时全塔的温度分布

为 0.7 ℃。可见，对高纯度分离，一般不能通过简单测量塔顶温度来控制馏出液组成。

仔细分析操作条件变动前、后温度分布的变化，即可发现在精馏段或提馏段的某些塔板上，温度变化最为显著。也就是说，这层塔板的温度对于外界因素的干扰反应最为灵敏，通常称之为灵敏板。工业生产中，将感温元件安装在灵敏板上可以提前觉察精馏操作所受到的干扰，而且灵敏板通常比较靠近进料口，可在塔顶馏出液组成尚未发生变化之前先感受到进料参数的变动并及时予以调节，以便稳定馏出液组成，保证产品质量。

8.6　间歇精馏

8.6.1　间歇精馏的特点

间歇精馏又称分批精馏。在化工生产和科学研究中，当要分离的物料很少而对分离纯度要求很高时常采用间歇精馏方法，其流程如图 8-13 所示。全部物料一次性加入精馏釜中，塔釜采用间接蒸汽加热，料液逐渐汽化，产生的蒸气在上升的过程中与下降的液体进行逐级接触，出塔顶的蒸气经冷凝后，一部分作为塔顶产品，另一部分作为回流液送回塔内，操作终了时，残液一次性从釜内排出，再进行下一批精馏操作。

间歇精馏与连续精馏相比有以下特点。

（1）原料一次性加入釜中，料液的组成随精馏操作的进行而不断降低，同时塔内操作参数（如温度、组成）也随时间变化，所以间歇精馏为非稳态过程。

（2）间歇精馏塔只有精馏段而没有提馏段。

间歇精馏在工业生产中不及连续精馏应用广泛，但在某些情况下宜采用间歇精馏。例如，精馏的原料液是由分批生产得到的，这时分离过程也要分批进行；实验室的精馏操作中，一般处理量较少，且原料的品种、组成及分离程度经常变化，采用间歇精馏更为灵活方便；多组分混合物的初步分离通常要求获得不同馏分的产品，这时也可采用间歇精馏。

间歇精馏的操作方式主要有两种：一是馏出液组成恒定，回流比不断增大；二是回流比恒定，馏出液组成逐渐减小。实际中，往往采用联合操作方式，即某一阶段（如操作初期）采用恒馏出液组成的操作，另一阶段（如操作后期）采用恒回流比的操作，具体的联合方式视情况而定。

8.6.2　回流比恒定时的间歇精馏

对于恒回流比的间歇精馏，釜中溶液的组成随过程的进行而降低，馏出液的组成也随之降低，一般当釜液组成或馏出液平均组成达到规定要求时就可以停止精馏操作。关于此类过程的主要计算内容如下。

1. 理论塔板层数的计算

通常已知料液量 F、料液组成 x_F、最终的釜液组成 x_W 及馏出液平均组成 $\bar{x}_D$，其理论板的求法与连续精馏方法相同，先选择适宜的回流比，再确定理论塔板层数。

1）计算最小回流比 R_{min} 并确定适宜回流比 R

对于恒回流比的间歇精馏，馏出液的组成和釜液的组成具有对应关系。计算中通常以操作初态为基准，假设馏出液组成为 x_{D1}（略高于馏出液平均组成），釜液组成为 x_F，与其平衡的汽相组成为 y_F，则由汽液平衡关系及最小回流比的定义，有

$$R_{min}=\frac{x_{D1}-y_F}{y_F-x_F} \tag{8-97}$$

操作回流比可取最小回流比的某一倍数。

2）图解法求理论塔板层数

根据 x_{D1}、y_F 及 R 的值作操作线与平衡线，并在其间作阶梯，便可求得理论塔板层数。

2. 操作参数的确定

1）操作过程中各瞬间 x_D 和 x_W 的关系

由于操作中回流比 R 不变，因此各瞬间操作线的斜率 $\frac{R}{R+1}$ 都相同，各操作线为彼此平行的直线。若在馏出液的初始和终了组成范围内，任意选定一系列 x_{Di} 值，通过各点（x_{Di}，x_{Di}）作一系列斜率为 $\frac{R}{R+1}$ 的平行线，则这些线分别为对应于某 x_{Di} 的瞬间操作线。然后，在每条操作线和平行线间绘阶梯，使其等于规定的理论塔板层数，此时最后一个阶梯可达到的液相组成就是与 x_{Di} 值对应的 x_{Wi}，如图 8-36 所示。

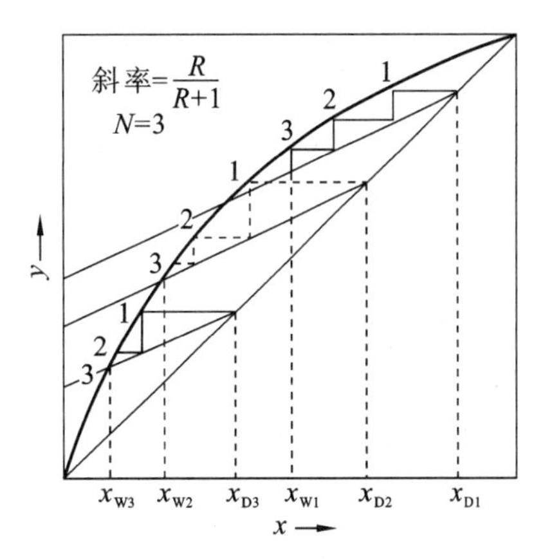

图 8-36 恒回流比间歇精馏时 x_D 和 x_F 的关系

2）操作过程中 x_D（或 x_W）与釜液量 W、馏出液量 D 之间的关系

由于 x_D 在过程中是变化的，因而 x_D 与 W 及 D 之间的关系应由微分物料衡算求出。这一衡算结果与简单蒸馏时的导出式(8-29)相似，只需将式中的 x 和 y 用瞬时的 x_W 和 x_D 来代替，即

$$\ln\frac{F}{W}=\int_{x_W}^{x_F}\frac{dx_W}{x_D-x_W} \tag{8-98}$$

在 N 及 R 一定时，任一瞬间的釜液组成 x_W 与馏出液组成 x_D 对应，因而可通过上述的第二项用图解法求出对应关系，进而用图解积分法或数值积分法求出积分值，从而可求出与任一 x_D（或 x_W）相对应的釜液量 W。

3）馏出液平均组成 $\bar{x}_D$ 的计算

在求理论板时所假设的 x_{D1} 是否合适，应以整个精馏过程中所得的 $\bar{x}_D$ 是否满足分离要求为准。当计算的 $\bar{x}_D$ 等于或稍大于规定值时，则上述计算正确。

间歇精馏时馏出液的平均组成 $\bar{x}_D$ 可由一批操作的物料衡算求得。

总物料衡算
$$F=D+W$$

易挥发组分衡算
$$Fx_F=D\bar{x}_D+Wx_W$$

联立上面两式，解得
$$\bar{x}_D=\frac{Fx_F-Wx_W}{F-W} \tag{8-99}$$

4）汽化量及精馏所需时间的计算

在 R 恒定时，汽化量由下式求出：

$$V=(R+1)D \tag{8-100}$$

若将汽化量除以汽化速率 v_h(单位为 kmol/h),就可求出每批精馏过程所需时间 τ。

$$\tau=\frac{V}{v_h} \tag{8-101}$$

汽化速率 v_h 可通过塔釜的传热速率及混合物的潜热计算。

8.6.3 馏出液组成恒定时的间歇精馏

间歇精馏过程中,釜液的组成不断降低,为了实现恒定的馏出液组成,回流比必须不断变化。对于这种操作方式,通常已知料液量 F、x_F、馏出液组成 x_D 及最终的釜液组成 x_W,要求确定理论塔板层数、回流比范围及汽化量等。

1. 理论塔板层数的计算

在馏出液组成恒定的间歇精馏中,操作终了时釜液组成最低,所要求的分离程度最高,所以理论塔板层数的求解应按精馏终了阶段进行计算。

1) 计算最小回流比 R_{min} 并确定适宜回流比 R

由馏出液组成 x_D 和最终的釜液组成 x_W,可通过下式求出 R_{min}:

$$R_{min}=\frac{x_D-y_W}{y_W-x_W} \tag{8-102}$$

y_W 是与 x_W 成平衡的汽相组成(摩尔分数)。

通常由 $R=(1.1\sim2)R_{min}$ 来确定操作回流比。

2) 图解法求理论塔板层数

在 y-x 图上,根据 x_D、x_W 及 R 的值通过图解法便可求得理论塔板层数。

2. 有关操作参数的确定

1) x_W 和 R 的关系

在操作开始时,釜液组成即为原料液组成,此时易挥发组分含量较高,因而在操作初期可采用较小的回流比。

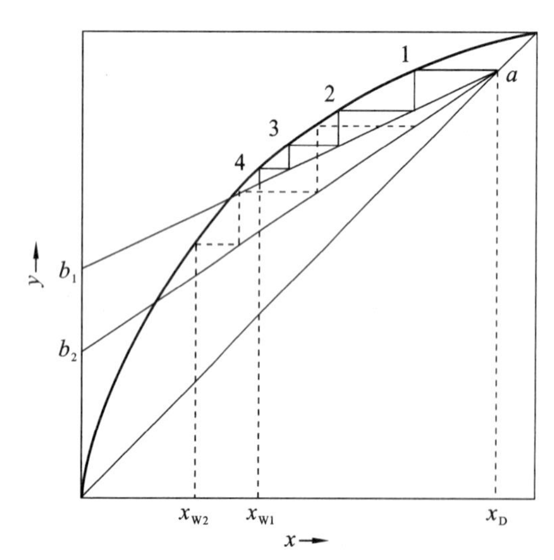

图 8-37 馏出液组成恒定时间歇精馏的 R 和 x_W 的关系

当理论塔板层数一定时,釜液组成 x_W 和回流比 R 之间具有固定的对应关系。在精馏过程中,可设某一时刻的回流比为 R_1,则对应的 x_{W1}(见图 8-37)可按下述步骤求得:计算操作线截距 $x_D/(R_1+1)$ 的值,在 y-x 图的纵轴上定出点 b_1,连接点 $a(x_D,x_D)$ 和点 b_1 得到操作线,然后从点 a 开始在平衡线和操作线间作阶梯,使其等于给定的理论塔板层数,则最后一个阶梯所达到的液相组成即为釜液组成 x_{W1}。按照相同的方法,可求出不同回流比对应的釜液组成。

2) 每批精馏操作的汽化量

设在 $d\tau$ 时间内,溶液的汽化量为 dW kmol,馏出液量为 dD kmol,回流液量为 dL kmol,则回流比为

$$R=\frac{dL}{dD}$$

对塔顶冷凝器作物料衡算得

$$dV = dL + dD = (R+1)dD \tag{8-103}$$

任一瞬间的馏出液量 D 可由物料衡算得到(忽略塔内持液量),即

$$D = F\frac{x_F - x_W}{x_D - x_W} \tag{8-104}$$

对式(8-104)进行微分得

$$dD = F\frac{x_F - x_D}{(x_D - x_W)^2}dx_W \tag{8-105}$$

将式(8-105)代入式(8-103)得

$$dV = F(x_F - x_D)\frac{R+1}{(x_D - x_W)^2}dx_W \tag{8-106}$$

对式(8-106)进行积分,可得到釜液组成为 x_W 时的汽化量

$$V = \int_0^V dV = F(x_D - x_F)\int_{x_W}^{x_F}\frac{R+1}{(x_D - x_W)^2}dx_W \tag{8-107}$$

由于 x_W 和 R 之间具有固定的对应关系,可由式(8-107)和式(8-101)计算每批精馏所需的时间。

8.7　特殊精馏

前面讨论的精馏都是以混合物中各组分挥发度的差异为依据的,这种差异越大,分离越容易。但若组分的挥发度非常接近或组分之间可形成恒沸物,则为完成指定的分离任务所需的塔板层数非常多或者不能用普通精馏的方法实现分离,对于这些物料,就需要采用特殊精馏或其他分离方法进行分离提纯。通常采用的特殊精馏有恒沸精馏和萃取精馏。这两种方法都是在被分离的溶液中加入第三组分,以改变原溶液中的相对挥发度而实现分离的。

8.7.1　恒沸精馏

若向具有恒沸点的混合液加入第三组分,它能与原来混合液中的一个或两个组分形成新的最低恒沸物,使组分间的相对挥发度增大,从而使原料液能用普通精馏方法予以分离,这种精馏操作称为恒沸精馏,加入的第三组分称为恒沸剂或夹带剂。

例如,乙醇与水可形成恒沸物(恒沸点为78.15 ℃,乙醇的摩尔分数为0.894),用普通精馏只能得到组成与恒沸物相近的工业乙醇,而不能制取无水乙醇。若在原料液中加入苯(恒沸剂),可形成苯、乙醇与水的三元最低恒沸物,常压下其恒沸点为64.85 ℃,比乙醇、乙醇和水的恒沸物的沸点都低,恒沸物的组成为苯 0.539、乙醇0.228、水 0.233,只要恒沸剂的量适当,原料液中的水分可全部转移到三元恒沸物中,从而得到无水乙醇。

图 8-38 是制备无水乙醇的恒沸精馏流程。原料液从恒沸精馏塔Ⅰ的中部加入,苯从塔顶加入,塔底得到接近纯态的乙醇,塔顶蒸出的乙醇-水-苯三元恒沸物在冷凝器中冷凝后进入分层器分为两层,上层富苯层返回塔Ⅰ作为回流,下层为富水层,进入苯回收塔Ⅱ中,以回收其中的苯。塔Ⅱ塔顶的蒸气也是三元恒沸物,冷凝后送入前述分层器,底部的稀乙醇-水溶液被送到乙醇回收塔Ⅲ中。塔Ⅲ的顶部产物为乙醇-水恒沸物,被送回塔Ⅰ作为原料,塔底产物几乎为纯水。在蒸馏过程中会损失部分苯,需及时进行补充。

恒沸精馏的关键是选择合适的恒沸剂,对恒沸剂的基本要求是:

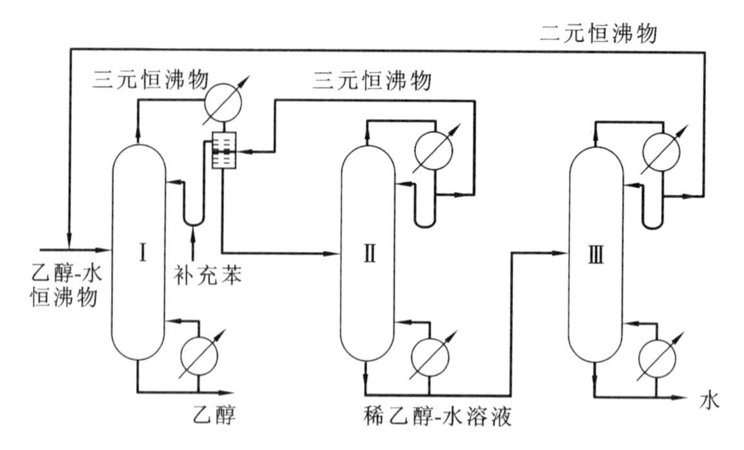

图 8-38 无水乙醇的恒沸精馏流程

(1) 恒沸剂应能与待分离组分形成新的恒沸物,且与被分离组分的沸点差要大,一般不小于 5 ℃;

(2) 新形成的恒沸物应便于分离,以便回收和循环使用恒沸剂;

(3) 恒沸物中恒沸剂的含量越少越好,以便减少恒沸剂的用量和过程中所需的能量;

(4) 恒沸剂使用安全、性质稳定、价格便宜等。

8.7.2 萃取精馏

萃取精馏是在原溶液中加入挥发性很小的第三组分,以增加组分间的相对挥发度而使原溶液易于用普通精馏方法分离,加入的第三组分称为萃取剂。

现以苯-环己烷的分离为例来介绍萃取精馏的过程。在常压下,苯和环己烷的沸点分别为 80.1 ℃和 80.73 ℃,两者沸点很接近,相对挥发度接近 1,若向原料中加入糠醛,则糠醛与苯结合,使溶液的相对挥发度发生显著的变化,如表 8-6 所示。

表 8-6 糠醛加入量对苯-环己烷相对挥发度的影响

溶液中糠醛的摩尔分数	0	0.2	0.4	0.5	0.6	0.7
相对挥发度	0.98	1.38	1.86	2.07	2.36	2.7

由表 8-6 可见,相对挥发度随着糠醛量的增大而增大,因此对于苯-环己烷的分离可用糠醛作萃取剂进行萃取精馏,图 8-39 是该工艺的流程图。料液从萃取精馏塔 1 的中部进入,萃取剂糠醛从精馏塔顶部加入,使它均能与塔内每层塔板上的苯接触。塔顶蒸出的为环己烷,为了防止糠醛蒸气从顶上带出,在精馏塔 1 的顶部设置萃取剂回收段 2,这样精馏塔的塔顶产品几乎是纯的环己烷,糠醛与苯的混合物流出塔底后进入萃取剂分离塔 3,由于常压下两者沸点相差很大,所以塔顶产品几乎是纯苯,塔底产品则为糠醛。糠醛可循环使用,并需适时补充。

萃取精馏一般为连续精馏,且萃取剂浓度的改变对原溶液中组分间的相对挥发度影响较大,所以在萃取精馏中使塔内的液相保持一定的萃取剂浓度是十分重要的。同时,萃取剂的选择也是一个关键问题,良好的萃取剂应符合以下条件:

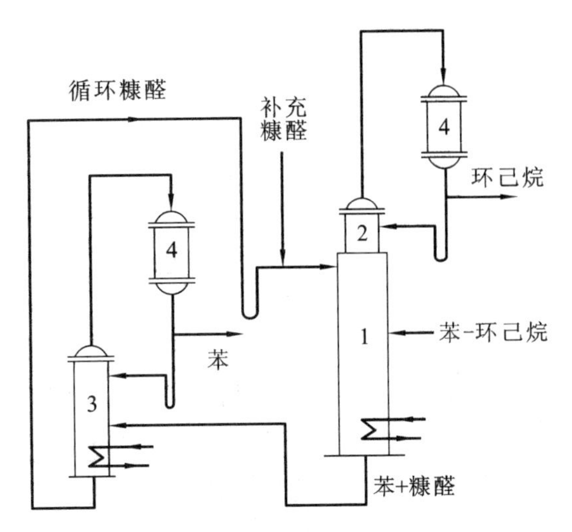

图 8-39 苯-环己烷的萃取精馏流程

1—萃取精馏塔；2—萃取剂回收段；3—萃取剂分离塔；4—冷凝器

(1) 选择性高，使原溶液组分间相对挥发度发生显著变化；

(2) 萃取剂的沸点应高于原溶液各组分的沸点且不与原组分生成恒沸物；

(3) 萃取剂与原溶液有足够的互溶度，不产生分层现象；

(4) 无毒性，无腐蚀性，热稳定性好，来源方便。

萃取剂要求沸点高(挥发度小)，并且不与组分形成恒沸物，因而萃取精馏主要用于分离挥发度相近的系统。

萃取精馏与恒沸精馏既有共同点，也有差异。其共同点是都需在待分离系统中加入第三组分以改变其相对挥发度来实现分离，而区别主要表现在以下几方面。

(1) 在萃取精馏中，萃取剂的沸点必须比被分离组分的沸点高得多，且要求不与任一组分形成恒沸物或起化学反应，故萃取剂的选用范围较广。而恒沸精馏所用恒沸剂必须与被分离组分形成恒沸物，故其选择范围小得多。

(2) 萃取精馏的萃取剂由塔釜排出，而恒沸精馏中的恒沸剂则与一种或一种以上的被分离组分形成恒沸物而从塔顶排出。故萃取精馏消耗的能量通常比恒沸精馏少。

(3) 萃取精馏中萃取剂加入量的可变化范围较大，而恒沸精馏中，适宜的恒沸剂的量一般根据原料液组成确定，故萃取精馏操作较灵活，更易控制。

(4) 萃取精馏不宜采用间歇操作，而恒沸精馏既可用连续操作，也可用间歇操作。

(5) 恒沸精馏操作温度较萃取精馏低，故恒沸精馏较适用于分离热敏性溶液。

8.7.3 反应精馏

反应精馏是在特定条件下，将化学反应过程与精馏过程进行集成，使化学反应过程和分离过程在精馏设备中同时进行的技术。有的用精馏促进反应，有的用反应促进精馏。用精馏促进反应，就是通过精馏不断移走反应产物，以提高反应转化率和收率。如醇加酸生成酯和水的酯化反应是一种可逆反应，将这个反应放在精馏塔中进行时，一边进行化学反应，一边进行精馏，及时分离出产物酯和水。这样可使反应持续向酯化的方向进行。这种精馏在同一设备内完成化学反应和产品分离,使设备投资和操作费用大为降低。目前工业上主要应用于酯类(如醋酸乙酯)的生产。

用反应促进精馏,就是在混合物中加入一种能与被分离组分发生可逆化学反应的物质(第三组分),以提高其相对挥发度,使精馏容易进行。如在混合二甲苯中加入异丙苯钠,后者与对二甲苯和间二甲苯反应生成对二甲苯钠和间二甲苯钠,两者反应平衡常数相差很大,可使对二甲苯与间二甲苯的相对挥发度增大很多。这种方法对增大相对挥发度比较有效,但由于第三组分的回收和循环使用比较困难,其应用受到限制。

根据平衡移动原理可知,及时降低反应产物浓度或提高反应原料浓度,将有利于增大可逆反应过程的推动力,并加快正反应速率,提高原料的转化率。传统的方法是控制一定的反应条件,将原料在反应器中反应至平衡,经产品分离后原料再返回反应器。此法的缺点是反应器中的反应速率慢、设备流程相对复杂、能量利用率较低、操作成本高。而反应精馏则是将化学反应与分离操作耦合的新型操作过程,其设备本身既是化学反应器,又是原料与反应产物的分离装置。通过精馏将反应产物及时移出,从而提高正反应的反应速率及转化率,提高设备的生产能力。另一方面,利用化学反应热可降低精馏过程的热量消耗,有利于能量的综合利用,降低操作成本。

由于反应精馏包含了化学反应和精馏分离两个过程,所以必须同时满足这两个过程的条件:① 必须提供进行化学反应的适宜温度、压力、反应物浓度及催化剂等;② 反应物和产物的挥发能力应有较大的差异;③ 在精馏温度下不会导致副反应等不利影响的增加。

反应精馏装置的主体构造与填料精馏塔相仿,不同之处是在塔内装填固体催化剂(或催化剂与填料的混合物),催化剂既是反应媒介又是传质媒介,即反应原料在催化剂的表面发生催化反应的同时进行汽、液两相间的传质和分离。根据反应产物为轻或重组分,可从塔顶或塔底直接获得高纯度产品。其流程的选择和设备工艺参数的确定,必须综合考虑反应条件、反应停留时间及对产品的分离要求等。

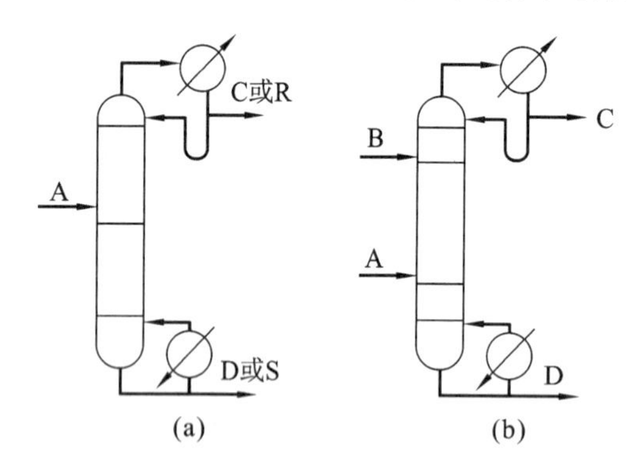

图 8-40 反应精馏流程

例如,对 $A \rightleftharpoons C+D$ 类型的可逆反应过程,若产物 C 的挥发能力大于 D,则可采用图 8-40(a)所示的流程操作。对 $A \xrightarrow[T_1]{k_1} R \xrightarrow[T_2]{k_2} S$ 连串反应过程,若 R 的挥发能力大于 S,则也可采用图 8-40(a)所示的流程操作。需说明的是,若该过程的目的产物为 R,则釜底副产物 S 应少排放或不排放,反之亦然。对 $A+B \rightleftharpoons C+D$ 的可逆反应过程,若原料和产物的挥发能力依次为 $\alpha_C > \alpha_A > \alpha_B > \alpha_D$,则可采用图8-40(b)所示的流程操作。

8.7.4 分子蒸馏

分子蒸馏是一种特殊的液-液分离技术,它依据不同物质分子运动平均自由程的差别实现分离,主要用于高相对分子质量、高沸点、高黏度及热稳定性极差的有机化合物的浓缩或提纯。分子蒸馏通常在低于 0.10 Pa 的压力下操作,属于高真空度的蒸馏操作。

当液体混合物沿加热板流动并被加热时，轻、重分子会逸出液面而进入汽相；由于轻、重分子的自由程不同，因此，不同物质的分子从液面逸出后移动距离不同；若能恰当地设置一块冷凝板，则轻分子达到冷凝板被冷凝排出，而重分子则因达不到冷凝板不被排出，从而达到分离的目的。

分子蒸馏过程可分为四个步骤，如图8-41所示。

(1) 分子从液相主体向蒸发面扩散。由于液相中分子的扩散速率是控制分子蒸馏速率的主要因素，因此在蒸馏过程中应尽量减小液层厚度、强化液层的流动。

(2) 分子在液相表面的自由蒸发。蒸发速率随着温度的升高而上升，但分离因素有时随着温度的升高而降低，因此必须合理选择分子蒸馏的温度。

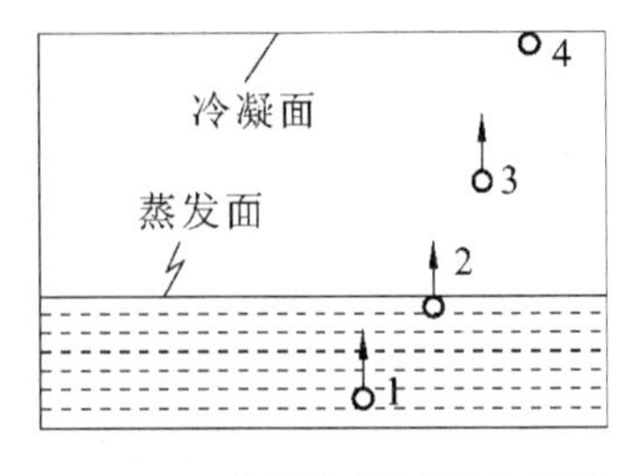

图 8-41　分子蒸馏过程示意图

(3) 分子从蒸发面向冷凝面飞射。

(4) 分子在冷凝面上冷凝。冷、热两面间应保证有足够的温差，使冷凝过程迅速完成。

与普通蒸馏比较，分子蒸馏有下列特点。

(1) 普通蒸馏在沸点下操作，分子蒸馏在低于沸点的温度下进行。

(2) 普通蒸馏中蒸发与冷凝是可逆的过程，而分子蒸馏过程是不可逆的。

(3) 普通蒸馏有沸腾、鼓泡现象，分子蒸馏是液层表面上的自由蒸发，没有鼓泡现象。

(4) 分子蒸馏比普通蒸馏分离程度更高，能分离普通蒸馏不易分离的物质。分子精馏的相对挥发度(指理想溶液)$\alpha=\frac{p_1^\circ}{p_2^\circ}\sqrt{\frac{M_2}{M_1}}$($M_1$ 为轻组分的摩尔质量，M_2 为重组分的摩尔质量)，即同种混合液中分子精馏的相对挥发度高于普通精馏，所以分子蒸馏较普通蒸馏更易分离。

由于分子精馏操作温度低、真空度高、受热时间短(以秒计)、分离效率高，特别适宜于高沸点、热敏性、易氧化物质的分离，目前广泛应用于化工、石油、塑料、医药、食品、香料等工业。例如，低蒸气压油(如真空泵油等)的生产，高黏度润滑油的制取，增塑剂的提纯，聚合物中单体的脱除，混合油脂的分离，动植物油的精制，生物活性物质的分离，香料的脱臭、脱色与提纯等。

8.8　多组分精馏

多组分分离的原理与双组分分离相同，也是利用各组分挥发度的差异，在塔内构成汽、液逆向的物流并发生多次部分汽化和部分冷凝而实现组分的分离。多组分精馏过程计算的基础仍然是汽液平衡和物料衡算关系，但由于涉及的组分数目增多，影响因素也增多，因此要解决的问题也就更为复杂。

8.8.1　流程方案的选择

用普通精馏塔(指分别仅有一个进料口、塔顶出料口和塔底出料口的塔)分离有 n 个组分的溶液，若想得到 n 个高纯度的组分，则需要 $n-1$ 个塔。这是因为各塔只在塔顶和塔底出料，除了最后一个塔可由塔顶和塔底同时得到两个高纯度的组分外，其余的塔均为多组分精馏，只能得到一个高纯度组分。但是若不要求将全部组分都分离为纯组分，或原料液中某些组分的性质及数量差异较大时，可以采用具有侧线出料口的塔；若分离少量的多组分溶液，可采用间歇精馏，这些都可使塔数减少。

若在 $n-1$ 个塔中分离 n 个组分,必然涉及组分分离顺序的排列,即分离流程的安排。例如,A、B、C(其挥发度依次降低)三组分溶液的分离需要用两个精馏塔,可能的流程方案有两种,如图 8-42 所示。流程(a)是按组分挥发性递增的顺序逐塔从塔釜分出,最轻的组分从最后一个塔的塔顶蒸出,在这种流程中,组分 A 被汽化两次、冷凝两次,组分 B 被汽化和冷凝各一次。而流程(b)是按组分挥发性递减的顺序逐塔从塔顶蒸出,最难挥发的组分从最后一个塔的塔釜引出,在这种流程中,组分 A 和 B 各被汽化、冷凝一次。

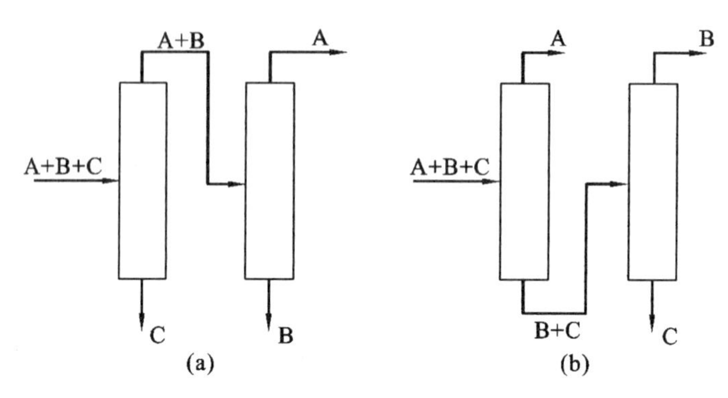

图 8-42 三组分精馏流程

对比上述两种流程可知,流程(a)中汽化和冷凝的总量较多,因此所需的塔径和再沸器、冷凝器的传热面积较大,加热和冷却介质的消耗量也大,也就是说,其设备费用和操作费用都较流程(b)高。若从降低投资和操作费用方面来考虑,流程(b)优于流程(a)。但实际上流程的选择不仅要考虑经济上的优化,还要考虑其他因素的影响。一般来说,一个较佳方案应满足以下几点:

(1) 保证产品质量,满足工艺要求,生产能力大;

(2) 流程尽可能短,设备投资小;

(3) 能量消耗低,产品收率高,操作费用低;

(4) 操作控制方便。

在实际生产中还要考虑以下两个因素。

(1) 多组分溶液的性质。有些有机物在加热过程中极易分解或聚合,因此除了考虑操作压力、温度及设备结构等外,还应在流程安排中减少这个组分的受热次数,尽早将其分离出来。

(2) 产品的质量要求。某些有特殊用途的物质(如高分子单体等),通常要求有非常高的纯度,由于固体杂质易存留于塔釜中,所以不希望从塔底得到这种产品。

通常,多组分精馏流程方案的确定是比较困难的,设计时可初步选几个方案,然后通过计算和分析比较,再从中择优选定。

8.8.2 多组分系统的汽液平衡

与双组分精馏一样,汽液平衡是多组分精馏计算的理论基础。由相律可知,对于 n 个组分的系统,共有 n 个自由度,除了压力恒定外,还需要知道其他 $n-1$ 个变量,才能确定此平衡系统。

1. 理想系统的汽液平衡

多组分溶液的汽液平衡关系一般采用平衡常数法和相对挥发度法表示。

1）平衡常数法

当系统的汽、液两相在恒定的压力和温度下达到平衡时，某组分 i 在液相中的组成 x_i 与其在汽相中的平衡组成 y_i 的比值，称为组分 i 在此温度、压力下的平衡常数，通常表示为

$$K_i=\frac{y_i}{x_i} \tag{8-108}$$

式中：K_i——溶液中任意组分 i 的平衡常数。

式(8-108)为汽液平衡关系的通式，既适用于理想系统，也适用于非理想系统。对于理想系统，平衡常数还可以表示为

$$K_i=\frac{y_i}{x_i}=\frac{p_i^\circ}{p} \tag{8-109}$$

由该式可以看出，理想系统中任意组分 i 的平衡常数 K_i 只与该组分的饱和蒸气压 p_i° 及总压 p 有关，而 p_i° 又直接由系统的温度决定，因此 K_i 随组分的性质、总压及温度的变化而变化。

2）相对挥发度法

由于在精馏塔中各层塔板上的温度不相等，故平衡常数也不相同，此时利用平衡常数法表达多组分溶液的平衡关系就比较麻烦。而相对挥发度随温度变化较小，全塔可取定值或平均值，因此采用相对挥发度法来表示平衡关系可使计算大为简化。

在采用相对挥发度法表示多组分溶液的平衡关系时，通常取较难挥发的组分 j 作为基准，根据相对挥发度的定义，任一组分和基准组分 j 的相对挥发度为

$$\alpha_{ij}=\frac{y_i/x_i}{y_j/x_j}=\frac{K_i}{K_j}=\frac{p_i^\circ}{p_j^\circ} \tag{8-110}$$

汽液平衡组成与相对挥发度的关系可推导如下。

因为

$$y_i=K_ix_i=\frac{p_i^\circ}{p}x_i \quad (i=1,2,\cdots,n)$$

而

$$p=p_1^\circ x_1+p_2^\circ x_2+\cdots+p_n^\circ x_n$$

所以

$$y_i=\frac{p_i^\circ x_i}{p_1^\circ x_1+p_2^\circ x_2+\cdots+p_n^\circ x_n}$$

将等式右边分子、分母同除以 p_j°，再结合式(8-110)，整理得

$$y_i=\frac{\alpha_{ij}x_i}{\alpha_{1j}x_1+\alpha_{2j}x_2+\cdots+\alpha_{nj}x_n}=\frac{\alpha_{ij}x_i}{\sum\limits_{i=1}^{n}\alpha_{ij}x_i} \tag{8-111}$$

同理可得

$$x_i=\frac{y_i/\alpha_{ij}}{\sum\limits_{i=1}^{n}y_i/\alpha_{ij}} \tag{8-112}$$

式(8-111)及式(8-112)为用相对挥发度表示的汽液平衡关系，只要求出各组分对基准组分的相对挥发度，就可利用此两式计算平衡时的汽相或液相组成。

这两种汽液平衡的表示法没有本质的差别，若精馏塔中相对挥发度变化不大，则用相对挥发度法计算平衡关系较为简便；反之，若相对挥发度变化较大，则用平衡常数法计算较为准确。

2. 非理想系统的汽液平衡

非理想系统的汽液平衡可分为三种情况。

1）汽相是非理想气体，液相是理想溶液

当系统的压力较高时，汽相不能视为理想气体，但液相仍是理想溶液，此时修正的拉乌尔定律及道尔顿分压定律可分别表示为

$$f_{iL}=f_{iL}^{\circ}x_i,\quad f_{iV}=f_{iV}^{\circ}y_i$$

式中：f_{iL}、f_{iV}——液相及汽相混合物中组分 i 的逸度，Pa；

f_{iL}°、f_{iV}°——液相和汽相的纯组分 i 在压力 p 及温度 t 下的逸度，Pa。

当两相达到平衡时，$f_{iL}=f_{iV}$，所以

$$K_i=\frac{y_i}{x_i}=\frac{f_{iL}^{\circ}}{f_{iV}^{\circ}} \tag{8-113}$$

比较式(8-113)及式(8-109)可以看出，在压力较高时，只要用逸度代替压力，就可以计算平衡常数。

2）汽相是理想气体，液相是非理想溶液

这种非理想溶液遵循修正的拉乌尔定律，即

$$p_i=\gamma_i p_i^{\circ}x_i \tag{8-114}$$

式中：γ_i——组分 i 的活度系数。

对理想溶液，活度系数等于1；对非理想溶液，活度系数可大于1，也可小于1。

理想气体遵循道尔顿分压定律，即

$$p_i=py_i$$

将上式代入式(8-114)中，整理得

$$K_i=\frac{\gamma_i p_i^{\circ}}{p} \tag{8-115}$$

活度系数随压力、温度及组成的变化而变化，其中压力影响较小，一般可忽略，而组成的影响较大。活度系数的求法可参考相关资料。

3）两相均为非理想溶液

两相均为非理想溶液时，式(8-115)可变为

$$K_i=\frac{\gamma_i f_{iL}^{\circ}}{f_{iV}^{\circ}} \tag{8-116}$$

对于由烷烃及烯烃所构成的混合物，经过实验测定和理论推算，得到如图8-43所示的 p-T-K 图，图的左侧为压力(绝对压力)标尺，右侧为温度标尺，中间各曲线为烃类的 K 值标尺。使用时先在图上找出代表平衡压力和温度的点，然后连成直线，则由此直线与某烃类曲线的交点便可读得 K 值。由于 p-T-K 图仅涉及温度和压力对 K 值的影响，而忽略了各组分之间的相互影响，所以所求得的 K 值与实验值有一定的偏差。

3. 相平衡常数的应用

相平衡常数在多组分精馏的计算中可用来计算泡点、露点和汽化率等，现分述如下。

1）泡点及平衡汽相组成的计算

因平衡汽相组成为

$$y_i=K_ix_i$$

且

$$\sum_{i=1}^{n}y_i=1$$

因此

$$\sum_{i=1}^{n}K_ix_i=1 \tag{8-117}$$

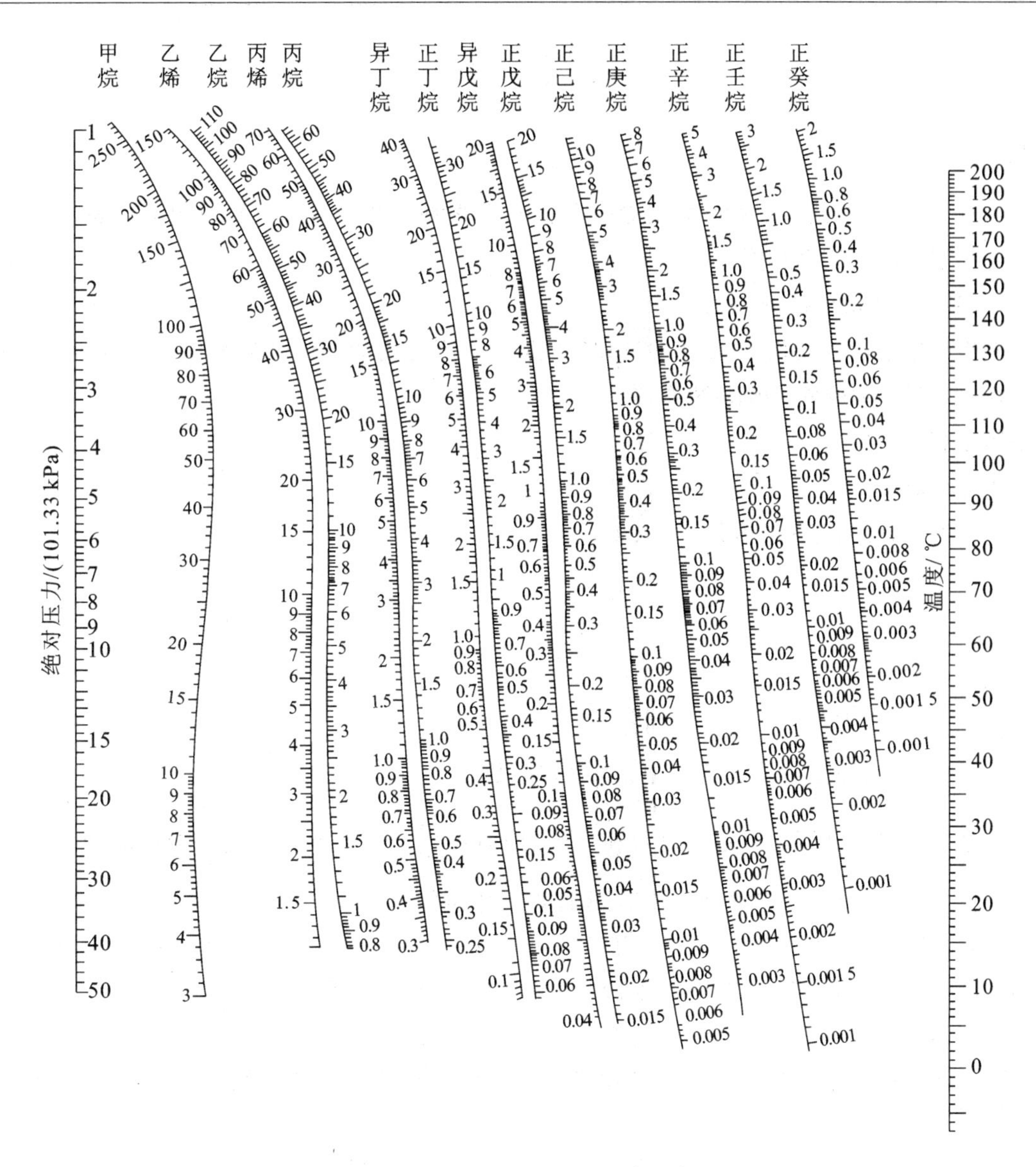

图 8-43　烃类的 p-T-K 图(高温段)

在利用上式计算液体混合物的泡点及平衡汽相组成时,需用试差法。即先假定一个泡点,结合已知的压力求出平衡常数,再校核 $\sum_{i=1}^{n} K_i x_i$ 是否等于 1,若是,则表示所设的泡点正确,否则应重新设定温度,并重复上面的计算,直至 $\sum_{i=1}^{n} K_i x_i \approx 1$ 为止,此时的温度和汽相组成即为所求。

泡点计算框图

2) 露点及平衡液相组成的计算

因平衡液相组成为

$$x_i = \frac{y_i}{K_i}$$

且
$$\sum_{i=1}^{n} x_i = 1$$

因此
$$\sum_{i=1}^{n} \frac{y_i}{K_i} = 1 \tag{8-118}$$

利用式(8-118)便可计算汽相混合物的露点及平衡液相组成。计算时也需用试差法,过程与计算泡点时的完全相同。

3) 多组分溶液的部分汽化

多组分溶液部分汽化后,两相的量和组成随压力及温度的变化而变化,其定量关系推导如下。对一定量的原料液作物料衡算,有

总物料衡算
$$F = V + L$$

任一组分衡算
$$F x_{Fi} = V y_i + L x_i$$

联立上面两式,并结合 $y_i = K_i x_i$,可求得

$$y_i = \frac{x_{Fi}}{\frac{V}{F}\left(1 - \frac{1}{K_i}\right) + \frac{1}{K_i}} \tag{8-119}$$

式中:$\frac{V}{F}$——汽化率;

x_{Fi}——液相混合物中任意组分 i 的摩尔分数。

当系统的温度和压力一定时,可用式(8-119)和 $\sum_{i=1}^{n} y_i = 1$ 计算汽化率及相应的汽、液相组成。反之,当汽化率一定时,也可用上式计算汽化条件。

【例 8-11】 一种混合液含正丁烷 0.40、正戊烷 0.31 及正己烷 0.29(均为摩尔分数),总压力为 1.013×10^3 kPa,试求:(1) 混合液的泡点及平衡汽相组成;(2) 122 ℃下部分汽化的汽化率及汽、液两相组成(压力为 1.013×10^3 kPa)。

解 (1) 计算泡点需采用试差法,假设混合液的泡点为 127 ℃,由图 8-43 查得 1.013×10^3 kPa 下各组分的平衡常数为

正丁烷 $K_1 = 1.95$, 正戊烷 $K_2 = 0.92$, 正己烷 $K_3 = 0.49$

则
$$\sum y_i = K_1 x_1 + K_2 x_2 + K_3 x_3 = 0.40 \times 1.95 + 0.31 \times 0.92 + 0.29 \times 0.49 = 1.2073$$

由于 $\sum y_i > 1$,故再设泡点为 116 ℃,可查得

$$K_1 = 1.61, \quad K_2 = 0.79, \quad K_3 = 0.39$$

则
$$\sum y_i = K_1 x_1 + K_2 x_2 + K_3 x_3 = 0.40 \times 1.61 + 0.31 \times 0.79 + 0.29 \times 0.39 = 1.0020 \approx 1$$

故所设温度 116 ℃可接受,平衡时汽相组成为

正丁烷
$$y_1 = K_1 x_1 = 1.61 \times 0.40 = 0.644$$

正戊烷
$$y_2 = K_2 x_2 = 0.79 \times 0.31 = 0.2449$$

正己烷
$$y_3 = K_3 x_3 = 0.39 \times 0.29 = 0.1131$$

(2) 由图 8-43 查得 122 ℃、1.013×10^3 kPa 下各组分的平衡常数为

正丁烷 $K_1 = 1.72$, 正戊烷 $K_2 = 0.86$, 正己烷 $K_3 = 0.44$

假设汽化率 $V/F = 0.27$,代入式(8-119),可得

$$y_1=\frac{x_{F1}}{\frac{V}{F}\left(1-\frac{1}{K_1}\right)+\frac{1}{K_1}}=\frac{0.40}{0.27\times\left(1-\frac{1}{1.72}\right)+\frac{1}{1.72}}=0.576\ 0$$

$$y_2=\frac{0.31}{0.27\times\left(1-\frac{1}{0.86}\right)+\frac{1}{0.86}}=0.277\ 1$$

$$y_3=\frac{0.29}{0.27\times\left(1-\frac{1}{0.44}\right)+\frac{1}{0.44}}=0.150\ 3$$

$$\sum y_i=0.576\ 0+0.277\ 1+0.150\ 3=1.003\ 4\approx 1$$

计算结果表明所设汽化率符合要求，再计算平衡时的液相组成：

$$x_1=\frac{y_1}{K_1}=\frac{0.576\ 0}{1.72}=0.334\ 9$$

$$x_2=\frac{0.277\ 1}{0.86}=0.322\ 2$$

$$x_3=\frac{0.150\ 3}{0.44}=0.341\ 6$$

$$\sum x_i=0.334\ 9+0.322\ 2+0.341\ 6=0.998\ 7\approx 1$$

一般试差计算时可能有重复的计算过程，本例为简明起见，略去了中间试算过程。

8.8.3　关键组分与物料衡算

1. 关键组分

在待分离的多组分溶液中，选取工艺中最关心的两个组分（通常选择挥发度相邻的两个组分），规定它们在塔顶和塔底产品中的组成或回收率（即分离要求），则在一定的分离条件下，所需的理论塔板层数和其他组分的组成也随之而定。所选定的两个组分对多组分溶液的分离起控制作用，故称为关键组分，其中挥发度高的组分称为轻关键组分，挥发度低的称为重关键组分。

进料中，比轻关键组分还要轻（即挥发度更高）的组分及轻关键组分的绝大部分进入馏出液中，通常对轻关键组分在釜液中的含量加以限制；比重关键组分还要重（即挥发度更低）的组分及重关键组分的绝大部分进入釜液中，对重关键组分在馏出液中的含量应加以限制。例如，分离由组分 A、B、C、D 和 E（按挥发度降低的顺序排列）所组成的混合液，根据选择的流程及分离要求，规定 B 为轻关键组分，C 为重关键组分。因此在馏出液中有组分 A、B 及限量的 C，而比 C 还要重的组分 D 和 E 只有极微量或完全不出现。同样，在釜液中有组分 C、D、E 及限量的 B，而比 B 还要轻的组分 A 只有极微量或完全不出现。

对于同样的进料，若选择不同的流程方案，则关键组分可能不同。另外，若相邻的关键组分之一的含量很低，也可以选择与它们相邻近的某一组分为关键组分，如上例的组分 C 含量若很低，就可以选择 B、D 分别为轻、重关键组分。

2. 全塔物料衡算

n 组分精馏的全塔物料衡算式有 n 个，即

总物料衡算　$$F=D+W$$

i 组分的物料衡算　$$Fx_{Fi}=Dx_{Di}+Wx_{Wi}$$

归一化方程　$$\sum x_{Fi}=1,\quad \sum x_{Di}=1,\quad \sum x_{Wi}=1$$

通常进料组成是给定的，当规定关键组分在塔顶或塔底产品中的组成或回收率时，其他组分的分配应通过物料衡算或近似估算得到。根据各组分间挥发度的差异，可按两种情况进行组分在产品中的预分配，即清晰分割和非清晰分割。

1）清晰分割

若两关键组分的挥发度相差较大，且两者为相邻的组分，此时可认为比重关键组分还重的组分全部在塔底，而比轻关键组分还轻的组分全部在塔顶，这种情况称为清晰分割。

清晰分割时，非关键组分在两产品中的分配可以通过物料衡算求得。

2）非清晰分割

若两关键组分不相邻，则塔顶和塔底产品中必有中间组分；另一方面，若进料中非关键组分与关键组分的相对挥发度相差不大，则塔顶产品中就含有比重关键组分还重的组分，塔底产品中会含有比轻关键组分还轻的组分，这两种情况都称为非清晰分割。

非清晰分割时，各组分在产品中的分配情况不能用上述的物料衡算求得，但可用芬斯克全回流公式进行估算。这种分配方法称为亨斯特贝克(Hengstebeck)法，在计算中需作以下假设：

(1) 在任何回流比下操作时，各组分在精馏塔中的分配情况与全回流操作时的相同；

(2) 估算非关键组分在产品中的分配情况的方法与关键组分相同。

多组分精馏时，全回流操作下的芬斯克方程可表示为

$$N_{\min}+1=\frac{\lg\left(\dfrac{x_{\mathrm{lD}}}{x_{\mathrm{hD}}}\dfrac{x_{\mathrm{hW}}}{x_{\mathrm{lW}}}\right)}{\lg\alpha_{\mathrm{lh}}} \tag{8-120}$$

式中的下标“l”表示轻关键组分，“h”表示重关键组分。

因为
$$\frac{x_{\mathrm{lD}}}{x_{\mathrm{hD}}}=\frac{D_{\mathrm{l}}}{D_{\mathrm{h}}},\quad \frac{x_{\mathrm{hW}}}{x_{\mathrm{lW}}}=\frac{W_{\mathrm{h}}}{W_{\mathrm{l}}}$$

式中：D_{l}、D_{h}——馏出液中轻、重关键组分的流量，kmol/h；

W_{l}、W_{h}——釜液中轻、重关键组分的流量，kmol/h。

将其代入式(8-120)，得

$$N_{\min}+1=\frac{\lg\left(\dfrac{D_{\mathrm{l}}}{D_{\mathrm{h}}}\dfrac{W_{\mathrm{h}}}{W_{\mathrm{l}}}\right)}{\lg\alpha_{\mathrm{lh}}}=\frac{\lg\left(\dfrac{D_{\mathrm{l}}}{W_{\mathrm{l}}}\dfrac{W_{\mathrm{h}}}{D_{\mathrm{h}}}\right)}{\lg\alpha_{\mathrm{lh}}} \tag{8-121}$$

上式表示全回流下轻、重关键组分在塔顶和塔底产品中的分配关系。根据所作的假设，它也适用于任意组分 i 和重关键组分之间的分配，即

$$N_{\min}+1=\frac{\lg\left(\dfrac{D_i}{W_i}\dfrac{W_{\mathrm{h}}}{D_{\mathrm{h}}}\right)}{\lg\alpha_{i\mathrm{h}}} \tag{8-122}$$

由式(8-121)及式(8-122)可得

$$\frac{\lg\left(\dfrac{D_{\mathrm{l}}}{W_{\mathrm{l}}}\dfrac{W_{\mathrm{h}}}{D_{\mathrm{h}}}\right)}{\lg\alpha_{\mathrm{lh}}}=\frac{\lg\left(\dfrac{D_i}{W_i}\dfrac{W_{\mathrm{h}}}{D_{\mathrm{h}}}\right)}{\lg\alpha_{i\mathrm{h}}} \tag{8-123}$$

因为 $\alpha_{\mathrm{hh}}=1$，$\lg\alpha_{\mathrm{hh}}=0$，则上式可改写为

$$\frac{\lg\dfrac{D_{\mathrm{l}}}{W_{\mathrm{l}}}-\lg\dfrac{D_{\mathrm{h}}}{W_{\mathrm{h}}}}{\lg\alpha_{\mathrm{lh}}-\lg\alpha_{\mathrm{hh}}}=\frac{\lg\dfrac{D_i}{W_i}-\lg\dfrac{D_{\mathrm{h}}}{W_{\mathrm{h}}}}{\lg\alpha_{i\mathrm{h}}-\lg\alpha_{\mathrm{hh}}} \tag{8-124}$$

上式表示全回流下任意组分 i 在塔中的分配关系。根据所作的假设，它同样也可用于估算任意回流比下各组分之间的分配。

【例 8-12】 在连续精馏塔中，分离表 8-7 所示的液体混合物。操作压力为 2 780.0 kPa，加料量为 100 kmol/h。若要求馏出液中回收进料中 91.1%的乙烷，釜液中回收进料中 93.7%的丙烯，试用清晰分割方法估算馏出液、釜液的流量及各个组分在两产品中的分配关系。原料液的组成及平均操作条件下各组分对重关键组分的相对挥发度见表 8-7。

表 8-7

序　　号	1	2	3	4	5	6
组　　分	甲烷	乙烷	丙烯	丙烷	异丁烯	正丁烷
摩尔分数 x_{Fi}	0.05	0.35	0.15	0.20	0.10	0.15
平均相对挥发度 α_{ih}	10.95	2.59	1	0.884	0.422	0.296

解　根据题意，选 2 号组分乙烷为轻关键组分，3 号组分丙烯为重关键组分，则

塔顶产品中乙烷流量为

$$D_l = 100\times0.35\times0.911\ \text{kmol/h} = 31.89\ \text{kmol/h}$$

塔底产品中乙烷流量为

$$W_l = F_l - D_l = (100\times0.35 - 31.89)\ \text{kmol/h} = 3.11\ \text{kmol/h}$$

塔底产品中丙烯流量为

$$W_h = 100\times0.15\times0.937\ \text{kmol/h} = 14.06\ \text{kmol/h}$$

塔顶产品中丙烯流量为

$$D_h = F_h - W_h = (100\times0.15 - 14.06)\ \text{kmol/h} = 0.94\ \text{kmol/h}$$

对于清晰分割，比重关键组分还重的组分在塔顶产品中不出现，比轻关键组分还轻的组分在塔底产品中不出现，故对全塔作各组分的物料衡算，有

$$F_i = W_i + D_i$$

各组分在两产品中的组成分别为

$$x_{Di} = \frac{D_i}{D} \text{ 及 } x_{Wi} = \frac{W_i}{W}$$

计算结果如表 8-8 所示。

表 8-8

序　　号	1	2	3	4	5	6	合计
组　　分	甲烷	乙烷	丙烯	丙烷	异丁烯	正丁烷	
F_i/(kmol/h)	5	35	15	20	10	15	100
D_i/(kmol/h)	5	31.89	0.94	0	0	0	37.83
x_{Di}	0.132	0.843	0.025	0	0	0	1.00
W_i/(kmol/h)	0	3.11	14.06	20	10	15	62.17
x_{Wi}	0	0.050	0.226	0.322	0.161	0.241	1.00

8.8.4　理论塔板层数的计算

理论塔板层数可通过简捷计算法来求解，其基本原则是将多组分精馏简化为轻、重关键组

分的双组分精馏，故可采用芬斯克方程及吉利兰图求理论塔板层数。

1. 最小回流比

在双组分精馏计算中，通常用图解法确定最小回流比，但在多组分精馏计算中，必须用解析法求最小回流比。在最小回流比下操作时，由于进料中所有组分并非全部出现在塔顶或塔底产品中，所以塔内常常出现两个恒浓区：一个在加料板以上某一位置，称为上恒浓区；另一个在加料板以下某一位置，称为下恒浓区。若所有组分都出现在塔顶产品中，则上恒浓区接近于加料板；若所有组分都出现在塔底产品中，则下恒浓区接近于加料板；若所有组分同时出现在塔顶产品和塔底产品中，则上、下恒浓区合二为一，即加料板附近为恒浓区。

计算最小回流比的关键是确定恒浓区的位置。显然，这种位置是不容易确定的，因此精确地计算最小回流比很困难，一般用简化公式估算，常用的是恩德伍德(Underwood)公式，即

$$\sum_{i=1}^{n}\frac{\alpha_{ij}x_{\mathrm{F}i}}{\alpha_{ij}-\theta}=1-q \tag{8-125}$$

$$R_{\min}=\sum_{i=1}^{n}\frac{\alpha_{ij}x_{\mathrm{D}i}}{\alpha_{ij}-\theta}-1 \tag{8-126}$$

式中：α_{ij}——组分 i 对基准组分 j(一般为重关键组分或重组分)的相对挥发度，可取塔顶的和塔底的几何平均值；

θ——式(8-125)的根，其值介于轻、重关键组分对基准组分的相对挥发度之间。

恩德伍德公式的应用条件为：①塔内汽相作恒摩尔流动；②各组分的相对挥发度为常量。若轻、重关键组分为相邻组分，θ 仅有 1 个值；若两关键组分之间有 k 个中间组分，则 θ 将有 $k+1$ 个值。

在求解上述两个方程时，需先用试差法由第一个方程求出 θ 值，然后由第二个方程求出 $R_{\min}$。当关键组分间有中间组分时，可求得多个 $R_{\min}$ 值，设计时可取 $R_{\min}$ 的平均值。

2. 理论塔板层数的确定

用简捷计算法计算理论塔板层数的具体步骤如下：

(1) 根据分离要求确定关键组分；

(2) 进行物料衡算，初估各组分在塔顶产品和塔底产品中的组成，并计算各组分的相对挥发度；

(3) 根据轻、重关键组分在塔顶和塔底产品中的组成及平均相对挥发度，用芬斯克方程计算最小理论塔板层数 $N_{\min}$，即

$$N_{\min}=\frac{1}{\ln\alpha_{\mathrm{lh}}}\ln\left(\frac{x_{\mathrm{Dl}}}{x_{\mathrm{Dh}}}\frac{x_{\mathrm{Wh}}}{x_{\mathrm{Wl}}}\right)-1 \tag{8-127}$$

(4) 用恩德伍德公式确定最小回流比 $R_{\min}$，再通过 $R=(1.1\sim2)R_{\min}$ 的关系确定操作回流比 R；

(5) 利用吉利兰图求解理论塔板层数 N；

(6) 确定加料板位置，方法可仿照双组分精馏的计算。若为泡点进料，也可用下面的经验公式计算：

$$\lg\frac{n}{m}=0.206\lg\left[\frac{W}{D}\frac{x_{\mathrm{Fh}}}{x_{\mathrm{Fl}}}\left(\frac{x_{\mathrm{Wl}}}{x_{\mathrm{Dh}}}\right)^{2}\right] \tag{8-128}$$

式中：m、n——提馏段(包括再沸器)和精馏段的理论塔板层数。

由于简捷计算法求理论塔板层数没有考虑其他组分存在的影响，所以计算结果误差较大，故其一般适用于初步估计或初步设计中。

【例 8-13】 在连续精馏塔中分离例 8-12 的多组分混合物。塔顶为全凝器，泡点回流，饱和液体进料，操作回流比为最小回流比的 1.6 倍，试用简捷计算法确定理论塔板层数及加料板位置。

解　在例 8-12 中给出了各组分的相对挥发度、原料液的组成，并估算了各组分在两产品中的组成。轻、重关键组分分别为 2 号乙烷和 3 号丙烯。

(1) 用恩德伍德公式估算最小回流比。

因饱和液体进料，故 $q=1$。先用试差法求解下式中的 θ 值：

$$\sum_{i=1}^{n}\frac{\alpha_{ij}x_{\mathrm{F}i}}{\alpha_{ij}-\theta}=1-q=0$$

设 $\theta=1.34$，则上式左端为

$$\frac{10.95\times0.05}{10.95-1.34}+\frac{2.59\times0.35}{2.59-1.34}+\frac{1\times0.15}{1-1.34}+\frac{0.884\times0.20}{0.884-1.34}+\frac{0.422\times0.10}{0.422-1.34}+\frac{0.296\times0.15}{0.296-1.34}=-0.1363$$

计算数据表明，初设 θ 值偏小。再重新设 θ 进行计算，如此反复，直至式子左、右两端近似相等，计算结果见表 8-9。

表 8-9

假设的 θ	1.34	1.40	1.395	1.394
$\sum_{i=1}^{n}\frac{\alpha_{ij}x_{\mathrm{F}i}}{\alpha_{ij}-\theta}$	−0.136 3	0.018	0.006 4	0.000 4

由计算可知　　$\theta=1.394$

最小回流比可由下式计算：

$$R_{\min}=\sum_{i=1}^{6}\frac{\alpha_{i\mathrm{h}}x_{\mathrm{D}i}}{\alpha_{i\mathrm{h}}-\theta}-1=\frac{10.95\times0.132}{10.95-1.394}+\frac{2.59\times0.843}{2.59-1.394}+\frac{1\times0.025}{1-1.394}+0+0+0-1=0.9134$$

则　　$R=1.6R_{\min}=1.6\times0.9134=1.461$

(2) 由芬斯克方程计算 $N_{\min}$。

$$N_{\min}=\frac{1}{\ln\alpha_{\mathrm{lh}}}\ln\left(\frac{x_{\mathrm{Dl}}}{x_{\mathrm{Dh}}}\frac{x_{\mathrm{Wh}}}{x_{\mathrm{Wl}}}\right)-1=\frac{1}{\ln 2.59}\ln\left(\frac{0.843}{0.025}\times\frac{0.226}{0.05}\right)-1=4.28$$

(3) 确定理论塔板层数。

由于　　$\frac{R-R_{\min}}{R+1}=\frac{1.461-0.9134}{1.461+1}=0.2225$

由吉利兰图查得　　$\frac{N-N_{\min}}{N+2}=\frac{N-4.28}{N+2}=0.43$

解得　　$N=9.02\approx9$(不包括再沸器)

(4) 加料板位置由式(8-128)估算，即

$$\lg\frac{n}{m}=0.206\lg\left[\frac{W}{D}\frac{x_{\mathrm{Fh}}}{x_{\mathrm{Fl}}}\left(\frac{x_{\mathrm{Wl}}}{x_{\mathrm{Dh}}}\right)^2\right]=0.206\lg\left[\frac{62.17}{37.83}\times\frac{0.15}{0.35}\times\left(\frac{0.05}{0.025}\right)^2\right]$$
$$=0.09266$$

则　　$\frac{n}{m}=1.238$

又因为　　$m+n=9.02+1=10.02$

可解得　　$n=5.54$

即第 6 层理论板为加料板。

思 考 题

1. 蒸馏的目的是什么？蒸馏操作的基本依据是什么？
2. 蒸馏的主要操作费用体现在何处？
3. 何谓拉乌尔定律？何谓理想溶液？
4. 何谓露点、泡点？它们与操作压力和温度的关系如何表示？对于一定的组成和压力，露点和泡点的大小关系如何？
5. 什么是相对挥发度 α？影响相对挥发度 α 的因素有哪些？α 的大小对两组分的分离有何影响？
6. 为什么 $\alpha=1$ 时不能用普通精馏的方法分离？
7. 如何选择蒸馏操作的压力？
8. 简单蒸馏与精馏有何异同？
9. 试说明精馏操作中“回流”的作用。
10. 什么是理论板？为什么说全回流时所需的理论塔板层数最少？
11. 恒摩尔流假设指什么？其成立的主要条件是什么？
12. 全回流与最小回流比的意义是什么？一般如何选择适宜回流比？
13. 建立操作线的依据是什么？操作线为直线的条件是什么？
14. 怎样简捷地在 y-x 图上画出精馏段和提馏段操作线？
15. 精馏塔在一定条件下操作时，若将加料口向上移动两层塔板，此时塔顶和塔底产品组成将有何变化？为什么？
16. q 值的含义是什么？不同的进料热状态的 q 值有何不同？
17. 试说明 q 线方程的物理意义和作用。
18. 最适宜回流比的选择须考虑哪些因素？
19. 精馏塔的设计型计算和操作型计算的给定条件和所需计算的项目有何不同？
20. 间歇精馏与连续精馏相比有何特点？各适用于什么场合？
21. 萃取精馏与恒沸精馏的主要异同点是什么？通常在什么情况下采用萃取精馏与恒沸精馏？
22. 反应精馏和分子精馏各适用于什么场合？
23. 多组分精馏的流程选择应遵循哪些原则？
24. 何谓轻、重关键组分？
25. 多组分精馏理论塔板层数简捷计算法的主要步骤有哪些？

习 题

1. 已知甲醇和丙醇在 80 ℃时的饱和蒸气压分别为 181.13 kPa 和 50.92 kPa，且该溶液为理想溶液。试求：

(1) 80 ℃时甲醇与丙醇的相对挥发度；

(2) 若在 80 ℃下汽、液两相平衡时的液相组成为 0.6，此时的汽相组成；

(3) 此时的总压。

((1) 3.557；(2) 0.842；(3) 129.07 kPa)

2. 已知二元理想溶液上方易挥发组分 A 的汽相组成为 0.45(摩尔分数)，在平衡温度下，A、B 组分的饱和蒸气压分别为 145 kPa 和 125 kPa。求平衡时 A、B 组分的液相组成及总压。

($x_A=0.414$，$x_B=0.586$，133.3 kPa)

3. 苯(A)和甲苯(B)的饱和蒸气压和温度的关系(安托因方程)为

$$\lg p_A^\circ=6.032-\frac{1\ 206.35}{t+220.24}$$

$$\lg p_{B}^{\circ}=6.078-\frac{1\ 343.94}{t+219.58}$$

其中 p_{A}°、p_{B}° 的单位为 kPa，t 的单位为℃。

苯-甲苯混合液可视为理想溶液。现测得某精馏塔的塔顶压力 $p_1=103.3$ kPa，塔顶的液相温度 $t_1=81.5$ ℃；塔釜压力 $p_2=109.3$ kPa，液相温度 $t_2=112$ ℃。试求塔顶、塔釜平衡的液相和汽相组成。

（塔顶 $x_A=0.928\ 4$，$y_A=0.971$，塔釜 $x_A=0.023\ 3$，$y_A=0.053\ 7$）

4. 在常压下将含苯 70%、甲苯 30%的混合液进行平衡蒸馏，汽化率为 40%，已知系统的相对挥发度为 2.47。

(1) 试求汽、液两相的组成；

(2) 若对此混合液进行简单蒸馏，使釜液含量与平衡蒸馏相同，所得馏出物中苯的平均含量为多少？馏出物占原料液的比例为多少？

（(1) $y=0.807$，$x=0.629$；(2) 0.832，34.9%）

5. 某混合液含易挥发组分 0.25(摩尔分数，下同)，在泡点状态下连续送入精馏塔。塔顶馏出液组成为 0.96，釜液组成为 0.02，试求：

(1) 塔顶产品的采出率 D/F；

(2) 当 $R=2$ 时，精馏段的液汽比 L/V 及提馏段的汽液比 V'/L'。

（(1) 0.245；(2) 0.667，0.493）

6. 在连续精馏塔中分离双组分理想溶液，原料液流量为 100 kmol/h，组成为 0.3(易挥发组分摩尔分数)，其精馏段和提馏段操作线方程分别为 $y=0.8x+0.172$ 和 $y'=1.3x'-0.018$，试求馏出液和釜液流量。

（30 kmol/h，70 kmol/h）

7. 用板式精馏塔在常压下分离苯-甲苯溶液，塔顶为全凝器，塔釜用间接蒸汽加热，相对挥发度 $\alpha=3.0$，进料量为 100 kmol/h，进料组成 $x_F=0.5$(摩尔分数)，饱和液体进料，塔顶馏出液中苯的回收率为 0.98，塔釜采出液中甲苯回收率为 0.96，提馏段液汽比 $L'/V'=5/4$，试求：

(1) 塔顶馏出液组成 x_D 及釜液组成 x_W；

(2) 提馏段操作线方程。

（(1) 0.96，0.02；(2) $y'_{m+1}=1.25x_m-0.005$）

8. 某精馏塔分离 A、B 混合液，以饱和蒸气加料，其中含 A 和 B 各为 50%(摩尔分数)，处理量为 100 kmol/h，塔顶、塔底产品流量各为 50 kmol/h。精馏段操作线方程为 $y=0.8x+0.18$，间接蒸汽加热，塔顶采用全凝器，试求：

(1) 塔顶、塔釜产品液相组成；

(2) 全凝器中每小时的蒸气冷凝量；

(3) 塔釜每小时产生的蒸气量；

(4) 提馏段操作线方程。

（(1) 0.9，0.1；(2) 250 kmol/h；(3) 150 kmol/h；(4) $y'_{m+1}=1.33x_m-0.033$）

9. 某稳态连续精馏操作，已知进料组成为 $x_F=0.5$，塔顶产品流量为 D_1（流量单位皆为 kmol/s），$x_{D1}=0.98$，回流比 $R=2.50$，冷液回流，$q=1.20$。在加料板上方有一个饱和液体侧线出料口，侧线产品流量为 D_2，$x_{D2}=0.90$，且 $D_1/D_2=1.50$，塔底产品流量为 W，$x_W=0.02$。试求D_1/W，并写出第二段塔(侧线出料口与加料板之间)的操作线方程。

（0.643，$y=0.583x+0.395$）

10. 用一连续精馏塔分离由组分 A、B 所组成的理想混合液。原料液和馏出液中组分 A 的含量分别为 0.45(摩尔分数，下同)和 0.96。已知在操作条件下溶液的平均相对挥发度为 2.3，最小回流比为 1.65。试说明原料液的进料热状态，并求出 q 值。

（汽液混合物，$q=0.839$）

11. 在常压连续精馏塔中，分离苯-甲苯混合液。原料液流量为 100 kmol/h，其中含苯 0.4(摩尔分数，下同)，泡点进料。馏出液组成为 0.97，釜液组成为 0.02，塔顶采用全凝器，操作回流比为 2.0，操作条件下系统的平均相对挥发度为 2.47。

(1) 用逐板计算法求理论塔板层数；

(2) 求塔内循环的物料流量。

((1) 14(不包括再沸器,从上往下数第 8 块是进料板);(2) 精馏段 $V=120$ kmol/h,$L=80$ kmol/h,提馏段 $V'=120$ kmol/h,$L'=180$ kmol/h)

12. 将二硫化碳和四氯化碳混合液进行恒馏出液组成的间歇精馏。原料液组成为 0.4(摩尔分数,下同),馏出液组成为 0.95(维持恒定),釜液组成达到 0.079 时停止操作,设最终阶段操作回流比为最小回流比的 1.76 倍,试用图解法求理论塔板层数。

操作条件下系统的平衡数据列于表 8-10 中。

表 8-10

液相中 二硫化碳摩尔分数 x	汽相中 二硫化碳摩尔分数 y	液相中 二硫化碳摩尔分数 x	汽相中 二硫化碳摩尔分数 y
0	0	0.390 8	0.634 0
0.029 6	0.082 3	0.531 8	0.747 0
0.061 5	0.155 5	0.663 0	0.829 0
0.110 6	0.266 0	0.757 4	0.879 0
0.143 5	0.332 5	0.860 4	0.932 0
0.258 0	0.495 0	1.0	1.0

(7 层,图解略)

13. 在常压连续精馏塔中分离某理想溶液,原料液组成为 0.4(摩尔分数,下同),塔顶馏出液组成为 0.95,塔釜产品组成为 0.05,塔顶采用全凝器,饱和液体进料。若操作条件下塔顶组分间的相对挥发度为 2.34,取回流比为最小回流比的 1.5 倍。

(1) 试用简捷计算法确定完成该分离任务所需的理论塔板层数及加料板位置;

(2) 假如原料液组成变为 0.7,产品组成与前面相同,则最少理论塔板层数为多少?

((1) 11(不包括再沸器),从塔顶数第 6 块为进料板;(2) 5.51(不包括再沸器))

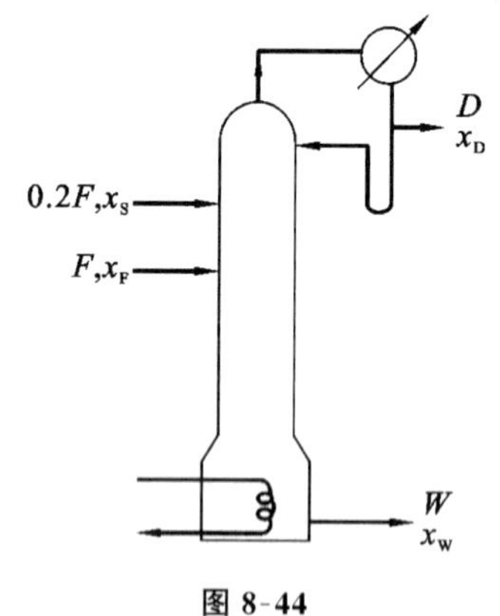

图 8-44

14. 图 8-44 所示为两股组成不同的原料液分别预热至泡点,从塔的不同部位连续加入精馏塔内。已知 $x_D=0.98$,$x_S=0.55$,$x_F=0.30$,$x_W=0.02$(均为易挥发组分的摩尔分数),系统的平均相对挥发度为 2.5,含量较高的原料液加入量为 $0.2F$。试求:

(1) 塔顶易挥发组分的回收率;

(2) 为达到上述分离要求所需的最小回流比。

((1) 96.1%;(2) 1.56)

15. 一精馏塔有 5 块理论板(包括塔釜),苯摩尔分数为0.5的苯-甲苯混合液预热至泡点,连续加入塔的第 3 块板上,采用回流比 $R=3$,塔顶产品采出率 $D/F=0.44$,系统的平均相对挥发度为 2.47。求塔顶和塔底产品组成 x_D、x_W。(提示:可设 $x_W=0.194$ 作为试差初值。)

($x_D=0.889$,$x_W=0.194$)

16. 某 A、B 混合液用连续精馏方法加以分离,已知混合物中 A 的摩尔分数为 0.5,进料量为 1 000 kmol/h,要求塔顶产品中 A 的浓度不能低于 0.9(摩尔分数,下同),塔釜浓度不大于 0.1,原料预热至泡点加入塔内,塔顶设有全凝器,使冷凝液在泡点下回流,回流比为 3。

(1) 写出塔的操作线方程。

(2) 若要求塔顶产品流量为 600 kmol/h,能否得到合格产品?为什么?

(3) 假定精馏塔具有无穷多理论板,塔顶采出量 D 为 300 kmol/h,此时塔底产品 x_W 能否等于零?为什么?

((1) 精馏段操作线方程 $y=0.75x+0.022\ 5$,提馏段操作线方程 $y=1.25x-0.25$;(2) 否;(3) 不能)

17. 在连续精馏塔中分离相对挥发度为2.5的双组分混合物,饱和蒸气进料,其中含易挥发组分A 0.4(摩尔分数,下同),操作回流比为4,并测得塔顶、塔底中A的组成分别为0.95和0.05,若已知塔釜上方那块实际板的汽相默弗里板效率$E_{mV}=0.65$,试求该板上升蒸气的组成y_n。 (0.165)

18. 用精馏塔分离某二元混合物,已知塔精馏段操作线方程为$y=0.80x+0.182$,提馏段操作线方程为$y'=1.632x'-0.056$,试求:

(1) 此塔的操作回流比R和馏出液组成x_D;

(2) 饱和蒸气进料条件下的釜液组成x_W。

((1) 4,0.91;(2) 0.089)

19. 采用精馏塔加压分离四组分的原料液,其中含乙烯(A)0.341、乙烷(B)0.028、丙烯(C)0.502和丙烷(D)0.129,平均操作压力为3 039 kPa,试求原料的泡点及平衡蒸气的组成。

(28.5 ℃,乙烯0.651,乙烷0.037,丙烯0.256,丙烷0.058)

20. 同19题的操作条件,若要求馏出液中丙烯组成小于0.2%,釜液中丙烷组成小于0.1%(均为摩尔分数)。又已知进料流量为1 000 kmol/h,试按清晰分割情况确定馏出液和釜液的流量及组成。

(D=369.11 kmol/h,W=630.89 kmol/h,组成见下表)

组 分	乙烯	乙烷	丙烯	丙烷
x_{Di}(摩尔分数)	92.38	7.42	0.20	0
x_{Wi}(摩尔分数)	0	0.10	79.45	20.45

21. 用精馏方法将组成为A 7%、B 18%、C 32%、D 43%(均为摩尔分数)的四组分混合物进行分离。已知此操作压力下各组分的平均相对挥发度(以重关键组分为基准)α_{Aj}、α_{Bj}、α_{Cj}、α_{Dj}分别为2.52、1.99、1和0.84,若要求在馏出液中回收96%的B,在釜液中回收96%的C,进料及回流液均为泡点下的液体,试求:

(1) 各组分在两端产品中的组成;

(2) 最小回流比;

(3) 若操作回流比为最小回流比的1.5倍,试用简捷计算法求所需的理论塔板层数及加料位置。

((1)

组 分	A	B	C	D	$\sum$
D_i/(kmol/h)	6.97	17.28	1.28	0.36	25.89
W_i/(kmol/h)	0.03	0.72	30.72	42.64	74.11
x_{Di}(摩尔分数)	0.269	0.668	0.050	0.014	1.001
x_{Wi}(摩尔分数)	0.000 4	0.010	0.414	0.575	0.999 4

(2) $R_{min}=2.82$;

(3) $N=15.1$,取$N=16$(不包括再沸器),加料位置为从上往下数第9层塔板)

本章主要符号说明

符号	意 义	计量单位
A、B、C	安托因常数	
C	独立组分数	
c_p	比热容	kJ/(kmol · ℃)
D	间歇精馏蒸出的汽相量;连续蒸馏塔顶产品的流量	kmol;kmol/h

符号	意　义	计量单位
E	全塔效率	
E_{mV}	汽相默弗里板效率	
E_{mL}	液相默弗里板效率	
F	系统自由度	
$\hat{f}$	逸度	Pa
I	饱和蒸气的焓	kJ/kmol
L	回流液流量	kmol/s
M	摩尔质量	kg/kmol
N	塔板层数	
p	总压	Pa
p°	纯组分的饱和蒸气压	Pa
Q	传热量	kJ/s
q	进料热状态参数	
R	回流比	
r	汽化潜热	kJ/kmol
S	直接蒸汽的加入量	kmol/s
t;T	温度	℃;K
V	塔内上升蒸气流量	kmol/s
W	间歇精馏塔釜液量;连续蒸馏塔底产品流量	kmol;kmol/h
x	液相中易挥发组分的摩尔分数	
y	汽相中易挥发组分的摩尔分数	
Φ	相数	
α	相对挥发度	
ν	挥发度	
γ	活度系数	
$\hat{a}$	活度	
η	轻组分回收率	
下标		
A	易挥发组分	
B	难挥发组分	
D	馏出液	
F	加料	
L	饱和液体	
m	加料板序号	
n	塔板序号	
q	平衡	
V	饱和蒸气	
W	釜液	

第9章　气液传质设备

本章学习要求

■ **掌握**：板式塔和填料塔的基本结构、流体力学与传质特性；板式塔的负荷性能图；塔设备设计意图及其性能评价指标。

■ **熟悉**：板式塔气、液相接触状态；塔内气、液相非理想流动及不正常操作现象；填料的作用与性能；填料塔的附属结构。

■ **了解**：塔设备的类型及工业应用；塔设备设计的基本方法及步骤。

气、液相间的传质在工业生产中具有重大的意义，吸收、精馏等常用单元操作就同属于这一类过程。传质过程需要在一定设备内，使其中的一相均匀地分散在另一相之中，两相充分接触，以利于传质过程的进行。因此，相应气液传质设备的选取和设计也就围绕着上述目的展开，有着很多共性。在这些设备之中，板式塔和填料塔在工业生产中的应用尤为广泛，本章将以这两种设备为主进行介绍。

9.1　板　式　塔

9.1.1　塔板的构造

板式塔是一种逐级(板)接触的气液传质设备。塔内以塔板作为基本构件，其结构如图 9-1 所示。气体自塔底向上以泡沫或喷射的形式穿过塔板上的液层，两相密切接触进行传质与传热，两相的组分浓度呈阶梯式变化。塔板按照液相流动的方式可以分为溢流型和穿流型。溢流型塔板具有降液管，塔板上的液层高度由溢流堰(如图 9-2 所示)的高度调节，因此操作弹性较大，并能保持一定的效率；穿流型塔板中气、液两相同时穿过塔板上的通道，因而具有较大的处理能力和适中的压降，但其操作弹性和效率并不理想。不同类型板式塔气体穿过塔板的通道有差别，流动特性也不尽相同，但是基本的分析方法和处理步骤接近。以筛板塔为例，其气体通路为多个按一定规则排列的圆形筛孔，塔板出口端设有溢流堰以确保塔板上的指定贮液量。本章主要介绍溢流型板式塔，其工作过程如图 9-2 所示。

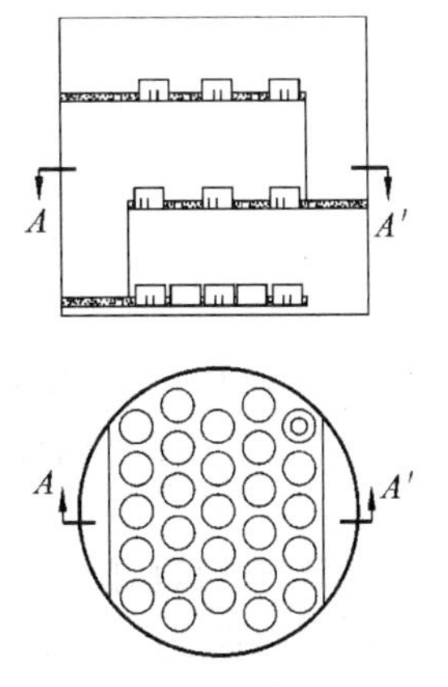

图 9-1　泡罩型板式塔结构图

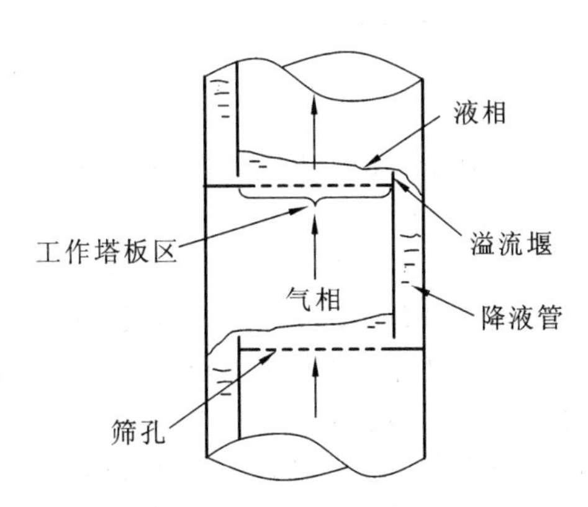

图 9-2　溢流型板式塔工作过程

9.1.2 筛板塔的流体力学性能

首先,介绍塔内常规的两相流动及相关的阻力计算。由图 9-2 可以看出,液相在塔板间的流动是在重力的作用下经由降液管实现的,而气相则需要由工作塔板区的结构(对于筛板塔为简单的筛孔)穿过覆盖在塔板上的液层不断向上,受到的阻力较大。对于液相流动,一则存在重力的作用,二则流动本身的阻力损失也很小,因此不展开讨论。下面主要介绍关于气相流动阻力的内容。

1. 板压降

气相压力降称为板压降,它是衡量塔板流体力学特性的重要指标之一,并且是塔板设计的一项重要内容。

板压降定义为通过塔板的气相压力的差值,若以气柱高度形式表示,则

$$h_f'=\frac{\Delta p}{\rho_V g}+h_T \tag{9-1}$$

式(9-1)中等号左边为总的压降,等号右边的两项分别为流动阻力和向上的高度差造成的压降。由于最后一项的值很小,可以忽略不计,近似地有

$$\Delta p=h_f'\rho_V g \tag{9-2}$$

板压降主要由两部分组成:

(1) 干板压降 h_d',定义为无液体时的压降,即气体穿过塔板构件的局部阻力损失;

(2) 穿过塔板上液层的压降 h_L'。

总的压降(即湿板压降)可以采用叠加规则,即

$$h_f'=h_d'+h_L' \tag{9-3}$$

若以液柱高度表示,则可表示为

$$h_f=h_d+h_L \tag{9-4}$$

液柱压降和气柱压降之间的换算公式为

$$h=\frac{\rho_V}{\rho_L}h' \tag{9-5}$$

2. 干板压降

采用局部阻力系数计算干板压降的公式为

$$h_d'=\frac{1}{c_o^2}\frac{u_o^2}{2g} \tag{9-6}$$

其中 u_o 为气体通过筛孔的速度。若以液柱高度表示,则有

$$h_d=\frac{1}{2g}\frac{\rho_V}{\rho_L}\left(\frac{u_o}{c_o}\right)^2 \tag{9-7}$$

c_o 是需要实验测定的孔流系数,对不同的塔板开孔率和板厚等条件,其取值有所不同。

3. 液层压降

液层压降主要由三部分组成:① 克服板上泡沫层的静压;② 气、液相界面的能耗;③ 通过液层的摩擦阻力损失。其中板上泡沫层的静压所造成的阻力较大。液层压降与液量、气速、物性以及塔板结构(堰高、开孔率等)有关,需要由实验手段进行关联。

在进行实验测定时,先测量干板压降,再测量湿板压降,湿板压降与干板压降之差即为液层压降;然后根据设计和操作条件关联,得到的公式即可用于其他条件下湿板压降的计算。在低气速条件下,液层压降将占有很大的比例;而当提高气速时,干板压降所占的比例会相应地增加。

9.1.3　气、液两相接触状态

气体通过塔板的速度不同时，气、液两相的接触状态也会发生变化，一般认为两相接触状态（如图 9-3 所示）可以分为以下三种。

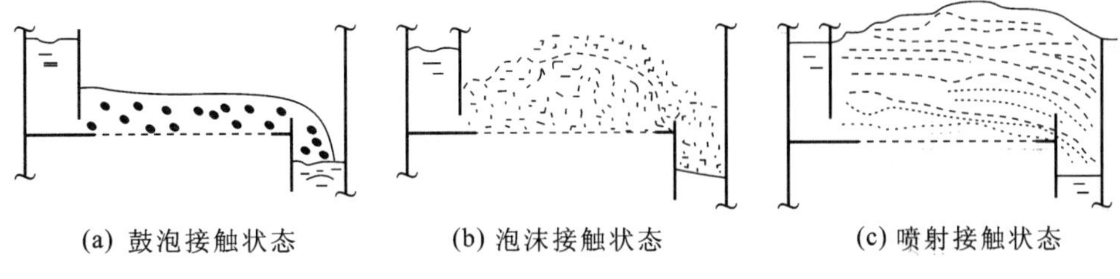

(a) 鼓泡接触状态　　(b) 泡沫接触状态　　(c) 喷射接触状态

图 9-3　三种典型的气液接触状态

(1) 鼓泡接触状态。当气速较低时，气流分裂成气泡通过液层，两相呈鼓泡接触状态。此时塔板上有大量清液，而气泡的数量不多，也较少发生合并，形成的气液混合物基本上以液体为主。两相接触的表面仅为气泡表面，气泡的湍动程度也较小，传质效率很低。

(2) 泡沫接触状态。当气速增加时，气泡数量也随之增加，气泡不断发生碰撞和破裂，此时板上液体大部分以液膜的形式存在于气泡之间，形成一些直径较小、扰动十分剧烈的动态泡沫，在板上只能看到较薄的一层液体，称为泡沫接触状态。泡沫接触状态的两相接触表面是面积很大的液膜，而且不断发生合并和破碎，为两相传热与传质提供了良好的条件。在泡沫接触状态下，液体仍为连续相，而气体仍为分散相。

(3) 喷射接触状态。当气速进一步增加时，由于气体动能很大，将板上的液体向上喷成大小不等的液滴，直径较大的液滴受重力作用又落回到板上，直径较小的液滴被气体带走，形成雾沫夹带，一般称为喷射接触状态。此时两相传质的表面是液滴的外表面，由于液滴回到塔板上后又被分散，这种液滴的反复形成和聚集使传质面积大大增加，而且表面不断更新，有利于传质与传热的进行。喷射接触状态是一种较好的接触状态。在喷射接触状态下，液体为分散相，而气体为连续相，这是喷射接触状态与泡沫接触状态的根本区别。

后两种接触状态是工业上经常采用的，其特征是两相接触界面不断更新，能够高效地实现物质传递。

9.1.4　塔内气、液两相的非理想流动

非理想流动是指偏离希望的均匀逆流操作的流动状态。一般认为，板式塔理想的流动状态是塔内整体气相（向上）与液相（向下）呈现完全的逆流，板上则为均匀错流。而在实际流动中，两相都可能在局部发生与主体流动方向相反或其他非理想的运动。下面分别予以介绍。

1. 雾沫夹带

向上的气流通过塔板上液层时，会携带一定量的液滴共同运动，这样会有少量的液体进入上一层塔板，这种液体通常呈现弥散的雾状，这种现象称为雾沫夹带。雾沫夹带是液体与主流方向不一致的现象，相当于逆流设备中的返混，因而会导致设备的传质效率降低。

雾沫夹带的形成与以下两个过程有关：① 尺度较小的液滴的沉降速度小于空间气速，导致小液滴被夹带上去，这个过程产生的雾沫夹带量不受板间距的影响；② 大液滴的飞溅也可能造成雾沫夹带，这部分液滴直径较大，而且其夹带量与板间距是有关的。如果将雾沫夹带视为一个整体，其夹带量则与板间距有关。板间距越大，液滴进入上一层塔板越困难，夹带量越

小;反之,板间距越小,夹带量越大。

雾沫夹带的量通常有三种表示方式:

(1) 1 kmol 或 1 kg 干气体所夹带的液体量,以 e_V 表示,单位为 kmol(液体)/kmol(干气)或 kg(液体)/kg(干气);

(2) 单位时间内被气体夹带的液体量,以 e' 表示,单位为 kmol/h 或 kg/h;

(3) 被夹带的液体流量占流经塔板总液体流量的比例 γ。

三者的关系为

$$\gamma=\frac{e'}{L+e'}=\frac{e_V}{\frac{L}{V}+e_V} \tag{9-8}$$

式中:L、V——液体、干气体的摩尔流量或质量流量,kmol/h 或 kg/h。

为了减少雾沫夹带,经常在板式塔中设置除沫器,常见的除沫器有丝网除沫器、折流板除沫器和旋流板除沫器等,其工作过程如图 9-4 所示。丝网除沫器具有比表面积大、质量轻、空隙率大、除沫效率高、产生的附加压降比较小、使用方便等多种优点,因而是应用最广泛的一种除沫装置,其外观如图 9-5 所示。

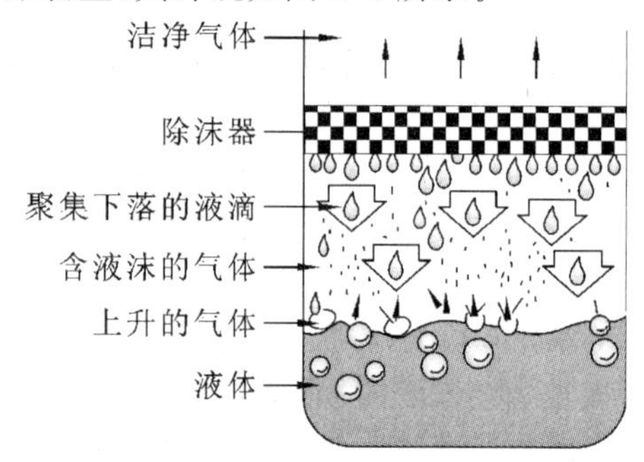

图9-4 除沫器的工作过程

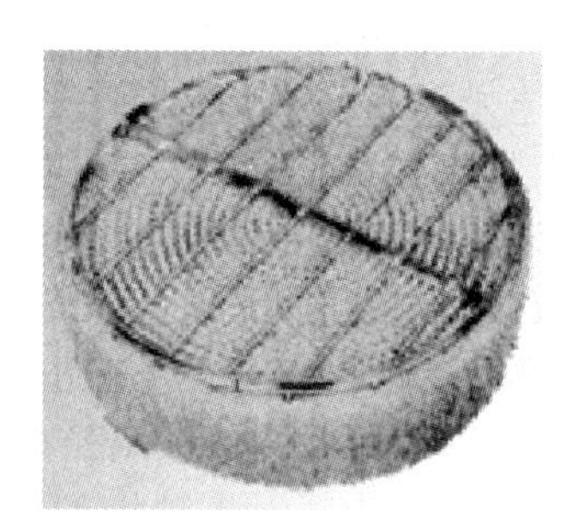

图9-5 丝网除沫器的外观

2. 气泡夹带

塔板上液体与气体发生接触(特别是泡沫接触)时,液体流经塔板进入降液管时带有较多的气泡,如果降液管中液体的停留时间很短,则气泡没有充分的时间从降液管中脱除即被液体带入下一层塔板,这种现象称为气泡夹带。与雾沫夹带类似,这种现象也破坏了设备的逆流特性,降低了传质效率,严重时还会造成降液管液泛,进而破坏塔板正常操作。

为了避免气泡夹带状况恶化,通常采用两种措施。一是在靠近溢流堰的一狭长区域板面上不开孔,使液体在进入降液管前,有一定时间脱除其中所含的气体,减少进入降液管的气体量。这个不开孔塔板区域称为出口安定区,如图 9-6 所示。二是保证液体在降液管中有足够的停留时间,以使降液管中液体夹带的气泡进一步脱除。液体在降液管中的平均停留时间为

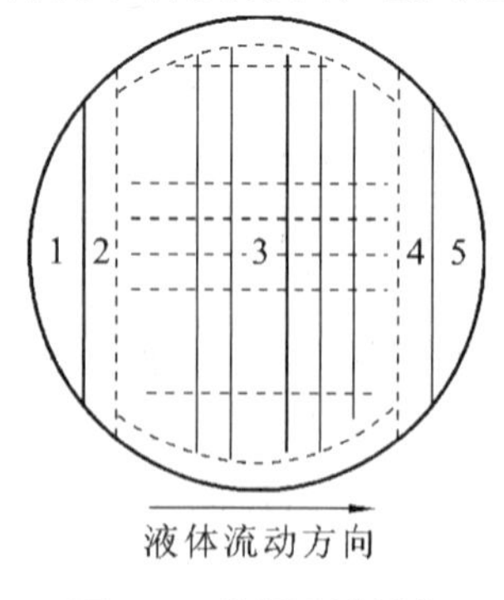

图 9-6 塔板区域划分

1—受液区;2—进口安定区;3—鼓泡区;4—出口安定区;5—溢流区

$$\tau=\frac{A_f H_d}{L_s} \tag{9-9}$$

式中:A_f 和 H_d——降液管面积和当量清液层高度,m^2 和 m;

L_s——液相体积流量,m^3/s。

3. 气体沿塔板的不均匀流动

由于液体流过塔板需要克服一定的阻力，所以从液体入口到液体出口存在一个高度差。塔板进、出口两侧清液层的高度差称为液面落差，用 Δ 表示（如图 9-7 所示）。由于液面落差的存在，气体穿过塔板上不同厚度液层的阻力显然就会不同。在液体进口处，液层较厚，阻力较大，气体流量就比较小；而在液体出口处，相应的阻力较小，气体流量就会大一些。这样就造成了气流通过塔板的不均匀流动，将使传质推动力降低。

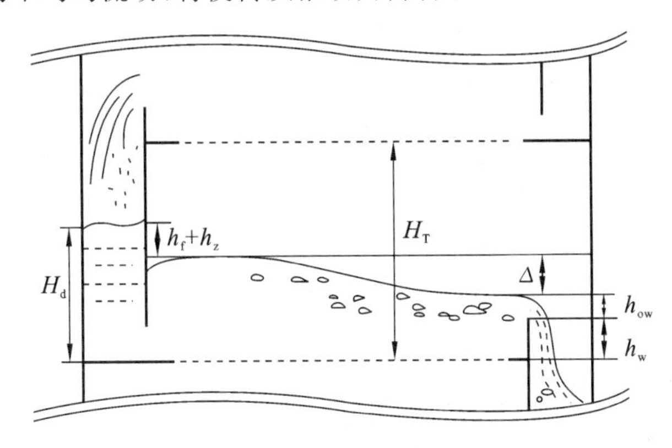

图 9-7　塔板间压力降示意图

4. 液体沿塔板的不均匀流动

液体在塔板上的流动是一个非常复杂的过程，与塔板构件的形状和尺寸有关。对于圆形塔板，液体流过塔板的途径不同，会产生环流、死区、沟流、旁路和返混等不均匀流动，这些不均匀流动一般导致两相接触不充分，因而造成传质效率降低，对传质效果非常不利。

9.1.5　板式塔内的不正常操作现象

非理想流动一般会使设备的传质效果变差，但是塔设备还是可以操作的；而塔内的不正常现象则要严重得多，可能导致气液传质操作完全无法进行。液泛和漏液是最典型的两种不正常现象，下面分别予以介绍。

1. 液泛

液泛是在一定的设计和操作条件下，塔板及降液管出现积液，直至塔的上部全部充满液体，甚至液体随气体从塔顶溢出的一种不正常操作现象。从产生原因划分，液泛可以分为以下两种。

1）夹带液泛

气流夹带到上一层板的雾沫，可使塔板上液层加厚，正常情况下，这种增加并不明显。但在一定液体流量下，若气体流量增加到一定程度，液层的加厚便显著起来；气流通过加厚的液层所夹带的液体又会进一步增多。这种过量的雾沫夹带使泡沫层顶与上一层塔板的距离减小，液滴的有效分离空间降低，则上层塔板的雾沫夹带量更大，由此造成恶性循环，最终液体将充满全塔，并随气体从塔顶溢出，这种现象称为夹带液泛。塔板上开始出现恶性循环的气速称为液泛气速。液体流量越大，液泛气速越低。

一般工业设计时规定雾沫夹带量不得超过 10%，并以此作为一种上限。在此限度之内可以保持分离效率，若超出此范围，则分离效果骤降。

2）溢流液泛

由于塔板对上升的气流有阻力，下层塔板上方空间的压力比上层塔板上方空间的压力大，降液管内泡沫液高度相应的静压头能够克服这一压降时,液体才能向下流动。当液体流量不变而气体流量增大时,下层塔板与上层塔板间的压降亦随着增加,为了克服相应的压降,降液管内的液面亦随之升高。若气体流量增大到使得降液管内的液体上升到溢流堰顶,或者下降液量过大,降液管内的液体不仅不能向下流动通过降液管,反而开始倒流漫至上层塔板,塔板上便开始积液,最后会使全塔充满液体(又称"淹塔"),就形成了液泛。这种液泛与降液管的通过能力有关,称为溢流液泛(或降液管液泛)。

降液管是两个塔板之间的液体通道,其两端存在一定的压降,液体实际上是从低压空间流向高压空间。在正常操作时,降液管的液面必高于塔板入口处的液面,并且其差值为塔板压降 h_f 与液体流经降液管的阻力损失 h_z 之和。如图 9-7 所示,通过伯努利方程的推导,最终可得降液管的液面高度与塔板上入口处的液面差为

$$z_1-z_2-\Delta-h_{ow}-h_w=h_f+h_z \tag{9-10}$$

若取基准 $z_2=0$,则降液管清液高度为

$$H_d=z_1=h_{ow}+h_w+\Delta+h_z+h_f \tag{9-11}$$

式中:Δ——液面落差;

h_w、h_{ow}——溢流堰的高度和液体出口相对堰的高度差。

不难发现,若气速不变,液体流量 L 增大,则 Δ、h_{ow}、h_z 和 h_f 都会增大,H_d 上升。在气速不变时,H_d 与 L 有对应关系,即塔板有自平衡能力。

当 H_d 升高到上层塔板的溢流堰上沿时,若 L 继续增大,h_f 等也不断上升,H_d 将超过板上液面,塔板上就会发生积液,引起溢流液泛。因此,当 H_d 等于板间距时,降液管内的液体流量即为其极限通过能力。

实际上降液管内有大量泡沫,泡沫层高度与清液层高度的关系为

$$H_{fd}=\frac{\rho_L H_d}{\rho_f}=\frac{H_d}{\Phi} \tag{9-12}$$

式中 $\Phi=\rho_f/\rho_L$ 为相对泡沫密度。

当 H_{fd} 达到板间距时,就会产生溢流液泛。工业设计中一般规定降液管泡沫层高度小于板间距的 2/3,若达到或超过其 2/3,则极易发生液泛。对易发泡的系统,此值还要取得更小,故降液管面积要增大。

2. 漏液

板式塔应使液体沿塔板流动,与气相进行充分接触后由降液管流下。而当气体流速减小时,部分液体可能通过筛孔直接漏下,这种不正常现象称为漏液,如图 9-8 所示。严重的漏液会使塔板上不能形成液层,气液间无法进行均匀的传热、传质,甚至塔板将失去其基本功能。

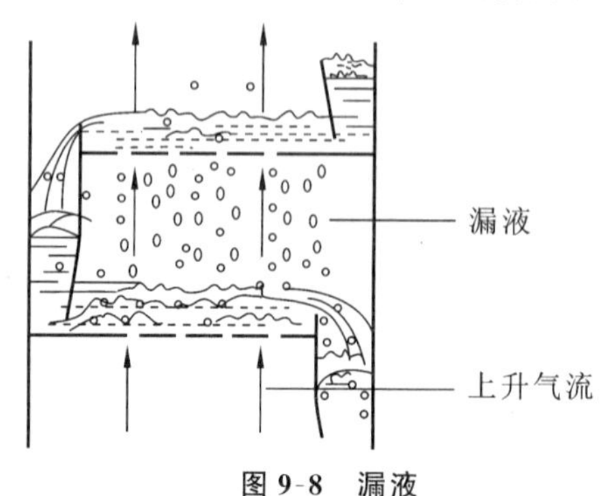

图 9-8　漏液

漏液有多种情况,常见的有随机性漏液和倾向性漏液,还有砸漏和渗漏。

随机性漏液是由液面波动引起的。液面波动会引起气液分布不均匀,液层厚的地方气速较低,有漏液;液层薄的地方气速高,不漏液。随机性漏液只能通过加大干板压降比例的办法来削弱其影响。

倾向性漏液是由液面落差 Δ 引起的。在板上液体

入口处，液层厚，气体流量小，所以倾向性漏液主要发生在液体入口处。

为了避免倾向性漏液，在设计时，一方面需要控制液面落差的范围，使之不超过干板压降的一半，即

$$\Delta<\frac{h_d}{2} \tag{9-13}$$

另一方面，在塔板入口处设置无筛孔的入口（进口）安定区（如图 9-6 所示），也有缓解倾向性漏液的效果。除此之外，还可以改变塔板液流的分配方式，如将传统的单流改为双流、多流及阶梯流的方法，以降低液面落差，如图 9-9 所示。

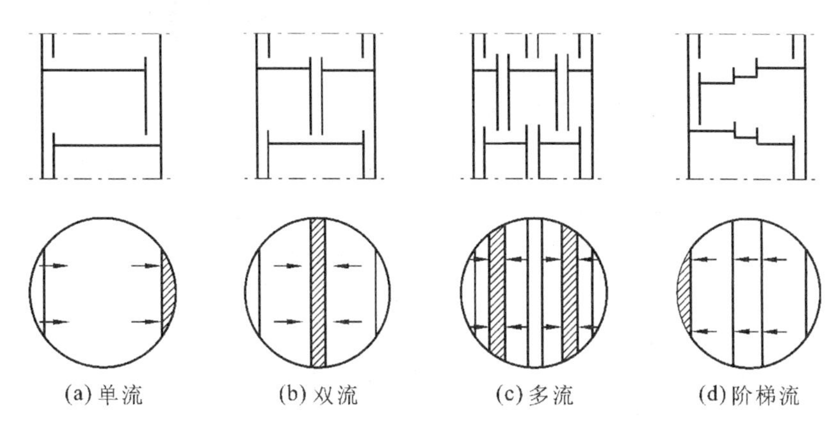

图 9-9　塔板液流的分配形式

砸漏是指板上液体全部漏入下一板，板上不积液，此时不能正常操作。

对于筛板塔，渗漏是指即使在正常操作时，也有少量液体从小孔渗出，漏入下一板。

总的来说，气速升高，漏液量降低。研究和设计时规定，当漏液量达到板上液流量的 10% 时，即属塔的操作下限，对应的气速称为漏液点气速。一般设计气速应在漏液点气速以上。

9.1.6　塔板类型

塔板是板式塔实现传质和传热过程的关键部件，从板式塔出现至今，已经发展出多种结构形式的塔板，包括泡罩塔板、筛板、浮阀塔板、垂直筛板、林德筛板、喷射型塔板等，相应的塔设备也常用这些塔板命名。不同类型的塔板在处理能力、压降、效率、操作弹性等很多方面都存在差异，下面分别予以介绍。

1. 泡罩塔板

泡罩塔最早出现于 1813 年，不仅是工业应用时间最长的板式塔，而且在很长的时期内是板式塔中较为流行的一种类型。泡罩塔板的优点是操作弹性大，当气液负荷在较大范围内波动时，仍然能够保证塔的稳定操作和较高的分离效率，不容易发生堵塞等。其缺点是结构复杂、生产能力小、造价高、塔板压降大，另外，安装维修也比较复杂。目前，只是在特定情况下，如生产任务变化范围大、操作稳定或者分离能力要求高的场合还在使用。

图 9-10 所示为泡罩塔板的局部结构。泡罩塔板主要由泡罩、升气管、溢流堰、降液管及塔板面等组成，其中泡罩和升气管（见图 9-10(b)）是泡罩塔板实现气液接触的关键构件。

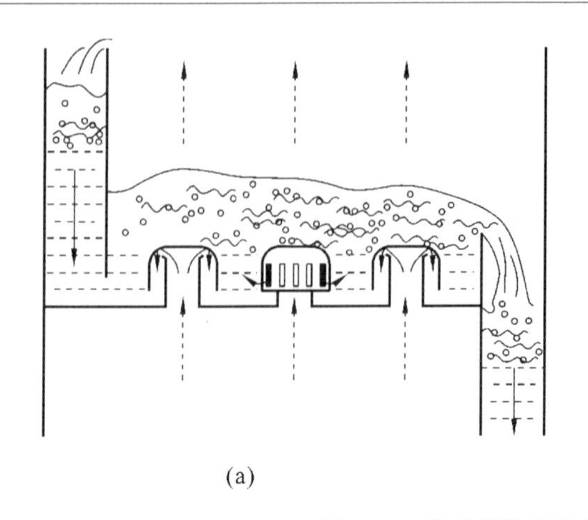

(a)

精馏之路:从筚路蓝缕到国际领先

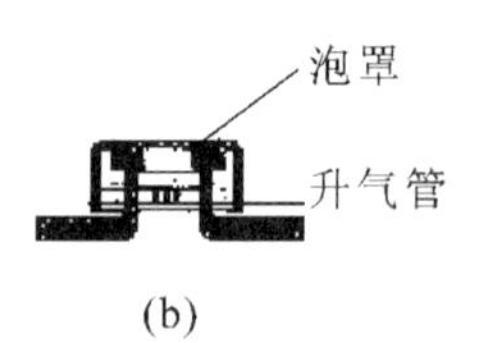

(b)

图 9-10 泡罩塔板的局部结构

泡罩塔板的工作过程可以描述如下:液体通过降液管由上层塔板流入本层塔板,再横向流过布置泡罩的区域,气、液两相在泡罩塔板上发生接触,这个区域也就是塔板的有效工作区;随后经过出口安定区脱除部分气体后,液体越过溢流堰经降液管进入下一层塔板。泡沫液体在降液管内停留时会发生分离,气相上升返回塔板,清液流入下层塔板。气相由下层塔板上升进入该层塔板的升气管,经过升气管与泡罩间的环形通道穿过泡罩齿缝,分散到泡罩间的液层内。气相在由下层塔板穿过液层并上升至上层塔板的过程中,与液相发生充分的接触,从而顺利完成气、液两相的传质和传热过程。

泡罩塔板的气液接触元件是泡罩,泡罩有圆形和条形两大类,泡罩的齿缝则有矩形、三角形、梯形等形式。在塔板上泡罩通常呈等边三角形排列。工业上广泛应用的圆形泡罩的主要结构参数已经系列化。由泡罩的结构可以看出泡罩塔操作弹性大的原因:即使在较低的气速下,液相也难直接通过泡罩流下,不易出现严重的漏液现象。

若操作时气速较小,气相就无法连续鼓泡,可能出现脉冲式的气相鼓泡,这样减少了两相的接触,降低了相间的传质和传热效率。如果液体量相对过大,液体可能从泡罩的升气管流到下层塔板上,这种现象称为倾流,在靠近液体进口的位置泡罩倾流尤为严重。倾流的液体未参与传质过程,也使全塔效率明显下降。另外,雾沫夹带、液泛等都对工艺过程的进行不利,需要在设计和操作时加以避免。

2. 筛板

筛板塔的出现也很早,它也是结构最简单的一种板式塔类型。筛板是通过在塔板上均匀开孔来实现气、液两相接触的塔板类型。与泡罩塔相比,筛板塔具有成本低(减少 40%左右)、板效率高(增加 10%~15%)、塔压降较小、无活动部件、安装维修方便等优点。同时,筛板塔也存在操作弹性小、易漏液等缺点。1950 年后,研究人员开始对筛板塔进行较为系统、全面的研究,从理论和实践上较好地解决了有关筛板效率、流体力学性能以及塔板漏液等问题,使筛板塔逐渐成为工业应用最为广泛的塔型之一。

该塔的筛板上一般包括开孔区和无孔区,同时也有溢流堰和降液管等构件。与泡罩塔板相类似,液相从上层塔板的降液管流下,横向通过塔板,越过溢流堰并由降液管流入下层塔板,液层高度可通过溢流堰的高度控制;气相自下而上穿过筛孔,以泡沫接触状态或喷射接触状态与液相充分接触,进行气、液两相的传热与传质过程。值得指出的是,良好的设计对于筛板塔发挥其效率和生产能力的优势至关重要。

3. 浮阀塔板

浮阀塔是 20 世纪 50 年代前后开发和投入使用的，在石油、化工、轻工等行业领域逐步取代了传统的泡罩塔。浮阀塔在塔板相应开孔位置上方设置了可浮动的阀片，浮阀可随气相流量的变化自动调节开度。该塔具有的主要优点如下：① 生产能力大，较泡罩塔提高 20%～40%；② 气液接触状态好，雾沫夹带少，因此有较高的塔板效率；③ 在较宽的气相负荷范围内塔内操作稳定，操作弹性大于筛板塔；④ 相比于泡罩塔，结构及安装都较为简单，质量轻，设备成本也仅为泡罩塔的 60%～80%。

浮阀塔的综合特性较优，因此在设计和使用中常作为板式塔的首选。然而，浮阀塔也有如下缺点：① 在气速较低时局部可能存在漏液现象，塔板效率会有所降低；② 浮阀阀片因属于运动部件，可能产生卡住或吹脱等现象；③ 板压降较大，在高气相负荷等环境中难以使用。

浮阀是该类塔实现气液接触的关键部件，发展至今存在多种形式。这些不同形式的浮阀的基本结构很相似，即在塔板上按一定排列开有若干阀孔，孔的上方安置可以在孔轴线方向上下浮动的阀片，阀片的开启度是可以随上升气量的变化而自动调节的。在低气量时，阀片开度小；气量增大时阀片自动上升，开度也随之增大。因此，气量变化时通过阀片周边进入液体层的气速能够保持稳定。

常用的 F1 型浮阀结构简单，易于制造，是国内应用最为普遍的一种。该种浮阀的阀片带有三条底脚，插入阀孔后将各底脚外翻卡在塔板上，如图 9-11 所示。F1 型浮阀不仅可以限制操作时阀片在板上升起的最大高度，也在一定程度上防止吹脱；另外，阀片周边有三块略向下弯的定距片，以保证阀片的最小开启高度，避免阀片粘在塔板上无法上浮。F1 型浮阀分为轻阀(25 g)和重阀(33 g)。轻阀塔板漏液稍严重，除真空操作时选用外，一般采用重阀。F1 型浮阀系列标准中规定其阀孔直径通常为 39 mm。

除采用 F1 型浮阀外，针对减压系统、悬浮颗粒系统等具体的工作条件还可应用 V-4 型浮阀(如图 9-11(b)所示)和 T 型浮阀(如图 9-11(c)所示)等。

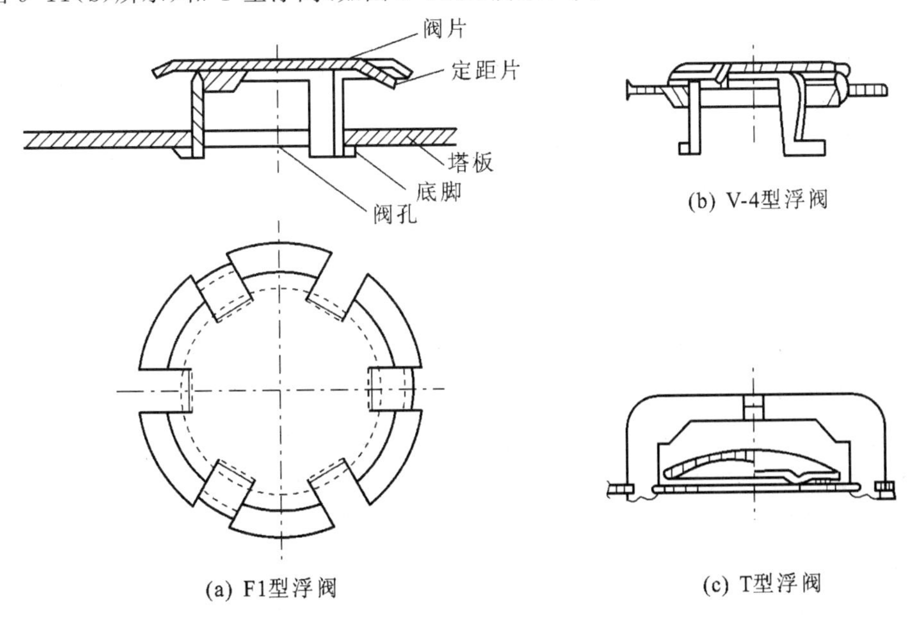

图 9-11　几种浮阀形状示意图

4. 垂直筛板

垂直筛板是由日本最先开发成功的一种高效塔板，其基本传质单元是置于塔板大尺寸气孔上的帽罩，如图 9-12 所示。当液体流经塔板时，其中的一部分被气体通道上升气流吸入，并在气体作用下分散成液滴，在帽罩内通过充分的接触发生传质过程；帽罩上部包含雾沫分离器，气液混合物由此分离，气相继续上升，液相流入下层塔板或再被吸入参与二次循环。

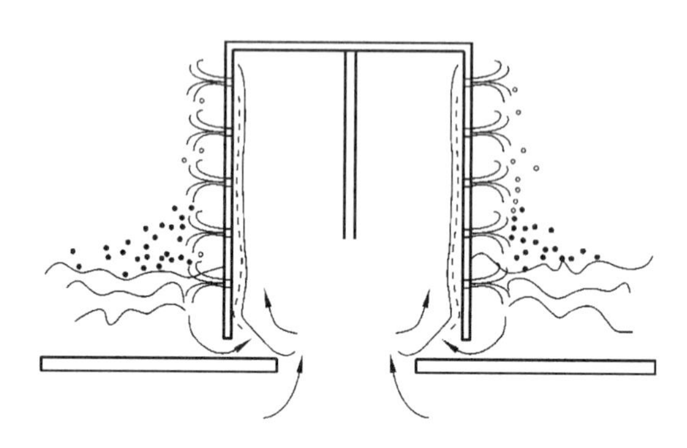

图 9-12　垂直筛板帽罩示意图

垂直筛板相比于普通筛板有如下优点。

(1) 处理量大。筛孔的方向决定了其压降不会随处理量的上升而显著增加。其开孔率可以提高到 15%以上，气速也比一般塔板高。

(2) 效率高。气、液两相良好的混合和液体在帽罩外的再循环都是效率提高的原因。

(3) 板间距小。在这种塔板中两相沿水平喷出，较少出现雾沫夹带的问题，因而板间距可以缩小，300～400 mm 即可，可节约设备成本。

(4) 适应性强，操作弹性比浮阀塔大约 60%。适应压力范围较宽，能在低液气比和发泡液体的情况下有效地操作。

5. 林德筛板

林德筛板也称导向筛板，是普通筛板的又一种重要改进形式，最初是专门为真空蒸馏设计的高效减压塔板。其结构创新之处主要体现在以下两处。

(1) 鼓泡促进器。在塔板液体入口处将塔板制成凸起的形状，有利于液体一进入塔板就开始鼓泡，从而使气、液两相良好接触，提高了塔板的利用率。

(2) 导向孔。在塔板上布置了一定数量的导向孔，开孔方向与液流方向相同，有利于推进液体并减小液面落差，同时也可减少倾向性漏液现象。

上面的改进使得该种筛板流动和鼓泡比较均匀，液面梯度减小，塔板液层较薄，板压降减小而传质效率提高，另外，其操作范围也比普通筛板大。

6. 喷射型塔板

在上述几种塔板中气体是垂直向上穿过塔板和液体接触的，分散形成的液滴或液膜具有一定向上的初速度。这样气速就不能太高，否则会造成严重的雾沫夹带，使塔板效率下降，生产能力因此也受到一定的限制。为了克服这一瓶颈，开发出的喷射型塔板大致有以下几种类型。

1) 固定舌形塔板

固定舌形塔板的结构如图 9-13 所示，在塔板上冲出许多舌孔，方向与塔板液流方向一致。舌片与板面成一定的角度，有 18°、20°、25°三种(一般为 20°)，舌片尺寸有25 mm×25 mm 和

50 mm×50 mm 两种。舌孔可以有拱形切口和三面切口两种，图 9-13所示为三面切口，较为常用。

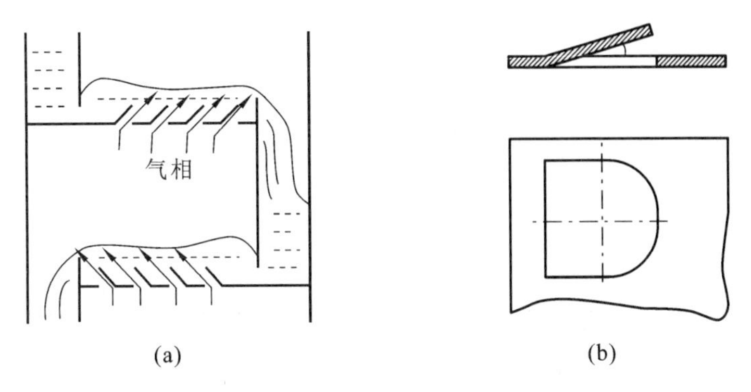

图 9-13　固定舌形塔板的局部结构

操作时，上升的气流沿舌片喷出，其喷出速度可达 20～30 m/s。当液体流过每排舌孔时，即被喷出的气流强烈扰动而形成液沫，喷射的液流冲至降液管上方的塔壁后落入降液管中，流到下一层塔板。

固定舌形塔板的优点如下：① 气流由舌片喷出并带动液体沿同方向流动，气液并流流动避免了返混和液面落差，塔板上液层较薄，塔板压降较小；② 气流方向接近水平，雾沫夹带量较小，故可达到较高的生产能力。

其缺点如下：① 张角是固定的，因此在气量较小时，舌孔喷出的气速低，塔板可能存在较严重的漏液现象，减小了操作弹性；② 液体在同一方向上加速，有可能没有充分的停留时间，导致液层太薄，气相接触不充分，使板效率降低。

2）浮动舌形塔板

浮动舌形塔板与固定舌形塔板类似，只是将开口端的固定舌片换成可在一定范围内上下运动的浮动舌片。这种塔板兼有浮阀塔板和固定舌形塔板的特点，具有处理能力大、压降小、操作弹性大等优点，但其浮舌属于运动部件，容易损坏。

3）斜孔塔板

斜孔塔板也是在舌形塔板的基础上发展起来的，在塔板上开有斜孔，孔口向上与板面成一定角度。斜孔的开口方向与液流方向垂直，同一排孔的孔口方向一致，但是相邻两排的开孔方向相反，这样相邻的两排孔中气体喷出方向是相反的，采用这种布置方式时气流不会发生对喷，既可得到较大的水平方向的气速，又可防止雾沫夹带的发生。板面上液层薄而均匀，气体和液体不断分散和聚集，其表面不断被更新，气液接触良好，传质效率也提高了。

斜孔塔板在一定程度上克服了筛孔塔板、浮阀塔板和舌形塔板的一些缺点，结构简单，加工制造方便，板压降较小，塔板效率和生产能力都达到很高的水平，适用于大塔装置及减压操作系统。

除了上面介绍的塔板类型，已开发的塔板还有网孔塔板、多降液管塔板、无降液管塔板等多种，也有着各自的结构特点和应用场合。部分不同类型板式塔的比较如表 9-1 所示，可以在塔设备设计选型时作为参考依据。

表 9-1 板式塔性能的比较

类型	相对气相负荷（相比于泡罩塔）	效率	操作弹性	85%负荷的单板压降/mmH_2O	相对价格（相比于泡罩塔）	可靠性
泡罩塔	1.00	良	优	45～80	1.0	优
浮阀塔	1.30	优	优	45～60	0.7	良
筛板塔	1.30	优	良	30～50	0.7	优
舌形塔	1.35	良	优	40～70	0.7	良
栅板塔	2.00	良	中	25～40	0.5	中

9.1.7 板效率

1. 点效率

点效率是指塔板上某点的局部效率，气相与液相的点效率分别定义为

$$E_{OV}=\frac{y-y_{n+1}}{y^*-y_{n+1}} \tag{9-14}$$

$$E_{OL}=\frac{x_{n-1}-x}{x_{n-1}-x^*} \tag{9-15}$$

其中 x^*、y^* 分别表示与塔板上的考察点达到平衡时的液、气相的组成，$n+1$ 表示第$n+1$块塔板。$x_{n-1}-x^*$、y^*-y_{n+1} 分别表示考察点的液、气相的最大提浓程度，$x_{n-1}-x$、$y-y_{n+1}$ 则表示考察点的实际提浓程度，可见点效率的值小于或等于 1。在点效率的定义式中，实际上作了板上液层混合均匀的假设，由于板上液层较薄且有气相扰动，可以认为假设是符合实际情况的。

离开板上的气相组成 y 是进入该板的组成为 y_{n+1} 的气体与组成为 x 的液体层发生传质的结果，由此可知点效率与板上各点的相间传质速率有关。设塔板上泡沫层高度为 H_f，塔单位横截面的气相摩尔流量为 V，气相总体积传质系数为 $K_y\alpha$，根据质量平衡关系式，可得塔板传质速率方程为

$$V\mathrm{d}y=K_y\alpha(y^*-y)\mathrm{d}H_f \tag{9-16}$$

进行定积分并整理得

$$E_{OV}=1-\mathrm{e}^{-\frac{K_y\alpha H_f}{V}} \tag{9-17}$$

由式(9-17)可以看出，在气相摩尔流量 V 一定时，点效率 E_{OV} 主要取决于两相的接触状况，湍动程度越高，效率越高。

2. 默弗里板效率

默弗里板效率又称为单板效率，气相和液相默弗里板效率分别定义为

$$E_{mV}=\frac{\overline{y}_n-\overline{y}_{n+1}}{y_n^*-\overline{y}_{n+1}} \tag{9-18}$$

$$E_{mL}=\frac{\overline{x}_{n-1}-\overline{x}_n}{\overline{x}_{n-1}-x_n^*} \tag{9-19}$$

其中 $\overline{y}$、$\overline{x}$ 分别为进入或离开塔板的平均气、液相组成。显然默弗里板效率表示经过第 n 块塔板后两相的平均提浓程度与其最大提浓程度之间的比例关系，更符合实际塔板层数计算的需

要。理论上默弗里板效率可大于1，但是实际塔板值一般小于1。

默弗里板效率和点效率的主要区别在于，前者无论是平衡组成还是实际组成，都是在塔板平均的意义上定义的，而后者只具有考察点的计算意义。因此，默弗里板效率的数值不仅与两相接触状况有关，而且受到塔板上两相流动状况的影响。例如，塔板上液体可能出现返混现象，即由于气体扰动产生与主流方向相反的运动，这种现象对传质不利，会使默弗里板效率降低，应该在设计与操作中尽量避免。

3. 湿板效率

默弗里板效率只考虑了板上流体的流动情况，并未进一步引入空间的反向流动现象的影响，湿板效率则考虑了雾沫夹带等非理想流动的影响。

由于雾沫夹带的存在，塔内上升物流不仅是气流 V，还有气流夹带的液体 $e_V V$；降液管下流液体量也变为 $L+e_V V$，以精馏段列操作线方程为例，则有

$$Vy_{n+1}+e_V Vx_{n+1}-(L+e_V V)x_n=Dx_D \tag{9-20}$$

因而雾沫夹带对操作线位置是有影响的，考虑该因素可以定义表观气相组成为

$$Y_{n+1}=y_{n+1}-e_V(x_n-x_{n+1}) \tag{9-21}$$

由此得出表观操作线方程为

$$Y_{n+1}=\frac{L}{V}x_n+\frac{D}{V}x_D \tag{9-22}$$

湿板效率定义为

$$E_a=\frac{Y_n-Y_{n+1}}{y^*-Y_{n+1}} \tag{9-23}$$

式中：Y——表观气相组成；

y^*——与离开第 n 块塔板的液相组成互成平衡的气相组成。

4. 全塔效率

对于特定的系统和塔板结构，各块塔板之间通过前面几种方法定义的效率往往并不相同，其原因包括物性和塔压在高度方向的变化等，因此原则上需要获得不同组成的塔板效率才能进行实际塔板层数的计算，显得较为烦琐。一种更为直接的方法是定义如下的全塔效率，也称总板效率。

$$E_T=\frac{N_T}{N_P} \tag{9-24}$$

若能求出全塔效率，则可由理论塔板层数除以 E_T 得出实际塔板层数 N_P。

全塔效率是气、液两相的传质状况、流动状况等作用的综合结果，由于影响因素众多且关系复杂，至今还难以从理论上正确、可靠地对其进行预测。工业装置或实验装置的实测数据是全塔效率最可靠的来源，全塔效率实测数据的关联式可用于效率的估算。其中下面两个关联方法应用较为广泛。

(1) 对于碳氢化合物系统，Drickamer 和 Bradford 等将全塔效率 E_T 归纳成以下关联式：

$$E_T=0.17-0.616\lg\mu_L \tag{9-25}$$

式中：μ_L——进料液在塔顶与塔底平均温度下的黏度，mPa·s。

事实证明，对于合适的系统，这套方法是有效的。

(2) 通过对数十个工业塔和实验塔的全塔效率的综合归纳，O'Connell 发现对于蒸馏塔，全塔效率可以与相对挥发度 α 和液体黏度 μ_L 的乘积按式(9-26)相关联，关联曲线如图 9-14 所示。

$$E_T = 0.49(\alpha\mu_L)^{-0.245} \tag{9-26}$$

式中：α 与 μ_L 分别表示组分的相对挥发度及加料组成下的平均黏度(mPa·s)，定性温度取塔顶与塔釜的算术平均温度。

对于吸收塔，全塔效率可以与溶解度系数 H(kmol/(m^3·kPa))、操作压力 p(kPa)、塔顶与塔底平均组成和平均温度下的液体黏度 μ_L(mPa·s)相关联，吸收塔的关联曲线如图 9-15 所示。

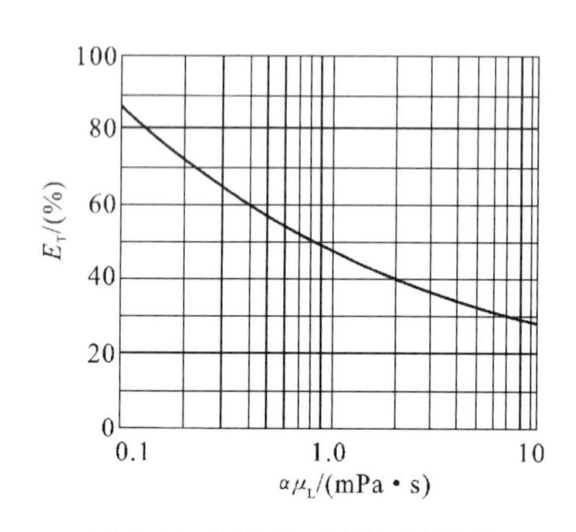

图 9-14 蒸馏塔全塔效率关联图

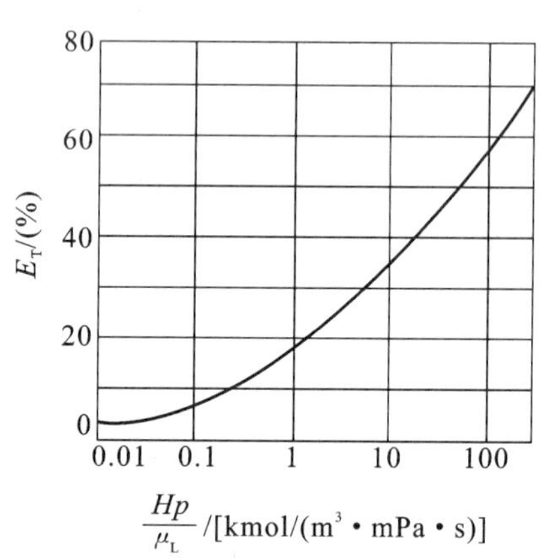

图 9-15 吸收塔全塔效率关联图

9.1.8 板式塔的工艺设计

前面已经介绍过筛板塔设计合理的重要性，由于筛板塔、浮阀塔等泡沫型接触塔是目前应用最广泛的塔型，而这些板式塔的设计过程和方法较为接近，本书以筛板塔为例说明板式塔设计的一般方法。

一般来说，板式塔设计需要给定的工艺条件主要有：物料种类及组成(包括气液平衡数据、原料组成、产品组成、回收率等参数)、操作条件(包括操作温度及压力、气相负荷 V、液相负荷 L 等参数)、物料物性(包括气、液两相的平均密度、平均黏度，液相平均表面张力等参数)。根据生产任务通常可以确定这些工艺条件，而上述条件的共同作用将影响两相的流动和接触状态。因此，为了达到理想的传质效果，必须在考虑这些条件的基础上开展相应的设计工作。例如，不同组成和性质的系统宜采用不同的两相接触状态，若轻组分的表面张力小于重组分，此类系统采用泡沫接触状态较好，反之则采用喷射接触状态较为有利；而选择何种接触状态又会直接影响到塔板的开孔率和孔径等结构设计参数的选取。

筛板塔的设计参数包括塔高、塔径、溢流装置尺寸、筛孔尺寸及分布等，下面分别予以介绍。

1. 塔高和塔径

板式塔的高度从上至下由顶部空间高度、主体高度、底部空间高度和裙座高度组成。

塔的顶部空间高度是指从第一层塔板到塔顶封头切线的距离，为了减少塔顶出口气体中夹带的液体量，顶部空间高度一般为 1.2～1.5 m。若采用金属网除沫装置，应注意网底到塔板的距离一般应不小于塔间距。

主体高度为第一层塔板到最后一层塔板之间的垂直距离，一般为计算得到的实际塔板层数与板间距的乘积。

塔的底部空间高度是指从塔底最后一层塔板到塔底封头切线之间的距离，这个高度与塔釜液的停留时间有关。给出釜液流量及其停留时间，就可以得到底部空间容积，进而得到底部空间高度。

裙座高度是指从塔底封头切线到基础环之间的距离。以圆柱形裙座为例，这个高度由塔底封头切线到出料管中心线的距离、出料管中心线到基础环的距离两部分组成，前者尺寸取决于釜液出料管的尺寸，后者则按再沸器高度等工艺条件确定。

对于塔径的计算，此处介绍常用的 Smith 方法，其具体步骤如下。

(1) 计算一个与表面张力有关的经验系数 C_σ。一般使用的算图（如图 9-16 所示）给出的是表面张力为 0.02 N/m 时的系数值 $C_{0.02}$，如果实际表面张力与之不符，可以通过下式对该系数进行修正：

$$\frac{C_{0.02}}{C_\sigma}=\left(\frac{0.02}{\sigma}\right)^{0.2} \tag{9-27}$$

如果采用式(9-27)，则表面张力为 0.02 N/m 时经验系数 $C_{0.02}$ 表示为

$$\begin{aligned} C_{0.02}=\exp[&-0.4531+1.6562H_\Delta+5.5496H_\Delta^2-6.4685H_\Delta^3\\ &+(-0.474675+0.079H_\Delta-1.39H_\Delta^2+1.3213H_\Delta^3)\ln\Psi\\ &+(-0.07291+0.088307H_\Delta-0.49123H_\Delta^2+0.43196H_\Delta^3)(\ln\Psi)^2] \end{aligned} \tag{9-28}$$

式中：H_Δ——塔板间距 H_T 与塔板上清液层高度 h_1 之差；

Ψ——两相流动参数。

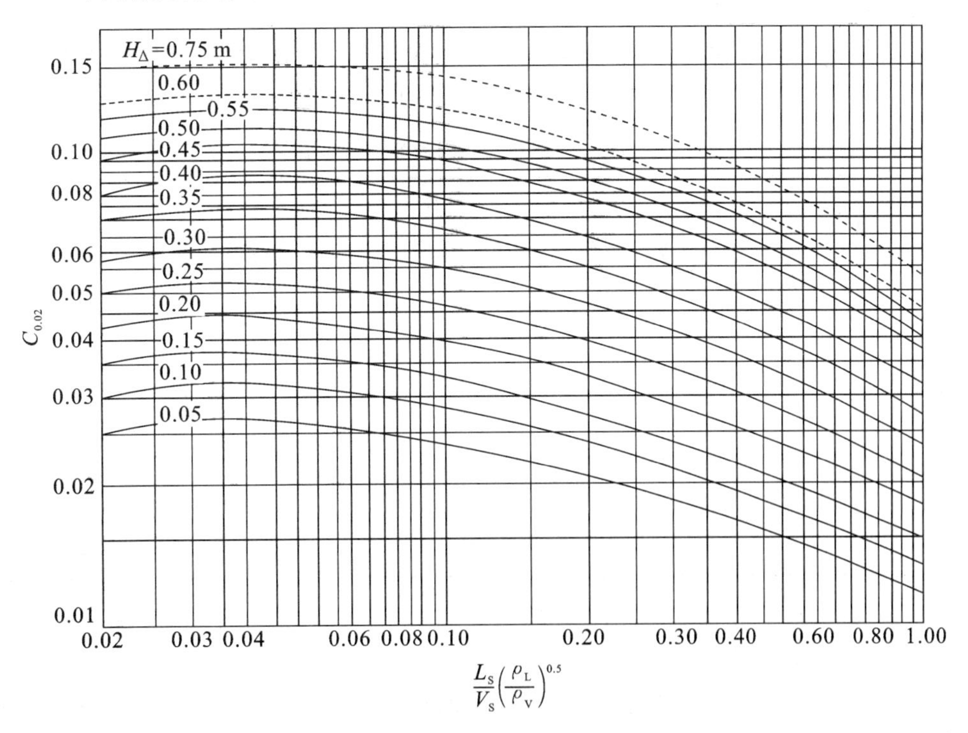

图 9-16　Smith **方法经验系数** C_σ **算图**

两相流动参数 Ψ 可通过气、液两相的体积流量及密度进行计算。

$$\Psi=\frac{L_s}{V_s}\left(\frac{\rho_L}{\rho_V}\right)^{0.5} \tag{9-29}$$

(2) 由上面计算的系数和其他一些参数计算适宜空塔气速。

$$u_1=(0.6\sim0.85)C_\sigma\sqrt{\frac{\rho_L-\rho_V}{\rho_V}} \tag{9-30}$$

其中 $C_\sigma\sqrt{\frac{\rho_L-\rho_V}{\rho_V}}$ 称为泛点气速，是气相速度的上限。

(3) 通过适宜空塔气速 u_1 和气体流量 V_s 按下式求出塔径 D：

$$D=\sqrt{\frac{V_s}{0.785u_1}} \tag{9-31}$$

(4) 经过圆整得到实际塔径。

此外，在初步估计塔径时，其板间距的选取可参考表 9-2。

表 9-2　板间距与塔径初选参考表

塔径/m	0.3～0.5	0.5～0.8	0.8～1.6	1.6～2.4	2.4～4.0	4.0～6.0
板间距/mm	200～300	300～400	350～500	500～600	600～700	700～800

2. 溢流区的设计

溢流区的设计主要包括溢流堰和降液管的设计，可以按照如下步骤进行。

1) 选择溢流类型

为了适应不同塔径和液体流量的要求，开发了多种不同溢流类型(包括 U 形流、单溢流、双溢流和阶梯式双溢流等)的塔板。溢流类型与液体负荷和塔径的关系见表 9-3。

表 9-3　液体负荷与溢流类型对照表

塔径 D/mm	液体流量 L_h/(m^3/h)			
	U 形流	单溢流	双溢流	阶梯式双溢流
1 000	<7	<45	—	—
1 400	<9	<70	—	—
2 000	<11	<90	90～160	—
3 000	<11	<110	110～200	200～300
4 000	<11	<110	110～230	230～350
5 000	<11	<110	110～250	250～400
6 000	<11	<110	110～250	250～450

2) 溢流堰的堰长 l_w 和堰高 h_w

对于单溢流，堰长 $l_w=(0.6\sim0.8)D$；对于双溢流，堰长 $l_w=(0.5\sim0.7)D$。

塔板上液层高度为堰高与堰上液层高度之和，即 $h_1=h_w+h_{ow}$，因此，堰高 h_w 可以通过选择合适的 h_1 和 h_{ow} 求取。溢流堰板形状有平直形和齿形，这两种堰 h_{ow} 的计算方法不同。

对于平直形堰的堰上液层高度一般用 Francis 公式计算：

$$h_{ow}=\frac{2.84}{1\ 000}E\left(\frac{L_h}{l_w}\right)^{2/3} \tag{9-32}$$

式中：L_h——液相体积流量，m^3/h；

E——液流收缩系数，可通过图 9-17 查得，一般情况下可以取为 1。

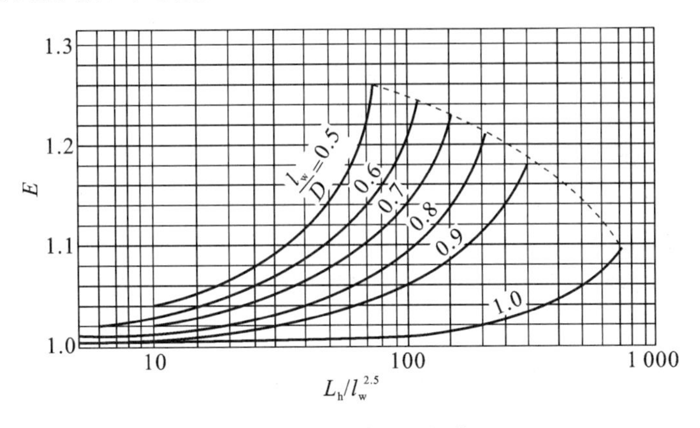

图 9-17　液流收缩系数算图

设计时 h_{ow} 不应超出 60～70 mm 的范围，过大时应改用双溢流类型，过小时可以考虑采用齿形堰。齿形堰的齿深 h_n 是一个设计参数，一般这个值应在 15 mm 以下。当液流未超过齿顶时，有

$$h_{ow}=0.044\ 2\left(\frac{L_h h_n}{l_w}\right)^{2/5} \tag{9-33}$$

若液流超过齿顶，则有

$$L_h=2\ 646\ \frac{l_w}{h_n}\left[h_{ow}^{5/2}-(h_{ow}-h_n)^{5/2}\right] \tag{9-34}$$

显然，这不是一个显函数式，需要用试差法得到堰上液层高度 h_{ow}。这样，根据操作要求选定板上液层高度 h_l 后，就能够求得合适的堰高。这个值通常在 30～50 mm 范围内，减压塔还要低一些。

3）降液管的设计

降液管可以分为圆形降液管和弓形降液管两类。其中弓形降液管是由部分塔壁和一块平板围成的，充分利用了塔内空间，大大提高了降液管的通过能力，因此在目前的应用中占大多数。这里主要介绍弓形降液管的设计计算。

弓形降液管的宽度 W_d 和截面积 A_f 可根据堰长与塔径之比 l_w/D 从图 9-18 中查得，图中的 A_T 表示塔截面积。当然，也可以通过下面的算式求得这两个参数：

$$W_d=\frac{D}{2}-\frac{l_w}{2}\cot\left(\arcsin\frac{l_w}{D}\right) \tag{9-35}$$

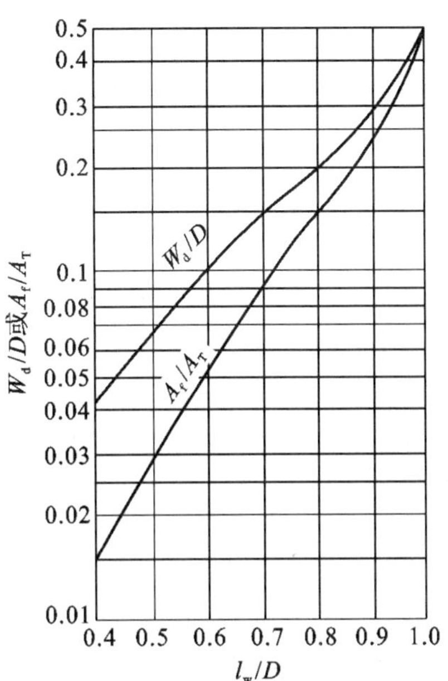

图 9-18　弓形降液管宽度与面积算图

$$A_f=\frac{1}{4}D^2\arcsin\frac{l_w}{D}-\frac{1}{4}l_w\sqrt{D^2-l_w^{\ 2}} \tag{9-36}$$

在得到上面的参数后,需要代入式(9-9)中计算液体在降液管中的停留时间,该值应不小于3～5 s才符合要求,对于高压操作的塔或是易起泡沫的系统,降液管停留时间还需要更大一些。

3. 开孔区的设计

塔板上主要分为开孔区、降液管区、受液盘区和边缘区,其中开孔区是塔板气液接触的工作区。为了使进入降液管的液体的气泡充分脱除,在开孔区与降液管区、开孔区与受液盘区之间可能还需要设置一定距离不开孔的安定区。

入口安定区宽度 W_s' 可取为 50～100 mm;出口安定区宽度 W_s 一般等于 W_s';边缘区宽度 W_c 与塔径有关,一般可取 25～50 mm。对于小塔,安定区可以适当缩小甚至不设置。

确定上面的参数后,即可对开孔区进行详细的设计计算。首先是求取开孔区面积 A_a,对于单溢流有下面的公式:

$$A_a=2\left(x\sqrt{r^2-x^2}+r^2\arcsin\frac{x}{r}\right) \tag{9-37}$$

式中:$x=\frac{D}{2}-(W_d+W_s)$,$r=\frac{D}{2}-W_c$。

双溢流的开孔区面积则为

$$A_a=2\left(x\sqrt{r^2-x^2}+r^2\arcsin\frac{x}{r}\right)-2\left(x_1\sqrt{r^2-x_1^2}+r^2\arcsin\frac{x_1}{r}\right) \tag{9-38}$$

式中:$x_1=\frac{W_d'}{2}+W_s$,W_d' 为双溢流塔板中间降液管的宽度。

式(9-36)～式(9-38)中的反三角函数计算结果均用弧度表示。

接下来是孔径 d_o、孔间距 t 与开孔率 φ 等参数的确定。工业塔中常用筛板孔径为 3～8 mm,对液相负荷不很大的塔板,推荐筛板孔径为 4～6 mm,塔径较大时可以采用 8～12 mm 的筛孔。孔径的选取还与物性有关,易起泡沫的系统可采用小孔径;反之,则可采用大孔径。筛板孔径与塔径的大致匹配关系如表 9-4 所示。

表 9-4　筛板孔径与塔径的匹配关系

塔径/mm	1 500	1 000	600	400	300
筛板孔径/mm	7	6	5	4.5	4.0

孔间距 t 一般取为 2.5～5 倍筛板孔径 d_o,t 过小容易使气流相互干扰,t 过大则可能导致鼓泡不均匀。

筛板开孔一般按照正三角形排列,若孔径和孔间距都已确定,则开孔率可以通过下面的公式计算:

$$\varphi=\frac{A_o}{A_a}=\frac{0.907}{(t/d_o)^2} \tag{9-39}$$

式中:A_o——孔面积,m^2。

通常筛板的开孔率为 5%～15%。

4. 流体力学的校核

在塔板的结构设计确定之后,要对其设计条件下的工作点进行校核,察看工作点是否在正常操作范围内。不合适时要进行修正,其中重要的是流体力学的校核,主要内容如下。

1) 塔板压降

筛板的压降即为干板压降与液层压降之和,如式(9-3),其中干板压降的计算公式为式(9-7),孔流系数 c_o 可以从图 9-19 中查取。液层压降 h_L 为

$$h_L=\beta(h_w+h_{ow}) \tag{9-40}$$

其中 β 为液层充气系数,可以从图 9-20 中查取,该算图的横坐标动能因子 F_a 定义为 $u_a\rho_V^{0.5}$,u_a 是以有效面积(塔截面积减去降液管区面积和受液盘区面积)为基准计算的气体流速。

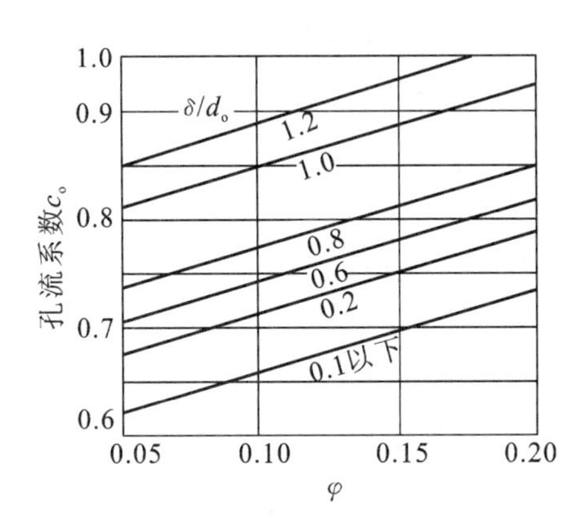

图 9-19　干板孔流系数算图

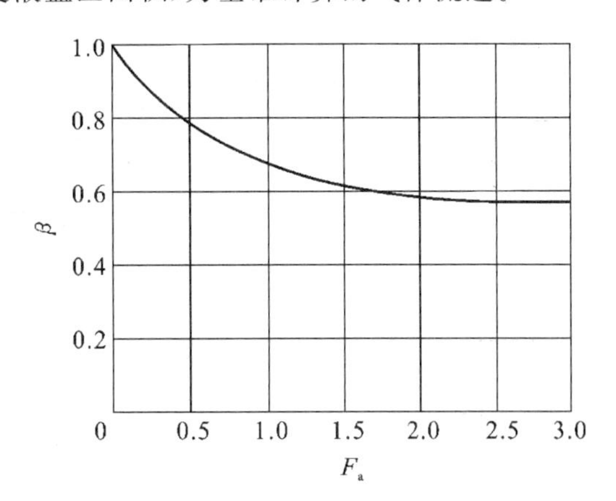

图 9-20　液层充气系数算图

如果塔板压降超过允许值,可增大开孔率或降低堰高 h_w 等,使 h_f 降低。

2) 雾沫夹带的校核

雾沫夹带量的计算有三种方法。

(1) Hunt 法。该法出现最早,形式简单,在国内应用最多。其雾沫夹带量的经验公式为

$$e_V=\frac{5.7\times10^{-6}}{\sigma}\left(\frac{u_a}{H_T-H_f}\right)^{3.2} \tag{9-41}$$

式中:H_T——塔板间距,m;

H_f——塔板泡沫层高度,可以取为清液层高度 h_l 的 2.5 倍;

e_V——雾沫夹带量,kg(液)/kg(干气)。

(2) Fair 法。该法是应用相对的液泛进行关联,首先计算泛点气速,再采用式(9-29)求得两相流动参数 Ψ,最后在图 9-21 中查取雾沫夹带分数 γ,通过式(9-8)可以求出雾沫夹带量。

(3) Zuiderweg 法。这种方法是针对喷射态的雾沫夹带提出的,其计算公式为

$$e_V=1.0\times10^{-8}\left(\frac{H_f}{H_T}\right)^3\left(\frac{u_o}{u_l}\right)^2 \tag{9-42}$$

式中:u_o——孔速;

u_l——塔板鼓泡面积上的液速;

e_V——雾沫夹带量,kmol(液)/kmol(干气)。

该方法提出较晚,应用还不多,可以作为参考。

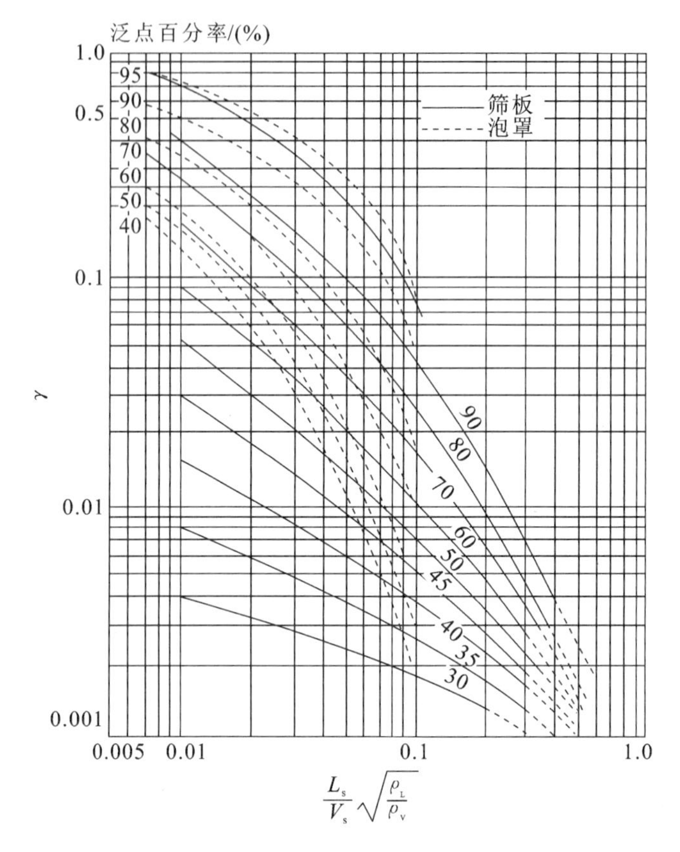

图 9-21　Fair 法雾沫夹带算图

工业上一般规定 e_V 的上限值为 0.1 kg(液)/kg(干气),因而如果计算值大于规定值,则应采取增大塔径等措施降低气速,或增大塔板间距以降低雾沫夹带量。

3) 溢流液泛条件的校核

为了避免液泛,降液管的泡沫层高度 H_{fd} 必须满足

$$H_{fd}=\frac{H_d}{\Phi}<H_T+h_w \tag{9-43}$$

式中的 Φ 为相对泡沫度,一般的系统取 0.5,不易发泡的系统取 0.6～0.7,易发泡的系统取 0.3～0.4。清液层高度 H_d 由式(9-11)得到。其中关于 h_w、h_{ow}、h_f 的计算方法前面已经给出,这里补充液面落差 Δ 和降液管阻力 h_z 的计算公式。

筛板塔液面落差常可忽略不计。当塔径和液体流量较大时,Δ 可由下式计算:

$$\Delta=0.0476\frac{(b+4H_f)^2\mu_L L_s z}{(bH_f)^3(\rho_L-\rho_V)} \tag{9-44}$$

式中:b——液流平均宽度,即 $(D+l_w)/2$;

　z——液位高度。

降液管阻力 h_z 可按小孔流出的阻力损失处理,则有

$$h_z=0.153\left(\frac{L_s}{l_w h_o}\right)^2 \tag{9-45}$$

式中：h_o——降液管底部间隙高度，一般比 h_w 小 5～10 mm，以利于降液管底部液封。

4）漏液点的校核

漏液点气速是塔板气速的下限，当设计筛孔气速小于此点时，液体将从筛孔漏出。设计孔速 u_o 与漏液点孔速 u_{ow} 之比为筛板的稳定系数，即

$$k=\frac{u_o}{u_{ow}} \tag{9-46}$$

通常应使 $k\geqslant 1.5$。

漏液点气速的计算有许多关联式和方法，但一般认为板上当量清液层高度影响液层的不均匀性，而漏液点当量清液层高度与干板压降和孔速有关，由此可以进行关联。板上漏液点当量清液层高度 h_c 可以由下式计算：

$$h_c=0.0061+0.725h_w-0.006F_a+1.23\frac{L_s}{l_w} \tag{9-47}$$

在图 9-22 中查得漏液点的干板压降，然后可以由式(9-7)推导得漏液点孔速如下：

$$u_{ow}=\left(\frac{2gh_d\rho_L c_o^2}{\rho_V}\right)^{0.5} \tag{9-48}$$

由此稳定系数 k 即可求出。若 k 值太小，可通过减小开孔率和降低堰高的方法加以缓解。

5．负荷性能图

对每个结构参数已经设计好的塔，只能在一定的气液负荷范围内进行操作，该范围可以用负荷性能图表示，如图 9-23 所示。当然，在不同的操作条件下，负荷性能图各线的分布也可能存在一定差异。如塔在一定的液气比下操作，由坐标原点连接操作点（设计点）所得直线与负荷性能图界面曲线相交的两个交点分别表示塔的上、下操作极限，上、下操作极限的气体流量之比称为塔板的操作弹性。

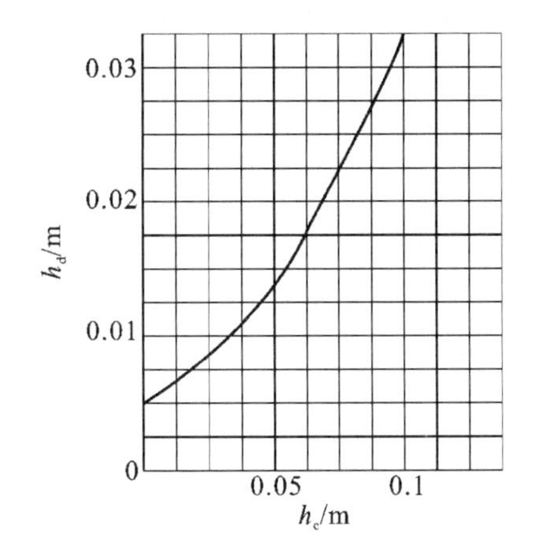

图 9-22　漏液点干板压降关联图

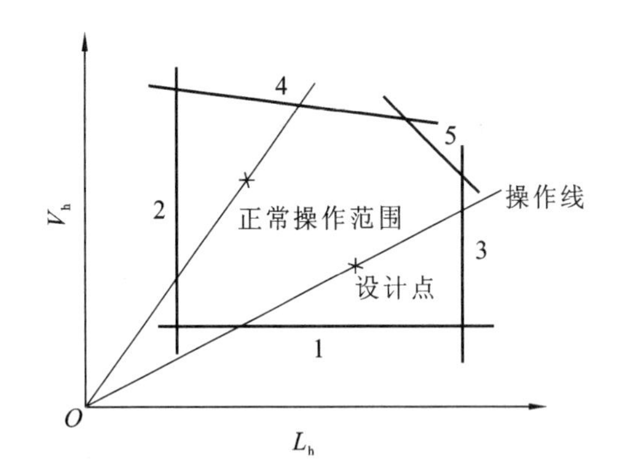

图 9-23　塔板负荷性能图

图中标号线 1 为漏液线，表征了气流的下限，气速继续降低时将发生漏液，影响正常操作。漏液线用直线表示，计算出该线上两个点后直接相连即可。通过式(9-47)、式(9-48)、图 9-22 等得到一定液体流量下的漏液点孔速，即可求得相应的气体流量。

标号线 2 为液相下限线，当液相负荷很小时，容易造成塔板上液流分布不均，严重时甚至造成“干吹”现象，降低了塔板效率。因此，一般堰上液流高度 h_{ow} 不应小于6 mm，通过式(9-32)可以得到相应的液相流量，直接在此处作平行于纵轴的直线即为液相下限线。

标号线 3 为液相上限线,是通过限制液体在降液管中的停留时间绘制的。通过式(9-9)计算的停留时间一般应大于 3 s,对于易起泡的系统要达到 5 s 以上,根据这个限制可以得到类似液相下限线的一条平行于纵轴的直线。

标号线 4 为过量雾沫夹带线。当规定了雾沫夹带量 e_V 的上限时,根据图 9-21 可以取得满足这个雾沫夹带量的(u/u_{max},Ψ)的多个数值组合,根据式(9-30)也可求出泛点气速 u_{max},这样气相和液相的流量也就都确定了。简单起见,仍然将该线近似为直线,并通过求取线上的两点画出。

标号线 5 为溢流液泛线,这条线可通过式(9-43)得到。在给定液相流量时根据该式计算最大的干板压降及孔速,也就得到相应的气相流量。

【例 9-1】 拟采用常压筛板塔分离乙醇-水二元混合物,已知精馏段两相质量流量分别为 $V=1.59$ kg/s,$L=1.03$ kg/s,两相平均密度分别为 $\rho_V=1.35$ kg/m³,$\rho_L=816$ kg/m³,液相表面张力 $\sigma=0.028\ 3$ N/m。为了完成该分离任务,试进行所需筛板塔精馏段的相关设计、校核,并绘制出塔板负荷性能图。

解 1. 塔板设计

(1) 塔径计算。

先将两相质量流量换算为体积流量,则有

$$V_s=\frac{V}{\rho_V}=\frac{1.59}{1.35}\ \text{m}^3/\text{s}=1.18\ \text{m}^3/\text{s},\quad L_s=\frac{L}{\rho_L}=\frac{1.03}{816}\ \text{m}^3/\text{s}=0.001\ 26\ \text{m}^3/\text{s}$$

根据式(9-29)可知两相的流动参数为

$$\Psi=\frac{L_s}{V_s}\left(\frac{\rho_L}{\rho_V}\right)^{0.5}=\frac{0.001\ 26}{1.18}\sqrt{\frac{816}{1.35}}=0.026\ 3$$

取板间距 $H_T=0.45$ m,板上清液层高度 $h_l=60$ mm。查 Smith 关联图(见图 9-16),可得 0.02 N/m 时的关联系数值 $C_{0.02}=0.085$。

因液相表面张力 $\sigma=0.028\ 3$ N/m,故由式(9-27)可得校正系数为

$$C_\sigma=\left(\frac{\sigma}{0.02}\right)^{0.2}C_{0.02}=\left(\frac{0.028\ 3}{0.02}\right)^{0.2}\times 0.085=0.091\ 2$$

由式(9-30)得泛点气速为

$$u_{max}=C_\sigma\sqrt{\frac{\rho_L-\rho_V}{\rho_V}}=0.091\ 2\times\sqrt{\frac{816-1.35}{1.35}}\ \text{m/s}=2.24\ \text{m/s}$$

取操作系数为 0.80,则空塔气速为

$$u_1=0.80u_{max}=0.80\times 2.24\ \text{m/s}=1.79\ \text{m/s}$$

由式(9-31)得塔径为

$$D=\sqrt{\frac{V_s}{0.785\ u_1}}=\sqrt{\frac{1.18}{0.785\times 1.79}}\ \text{m}=0.916\ \text{m}$$

按照标准塔径圆整为 $D=1$ m。

此时的塔截面积为 $$A_T=\frac{\pi D^2}{4}=0.785\ \text{m}^2$$

实际空塔气速为 $$u_1'=\frac{V_s}{A_T}=\frac{1.18}{0.785}\ \text{m/s}=1.50\ \text{m/s}$$

实际泛点百分率为 $$\frac{u_1'}{u_{max}}=\frac{1.50}{2.24}\times 100\%=67.0\%$$ (符合设计要求,故上述计算有效。)

(2) 溢流区设计。

选择单溢流弓形降液管、平直形溢流堰。根据堰长选取原则 $l_w=(0.6\sim 0.8)D$,可取的堰长为

$$l_w=0.65D=0.65\times 1\ \text{m}=0.65\ \text{m}$$

堰上液层高度用式(9-32)计算,则

$$h_{ow}=\frac{2.84}{1\ 000}E\left(\frac{L_h}{l_w}\right)^{2/3}$$

由于$\frac{L_h}{l_w^{2.5}}=\frac{0.00126\times 3600}{0.65^{2.5}}=13.3$，查图 9-17 知液流收缩系数 $E=1.024$。

由此可以得到

$$h_{ow}=\frac{2.84}{1000}\times 1.024\times\left(\frac{0.00126\times 3600}{0.65}\right)^{2/3}\ \text{m}=0.0106\ \text{m}$$

根据 $h_l=h_w+h_{ow}$，则溢流堰的堰高为

$$h_w=h_l-h_{ow}=(60-10.6)\ \text{mm}=49.4\ \text{mm}$$

取 h_w 为 50 mm。弓形降液管的宽度 W_d 根据式(9-35)可得

$$W_d=\frac{D}{2}-\frac{l_w}{2}\cot\left(\arcsin\frac{l_w}{D}\right)=\left[\frac{1}{2}-\frac{0.65}{2}\cot\left(\arcsin\frac{0.65}{1}\right)\right]\ \text{m}=0.120\ \text{m}$$

查图 9-18 可知

$$\frac{A_f}{A_T}=0.071$$

故弓形降液管的截面积为

$$A_f=0.071A_T=0.071\times 0.785\ \text{m}^2=0.0557\ \text{m}^2$$

(3) 开孔区设计。

取 $W_s=W'_s=0.06$ m，$W_c=0.03$ m，则有

$$x=\frac{D}{2}-(W_d+W_s)=\left[\frac{1}{2}-(0.120+0.06)\right]\ \text{m}=0.320\ \text{m}$$

$$r=\frac{D}{2}-W_c=\left(\frac{1}{2}-0.03\right)\ \text{m}=0.47\ \text{m}$$

对于单溢流，由式(9-37)可求取开孔区面积：

$$A_a=2\left(x\sqrt{r^2-x^2}+r^2\arcsin\frac{x}{r}\right)$$

$$=2\times\left(0.320\times\sqrt{0.47^2-0.320^2}+0.47^2\times\arcsin\frac{0.320}{0.47}\right)\ \text{m}^2=0.549\ \text{m}^2$$

根据筛板孔径与塔径关系表 9-4，取筛孔直径 $d_o=6$ mm。

筛孔采用正三角形排列，孔间距 $t=(2.5\sim 5)d_o$，取 $t=3d_o=18$ mm。

开孔率由式(9-39)计算，则

$$\varphi=\frac{A_o}{A_a}=\frac{0.907}{(t/d_o)^2}=\frac{0.907}{3^2}=10.1\%$$ （符合 5%～15%的筛板开孔率要求。）

因此，筛孔的总面积为 $A_o=\varphi A_a=0.101\times 0.549\ \text{m}^2=0.0553\ \text{m}^2$

2. 塔板校核

(1) 板压降的校核。

筛板塔的板压降主要由干板压降与液层压降两部分组成，$h_f=h_d+h_L$。

取板厚 $\delta=3$ mm，则$\frac{\delta}{d_o}=\frac{3}{6}=0.5$。查干板孔流系数算图(见图 9-19)，可得干板孔流系数 $c_o=0.74$。

由式(9-7)得

$$h_d=\frac{1}{2g}\frac{\rho_V}{\rho_L}\left(\frac{u_o}{c_o}\right)^2=\frac{1}{2g}\frac{\rho_V}{\rho_L}\left(\frac{V_s}{c_oA_o}\right)^2$$

$$=\frac{1}{2\times 9.81}\times\frac{1.35}{816}\times\left(\frac{1.18}{0.74\times 0.0553}\right)^2\ \text{m}=0.0692\ \text{m}$$

则以有效面积为基准计算的气体流速为

$$u_a=\frac{V_s}{A_T-2A_f}=\frac{1.18}{0.785-2\times 0.0557}\ \text{m/s}=1.75\ \text{m/s}$$

动能因子为

$$F_a=u_a\rho_V^{0.5}=1.75\times 1.35^{0.5}\ \text{kg}^{0.5}/(\text{m}^{0.5}\cdot\text{s})=2.04\ \text{kg}^{0.5}/(\text{m}^{0.5}\cdot\text{s})$$

液层充气系数由图 9-20 读出

$$\beta=0.59$$

则液层压降(以液高表示)为

$$h_L=\beta(h_w+h_{ow})=0.59\times(0.05+0.0106)\ \text{m}=0.0358\ \text{m}$$

因此板压降(以液高表示)为

$$h_f=h_d+h_L=(0.0692+0.0358)\ \text{m}=0.1050\ \text{m}$$

(2) 雾沫夹带的校核。

根据 Hunt 法经验式(9-41),可知雾沫夹带量为

$$e_V=\frac{5.7\times10^{-6}}{\sigma}\left(\frac{u_a}{H_T-H_f}\right)^{3.2}=\frac{5.7\times10^{-6}}{0.0283}\left(\frac{1.75}{0.45-2.5\times0.06}\right)^{3.2}\ \text{kg(液体)/kg(干气)}$$

$$=0.057\ \text{kg(液体)/kg(干气)}<0.1\ \text{kg(液体)/kg(干气)}$$

未超过 e_V 的上限值,故不会发生过量雾沫夹带现象。

(3) 溢流液泛的校核。

对降液管的泡沫层高度 H_{fd} 应依据式(9-43)进行溢流液泛校核。

$$H_{fd}=\frac{H_d}{\Phi}<H_T+h_w$$

筛板塔液面落差常可忽略不计,即 $\Delta=0$。取降液管底部间隙高度 $h_o=40$ mm,则降液管阻力 h_z 可按式(9-45)计算:

$$h_z=0.153\left(\frac{L_s}{l_w h_o}\right)^2=0.153\times\left(\frac{0.00126}{0.65\times0.04}\right)^2\ \text{m}=3.59\times10^{-4}\ \text{m}$$

由式(9-11)计算的降液管内的当量清液层高度为

$$H_d=h_w+h_{ow}+\Delta+h_z+h_f=(0.050+0.0106+0+3.59\times10^{-4}+0.1050)\ \text{m}=0.166\ \text{m}$$

由前面的计算结果知

$$H_T+h_w=(0.450+0.050)\ \text{m}=0.500\ \text{m}$$

因乙醇-水属于不易起泡系统,取相对泡沫度为

$$\Phi=0.6$$

降液管内的泡沫层高度为

$$H_{fd}=\frac{H_d}{\Phi}=\frac{0.166}{0.6}\ \text{m}=0.277\ \text{m}<0.500\ \text{m}$$

因此不会发生溢流液泛。

(4) 降液管内液体停留时间的校核。

由式(9-9)可知,液体在降液管内的停留时间为

$$\tau=\frac{A_f H_d}{L_s}=\frac{0.0557\times0.166}{0.00126}\ \text{s}=7.34\ \text{s}>5\ \text{s}$$

因此降液管内的液体停留时间符合要求,不会产生严重的气泡夹带现象。

(5) 漏液点的校核。

先假设漏液点的孔速 $u_{ow}=8.92$ m/s,则动能校正因子为

$$F_a=\frac{u_{ow}A_o}{A_T-2A_f}\rho_V^{0.5}=\frac{8.92\times0.0553}{0.785-2\times0.0557}\times1.35^{0.5}\ \text{kg}^{0.5}/(\text{m}^{0.5}\cdot\text{s})$$

$$=0.850\ \text{kg}^{0.5}/(\text{m}^{0.5}\cdot\text{s})$$

由式(9-47)可知,塔板上的当量清液层高度为

$$h_c=0.0061+0.725h_w-0.006F_a+1.23\frac{L_s}{l_w}$$

$$=\left(0.0061+0.725\times0.050-0.006\times0.850+1.23\times\frac{0.00126}{0.65}\right)\ \text{m}=0.0396\ \text{m}$$

漏液点的干板压降可由图 9-22 查得

$$h_d=0.01\ \text{m(水柱)}=0.0122\ \text{m(液柱)}$$

由干板压降及式(9-48)算出漏液点孔速为

$$u_{ow}=\left(\frac{2gh_d\rho_L c_o^2}{\rho_V}\right)^{0.5}=\left(\frac{2\times9.81\times0.0122\times816\times0.74^2}{1.35}\right)^{0.5}\ \text{m/s}=8.92\ \text{m/s}$$

与假设值一致，故计算结果正确有效。

由式(9-46)可得，筛板的稳定系数为

$$k=\frac{u_o}{u_{ow}}=\frac{\frac{1.18}{0.0553}}{8.92}=2.39>2$$

因此该筛板有足够的操作弹性，不易发生严重漏液。

3. 负荷性能图

(1) 漏液线。

将漏液线视为直线，则可由两点确定其基本位置。

根据前面的计算结果，设计负荷下的液体流量 $L_{h1}=0.00126\times3600\ m^3/h=4.536\ m^3/h$，此时漏液点的孔速 $u_{ow1}=8.92\ m/s$，对应的气体流量为

$$V_{h1}=u_{ow1}A_o=8.92\times0.0553\times3600\ m^3/h=1776\ m^3/h$$

则求出对应的第一点的坐标为(4.536,1776)。

另取一点的液体流量 $L_{h2}=30\ m^3/h$，则根据式(9-47)、图 9-22 及式(9-48)，可计算出漏液点的孔速为 $u_{ow2}=10.1\ m/s$，相应的气体流量为

$$V_{h2}=u_{ow2}A_o=10.1\times0.0553\times3600\ m^3/h=2011\ m^3/h$$

对应的第二点的坐标为(30,2011)，连接这两点即为漏液线(如图 9-24 所示标号线 1)。

(2) 液相下限线。

堰上液层最薄处对应于负荷性能图中的液相下限线。

设 $h_{ow,min}=6\ mm$，由式(9-32)可得

$$L_h=\left(\frac{1000}{2.84}\frac{h_{ow,min}}{E}\right)^{3/2}l_w=\left(\frac{1000\times0.006}{2.84\times1.024}\right)^{3/2}\times0.65\ m^3/h=1.93\ m^3/h$$

故液相下限线即为横坐标为 1.93 m³/h、垂直于横轴的直线(如图 9-24 所示标号线 2)。

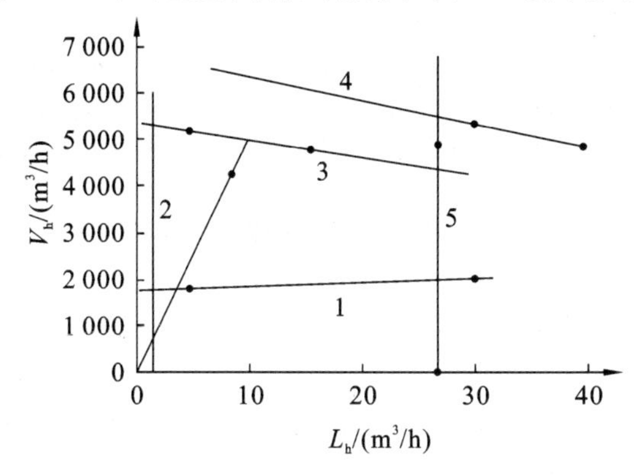

图 9-24　筛板塔负荷性能图

(3) 过量雾沫夹带线。

将该线也视为直线，由两点确定该线的位置。

过量雾沫夹带产生的临界状态是 $e_V=0.1$，即

$$e_V=\frac{\gamma}{1-\gamma}\frac{L}{V}=0.1$$

故雾沫夹带分数为

$$\gamma=\frac{e_VV}{e_VV+L}=\frac{0.1\times1.59}{0.1\times1.59+1.03}=0.134$$

在设计负荷下的两相流动参数 $\Psi=0.0263$，$\gamma=0.134$，根据 Fair 法雾沫夹带算图(见图 9-21)，查得泛点百分率为 85%。因泛点气速 $u_{max}=2.24\ m/s$，故以有效面积计算的气速 $u_a=0.85u_{max}=1.90\ m/s$。

则气体流量为

$$V_h=u_a(A_T-2A_f)=1.90\times(0.785-2\times0.0557)\times3600\ m^3/h=4607\ m^3/h$$

对应的液体流量为

$$L_h=\frac{e_V(1-\gamma)\rho_V}{\gamma\rho_L}V_h=\frac{0.1\times(1-0.134)\times1.35}{0.134\times816}\times4\ 607\ m^3/h=4.93\ m^3/h$$

第二点取液气质量流量比 $L/V=2$，同理可得，雾沫夹带分数 $\gamma=0.047\ 6$，泛点百分率为 85%，$u_a=1.90$ m/s。则对应的气体流量 $V_h=4\ 607$ m³/h，液体流量 $L_h=15.3$ m³/h。

连接(4.93，4 607)与(15.3，4 607)两点，可得过量雾沫夹带线（如图 9-24 所示标号线 3）。

(4) 溢流液泛线。

同样将该线视为直线，由两点确定该线的位置。

当降液管内当量清液层高度 $H_d=\Phi(H_T+h_w)$ 时，将发生溢流液泛。此时有

$$H_d=\Phi(H_T+h_w)=0.6\times(0.450+0.050)\ m=0.300\ m$$

由于溢流液泛时气速一般较高，此时 β、E 等系数不受气体流量变化的影响，故按前计算的参数值进行计算。先取 $L_h=30$ m³/h，则有

清液层高度　$$h_{ow}=\frac{2.84}{1\ 000}E\left(\frac{L_h}{l_w}\right)^{2/3}=2.84\times10^{-3}\times1.024\times\left(\frac{30}{0.65}\right)^{2/3}\ m=0.037\ 4\ m$$

降液管阻力　$$h_z=0.153\left(\frac{L_s}{l_wh_o}\right)^2=0.153\times\left(\frac{30/3\ 600}{0.65\times0.04}\right)^2\ m=0.015\ 7\ m$$

液层压降（以液高表示）

$$h_L=\beta(h_w+h_{ow})=0.59\times(0.050+0.037\ 4)\ m=0.051\ 6\ m$$

由 $H_d=h_w+h_{ow}+\Delta+h_z+h_f$ 与 $h_f=h_d+h_L$，可得液泛时的干板压降（以液高表示）

$$h_d=H_d-h_w-h_{ow}-\Delta-h_z-h_L$$
$$=(0.300-0.050-0.037\ 4-0.015\ 7-0.051\ 6)\ m=0.145\ m$$

由此求得气相孔速

$$u_o=\left(\frac{2gh_d\rho_Lc_o^2}{\rho_V}\right)^{0.5}=\left(\frac{2\times9.81\times0.145\times816\times0.74^2}{1.35}\right)^{0.5}=30.7\ m/s$$

则相应气体流量为　$$V_h=u_oA_o=30.7\times0.055\ 3\times3\ 600\ m^3/h=6\ 112\ m^3/h$$

第二点取 $L_h=40$ m³/h 时，同理可得堰上清液层高度 $h_{ow}=0.045\ 4$ m，降液管阻力 $h_z=0.027\ 9$ m，液层压降 $h_L=0.056\ 3$ m，液泛时的干板压降 $h_d=0.120\ 4$ m，气相孔速 $u_o=28.0$ m/s，气体流量 $V_h=5\ 574$ m³/h。

连接(30，6 112)与(40，5 574)两点，可得溢流液泛线（如图 9-24 所示标号线 4）。

(5) 液相上限线。

当降液管内液相的停留时间 τ 最小时，液相达到其上限值。现取降液管中液体的最短停留时间 $\tau_{min}=3$ s，则最大的液体流量为

$$L_{h,max}=\frac{H_TA_f}{\tau_{min}}=\frac{0.450\times0.055\ 7\times3\ 600}{3}\ m^3/h=30.1\ m^3/h$$

故液相上限线即为横坐标为 30.1 m³/h、垂直于横轴的直线（如图 9-24 所示标号线 5）。

连接设计点(4.536，4248)与坐标原点(0，0)所得直线，为气液负荷比一定的精馏段的操作线。提馏段的设计计算情况与精馏段相类似，在此略。

9.2 填料塔

填料塔出现于 19 世纪中期，也是应用广泛的微分接触式气液传质设备。与板式塔相比，填料塔具有结构简单、压降小（流动阻力小）、传质效率高、耐腐蚀等优点。近年来，随着新型高效填料和塔内件的开发，填料塔技术得到迅速发展，在增加产量、提高产品质量和节能等方面取得很大的成功。

9.2.1 填料塔的结构

典型填料塔主要由塔体、填料和塔附件三部分组成，如图 9-25 所示。塔体一般为立式圆柱体，设有四个开孔，分别为气体出、入口和液体出、入口；塔内充填了一定高度的填料，其位置

通过上部的填料压板以及下部的支撑板限定;塔内设置有帮助液体均匀喷洒的液体分布器、液体再分布器、支撑板、填料压板以及除沫器等辅助元件。

其工作过程可以描述为:液体由塔顶液体入口进入塔内,经过分布器喷淋在填料上,受重力的作用流下,并在填料表面与自塔底进入的气体发生连续逆流接触,从而发生气、液两相间的传质、传热过程。填料塔内液体的流动存在向壁面偏流的倾向,因此除塔顶液体入口装有分布器外,当填料层很高时,同样要将其分段,各段间均需布置液体再分布器,使液相在塔内各截面位置的分布趋于均匀。

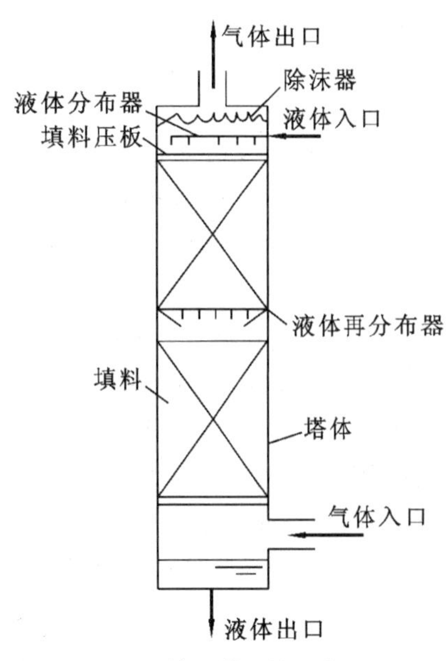

图 9-25　填料塔结构示意图

9.2.2　填料

填料塔的气液接触是在填料表面发生的,故填料是填料塔工作的核心部分,且对气、液两相间的传热、传质影响都很大。因此,了解不同类型与尺寸的填料的性质和特点显得十分重要。填料类型有许多种,按照材质可分为陶瓷、金属、塑料等填料;按照其单元结构与在塔内装填方式的不同,可分为散装填料和规整填料。

1. 填料的分类

1）散装填料

散装填料是具有一定外形、结构的颗粒体,故又称颗粒填料。这种填料除大尺寸拉西环外,基本上采用乱堆的方式装填。发展至今,主要的散装填料包括以下几种。

(1) 环形填料。如图 9-26(a)所示的拉西环是起步最早的一种,早在 1914 年就投入使用。拉西环可由陶瓷、金属、塑料等材料制成,其结构非常简单,价格便宜,在一段时间内应用广泛。但该种填料层易形成积液、偏流、沟流、股流等不良流动状态,气体流动阻力较大,传质效果也不甚理想。

在拉西环的基础上人们又发展了多种其他的环形填料,包括勒辛环(如图 9-26(b)所示)、十字环和螺旋环(如图 9-27 所示)等。这些环形填料的内表面利用不充分,传质效果虽略有改善,阻力却有很大程度的增加,因此应用受到限制,从而推动了更高效的填料的开发。

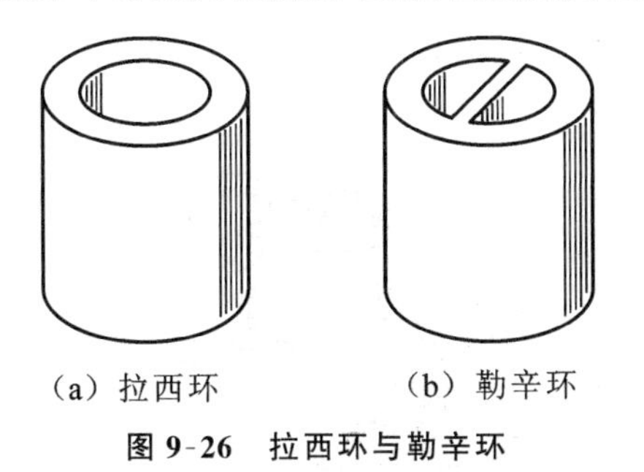
(a) 拉西环　　(b) 勒辛环

图 9-26　拉西环与勒辛环

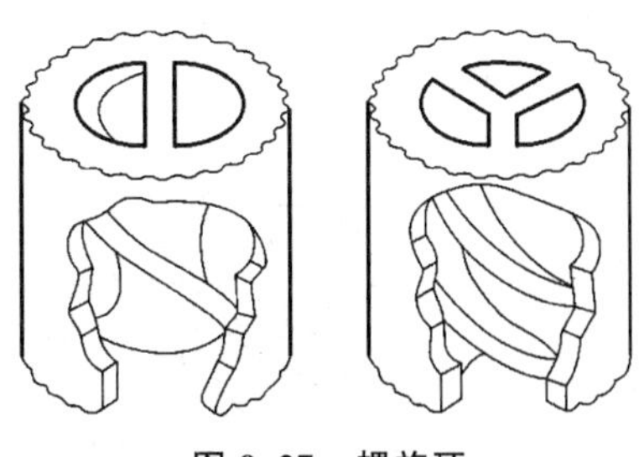
图 9-27　螺旋环

(2) 开孔环形填料。开孔环形填料是在环形填料的壁上开孔,既利用了环形填料的表面,又增加了很多流动通道(窗孔),改善了气、液两相的流动状况,对填料层的传质效率也有一定的提高。

鲍尔环是在拉西环的壁面上开出两排具有内伸舌片的窗孔，大大提高了环形填料内部空间的利用率，其结构如图 9-28 所示。鲍尔环的材料一般为金属或塑料，同种材质和规格的鲍尔环比拉西环气体通量大，流动阻力小。在相同的压降下，鲍尔环的处理能力高出拉西环 50%以上，而在相同的处理能力下，鲍尔环填料压降仅是拉西环的一半。另外，液体的沟流和壁流现象也有所减少，气、液两相的分布更加均匀，从而具有更高的传质效率与操作弹性，因此鲍尔环填料在工业上得到广泛的应用。

阶梯环是在鲍尔环基础上的又一次改进，可由陶瓷、金属、塑料等制成，其壁面也开有窗孔，但环的高度减为直径的一半，环的一端制成喇叭口，喇叭口高度约为总高的 1/5，如图 9-29 所示。由于高径比减小(高度减半)，该种填料的装填趋于水平放置，进一步减小了气体的迎风面积和阻力(下降 25%左右)，增大了气体的通过量(处理能力)；喇叭口的设置一方面增加了填料的机械强度，另一方面减少了填料之间的线接触，增大了填料间的空隙，使得液膜更新速率加快，传质效率进一步提高。这种填料是目前使用的开孔环形填料中综合性能较为理想的一种。

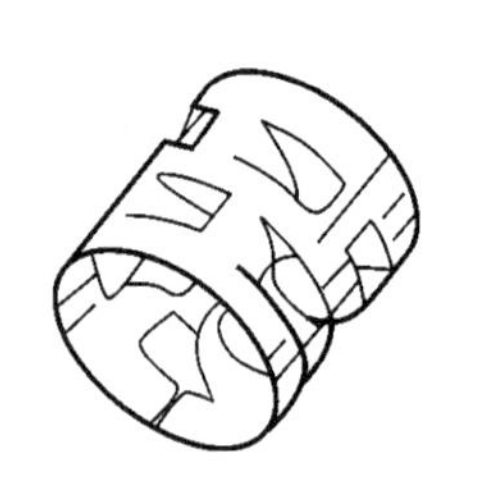

图 9-28　鲍尔环

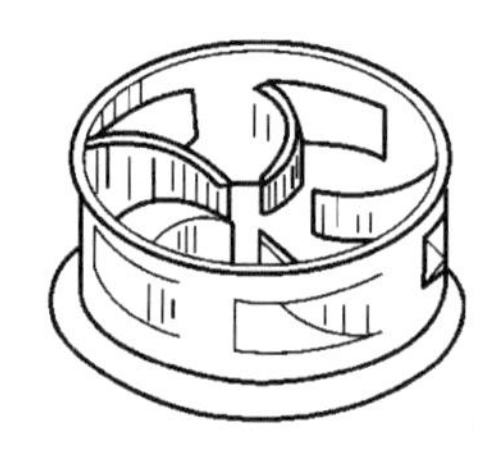

图 9-29　阶梯环

(3) 鞍形填料。鞍形填料的形状类似马鞍，其填料层中液体通道主要为弧形，填料层内的空隙较环形填料连续，气体也主要沿弧形通道流动。

最早的弧鞍形填料通常由陶瓷制成，两端呈弧形，表面敞开，如图 9-30 所示。气液分布较好，与拉西环相比性能有一定改善，但是由于该填料两面结构对称，相邻填料容易发生套叠，使一部分填料表面不能被液体润湿，严重影响其传质性能，因此表面利用率不高，近年来已逐渐为矩鞍形填料所替代。

矩鞍形填料可由塑料或陶瓷制成，其两端开口改为矩形，结构不对称，如图9-31所示。其填料两面大小不等，从而克服了弧鞍形填料容易套叠的缺点。矩鞍形填料的空隙率较大，表面利用率高，液流分布均匀，气体流动阻力也较小。矩鞍形填料与尺寸相同的拉西环相比，效率提高 40%以上，在绝大多数应用陶瓷填料的场合都取代了后者；虽然较鲍尔环性能稍差，但其结构非常简单，是一种很实用的散装填料。

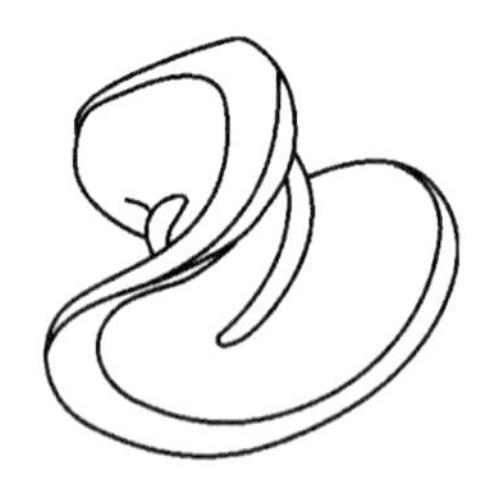

图 9-30　弧鞍形填料

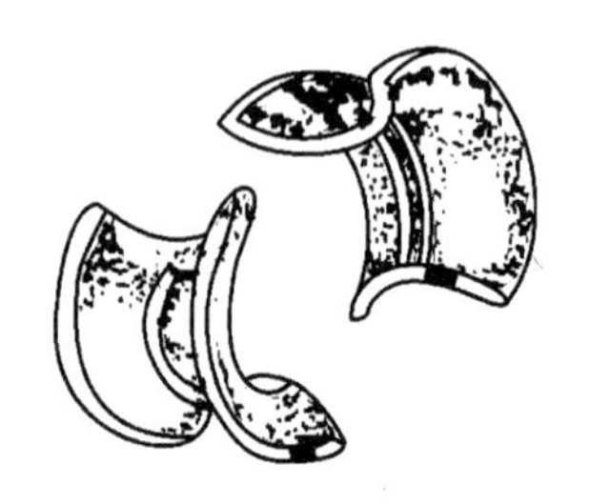

图 9-31　矩鞍形填料

近年还出现了矩鞍形的改进填料，一般由塑料或陶瓷制成，其方法是将填料的平滑弧形边缘改为锯齿状，并在填料的表面开孔及增加褶皱，如图 9-32 所示。这样的处理改善了液相分布和填料的表面润湿状况，降低了气体阻力，其处理能力和传质效率又有所提高。

(4) 环鞍形填料。环鞍形填料一般由金属材料制成，这种填料将开孔环形填料和矩鞍形填料的特点相结合，其结构如图 9-33 所示。环鞍形填料既有类似于开孔环形填料的圆环、壁面开孔和内伸的舌片，又有类似矩鞍形填料的弧形通道，因而在性能上兼备了环形填料的气相流通量大及鞍形填料的布液均匀的优点，是散装填料中综合性能最佳的一类。与金属鲍尔环相比，该填料的通量提高 15%～30%，压降降低 40%～70%，效率提高 10%左右。

(5) 球形填料。球形填料一般由金属或塑料制成，大体上呈球形或扁球形，堆装时空隙较均匀，没有架桥现象。典型的球形填料有多面球、特普球和泰勒花环等。

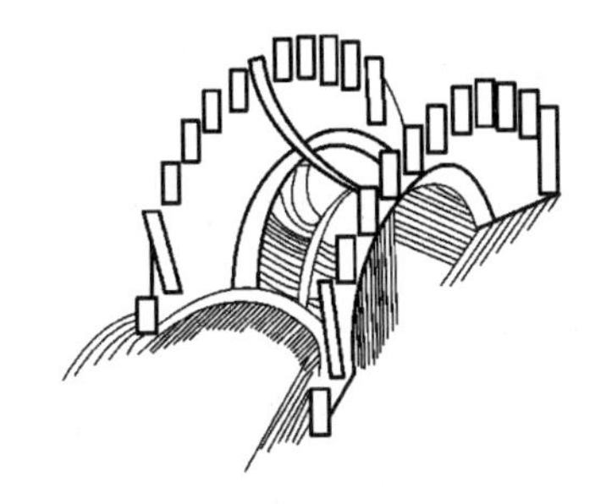

图 9-32　改进的矩鞍形填料

图 9-33　环鞍形填料

2) 规整填料

乱堆的散装填料塔内，气、液两相的流动路径和接触位置在很大程度上是随机的，另外由于填料装填很难做到完全均匀，这使得局部容易出现沟流等不良状况，塔的效率就会降低。为此人们开发了规整填料，这种填料一般是整砌的，通过有规律的堆放和一致的结构，人为地限定了气、液两相的流动通道和接触方式，从而增大了空隙率和有效传质表面积，减少了沟流和壁流等现象，使得填料压降减小，传热和传质的效果提高。规整填料主要包括格栅型填料和波纹型填料。其他的规整填料还有绕卷型填料、脉冲填料等，但是一般场合中应用较少。

(1) 格栅型填料。格栅型填料是使用较早的规整填料，由特定结构的格栅单元规则排列而成，它将塔内空间分割成规则排列、相互贯通的结构。这种填料的空隙率高，流通量大，不易发生堵塞；但其比表面积不大，传质效率并不理想，适用于分离要求不高而易堵塞的场合。典型的格栅有格里奇格栅、网孔格栅和弗莱克西格栅等。

(2) 波纹型填料。波纹型填料主要分为丝网波纹填料和板波纹填料两种。

丝网波纹填料的制作步骤为：由金属或塑料细丝编成网片，然后压成方向与轴线倾斜 30°或 45°的波纹片，按相邻两片波纹方向相反的原则垂直地合并成圆盘或是弓形块；叠合在一起的波纹片周围用带状丝网箍住，为了防止壁流可以在箍圈上进行翻边处理。其结构如图 9-34 所示。操作时，液体均匀地分布于填料表面并以曲折的路径下流，气体在网片的交叉通道内流动，因而气、液两相在转向的过程中获得较好的横向混合。另外，上、下两盘填料板片方向常交错开来，因而气、液在通过一层填料后会发生再分布，这对两相均匀分散和接触都是有利的。

板波纹填料保留了丝网波纹填料规则的几何结构特点，其区别之处在于改用表面具有沟纹和小孔的板波纹片代替丝网波纹片，每个填料盘由这些板波纹片叠合而成，如图 9-35 所示。这种填料通量大，压降小，效率高，几乎无放大效应，在石油、化工等行业取得广泛的应用，成为规整填料的代表。

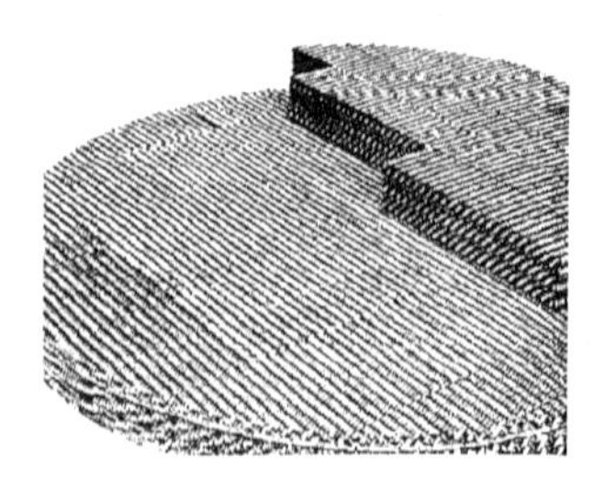

图 9-34 丝网波纹填料

图 9-35 板波纹填料

2. 填料性能参数

前面介绍了常见的填料的形状及特点，而为了定量地评价填料并在此基础上进行选择，需要一些用来表征填料性能的参数，这些参数主要如下。

(1) 比表面积。比表面积是指单位体积填料层的填料表面积，以 a 表示，单位为 m^2/m^3。显然，填料比表面积越大，所能提供的气液接触面积就越大，传热、传质过程就进行得越充分，所需的填料量就越少。对于同一种类的填料，尺寸越小，则比表面积越大。

(2) 空隙率。空隙率是指在干塔状态下，单位体积填料层空隙所占的体积，以 ε 表示，其单位为 m^3/m^3。填料的空隙率越大，则气液通过能力越强，气体的流动阻力越小。

(3) 填料因子。这是前两种参数特性的组合，定义为 a/ε^3，单位为 m^{-1}。填料因子表征填料的流体力学性能。在液相进入之前这个参数称为干填料因子；在液相润湿填料表面后该值发生变化，定义为湿填料因子，以 ϕ 表示。ϕ 在实际应用中比较重要，通常需要实测。ϕ 值小，说明流动阻力小，液泛速率可以提高。

其他的一些参数还包括填料尺寸(散装填料)、单位体积个数(散装填料)、堆积密度等。应该指出，散装填料的一些参数值(如空隙率 ε 和比表面积 a 等)是与塔径和填料装填方式有关的，因为塔壁附近常比中心附近有更高的空隙率，装填方式对散装填料单体间的紧密程度也有影响。因此在实际进行参数测定或设计时，常取塔径与填料尺寸之比大于 8，塔高至少为塔径的 2 倍。部分常用散装填料的特性数据如表 9-5 所示，可供选用填料时参考。

表 9-5 部分填料特性数据

填料类别	尺寸 /mm	比表面积 a /(m^2/m^3)	空隙率 ε /(m^3/m^3)	堆积密度 ρ_p /(kg/m^3)	单位体积个数 n /m^{-3}	湿填料因子 ϕ /m^{-1}
陶瓷拉西环(乱堆)	直径×高×厚					
	8×8×1.5	570	0.64	600	1 465 000	2 500
	10×10×1.5	440	0.70	700	720 000	1 500
	15×15×2	330	0.70	690	250 000	1 020
	25×25×2.5	190	0.78	505	49 000	450
	40×40×4.5	126	0.75	577	12 700	350
	50×50×4.5	93	0.81	457	6 000	205

续表

填料类别	尺寸 /mm	比表面积 a /(m^2/m^3)	空隙率 ε /(m^3/m^3)	堆积密度 ρ_p /(kg/m^3)	单位体积个数 n /m^{-3}	湿填料因子 ϕ /m^{-1}
陶瓷拉西环（整砌）	50×50×4.5	124	0.72	673	8 830	—
	80×80×9.5	102	0.57	962	2 580	—
	100×100×13	65	0.72	930	1 060	—
	125×125×14	51	0.68	825	530	—
	150×150×16	44	0.68	802	318	—
金属拉西环（乱堆）	8×8×0.3	630	0.91	750	1 550 000	1 580
	10×10×0.5	500	0.88	960	800 000	1 000
	15×15×0.5	350	0.92	660	248 000	600
	25×25×0.8	220	0.92	640	55 000	390
	35×35×1	150	0.93	570	19 000	260
	50×50×1	110	0.95	430	7 000	175
	76×76×1.6	68	0.95	400	1 870	105
金属鲍尔环（乱堆）	16×16×0.4	364	0.94	467	235 000	230
	25×25×0.6	209	0.94	480	51 000	160
	38×38×0.8	130	0.95	379	13 400	92
	50×50×0.9	103	0.95	355	6 200	66
塑料鲍尔环（乱堆）	直径					
	16	364	0.88	72.6	235 000	320
	25	209	0.90	72.6	51 100	170
	38	130	0.91	67.7	13 400	105
	50	103	0.91	67.7	6 380	82
塑料阶梯环（乱堆）	直径×高×厚					
	25×12.5×1.4	223	0.90	97.8	81 500	172
	38.5×19×1.0	132.5	0.91	57.5	27 200	115
陶瓷矩鞍形（乱堆）	公称尺寸×厚					
	13×1.8	630	0.78	548	735 000	870
	19×2	338	0.77	563	231 000	480
	25×3.3	258	0.775	548	84 000	320
	38×5	197	0.81	483	25 200	170
	50×7	120	0.79	532	9 400	130

在工业应用中，考虑到塔体的投资、操作成本等因素，需要在上述参数中作出选择和权衡。一般来说，选用比表面积适中的填料较为经济。从表 9-5 可以看出，比表面积较小的填料一般有较高的空隙率，对于较大的液体通量或者不清洁物料的传质场合比较适用；而对于已经使用过一段时间的旧塔改造，其填料的选择与改造目的有关；系统的腐蚀性、浸润性、成膜性及发泡性等因素对填料的选择也都有影响。

9.2.3 填料塔的流体力学性能

对大多数气液传质过程来说，填料塔中的气、液相呈逆流操作。此时气相流量与液膜厚度不仅会相互影响，引起气液传质、传热状态的变化，而且都会影响到塔压降、液泛速率、塔效率等填料塔主要性能参数。决定填料塔操作过程状态的基本参数就是气相的气速与液相流量。

(1) 气体空塔气速：指气体通过填料塔整个截面时的速度，以 u 表示。

$$u=\frac{V_s}{\frac{\pi}{4}D^2} \tag{9-49}$$

(2) 液体喷淋密度：指填料塔内单位面积、单位时间液体的喷淋量，以 L 表示，单位为 $m^3/(m^2 \cdot s)$ 或 $m^3/(m^2 \cdot h)$。

$$L=\frac{L_h}{\frac{\pi}{4}D^2} \tag{9-50}$$

(3) 塔压降：指气相通过单位高度填料层的压降，以 $\Delta p/Z$ 表示，单位为 Pa/m(填料)。

(4) 持液量：指单位体积填料层中滞留的液体体积，以 ω 表示，单位为 m^3(液体)/m^3(填料)。

另外，其操作状态还与前面提到的填料的特性参数及物料的物性有关。

1. 填料塔压降

对于空气-水系统逆流操作的填料塔，在不同喷淋密度 L 下，通过测定填料层压降与空塔气速，可得出单位填料层压降 $\Delta p/Z$ 与空塔气速 u 之间的关系，作 $\lg(\Delta p/Z)$-$\lg u$ 曲线，如图 9-36 所示。填料塔的流体力学状态可以描述如下。

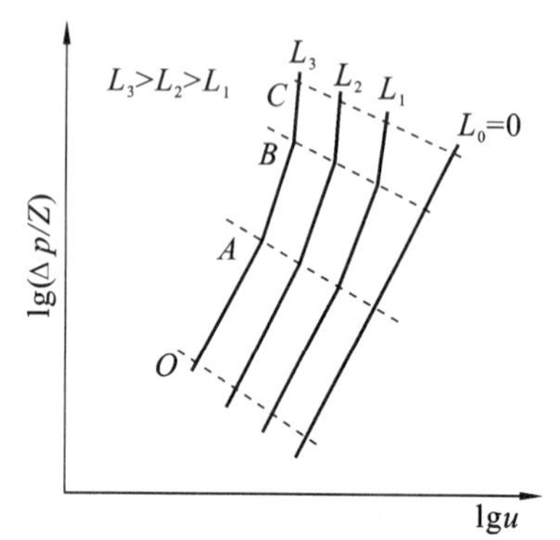

图 9-36　填料塔压降与空塔气速的关系

(1) 干塔操作。当气体通过干填料层($L_0=0$)时，如图 9-36 中的 L_0 线所示。图中 $\lg(\Delta p/Z)$-$\lg u$ 为一直线，其斜率为 1.8～2.0，即塔压降与空塔气速的 1.8～2.0 次方成正比，表明此时气相通过填料层的流动为湍流。

(2) 低气速操作。随着喷淋密度 L 的增大($L_3>L_2>L_1$)，塔内液膜变厚，故填料有一定持液量，塔压降 $\Delta p/Z$ 也随之增加。在保持某喷淋密度不变的前提下，随着气体流速(流量)的增大，通过填料层的压降也将增大。由于处于较低气速区的恒持液量状态，气体对液体的曳力较小，填料上液膜厚度基本不变，$\lg(\Delta p/Z)$-$\lg u$ 直线的斜率仍为 1.8～2.0，如图 9-36 中的 OA 段所示。

(3) 操作载点。当空塔气速 u 增加到一定程度时，出现如图中 A 点(称为载点)所示的拐点，两相流动的交互作用较为明显，使得填料表面液层加厚，持液量上升，塔压降 $\Delta p/Z$ 随气速变化的斜率也上升，$\lg(\Delta p/Z)$-$\lg u$ 直线斜率增大(3.0 左右)，如图 9-36 中 AB 段所示，载点 A 处对应的气速称为载点气速。

(4) 操作泛点。当气速进一步上升时，达到图中所示的 B 点(称为泛点)，随气速的增大，传质逐渐出现恶化，此时液相变成连续相，气体呈现脉动鼓泡状态，填料塔操作完全被破坏，塔

压降 $\Delta p/Z$ 陡然增加，$\lg(\Delta p/Z)$-$\lg u$ 直线斜率猛增（10 以上），如图 9-36中的 BC 段所示。这一段为液泛状态，对应的气速称为泛点气速或液泛气速。

应该指出的是，在同样的气液负荷下，不同填料的 $\lg(\Delta p/Z)$-$\lg u$ 关系曲线有所差异，但其基本形状相近。对于某些填料，载点与泛点并不明显，上述 OA、AB、BC 三段并没有十分明显的界限。

2. 流体力学性能参数

表征填料塔流体力学性能的参数主要有填料层压降和液泛、填料层的持液量、填料表面的润湿及返混等。

1）填料层压降和液泛

从前面的流动状态分析可以看出，填料层压降与液泛之间存在着密切的联系。压降的一般变化趋势前已述及，而对于液泛，其影响因素很多，如填料的特性、流体物性及操作的液气比等。

填料特性的影响集中体现在填料因子 ϕ 上。填料因子值越小，越不易发生液泛现象。

流体物性的影响体现在气体密度 ρ_V、液体密度 ρ_L 和黏度 μ_L 上。气体密度越小，液体的密度越大，黏度越小，则泛点气速越大，有利于抑制液泛的发生。

操作的液气比越大，则在一定气速下液体喷淋量越大，填料层的持液量增加而空隙率减小，故泛点气速也减小，更易于发生液泛。

定量计算时，泛点气速 u 和填料层压降 $\Delta p/Z$ 经常使用 Eckert 通用关联图，如图 9-37所

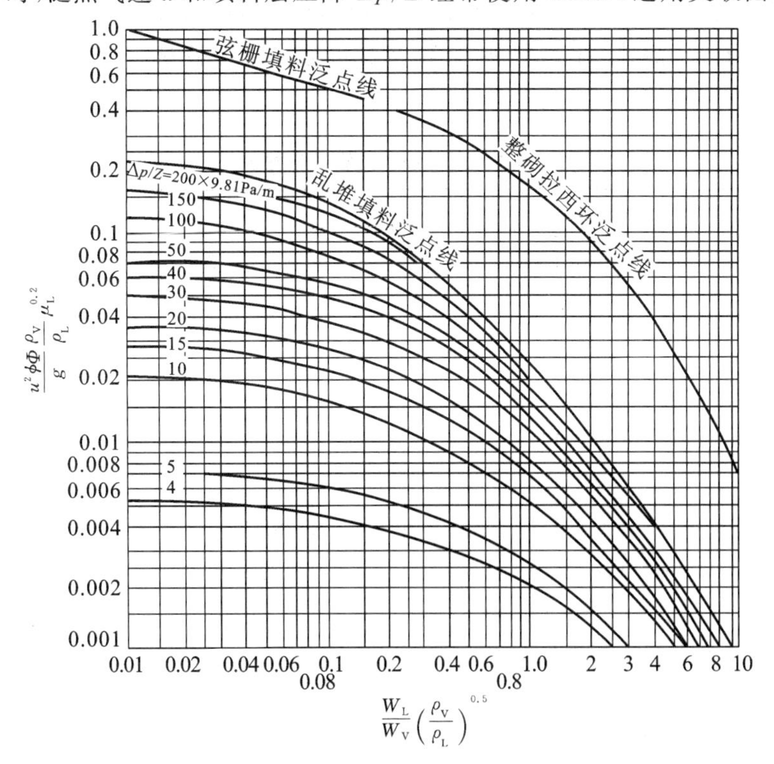

图 9-37　Eckert 通用关联图

示。先求出图中的横坐标$\frac{W_L}{W_V}\left(\frac{\rho_V}{\rho_L}\right)^{0.5}$与纵坐标$\frac{u^2\phi\Phi}{g}\frac{\rho_V}{\rho_L}\mu_L^{0.2}$,其中,$W_L$和$W_V$分别为液体和气体的质量流量,单位为 kg/s 或 kg/h;Φ为水的密度与塔内液体密度之比;μ_L为液相的黏度,单位为 mPa·s。

另外,若定义$S=\frac{W_L}{W_V}\left(\frac{\rho_V}{\rho_L}\right)^{0.5}$,$t=\frac{u^2\phi\Phi}{g}\frac{\rho_V}{\rho_L}\mu_L^{0.2}$,$V=10St$,则 Eckert 通用关联图也可用解析关联式表示。

(1) 压降。

$$\Delta p/Z=980(a_1+a_2t^{1/2}+a_3V+a_4S+a_5t^2+a_6t^{-2}+a_7t^{1/3}+a_8t^{-1}+a_9t+a_{10}V^{3/2}+a_{11}S^{-2}+a_{12}V^{-1})^3 \tag{9-51}$$

(2) 泛点气速。

对于乱堆填料有

$$t_f=(b_1+b_2S^{1/3}+b_3S^{1/2}+b_4S^{-1}+b_5S^2+b_6S^{-2}+b_7S^3+b_8S^{-1/2}+b_9S^{3/2}+b_{10}S)^3 \tag{9-52}$$

对于弦栅填料有

$$t_f=c_1+c_2S^{1/3}+c_3S^3 \tag{9-53}$$

式中的t_f表示泛点气速对应的参数t,关联式中的系数值如表 9-6 所示。

2) 填料层的持液量

填料层的持液量是指在指定操作条件下,单位体积填料层内所积存的液体体积,可以用符号ω表示,单位为 m^3(液体)/m^3(填料)。持液量可分为静持液量ω_s、动持液量ω_d和总持液量ω_t。

表 9-6　Eckert 关联式系数值

i	a_i	b_i	c_i
1	1.134 11	1.592 03	$7.083\ 50\times10^{-2}$
2	16.966 2	−2.566 17	0.199 999
3	3.630 39	1.088 06	0.602 872
4	$7.698\ 58\times10^{-2}$	$5.637\ 96\times10^{-3}$	—
5	2.934 43	$6.294\ 97\times10^{-2}$	—
6	$2.106\ 05\times10^{-4}$	$-3.235\ 84\times10^{-6}$	—
7	−10.719 3	$-1.081\ 18\times10^{-3}$	—
8	$-7.452\ 38\times10^{-4}$	−0.102 104	—
9	−6.012 16	−0.304 666	—
10	−14.640 5	0.505 016	—
11	$-1.835\ 89\times10^{-6}$	—	—
12	$1.246\ 22\times10^{-5}$	—	—

静持液量ω_s是指当填料被充分润湿后切断气、液两相进料,排液至无液滴流出时存留于

填料层中的液体量,其值取决于填料和流体的特性,与气液负荷无关。动持液量 ω_d 是指填料塔切断气、液两相进料时可排出的液体量,它与填料、液体特性及气液负荷都有关。总持液量 ω_t 则是指静持液量 ω_s 和动持液量 ω_d 之和,可以用下式表示:

$$\omega_t = \omega_s + \omega_d \tag{9-54}$$

填料层的持液量可由实验测出,也可由经验公式计算。一般来说,填料塔工作时通常希望液体在填料表面呈薄膜流动,具有较大的传质表面而持液量较小。

3) 填料表面的润湿

填料塔中气、液两相间的传质主要是在填料表面流动的液膜上进行的。要形成液膜,填料表面必须被液体充分润湿,而填料表面的润湿状况取决于塔内的液体喷淋密度以及填料的表面润湿性能。一般来说,较易润湿的材料、不规则的表面形状和乱堆的装填方式有利于获得较好的润湿条件。

润湿速率定义为塔横截面上填料周边单位长度上的液体体积流量,其最小值可由经验公式计算,也可直接采用经验值。为了保证填料层充分润湿,必须保证液体喷淋密度 L 大于某一极限值,该极限值称为最小喷淋密度,以 L_{min} 表示,单位为 $m^3/(m^2 \cdot h)$。最小喷淋密度通常采用下式计算:

$$L_{min} = (L_w)_{min} a \tag{9-55}$$

式中:$(L_w)_{min}$——最小润湿速率,$m^3/(m \cdot h)$。

对于直径不超过 75 mm 的拉西环和其他散装填料,最小润湿速率 $(L_w)_{min}$ 可取 0.08 $m^3/(m \cdot h)$;对于直径大于 75 mm 的环形填料,$(L_w)_{min}$ 的取值应该提高到 0.12 $m^3/(m \cdot h)$。

填料表面润湿性能与填料的材质有关,就常用的陶瓷、金属、塑料三种材质而言,以陶瓷填料的润湿性能最好,塑料填料的润湿性能最差。

实际操作时采用的液体喷淋密度应大于最小喷淋密度。若喷淋密度过小,可采用增大回流比或采用液体再循环的方法加大液体流量,以保证填料表面的充分润湿;也可采用减小塔径的方式予以补偿。对于金属、塑料材质等润湿性能相对较差的填料,可采用表面处理方法改善其润湿性能。

4) 一些非理想流动状况

(1) 液流初始分布不均。一般来说,乱堆填料具有自分布能力,液相流下时会逐渐散开。但在液流初始分布不均时,其达到稳定的特征分布所需的填料层高度会增加,上部填料的润湿则难以保证,对于尺寸较大的塔,这个问题更值得注意。

(2) 填料层内液流分布不均。沿填料流下的液流可能向内或向外(靠近塔壁)流动,如果较多流体沿塔壁偏流形成壁流,填料层中液体流量则会减少,传质性能下降,出现所谓的"放大效应"。对于尺寸较大的填料,壁流现象较为严重,需要在设计时保证塔径与填料尺寸比值大于一个设定值(大型塔常取 30)。

(3) 返混。原则上填料塔内气、液两相的逆流都可视为平推流(活塞流),而实际上两相流动都存在着不同程度的返混。造成返混现象的原因很多,如填料层内的气液分布不均、湍流脉动、壁流、沟流等。返混使两相传质推动力变小,传质效率降低。若考虑返混的影响,按理想平推流设计的填料层高度需适当加高,以保证预期的分离效果。

9.2.4　填料塔的计算

填料塔的设计计算主要是围绕塔高与塔径展开的，下面将分别进行讨论。

1. 塔高

填料塔的塔高计算一般是求解填料层高度，而计算填料层高度的方法主要有两种。

1）传质单元法

填料层高度等于总传质单元高度与总传质单元数的乘积，即

$$Z=H_{OG}N_{OG}$$

2）等板高度法

等板高度(height equivalent to a theoretical plate，简称 HETP)是指在气液传质过程中，与一块理论板起到相同作用所需的填料层高度。等板高度的引入使板式塔与填料塔有了一个联系与比较的基准，显然 HETP 值越小，填料塔的气液传质性能就越好，完成指定分离任务所需的填料层高度就越低。此时填料层高度的计算式为

$$Z=N_T\times \text{HETP} \tag{9-56}$$

等板高度不但与传质气、液两相物性及操作条件有关，而且跟所使用填料的类型、尺寸、装填方式等因素有关。由于其涉及的影响因素较多，目前还没有非常准确的计算方法，现阶段一般采用实验测定或应用工程经验式进行粗略计算。

对于一般的常压蒸馏系统，部分常用填料的等板高度设计参考值可参见表 9-7。

表 9-7　常用填料的等板高度设计参考值　(单位:mm)

填料类型	填料尺寸		
	25	38	50
拉西环	500	620	800
鲍尔环	420	540	710
矩　鞍	430	550	750
环　鞍	430	530	650

利用墨奇(Murch)经验公式也可以进行计算：

$$\text{HETP}=38A(0.205W_V)^B 39.4^C Z_0^{1/3}\frac{\alpha\mu_L}{\rho_L} \tag{9-57}$$

式中：HETP——等板高度，m；

W_V——气相质量流速，kg/(m^2·h)；

Z_0——每段填料(相邻两个液相再分布器)间的高度，m；

α——被分离组分的相对挥发度；

μ_L、ρ_L——液相的黏度和密度，mPa·s 和 kg/m^3；

A、B、C——Murch 系数，其值可由相关手册查出。

2. 塔径

与板式塔相类似，填料塔的直径 D 是根据气体处理量 V_s 和选定的空塔气速 u，按下式计算而得出的：

$$D=\sqrt{\frac{V_s}{0.785u}} \tag{9-58}$$

计算出的塔径同样应按压力容器直径标准进行圆整。

因为气体处理量基本上由生产任务决定，所以在塔径计算过程中一般是给定的。因此在塔径计算时涉及的参数主要是空塔气速 u。虽然增大 u 可使塔径 D 降低从而减少设备费用，但 u 增大的同时填料塔压降 $\Delta p/Z$ 随之增大，这将意味着动力消耗的增大及操作费用的增加。于是，填料塔的设计计算过程存在一个空塔气速 u 的选择优化问题。

由于 u 必须小于液泛气速，故在工业计算中一般取泛点气速的 60%～85%作为空塔气速。实际计算塔径 D 时，一般先根据已知条件求出 Eckert 通用关联图中的横坐标 $\frac{W_L}{W_V}\left(\frac{\rho_V}{\rho_L}\right)^{0.5}$，由液泛线查图 9-37 得到纵坐标 $\frac{u^2\phi\Phi}{g}\frac{\rho_V}{\rho_L}\mu_L^{0.2}$，计算出泛点气速 u_{max} 后，再根据实际情况选取泛点百分率，计算空塔气速 u，最后计算填料塔的塔径 D。根据圆整后的塔径可计算实际空塔气速下的新纵坐标，在横坐标不变的情况下，根据 Eckert 关联图（见图 9-37）即可求出该填料塔的压降。

【例 9-2】 在逆流填料塔中用清水吸收空气中的 SO_2 气体，已知混合气体处理量为 1 260 m³/h，气体密度为 1.38 kg/m³，清水流量为 26.3 t/h，操作条件下水的密度为 992 kg/m³，清水的黏度取0.001 Pa · s，塔内填料为乱堆的 25 mm 金属鲍尔环，吸收塔内的操作温度为 20 ℃，压力为0.1 MPa。试求：(1) 该塔的塔径；(2) 气体通过填料层的压降；(3) 若换用乱堆的 19 mm×2 mm 陶瓷矩鞍形填料，操作条件不变时填料层的压降。

解　(1) 由题意可知，气相的质量流量为

$$W_V=\rho_V V_h=1.38\times 1\ 260\ \text{kg/h}=1\ 739\ \text{kg/h}$$

则 Eckert 通用关联图横坐标

$$\frac{W_L}{W_V}\left(\frac{\rho_V}{\rho_L}\right)^{0.5}=\frac{26.3\times 10^3}{1\ 739}\times\left(\frac{1.38}{992}\right)^{0.5}=0.64$$

查 Eckert 通用关联图（见图 9-37），得

$$\frac{u_{max}^2\phi\Phi}{g}\frac{\rho_V}{\rho_L}\mu_L^{0.2}=0.033$$

查表 9-5 可知，乱堆的 25 mm 金属鲍尔环的填料因子 $\phi=160$。

密度比系数　　$$\Phi=\frac{1\ 000}{992}=1.01$$

故泛点气速为　　$$u_{max}=\sqrt{\frac{0.033g\rho_L}{\phi\Phi\rho_V\mu_L^{0.2}}}=\sqrt{\frac{0.033\times 9.81\times 992}{1.01\times 160\times 1.38\times 1^{0.2}}}\ \text{m/s}=1.20\ \text{m/s}$$

取泛点百分率为 70%，则空塔气速为

$$u=0.7u_{max}=0.7\times 1.20\ \text{m/s}=0.840\ \text{m/s}$$

故所求塔径为　　$$D=\sqrt{\frac{V_s}{0.785u}}=\sqrt{\frac{1\ 260/3\ 600}{0.785\times 0.840}}\ \text{m}=0.73\ \text{m}$$　（圆整为 $D=0.8$ m）

(2) 实际空塔气速为

$$u_r=\frac{V_s}{0.785\ D^2}=\frac{1\ 260/3\ 600}{0.785\times 0.8^2}\ \text{m/s}=0.697\ \text{m/s}$$

对应的 Eckert 通用关联图的纵坐标为

$$\frac{u_r^2\phi\Phi}{g}\frac{\rho_V}{\rho_L}u_L^{0.2}=\frac{0.697^2\times 1.01\times 160}{9.81}\times\frac{1.38}{992}\times 1^{0.2}=0.011$$

横坐标不变，查图 9-37 可得交点对应的填料层压降为

$$\Delta p/Z=175\ \text{Pa/m}(\text{填料})$$

(3) 若换用乱堆的 19 mm×2 mm 陶瓷矩鞍形填料,查表 9-5 可知其填料因子 $\phi'=480$。则该填料对应的泛点气速为

$$u'_{\max}=u_{\max}\sqrt{\frac{\phi}{\phi'}}=1.20\times\sqrt{\frac{160}{480}}\ \text{m/s}=0.693\ \text{m/s}$$

仍取泛点百分率为 70%,则空塔气速为

$$u'=0.7u'_{\max}=0.7\times0.693\ \text{m/s}=0.485\ \text{m/s}$$

采用乱堆的 19 mm×2 mm 陶瓷矩鞍形填料所对应的塔径为

$$D'=\sqrt{\frac{V_s}{0.785u'}}=\sqrt{\frac{1\ 260/3\ 600}{0.785\times0.485}}\ \text{m}=0.96\ \text{m}\quad(\text{圆整为 }D'=1.0\ \text{m})$$

实际空塔气速为

$$u'_r=\frac{V_s}{0.785D^2}=\frac{1\ 260/3\ 600}{0.785\times1.0^2}\ \text{m/s}=0.446\ \text{m/s}$$

对应的 Eckert 通用关联图的纵坐标为

$$\frac{u'^2_r\phi\Phi}{g}\frac{\rho_V}{\rho_L}\mu_L^{0.2}=\frac{0.446^2\times1.01\times480}{9.81}\times\frac{1.38}{992}\times1^{0.2}=0.014$$

操作条件不变,则横坐标也不变。查图 9-37 可得交点对应的填料层压降为

$$\Delta p/Z=302\ \text{Pa/m}(\text{填料})$$

9.2.5　填料塔的附件

填料塔的附件是全塔的重要组成部分,主要包括填料支承装置、液体分布器、液体收集器与再分布器、除沫装置、填料压紧和限位装置等。填料塔附件的选型、设计及安装是否合理,对填料塔的操作和传质分离效果都会有直接影响,应给予足够的重视。

1. 填料支承装置

填料支承装置安装在填料层的底部,它应具有如下作用:①支承操作时填料的质量;②提供足够的开孔面积,供两相通过;③防止填料落下。因此,支承装置应具有足够的机械强度和刚度,应保持一定的开孔率,结构简单,易于安装。常用的填料支承装置包括以下几种。

(1) 栅板型支承装置。栅板型支承装置是结构最简单、最常用的填料支承装置,如图9-38所示。支承面由一些栅条组成,外部是支撑圈,塔径较大时可以采用分块式栅板。其缺点是不能直接放置乱堆填料,否则会减少栅板的开孔率,因此在规整填料塔中应用较多。

(2) 气液分流式支承装置。这一类支承装置属于高通量、小压降的装置,为气、液两相提供了不同的流动通道,波纹式支承装置和升气管式支承装置便是其中具有代表性的两种。波纹式支承装置的气体由波形侧面开孔进入填料层,而液体从波形底部流出,如图9-39所示。对于升气管式支承装置,气体从升气管侧壁开的狭长孔进入,达到较好的分布效果,液体则从支承板上的孔中排出,如图 9-40 所示。

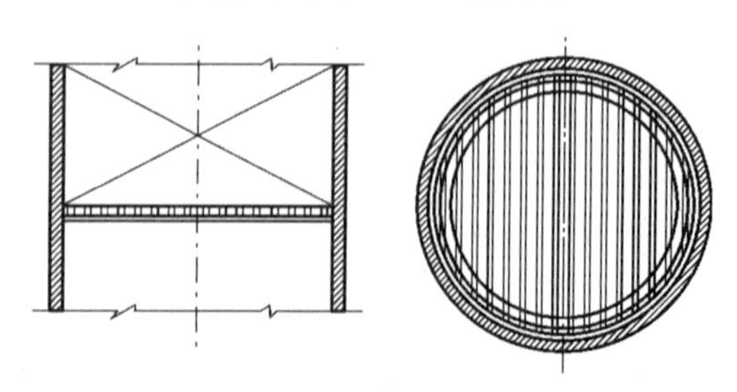

图 9-38　栅板型支承装置

图 9-39　波纹式支承装置

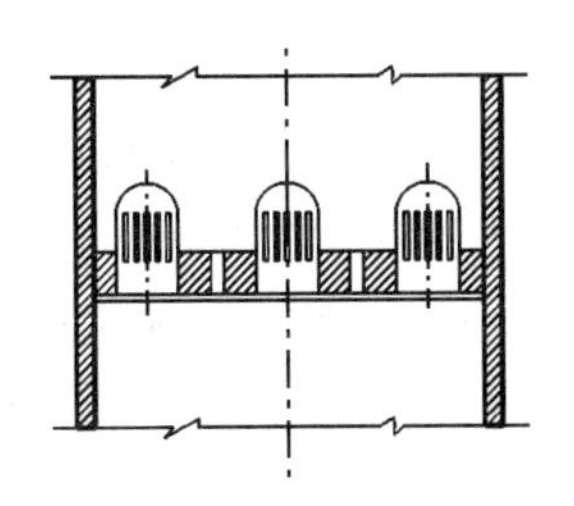
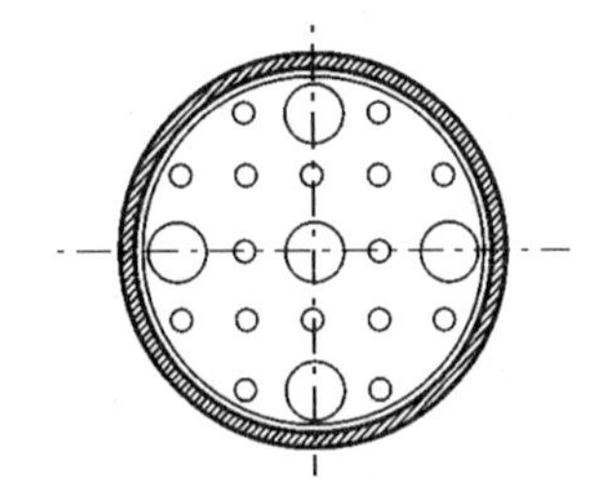

图 9-40　升气管式支承装置

2. 液体分布器

液体分布器安装在填料层上方，它将液相加料及回流液均匀地分布到填料的表面上，形成液体的初始分布。液体初始分布对填料塔的性能有很大的影响，因此液体分布器可以说是填料塔最重要的附件之一。对液体分布器的要求包括以下几点。

(1) 液体分布均匀。这个“均匀”包括三条标准，即足够的喷淋点、均匀的喷淋点分布和均匀的喷淋点流量，这需要通过合适的选型和设计实现。

(2) 合适的操作弹性。这里的“操作弹性”定义为在满足各项基本要求的前提下，通过的液体最大流量和最小流量之比，一般要求为 1.5～4 即可。

(3) 足够的气流通道面积。若气流通道过小，则可能导致气速提高时压降增大，严重时会造成较大的雾沫夹带甚至液泛，因此对于性能较好的液体分布器，常要求其气流通道面积占到塔截面积的 50%以上。

(4) 操作条件和系统的适应范围较宽，不易发生堵塞，防止发生影响正常操作的飞溅、夹带、雾化、发泡等现象。

液体分布器按照其结构形式，可以分为管式、盘式、槽式和喷射式等四种，下面分别进行介绍。

1) 管式分布器

管式分布器分为压力型和重力型两种，按照其管子布置方法的不同又可以分为环管式和排管式。压力型管式分布器(见图 9-41)通过管道与分布器相连，在泵压的作用下将液体分布到填料上；重力型管式分布器(见图 9-42)是靠液位(即液体的重力)实现分布的，排管底部开有小孔，液体可以流入填料层。一般来说，管式分布器气流通道面积较大，阻力降小，结构简单，占用空间小，在设计流量上具有较好的分布质量；其缺点是操作弹性不大(一般为2～2.5)，对系统的要求也比较高。

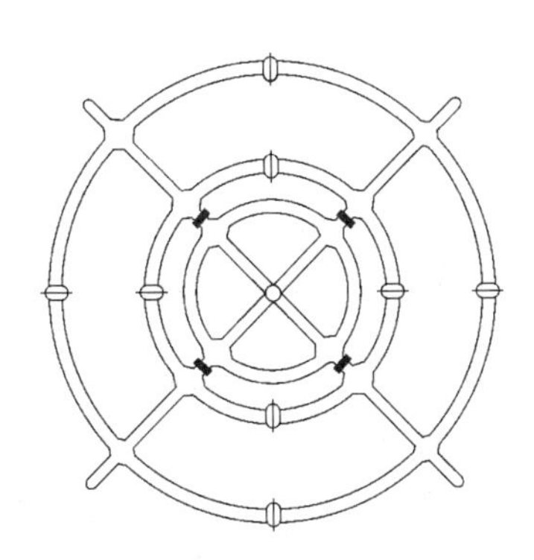

图 9-41　压力型环管分布器

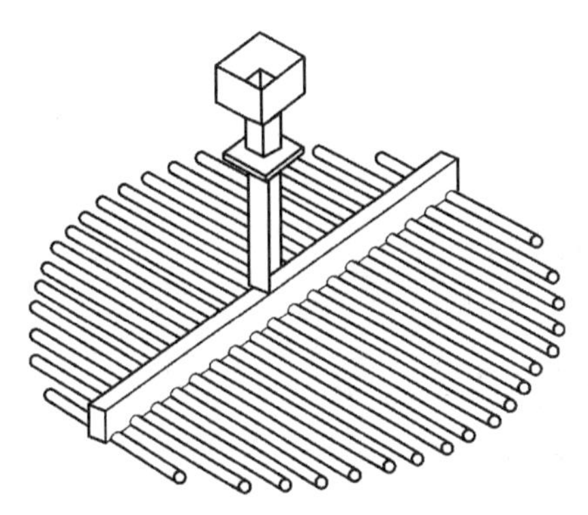

图 9-42　重力型排管分布器

2）盘式分布器

盘式分布器均为重力型，按照液体流出方式的不同可以分为孔流式和溢流式。如图 9-43 所示为孔流式盘式分布器，其在底盘上开有喷淋孔供液体通过以形成一定的分布，另外还布置了升气管作为气流通道，两相的流道是分开的。溢流式盘式分布器则将液体分布的喷淋孔改成溢流管。这种分布器的优点是均布性能好，操作弹性大(可以达到 4)；其缺点是气流通道面积较小，阻力降大，结构也比较复杂。

3）槽式分布器

与盘式分布器类似，槽式分布器也是靠重力作用，同样有孔流式和溢流式之分。图 9-44 所示为溢流式槽式分布器，它由主槽和分槽组成，主槽的作用是将液体均匀、稳定地分配到各个分槽之中，而分槽则通过图中所示的 V 形溢流口，进一步将得到的液体分布到填料表面上。孔流式与溢流式的差别在于前者分槽采用布液孔而非溢流口来实现液体分布。槽式分布器是大型填料塔中较为常用的一种液体分布器，它的分布质量较高，阻力降小，适用液体负荷大，操作弹性也较高(超过2.5)；其缺点是分布质量易受槽体水平度的影响，须装有水平调节装置。

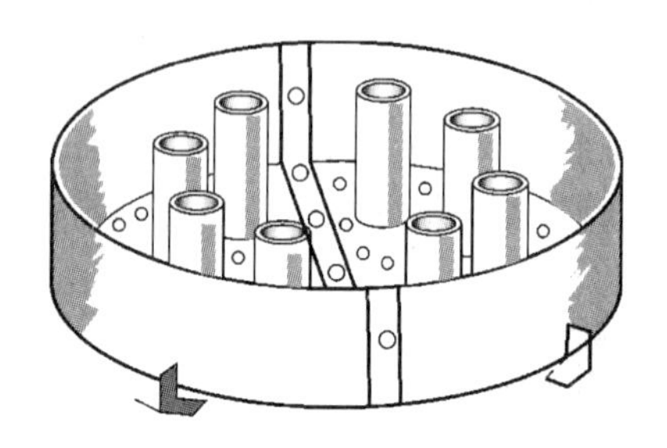

图 9-43　孔流式盘式分布器

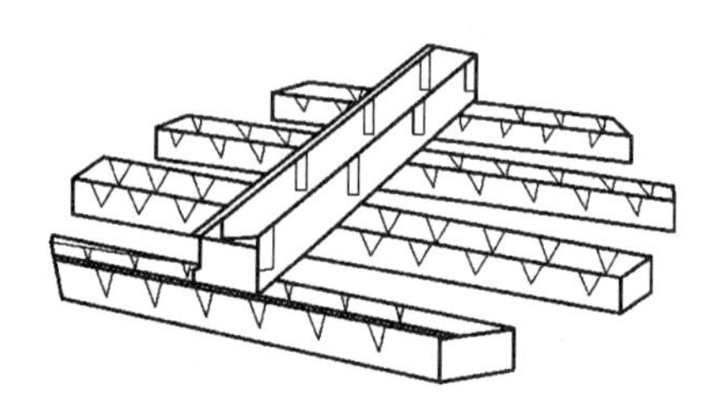

图 9-44　溢流式槽式分布器

4）喷射式分布器

这一类分布器是液体在加压下通过喷嘴分散成小液滴而均布在填料上。这种分布器目前大都属于专利产品，其关键部件是喷嘴。这种分布器操作弹性也较小(2 左右)，常用于大直径冷却塔或常、减压蒸馏塔中。

选择液体分布器时可以参考表 9-8 所列的各项性能。

表 9-8　液体分布器性能比较

结构类型	管式		孔流式盘式	溢流式盘式	孔流式槽式	溢流式槽式	喷射式
	重力型	压力型	重力型	重力型	重力型	重力型	压力型
分布质量	高	中	高	低～中	高	低～中	低～中
处理能力/[$m^3/(m^2 \cdot h)$]	0.25～10	0.25～2.5	范围宽	范围宽	范围宽	范围宽	范围较宽
塔径/m	任意	>0.4	<1.2	<1.2	任意，通常大于 0.6	任意，通常大于 0.6	任意
易堵程度	高	高	中	低	中	低	中～高
气体阻力	低	低	高	高	低	低～高	低

续表

结构类型	管式		孔流式盘式	溢流式盘式	孔流式槽式	溢流式槽式	喷射式
	重力型	压力型	重力型	重力型	重力型	重力型	压力型
对水平度的要求	低	无	低载荷时高	高	低载荷时高	高	无
腐蚀影响	中	大	大	小	大	小	大
雾沫夹带	低	高	低	低	低	低	高
质量	低	低	高	高	中	中	低

3. 液体收集器与再分布器

填料塔若过高，会出现较严重的沟流和壁流现象，导致两相径向浓度差增大，传质效率下降。因此对于较高的填料层需要进行分段，通过在填料层中间设置液体收集和再分布装置，使液体再一次均匀分布。

液体收集器可以分为斜板式和升气管式两种，前者通过斜板收集填料上流下的液体，液体经导液装置进入集液槽，集液槽的中心管与再分布器相连；后者的结构与孔流式盘式分布器相同，只是升气管顶部设置有挡板以防液体由此落下。

液体再分布器主要包括盘式（如图 9-45 所示）和壁流收集式两种，截锥式液体再分布器是壁流收集式液体再分布器中较常见的一种（如图 9-46 所示）。盘式液体再分布器与孔流式盘式分布器基本一致；截锥式液体再分布器将沿塔壁留下的液体用锥体导至塔的中心，实现再分布。为了保证气体的流动面积和填料的安装方便，这种装置一般不直接安装在填料层内，而是要将填料层分段后布置于其间。截锥式液体再分布器的改进型还有玫瑰式液体再分布器等。

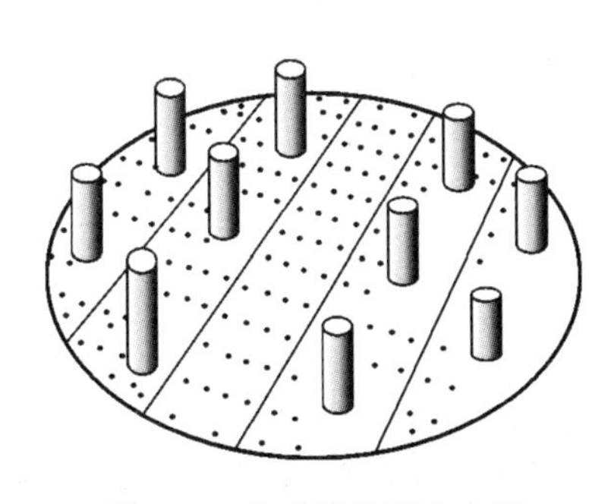

图 9-45　盘式液体再分布器

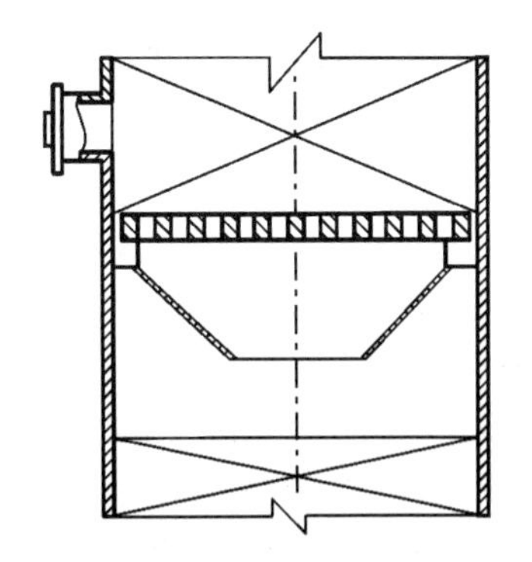

图 9-46　截锥式液体再分布器

4. 除沫装置

当填料塔内气速过高或液相发泡性较强时，气流在离塔前会夹带大量雾滴，不但造成物料损失，同时还会引起塔效率的下降。因此，在工业上通常采用在填料塔顶气体出口处设置除沫装置的方法来捕集气相中的液滴。除沫器一般设置在液体分布器的上部，用于除去出口气体中的液滴。常用除沫装置的类型包括丝网式、折流板式和旋流板式等。

5. 填料压紧和限位装置

当填料塔内气速或压力波动较大时,会造成填料层的松动,不仅会破坏气、液两相的流动与传质的均匀性,甚至可能引起填料的破碎或损坏。为了避免这一情况出现并保持填料塔的稳定操作,工业填料塔通常在填料层顶部安装有填料压紧器(也称填料压板)或填料层限位器(也称床层定位器)。

思考题

1. 板式塔的气液接触状态有哪几种?
2. 板式塔的压降包括哪几部分?在高、低不同气速下,各部分所占比例如何?
3. 板式塔内气、液两相的非理想流动有哪些?板式塔的不正常操作有哪些?
4. 点效率、湿板效率与默弗里板效率有何不同?为什么默弗里板效率有可能大于100%?
5. 若板式塔内各板的板效率相等,全塔效率在数值上也不等于板效率,对吗?
6. 塔板的操作弹性是如何定义的?
7. 塔板负荷性能图由哪几条线组成?
8. 整砌填料和乱堆填料何者有均布液体的能力?何者存在向壁面偏流现象?何者需分层安装?何者要求有严格的液体预分布器?
9. 什么是填料塔的载点和泛点?
10. 填料塔内气、液两相有效接触面积是指被液体润湿的填料的表面积,对吗?

习题

1. 苯-甲苯混合液采用板式精馏塔进行连续精馏分离,已知在全回流操作条件下测得自第11板至第13板上流下的液相组成依次为0.618、0.433和0.305(质量分数),各塔板上系统的平均相对挥发度依次为2.51、2.47和2.39。试求第12板与第13板以气相组成表示的默弗里板单板效率。

($E_{mV,12}=84.1\%$,$E_{mV,13}=61.8\%$)

2. 在一年产10 000 t 93%(质量分数,下同)乙醇的常压精馏塔内,进料为35%的乙醇溶液,泡点进料与回流,此塔选用筛板塔,塔釜$x_W<1\%$。试设计和计算以下项目:

(1) 最小回流比与适宜回流比;

(2) 精馏段与提馏段的操作线方程;

(3) 理论塔板层数与加料板位置;

(4) 塔效率与实际塔板层数。

((1) $R_{min}=1.833$,取R_{min}的1.8倍为适宜回流比,$R=3.30$;(2) $y_{n+1}=0.8x_n+0.167\ 7$,$y'_{m+1}=1.781\ 8x'_m-3.080\ 4\times10^{-3}$;(3) 理论塔板数为13,其中第11块塔板为加料板;(4) $E_T=46.5\%$,$N_P=30$)

3. 采用F1型浮阀精馏塔在常压下分离苯-甲苯混合液,已知操作条件下精馏段的工艺参数为:气体体积流量$V_s=0.686\ m^3/s$,气体平均密度$\rho_V=2.65\ kg/m^3$;液体体积流量$L_s=0.001\ 75\ m^3/s$,液体平均密度$\rho_L=803\ kg/m^3$,液体平均表面张力$\sigma=0.020\ N/m$。试设计和计算筛板塔的下列项目:

(1) 液泛气速和塔径;

(2) 溢流堰和降液管;

(3) 塔板布置;

(4) 板压降及流体力学校核;

(5) 负荷性能图校核。

((1) 1.29 m/s,取泛点百分率为 75%,圆整后 $D=1$ m;(2) 取 l_w 为 D 的 0.7 倍,$l_w=0.7$ m,采用弓形单溢流降液管,取 $E=1.03$,堰高 $h_w=0.037$ m,$W_d=0.143$ m,$A_f=0.0699$ m)

4. 图 9-47 为某塔板在指定操作条件下的负荷性能图,试判断下列条件下该塔板的操作上、下限各由哪条线控制,并计算其操作弹性。

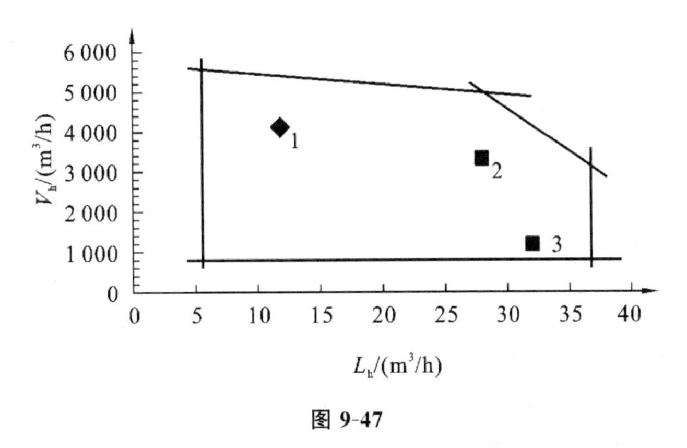

图 9-47

(1) 操作时的气相负荷为 4 120 m^3/h,液相负荷为 12 m^3/h;

(2) 操作时的气相负荷为 3 300 m^3/h,液相负荷为 28 m^3/h;

(3) 操作时的气相负荷为 1 200 m^3/h,液相负荷为 32 m^3/h。

((1) 操作上限由过量雾沫夹带线控制,下限由液相下限线控制,2.75;(2) 操作上限由溢流液泛线控制,下限由漏液线控制,6.17;(3) 操作上限由液相上限线控制,下限由漏液线控制,1.73)

5. 在某工厂的气体净化工段,采用常压填料吸收塔用清水逆流吸收空气中的少量丙酮,吸收温度为 25 ℃,填料采用乱堆的 25 mm×25 mm×2.5 mm 陶瓷拉西环。已知空气-丙酮混合气体的流量为 920 m^3/h,丙酮含量为 4.5%(体积分数)。气、液两相的质量流量之比为 0.415。试求:

(1) 完成该气体净化任务所需要的填料塔的塔径;

(2) 在实际气速下每米填料层的压降。

((1) D 圆整为 0.6 m;(2) 412 Pa/m(填料))

本章主要符号说明

符号	意　　义	计量单位
a	比表面积	m^2/m^3
A_o	孔面积	m^2
A_a	开孔区面积	m^2
A_f	降液管面积	m^2
A_T	塔截面积	m^2
b	液流平均宽度	m
c_o	孔流系数	
C_σ	与表面张力有关的经验系数	
d_o	孔径	m
D	馏出液流量;塔径	kg/h 或 kmol/h;m

符号	意　义	计量单位
e'	单位时间内被气体夹带的液体量	kmol/h 或 kg/h
e_V	1 kmol 或 1 kg 干气体夹带的液体量	kmol(液体)/kmol(干气)或 kg(液体)/kg(干气)
E	液流收缩系数	
E_a	湿板效率	
E_{mL}	液相默弗里板效率	
E_{mV}	气相默弗里板效率	
E_{OL}	液相点效率	
E_{OV}	气相点效率	
E_T	全塔效率	
F_a	动能因子	$kg^{0.5}/(m^{0.5}\cdot s)$
g	重力加速度	$kg\cdot m/s^2$
h_c	漏液点当量清液层高度	m
h_d	用液柱表示的干板压降	m
h_f	用液柱表示的塔板压降	m
h_l	板上(清)液层高度	m
h_L	用液柱表示的液层压降	m
h_n	齿形堰齿深	m
h_o	降液管底部间隙高度	m
h_{ow}	液体出口与堰的高度差	m
h_T	向上的高度差造成的压降	m
h_w	溢流堰高度	m
h_z	液体流经降液管的阻力损失	m
h'_d	用气柱表示的干板压降	m
h'_f	用气柱表示的板压降	m
h'_L	用气柱表示的液层压降;湿板压降	m;m
H	溶解度系数	$kmol/(m^3\cdot kPa)$
H_d	降液管当量清液层高度	m
H_f	塔板泡沫层高度	m
H_{fd}	降液管含泡沫液层高度	m
H_{OG}	气相总传质单元高度	m
H_T	塔板间距	m
H_Δ	塔板间距与塔板上清液层高度之差	m
HETP	等板高度	m
k	筛板的稳定系数	
$K_y\alpha$	气相总体积传质系数	$kmol/(m^3\cdot h)$
l_w	溢流堰长度	m
L	液相质量流量或摩尔流量;喷淋密度	kg/h 或 kmol/h;$m^3/(m^2\cdot h)$
L_h	液相体积流量	m^3/h
L_s	液相体积流量	m^3/s

符号	意　义	计量单位
N_{OG}	气相总传质单元数	
N_P	实际塔板层数	
N_T	理论塔板层数	
t	孔间距	m
t_f	泛点气速对应的参数	
u	空塔气速	m/s
u_a	以有效传质面积计算的气体流速	m/s
u_1	适宜空塔气速	m/s
u_1'	实际空塔气速	m/s
u_{max}	泛点气速	m/s
u_o	气体通过筛孔的速度	m/s
u_{ow}	漏液点孔速	m/s
V	气相质量流量或摩尔流量	kg/h 或 kmol/h
V_h	气相体积流量	m^3/h
V_s	气相体积流量	m^3/s
W_c	边缘区宽度	m
W_d	降液管宽度	m
W_d'	双溢流中间降液管宽度	m
W_L	液相质量流量	kg/s 或 kg/h
W_s	出口安定区宽度	m
W_s'	入口安定区宽度	m
W_V	气相质量流量；气相质量流速	kg/s 或 kg/h；$kg/(m^2 \cdot h)$
x	液相组成	
x_D	馏出液液相组成	
y	气相组成	
$\bar{x}$	液相平均组成	
$\bar{y}$	气相平均组成	
x^*	液相平衡组成	
y^*	气相平衡组成	
Y	表观气相组成	
z	液位高度	m
Z	填料层高度	m
α	相对挥发度	
β	液层充气系数	
γ	雾沫夹带分数	
δ	塔板厚度	m
Δ	液面落差	m
Δp	压降	Pa
$\Delta p/Z$	气相通过单位高度填料层的压降	Pa/m(填料)
ε	空隙率	m^3/m^3

符号	意　　义	计量单位
ϕ	湿填料因子	
φ	开孔率	
μ_L	液相黏度	Pa·s
ρ_f	含泡沫的液体密度	kg/m^3
ρ_L	液相密度	kg/m^3
ρ_V	气相密度	kg/m^3
σ	表面张力	N/m
τ	平均停留时间	s
ω	持液量	m^3(液体)/m^3(填料)
ω_d	动持液量	m^3(液体)/m^3(填料)
ω_s	静持液量	m^3(液体)/m^3(填料)
ω_t	总持液量	m^3(液体)/m^3(填料)
Ψ	两相流动参数或雾沫夹带的液体流量占总流量的比例	
下标		
V、v	气相	
L、l	液相	

第 10 章　液-液萃取

本章学习要求

■ **掌握**：液液萃取及其流程；三角形相图；溶解度曲线；平衡联结线；杠杆规则；萃取过程的三角形相图图解；分配曲线；萃取剂选择；萃取级；单级萃取计算；多级错流萃取计算；多级逆流萃取计算；最小溶剂比和最小萃取剂用量。

■ **熟悉**：部分混溶系统类型；临界混溶点；回流萃取；超临界萃取；液膜萃取。

■ **了解**：微分接触式逆流萃取计算；常见液液萃取设备结构及流动特性与传质特性。

10.1　概　　述

液-液萃取（简称萃取）是分离液体混合物的一种单元操作，是利用原料液中的各组分在某溶剂中溶解度不同来实现组分分离的。选用的溶剂又称萃取剂，以 S 表示。

萃取操作的关键是选择一种适宜的萃取剂，该萃取剂对原料液中欲分离的组分有完全或较大的溶解能力，而对其他组分完全不溶或溶解度极小，这样，在原料液中加入该萃取剂，溶解度大的组分便全部或大部分溶入萃取剂，不溶或溶解度小的组分便全部或大部分留在原料液中，使原料液的各组分得以分离。对双组分液体混合物，易溶于溶剂的组分称为溶质，以 A 表示；难溶于溶剂的组分称为稀释剂（或称原溶剂），以 B 表示。

萃取操作的基本过程如图 10-1 所示。将一定的萃取剂加到待分离的液体混合物中，并使液体混合物和萃取剂充分混合，借助溶解度差异，A、B、S 在两液相间通过相界面扩散重新分配。扩散阶段完成后，经过沉降分层得到新的两液相，其中含萃取剂 S 多的一相称为萃取相，以 E 表示；含稀释剂 B 多的一相称为萃余相，以 R 表示。萃取相中的 A 组分与 B 组分组成之比 y_A/y_B 大于萃余相中的 A 组分与 B 组分组成之比 x_A/x_B，从而在一定程度上达到 A 组分与 B 组分的分离。因此，萃取操作不能得到纯的 A 组分或 B 组分，萃取相 E 和萃余相 R 都是均相混合物。

为了得到最终产品 A 和 B 并回收溶剂 S，还需对 E 相和 R 相作进一步处理，视情况可采用精馏、蒸发、结晶、过滤、干燥或其他化学方法分离。萃取相和萃余相脱除溶剂后分别得到萃取液和萃余液，以 E′和 R′表示。回收后的溶剂可循环使用。

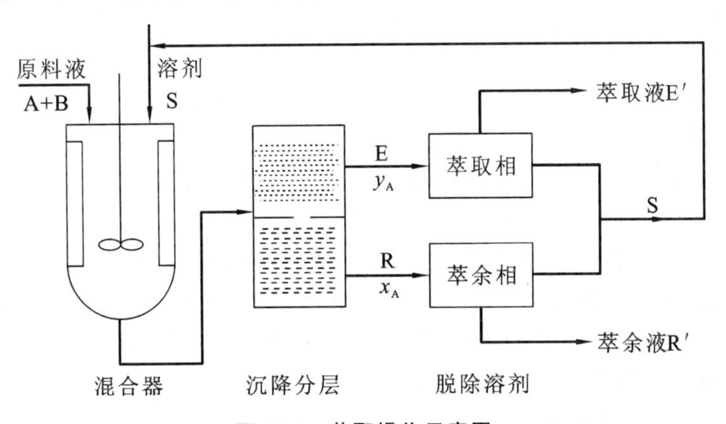

图 10-1　萃取操作示意图

萃取和蒸馏所处理的系统都是液体混合物,两种方法的选择主要取决于技术上的可行性和经济上的合理性。一般来说,整个萃取分离过程的流程比精馏复杂,但是萃取可在常温下操作,在适当的溶剂中可得到较高的分离系数。通常,下述情况采用萃取更为经济合理。

(1) 混合液组分间沸点接近、相对挥发度接近 1 或者可形成恒沸物,用一般蒸馏方法不能分离或经济上不合理。

(2) 溶质在混合液中的含量很低且为难挥发组分。若采用精馏方法,则须将大量原溶剂汽化,热能消耗量大。

(3) 混合液中需分离的组分若为热敏性物质,不适宜采用常压蒸馏,采用真空精馏时经济上又不合算,而采用萃取方法可在常温下操作,避免物料受热破坏。

液-液萃取作为分离和提纯物质的重要单元操作之一,在石油化工、生物化工、精细化工、湿法冶金和水治理中得到广泛的应用。例如,从芳香烃和非芳香烃混合物中分离芳香烃、从青霉素发酵液中提取青霉素、从煤焦油中分离苯酚及其同系物、稀有元素的提取、废水脱酚以及核工业材料的制取等。

随着萃取技术的发展,各种新的萃取技术,如化学萃取、双溶剂萃取(协同萃取)、超临界萃取及液膜分离技术等相继出现,使得萃取操作的应用领域日益扩大。

练习题(10.1)

10.2　液-液相平衡

萃取操作的基本依据是溶解度的差异,而液-液相平衡既反映了溶解度关系,又是分析萃取过程(如判断萃取过程极限)的基础。前已述及,在双组分溶液的萃取分离中,萃取相和萃余相一般均为三组分溶液,下面讨论三元系统的相平衡。

根据相律可知,两液相三组分的萃取平衡系统的自由度为 3,表明当系统的温度、压力确定后,便只剩一个独立变量,即任一组分在任一相中的组成一经确定,其他组分在各相中的组成便同时确定了。

表示溶液相平衡关系的常用方法有三角形相图法、分配曲线法、分配系数法等。

10.2.1　三角形相图

三角形相图表示了萃取系统在一定的操作温度和压力下,各组分在两平衡相中的分配关系。坐标系通常采用等边三角形或等腰直角三角形,如图 10-2(a)、图 10-2(b)所示,采用非等腰直角三角形也可以,如图 10-2(c)所示。

在三角形相图中常用质量分数表示混合物的组成,也有采用摩尔分数或体积分数表示的。本章采用质量分数表示法。

三角形的三个顶点分别表示纯溶质 A、纯稀释剂 B 和纯萃取剂 S,三角形每一边上的任一点代表二元混合物。图 10-2 中,AB 边上 E 点的组成为 $x_A=40\%$,$x_B=60\%$。

三角形内任一点代表三元混合物,图 10-2 中的 M 点即代表由 A、B、S 三个组分组成的混合物。其组成通过下面的方法确定:过 M 点分别作三条边的平行线 ED、HG 与 KF,则线段 $\overline{BE}$(或$\overline{SD}$)代表 A 的组成,线段$\overline{AK}$(或$\overline{BF}$)代表 S 的组成,线段$\overline{AH}$(或$\overline{SG}$)则表示 B 的组成。由图 10-2 读得该三元混合物的组成为

$$x_A=\overline{BE}=0.40,\quad x_B=\overline{AH}=0.30,\quad x_S=\overline{AK}=0.30$$

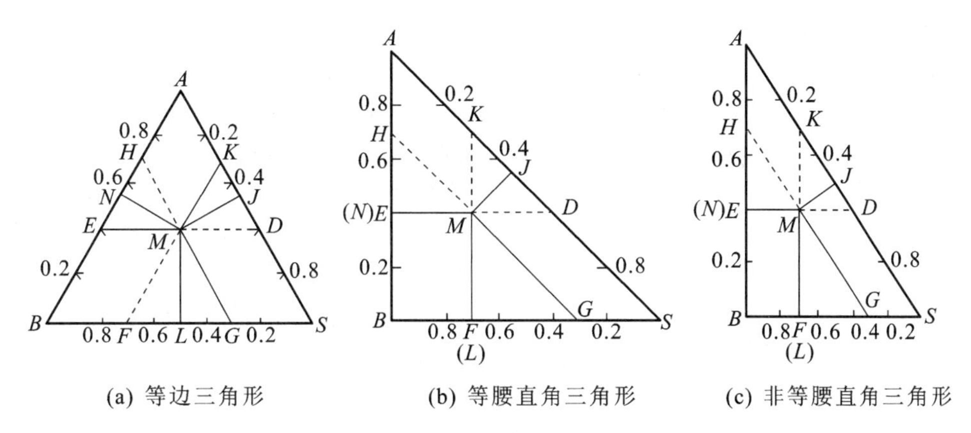

(a) 等边三角形　(b) 等腰直角三角形　(c) 非等腰直角三角形

图 10-2　组分在三角形相图上的表示方法

且

$$x_A + x_B + x_S = 1$$

因此，应用归一条件可由已知的两组成求得第三组成，如已知 x_A 和 x_S，则 $x_B = 1 - x_A - x_S$。

此外，也可过 M 点分别作三条边的垂线 MN、ML 及 MJ，则垂直线段 $\overline{ML}$、$\overline{MJ}$、$\overline{MN}$ 分别代表 A、B 和 S 的组成。由图可知，M 点的组成为 $x_A = 40\%$、$x_B = 30\%$ 和 $x_S = 30\%$。

图 10-2(a)、(b)和(c)各有特点，一般采用等腰直角三角形相图。若溶质浓度很低，则采用非等腰直角三角形相图，将某直角边适当放大，使作图和读图更准确。

10.2.2　部分互溶系统的相平衡

1. 部分互溶系统的类型

根据萃取操作中各组分的互溶性，可将三元系统分为以下三种情况。

第Ⅰ类系统：溶质 A 可完全溶解于 B 和 S 中，但 B 与 S 为一对部分互溶组分，该类系统称为一对部分互溶系统。其平衡相图如图 10-3 所示。

第Ⅱ类系统：组分 A、B 可完全互溶，但 B、S 及 A、S 为两对部分互溶组分，该类系统称为两对部分互溶系统。其平衡相图如图 10-4 所示。

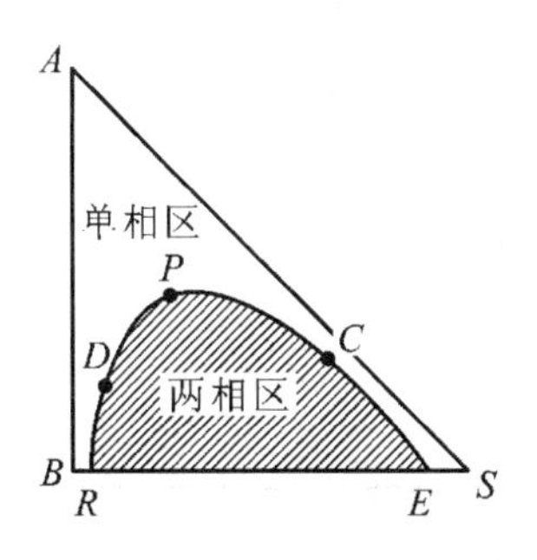

图 10-3　B 与 S 为一对部分互溶组分

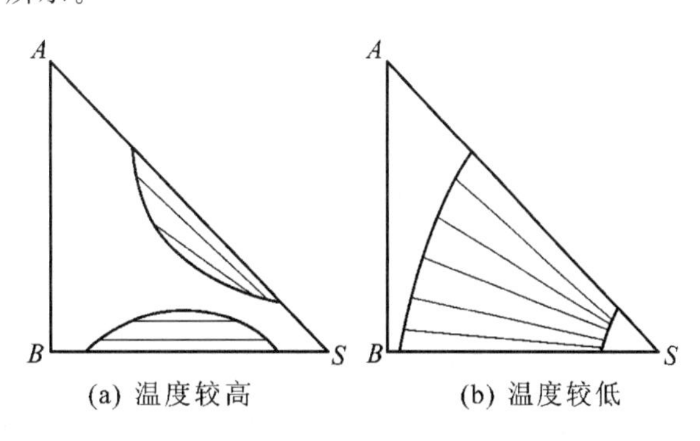

(a) 温度较高　(b) 温度较低

图 10-4　A 与 S 及 B 与 S 为两对部分互溶组分

极限情况：溶质 A 可完全溶解于 B 及 S 中，但 B 与 S 不互溶或互溶度很小可忽略，一般归在第Ⅰ类系统中。其相平衡关系通常在直角坐标系中表示，平衡关系曲线类似于吸收中的溶解度曲线。

第Ⅰ类系统在萃取操作中较为常见，如醋酸-水-苯和丙酮-氯仿-水等。以下主要讨论这类系统的相平衡关系。

2. 溶解度曲线和平衡联结线

对第Ⅰ类系统,B与S部分互溶,此类系统的溶解度曲线见图10-5。溶解度曲线将三角形分为两个区域:曲线以内的区域是两相区,且两液相互为平衡;曲线以外的区域为均相区,三元混合物在此形成均一的液相。显然,萃取操作只能在两相区内进行。

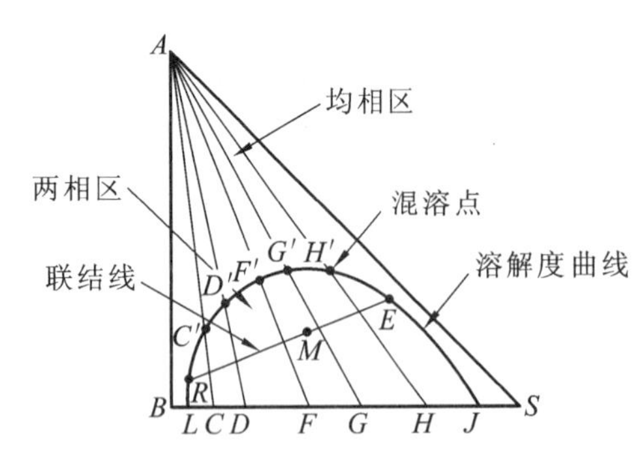

图10-5 一对部分互溶系统的溶解度曲线与联结线

溶解度曲线是在一定温度下通过实验获得的。若B与S部分互溶,选一含有B与S的二元混合物,其总组成位于图中L与J之间的任一点上,必然得到两个互不相溶的平衡液相,图中点L与点J分别为两相的组成。以C点代表B与S的总组成,则加入组分A将使原来的B、S两元混合液成为A、B、S三元混合液,因为组分B与S的质量比不变,故三元混合液的组成点将随加入组分A的数量沿AC线变化。当所加入A的量恰好使混合液变为均相时,相应组成坐标如点C'所示,点C'称为混溶点或分层点。取若干个B与S的二元混合物,其总组成分别位于图中的D、F、G、H等,分别逐步加入A组分,同理可得到混溶点D'、F'、G'及H'等。将点L、C'、D'、F'、G'、H'及J诸点连接所得曲线即为实验温度下该三元系统的溶解度曲线。

若组分B与S完全不互溶,则点L与J分别与三角形顶点B与S相重合。

在图10-5中,由于M点落在两相区,所以混合物必将形成两个平衡的液相,其组成用图中溶解度曲线上的R点和E点表示,R相和E相称为共轭相,连接R点和E点,得RE直线,并称该直线为平衡联结线(简称联结线)。类似地,可得到一定温度下第Ⅱ类系统的溶解度曲线和联结线(见图10-6)。

通常,在一定温度下,同一系统的联结线的斜率随组成而变,但联结线倾斜方向一般是一致的。只有少数系统的联结线,其倾斜方向在不同的组成范围内是不一致的,图10-7所示的吡啶-氯苯-水系统就属于这种情况。

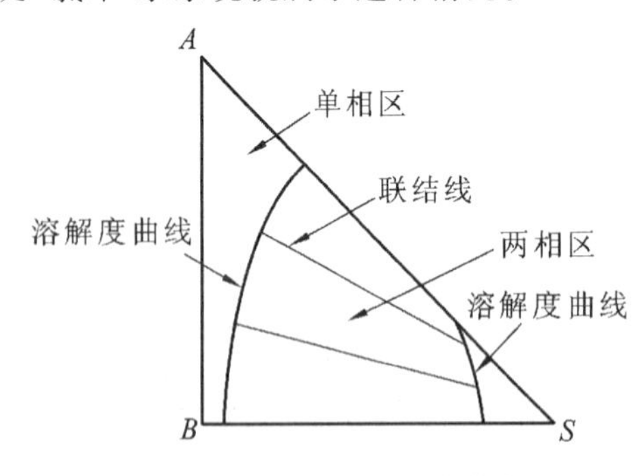

图10-6 两对部分互溶系统的溶解度曲线与联结线

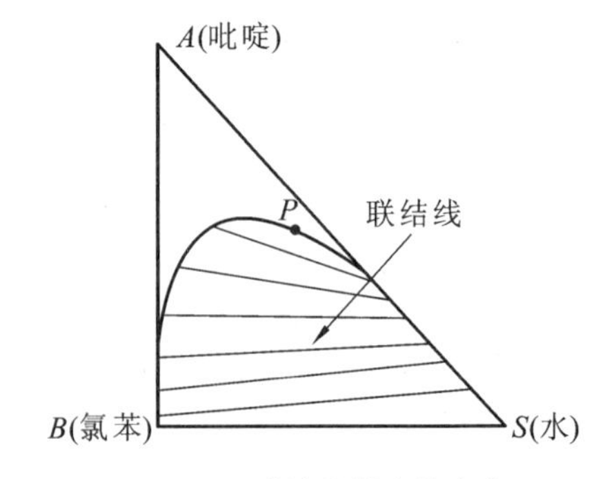

图10-7 联结线斜率的变化

3. 临界混溶点和辅助曲线

1)临界混溶点

由图10-7可知,联结线的长度是随溶质A的增加而缩短的,即随着A含量的增大,B与S的互溶度加大,两共轭相的组成不断接近,当两共轭相的组成无限趋近时,两相变为一相,此相

的位置以 P 点表示，称该点为临界混溶点。临界混溶点将溶解度曲线分为左、右两段，右线段表示萃取相组成，左线段表示萃余相组成。

注意：临界混溶点一般不在溶解度曲线的顶点，需由实验测得。

2）辅助曲线

在一定温度下，三元系统的溶解度曲线和联结线是根据实验数据描绘的。但实验数据毕竟是有限的，若已知其中一相的组成，要确定与之平衡的另一相的组成，常需借助辅助曲线（也称共轭曲线）。辅助曲线的两种作法见图 10-8。

（1）根据若干组已知的共轭相组成数据作联结线，以联结线作斜边，过 E 相组成点作垂线，过 R 相组成点作水平线，在相图上绘出若干直角三角形，平滑连接所有三角形的直角点即得到辅助曲线，如图 10-8(a)所示。利用辅助曲线便可从已知某相 R(或 E)组成确定与之平衡的另一相 E(或 R)组成。当已知的联结线很短时，可用外延辅助曲线与溶解度曲线的方法求出临界混溶点。

（2）如图 10-8(b)所示，过 R 相组成点 R_1、R_2、R_3、R_4 作 AS 边的平行线，过 E 相组成点 E_1、E_2、E_3、E_4 作 AB 边的平行线，各组直线的交点分别为 H、I、L、N，连接各交点得辅助曲线。显然，因作法不同，辅助线的位置不同，但获得的共轭相组成结果是相同的。

在一定温度下，三元系统的溶解度曲线、联结线、辅助曲线及临界混溶点的数据都由实验测得，也可从手册或有关专著中查得。

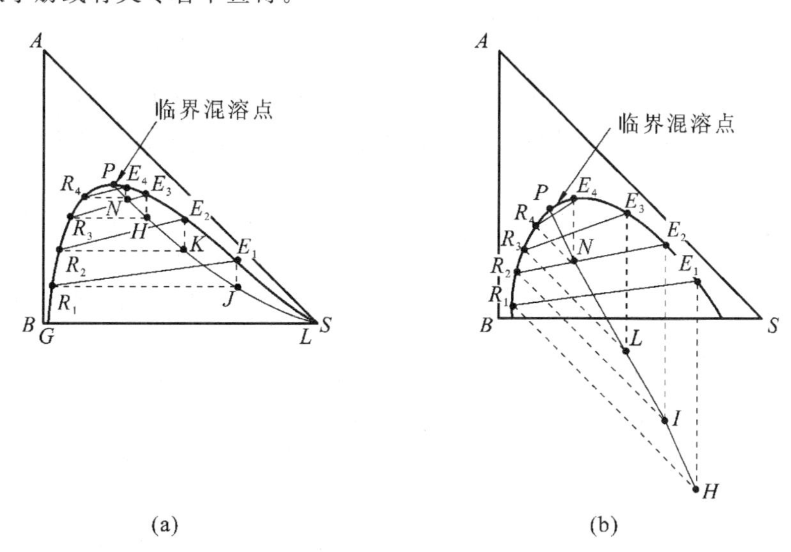

图 10-8 辅助曲线作法

10.2.3 萃取过程在三角形相图上的表示

1. 杠杆规则

萃取包含两个重要过程：混合与分离。加入萃取剂是混合过程，混合传质后澄清分层是分离过程。混合前后、分离前后各个液层之间存在一定的量的关系，这些关系可以运用杠杆规则加以确定。如图10-9所示，将一定质量的 R 相（x_A，x_B，x_S）与 E 相（y_A，y_B，y_S）混合，得到混合液 M 相（z_A，z_B，z_S）。反之，在两相区内，任一点 M 所代表的混合液可分为 E、R 两个液

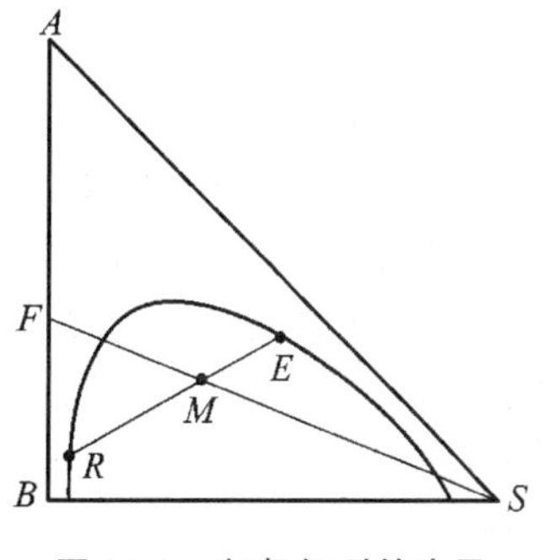

图 10-9 杠杆规则的应用

层。M 点称为和点,E 点和 R 点称为差点。新混合液 M 与两液相 E、R 之间的关系可用杠杆规则描述。

(1) 代表混合液总组成的 M 点和代表两液层组成的 E 点及 R 点同处于一直线上。

(2) E 相与 R 相的质量之比等于线段$\overline{MR}$与$\overline{ME}$的长度之比。即

$$\frac{m_{\mathrm{E}}}{m_{\mathrm{R}}}=\frac{\overline{MR}}{\overline{ME}} \tag{10-1}$$

式中:m_{E}、m_{R}——E 相和 R 相的质量或质量流量,kg 或 kg/s;

$\overline{MR}$、$\overline{ME}$——线段$\overline{MR}$与$\overline{ME}$的长度。

依照杠杆规则,已知 E 相与 R 相的质量之比,可以很方便地在 ER 连线上定出 M 点的位置,从而确定 M 点组成。总之,在 E 相、R 相及混合液 M 三者中,知道其中两项的量及组成,便可求得另一项的量及组成。

若在 A、B 二元料液 F 中加入纯溶剂 S,则混合液总组成的坐标 M 点沿 SF 线而变,具体位置由杠杆规则确定,即

$$\frac{m_{\mathrm{S}}}{m_{\mathrm{F}}}=\frac{\overline{MF}}{\overline{MS}} \tag{10-2}$$

式中:m_{S}、m_{F}——纯溶剂 S 和料液 F 的质量或质量流量,kg 或 kg/s;

$\overline{MF}$、$\overline{MS}$——线段$\overline{MF}$与$\overline{MS}$的长度。

2. 单级萃取过程在三角形相图上的表示

图 10-10 所示为单级萃取流程。即在混合器中加入原料液(A+B)和萃取剂 S,经过充分混合接触后达到平衡,得两个平衡液相 E 和 R,完成一次混合接触平衡,称为单级萃取过程。通过三角形相图表示萃取过程,可清晰了解萃取过程每一步骤各相的组成和量的变化,如图 10-10 所示。

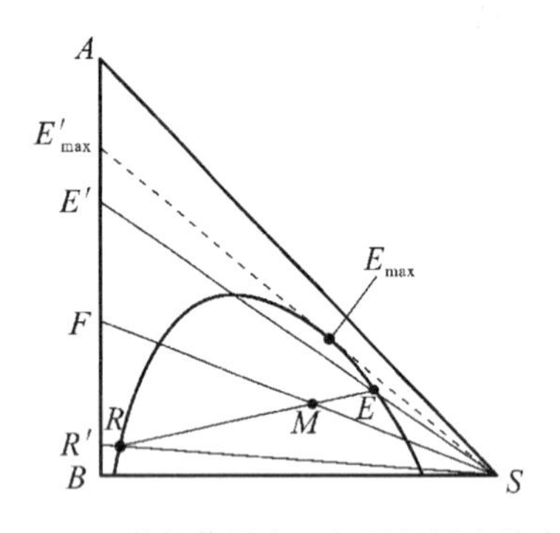

图 10-10 单级萃取在三角形相图上的表示

萃取时,选用纯溶剂 S,则三角形顶点 S 为其组成,若溶剂是循环使用的,其中很可能含有少量的 A 和 B 组分,这时溶剂的组成坐标位置在三角形均相区内。

(1) 初始状态点。原料液 F 含 A、B 两组分,根据其组成在 AB 边上确定初始状态点 F。若使用纯溶剂,则三角形顶点 S 为其初始状态点。

(2) 混合状态点。原料液与纯溶剂混合后 M 点在 FS 连线上,具体位置视 S 与 F 的相对用量,由杠杆规则确定。显然,只有当加入 S 的量合适时,M 点才会落在两相区内,萃取才能进行。

(3) 平衡状态点。若 M 点在两相区内,当 F、S 经充分混合后沉降分层得到两个平衡的 E 相和 R 相。利用辅助曲线,用试差作图法作过 M 点的联结线 ER,得 E 点及 R 点。E 相和 R 相的数量关系遵循杠杆规则。

(4) 回收溶剂后的状态点。若 E 相和 R 相中的溶剂全部被脱除出来,则得到萃取液 E′和萃余液 R′。延长 SE 和 SR 线,分别与 AB 边交于点 E' 及 R',即为该两液体组成的坐标位置。E' 和 R' 的数量关系也遵循杠杆规则,即

$$\frac{m_{\mathrm{E'}}}{m_{\mathrm{R'}}}=\frac{\overline{FR'}}{\overline{FE'}} \quad 或 \quad \frac{m_{\mathrm{E'}}}{m_{\mathrm{F}}}=\frac{\overline{FR'}}{\overline{R'E'}}$$

式中：m_F、$m_{E'}$、$m_{R'}$——料液 F、萃取液 E′和萃余液 R′的质量或质量流量。

(5) 萃取液的最高浓度。由图 10-10 可以看出，单级萃取效果取决于 R' 及 E' 的位置。若从顶点 S 作溶解度曲线的切线 SE_{max} 并延长与 AB 边交于 E'_{max}，该点代表在一定条件下可能得到的最高浓度 y'_{max} 的萃取液。B、S 之间的互溶度越小，萃取操作的范围越大，可得到的 y'_{max} 便越高，如图 10-11 所示。

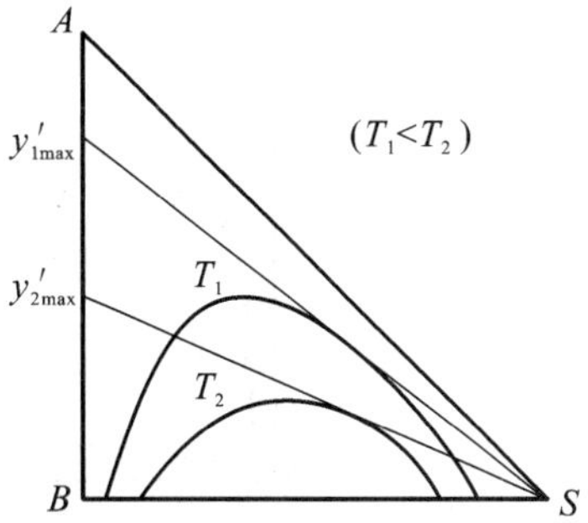

图 10-11　温度对萃取操作的影响

10.2.4　直角坐标系中的相平衡关系

1. 以分配系数表示相平衡

在一定温度下，当三元混合液的两个液相达到平衡时，溶质 A 在 E 相与 R 相中的组成之比称为分配系数，以 k_A 表示，即

$$k_A=\frac{y_A}{x_A} \tag{10-3}$$

同样，对于组分 B 也可写出相应的表达式：

$$k_B=\frac{y_B}{x_B} \tag{10-4}$$

式中：y_A、x_A——A 在互成平衡的萃取相 E 和萃余相 R 中的质量分数；

y_B、x_B——B 在互成平衡的萃取相 E 和萃余相 R 中的质量分数。

分配系数表达了某一组分在两个平衡液相中的分配关系，其值取决于系统性质、操作温度和溶液的组成。显然，k_A 值愈大，萃取分离的效果愈好。

在操作条件下，若萃取剂 S 与稀释剂 B 互不相溶，且以质量比表示相组成的分配系数为常数，则式(10-3)可改写为如下形式：

$$Y=KX \tag{10-5}$$

式中：Y、X——萃取相和萃余相中溶质 A 的质量比；

K——以质量比表示的相组成的分配系数。

2. 分配曲线

由相律可知，温度和压力一定时，三组分系统两液相成平衡时，自由度为 1，溶质在两相间的平衡关系可表示为

$$y_A=f(x_A) \tag{10-6}$$

式中：y_A、x_A——萃取相和萃余相中组分 A 的质量分数。

在 xOy 直角坐标系中，以 x_A 为横坐标，y_A 为纵坐标，每一对共轭相中溶质 A 的组成(x_A，y_A)在直角坐标图上为一个坐标点，如图 10-12 所示。若将若干共轭相对应的溶质 A 的组成均标于 xOy 图上，连接这些点便得到曲线 ONP，即为分配曲线。分配曲线的形状随不同系统和不同温度而异。

与三角形相图相比，分配曲线以一个点的坐标值更直观地反映了溶质 A 在成平衡的两相中的分配关系，但它没有反映出萃取剂和稀释剂的互溶状态和在两相间的数量关系，所以多用于 S 和 B 完全不互溶或基本不互溶的系统。

由于分配曲线表达了萃取操作中互成平衡的两个液层 E 相与 R 相中溶质 A 的分配关系，故也可利用分配曲线求得三角形相图中的任一联结线 ER。

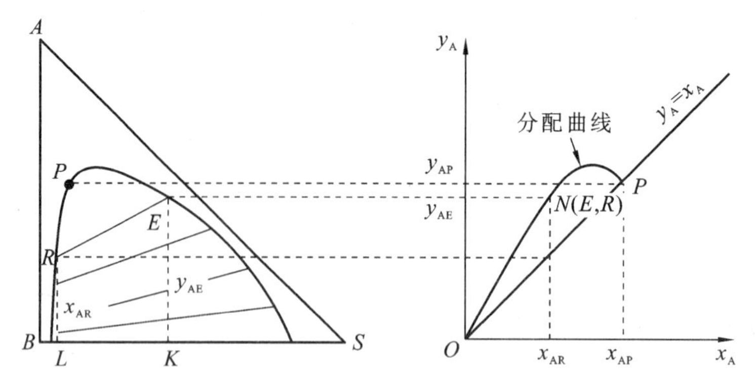

图 10-12　一对部分互溶系统的分配曲线

用同样方法可作出两对部分互溶系统的分配曲线,如图 10-13 所示。

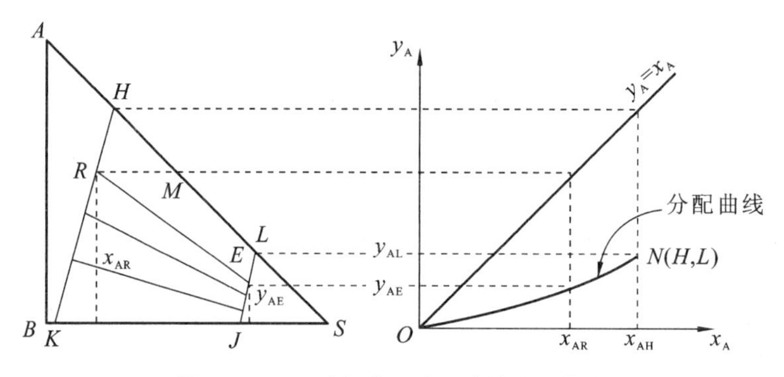

图 10-13　两对部分互溶系统的分配曲线

3. 分配系数与分配曲线的关系

因为分配曲线通常为一曲线,故分配系数一般不是常数。仅在溶质浓度非常低或组成变化范围不大且在恒温条件下,分配曲线近似为直线时,k_A值才可视为常数。

在分层区浓度范围内,联结线斜率大于 0,分配系数 $k_A>1$,表明 E 相内溶质 A 的组成均大于 R 相内溶质 A 的组成,即 $y_A>x_A$,故分配曲线位于 $y_A=x_A$ 线的上侧,如图 10-12 所示。若联结线斜率等于 0,即 $k_A=1$,则分配曲线与对角线出现交点,表明 B、S 对 A 的溶解能力相同,亦即 $y_A=x_A$。若联结线斜率小于 0,即 $k_A<1$,表明 $y_A<x_A$,这时分配曲线位于 $y_A=x_A$ 线下侧,如图 10-13 所示。

4. 温度对相平衡关系的影响

由于温度会影响系统的互溶度,所以在三角形相图上的两相区面积的大小除了与系统性质有关外,还与操作温度有关。通常,系统的温度升高,溶质在溶剂中的溶解度加大,反之减小,因而温度明显地影响溶解度曲线的形状、联结线的斜率和两相区面积,从而影响分配曲线的形状和分配系数。

图 10-14 表示了一对部分互溶系统在三个温度($T_1<T_2<T_3$)下的溶解度曲线和联结线。一般来说,温度升高,萃取剂 S 与稀释剂 B 的互溶度增大,两相区面积缩小,对萃取操作不利。反之,温度降低,两相区面积相应增大,对萃取操作有利。但温度降低会引起液体黏度增大,界面张力增加,扩散系数减小,不利于传质。因此,在确定萃取温度时应对利弊加以分析并作出

合理的选择。

图10-15表明，温度变化时，不仅分层区面积和联结线斜率改变，而且可能引起系统类型的改变。如在温度为T_1时为第Ⅱ类系统，当温度升高至T_2时变为第Ⅰ类系统。

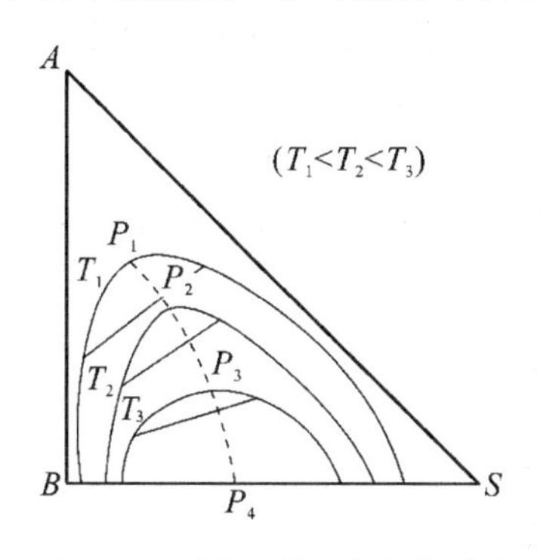

图10-14　温度对互溶度的影响（第Ⅰ类系统）

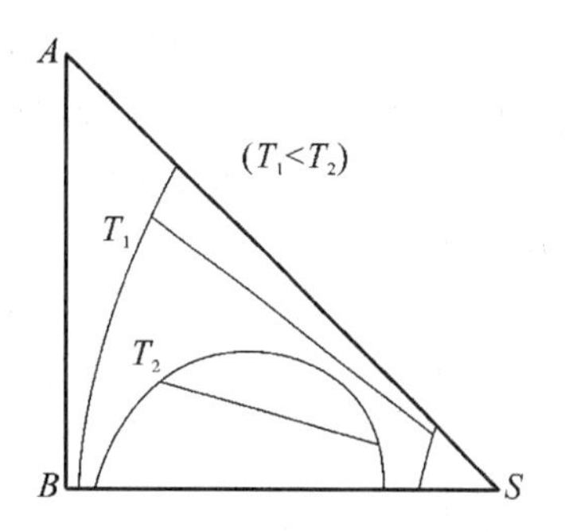

图10-15　温度对互溶度的影响（第Ⅱ类系统）

10.2.5　萃取剂的选择

萃取剂的选择对萃取操作的分离效果和经济性起着至关重要的作用。选择萃取剂时应从以下几方面考虑。

1. 萃取剂的选择性

萃取剂的选择性是指萃取剂S对原料液中两组分溶解度的差异，可用选择性系数β表示，其定义式为

$$\beta=\frac{y_A/y_B}{x_A/x_B} \tag{10-7}$$

若S对溶质A的溶解能力比对稀释剂B的溶解能力大得多，即萃取相中y_A比y_B大得多，萃余相中x_B比x_A大得多，这时选择性系数β就较大，表明这种萃取剂的选择性较好。

因为

$$k_A=\frac{y_A}{x_A},\quad k_B=\frac{y_B}{x_B}$$

所以

$$\beta=\frac{k_A}{k_B} \tag{10-8}$$

式中：β——选择性系数，无因次；

y_A、y_B——A、B组分在萃取相E中的质量分数；

x_A、x_B——A、B组分在萃余相R中的质量分数；

k_A、k_B——A、B组分的分配系数。

由式(10-8)知，β值直接与k_A、k_B有关，k_A值愈大或k_B值愈小，则β值愈大。凡是影响k_A的因素也同样影响β的取值。

β值越大，意味着萃取剂S对溶质A的溶解能力越大，对稀释剂B的溶解能力越小，越有利于A、B组分的分离，相应地，萃取剂的选择性也就越高。当组分B、S完全不互溶时，即$y_B=0$，由式(10-7)可知，选择性系数β趋于无穷大。若$\beta=1$，说明A、B组分在萃取相和萃余相的相对比例相同，并且等于它们在原料液中的相对比例，故A、B组分不能分离，即对应的萃取剂没有选择性。

对于一定的分离任务,采用选择性高的萃取剂,既可减少萃取剂用量,降低回收溶剂操作的能量消耗,又可获得高纯度的产品 A。

2. 萃取剂 S 与稀释剂 B 的互溶度

组分 B 与 S 的互溶度影响溶解度曲线的形状和两相区面积。B 与 S 的互溶度大则两相区面积小,B 与 S 的互溶度小则两相区面积大。图 10-16 所示为在相同温度下,同一种 A、B 二元料液与不同性能萃取剂 S_1、S_2 所构成的相平衡关系。图 10-16(a)表明,B 与 S_1 的互溶度小,萃取相脱除萃取剂后可能得到的萃取液的最高浓度 y'_{max} 较高。所以说,B 与 S 的互溶度愈小,愈有利于萃取分离。

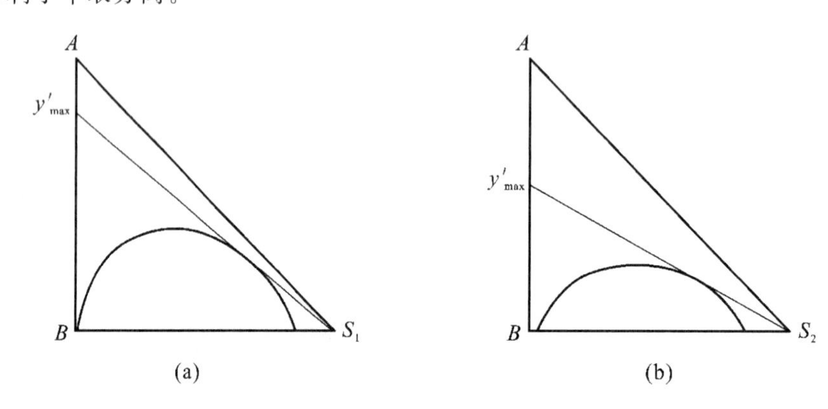

图 10-16 萃取剂性能对萃取操作的影响

3. 萃取剂回收的难易与经济性

萃取后所得到的 E 相和 R 相仍然是液体混合物,要回收萃取剂并获得高纯度的溶质产品,还需进行其他分离操作,通常采用蒸馏方法进一步分离。萃取剂回收的难易很大程度上决定了萃取过程的经济性。因此,萃取剂 S 应满足便于通过精馏进行分离的要求。例如,萃取剂 S 与原料液中的组分的相对挥发度要大,不会形成恒沸物,组成低的组分最好是易挥发组分等。若被萃取的溶质是难挥发组分,则要求 S 的汽化潜热要小,以节省能耗。

4. 萃取剂的其他物性

通常要求萃取剂与稀释剂有较大的密度差,以使原料液与萃取剂混合后能较快地分为 E 相层和 R 相层,提高设备的生产能力。

两液相间的界面张力对分离效果的影响是两方面的。若界面张力大,细小的液滴易聚积,有利于两液相分层,但液滴分散程度差,接触界面小,不利于传质;若界面张力小,则易发生乳化现象,使两相难以分层。在实际操作中,通常侧重考虑分层问题,故一般选择界面张力较大的萃取剂。常见系统的界面张力列于表 10-1 中。

表 10-1 常见系统的界面张力

系统	界面张力 $\times 10^3$/(N/m)	系统	界面张力 $\times 10^3$/(N/m)
合成洗涤剂-水-汽油	<1	煤油-水-蔗糖	23~40
硫醇溶解加速溶液-汽油	2	苯-水	30
甘油-水-异戊醇	4	氢氧化钠-水-汽油	30

续表

系　　统	界面张力 $\times 10^3$/(N/m)	系　　统	界面张力 $\times 10^3$/(N/m)
异戊醇-水	4	二硫化碳-水	35
醋酸乙酯-水	7	四氯化碳-水	40
甲基异丁基甲酮-水	10	煤油-水	40
醋酸丁酯-水	13	异辛烷-甘油-水	42
醋酸丁酯-水-甘油	13	异辛烷-水	47
二氯二乙醚-水	19	—	—

此外，具有较低的黏度、良好的化学稳定性和热稳定性，对设备腐蚀性小，价格低廉，不易燃易爆等，都是选择萃取剂时应考虑的一般原则。故在实际选用萃取剂时，要权衡萃取效果、技术指标和经济性等因素，确保满足主要要求。

练习题(10.2)

【例 10-1】 在一定温度下测得 A、B、S 三元系统两平衡液相的平衡数据如表 10-2 所示。

表 10-2　A、B、S 三元系统平衡数据

序号		1	2	3	4	5	6	7	8	9	10	11	12	13	14
E 相	y_A/(%)	0	7.9	15	21	26.2	30	33.8	36.5	39	42.5	44.5	45	43	41.6
	y_S/(%)	90	82	74.2	67.5	61.1	55.8	50.3	45.7	41.4	33.9	27.5	21.7	16.5	15
R 相	x_A/(%)	0	2.5	5	7.5	10	12.5	15	17.5	20	25	30	35	40	41.6
	x_S/(%)	5	5.05	5.1	5.2	5.4	5.6	5.9	6.2	6.6	7.5	8.9	10.5	13.5	15

(1) 绘制溶解度曲线和辅助曲线；

(2) 求临界混溶点的组成；

(3) 当萃余相中 $x_A=20\%$时，试求分配系数 k_A 和选择性系数 β；

(4) 在 300 kg 含 30%A 的原料液中加入多少千克 S 才能使混合液开始分层？

(5) 对(4)中的原料液，欲得到含 36%A 的萃取相 E，试确定萃余相的组成及混合液的总组成。

解　(1) 由已知平衡数据，将对应的 R 相与 E 相的组成点在三角形相图上标出，连接各点得出溶解度曲线 LPf，如图 10-17 所示，根据联结线数据作出辅助曲线 fCP。

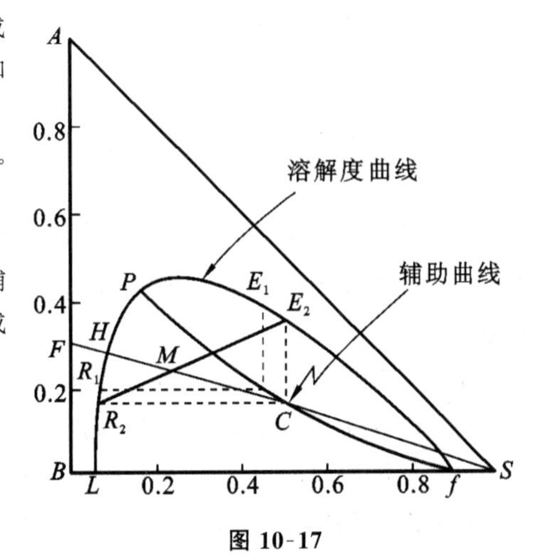

图 10-17

(2) 辅助曲线和溶解度曲线的交点 P 即为临界混溶点。由图 10-17 读出该点的组成为

$$x_A=41.5\%,\quad x_B=43.5\%,\quad x_S=15.0\%$$

(3) 已知萃余相中 $x_A=20\%$，在图中定出 R_1 点，利用辅助曲线求出与之平衡的萃取相 E_1 点，从图读得两相的组成分别为

萃取相　　$y_A=39.0\%$，　$y_B=19.6\%$

萃余相　　$x_A=20.0\%$，　$x_B=73.4\%$

分配系数　　$k_A=\dfrac{y_A}{x_A}=\dfrac{39.0\%}{20.0\%}=1.95$

选择性系数

$$\beta=k_A\ \frac{x_B}{y_B}=1.95\times\frac{73.4\%}{19.6\%}=7.303$$

(4) 根据原料液的组成在 AB 边上确定点 F,连接点 F、S。当向原料液加入溶剂后,混合液的组成将沿直线 FS 变化。直线 FS 与溶解度曲线的交点 H 便是混合液开始分层的点。分层时溶剂的用量用杠杆规则求得。

因为
$$\frac{m_S}{m_F}=\frac{\overline{HF}}{\overline{HS}}=\frac{8}{96}=0.0833$$

所以
$$m_S=m_F\times 0.0833=300\times 0.0833\ \text{kg}=25\ \text{kg}$$

(5) 根据萃取相 $y_A=36\%$,在溶解度曲线上确定 E_2 点,借助辅助曲线作联结线,获得与 E_2 平衡的点 R_2。由图读得

$$x_A=17\%,\quad x_B=77\%,\quad x_S=6.0\%$$

R_2E_2 线与 FS 线的交点 M 为混合液的组成点,由图读得

$$x_A=23.5\%,\quad x_B=55.5\%,\quad x_S=21.0\%$$

10.3 萃取流程与计算

萃取计算分设计型计算和操作型计算两种。前者主要是确定达到分离要求所需的萃取理论级数,后者主要是确定萃取过程的分离程度和萃取剂的用量。

萃取计算的基本关系式是物料衡算式和相平衡关系式。计算方法有图解法和解析法。

10.3.1 萃取理论级的概念

在分级式接触萃取过程计算中,无论是单级还是多级萃取操作,均假设各级为理论级,即无论进入一个理论级的两股物流组成如何,经过充分接触和传质后,离开该级 E 相和 R 相互为平衡共轭相。可见,理论级是设备极限操作情况下的结果。事实上,即使传质效果很好,每级要达到相平衡仍需要相当长的时间,即理论级是难以达到的。引入理论级的概念,其意义在于求出萃取所需的理论级数后,用级效率加以校正,进而求出实际级数。可以说,萃取操作中的理论级概念和蒸馏操作中的理论板相当。

10.3.2 单级萃取计算

单级萃取是液-液萃取中最简单、最基本的操作方式。其流程如图 10-18(a)所示,可以进行连续操作或间歇操作。为简便起见,萃取相组成 y 及萃余相组成 x 均是对溶质 A 而言。

1. 计算方法

在单级萃取操作中,一般已知系统在操作条件下的相平衡数据、原料液 F 的量 m_F 及其组成 x_F,同时规定萃余相要达到的组成为 x_R,要求计算溶剂用量、萃余相及萃取相的量以及萃取相组成。

单级萃取操作的图解计算参见图 10-18(b),其步骤如下。

(1) 由相平衡数据绘制三角形相图;

(2) 根据原料液组成 x_F 和萃取剂组成 y_S,确定点 F、S,则两者的和点 M 必落在 FS 连线上;

(3) 由已知的萃余相组成 x_R,在图上确定点 R,再由点 R 借助辅助曲线找到 E 点,显然,连线 RE 必通过 M 点与 FS 线相交,从而确定 M 点;

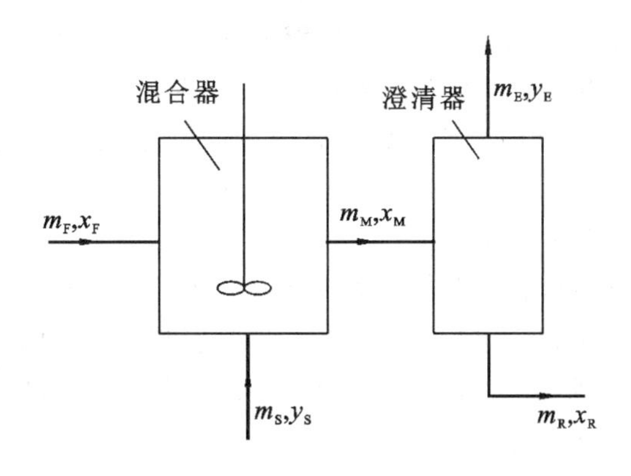

(a) 单级萃取流程

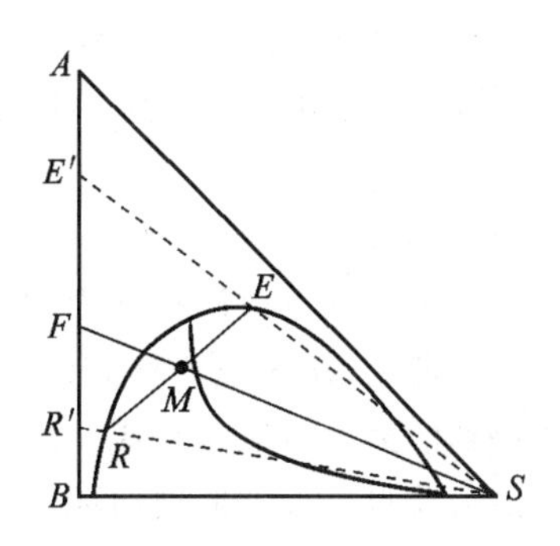

(b) 单级萃取计算图解

图 10-18　单级萃取

(4) 延长 ES 线和 RS 线，分别与 AB 线相交于图中的 E' 点和 R' 点，即为脱除全部溶剂后的萃取液及萃余液组成的坐标点；

(5) 直接从图上相应点读取各流股组成；

(6) 用图解法或解析法求各流股的质量。

在三角形相图上确定了各流股的组成后，再根据杠杆规则，有

$$m_S = m_F \frac{\overline{MF}}{\overline{MS}} \tag{10-9}$$

$$m_E = m_M \frac{\overline{RM}}{\overline{RE}} \tag{10-10}$$

$$m_R = m_M - m_E \tag{10-11}$$

$$m_{E'} = m_F \frac{\overline{R'F}}{\overline{R'E'}} \tag{10-12}$$

$$m_{R'} = m_F - m_{E'} \tag{10-13}$$

以上线段长度直接从三角形相图中量出。

解析法的依据是物料衡算。

总物料衡算
$$m_M = m_F + m_S = m_R + m_E \tag{10-14}$$

溶质 A 的物料衡算
$$m_F x_F + m_S y_S = m_R x_R + m_E y_E = m_M x_M \tag{10-15}$$

联立式(10-14)和式(10-15)并整理得

$$m_S = m_F \frac{x_F - x_M}{x_M - y_S} \tag{10-16}$$

$$m_E = m_M \frac{x_M - x_R}{y_E - x_R} \tag{10-17}$$

$$m_{E'} = m_F \frac{x_F - x_{R'}}{y_{E'} - x_{R'}} \tag{10-18}$$

2. 萃取剂的最大用量与最小用量

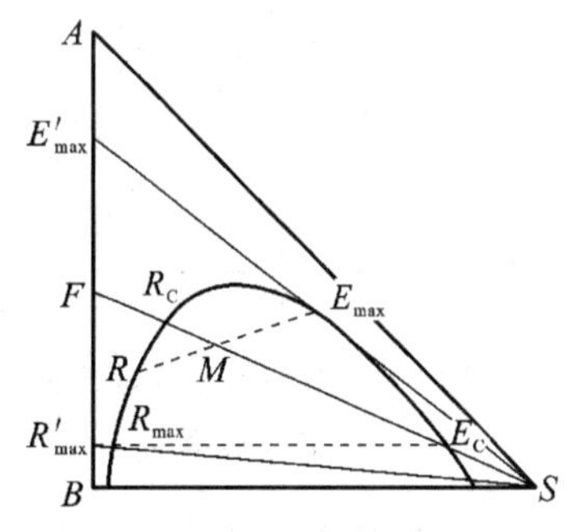

图 10-19　单级萃取中萃取剂用量的确定

如图 10-19 所示，对于一定的原料液流量 m_F 和组成 x_F，萃取剂用量越大，混合点 M 越靠近 S 点，但不能超过溶解度曲线上的 E_C 点，对应于 E_C 点的萃取剂用量为其最大用量

$m_{S,max}$，此时，所得萃余相和萃余液组成是操作条件下单级萃取所能达到的最低值 x_{min} 和 x'_{min}。同样，萃取剂用量越小，混合点 M 越靠近 F 点，但以溶解度曲线上的 R_C 点为限，对应于 R_C 点的萃取剂用量为其最小用量 $m_{S,min}$。因此，适宜的萃取剂用量应介于两者之间，即 $m_{S,min}<m_S<m_{S,max}$。

3．单级萃取的最大萃取液组成及相应的萃取剂用量

在三角形相图上应用杠杆规则，可确定单级萃取获得最高组成萃取液所需的萃取剂用量。如图 10-19 所示，从 S 点作溶解度曲线的切线与 AB 边相交于 E'_{max} 点，其组成 y'_{max} 为单级萃取所能得到的最大萃取液组成。过切点 E_{max} 作联结线 $E_{max}R$ 与 FS 线交于 M 点，运用杠杆规则可求得为获得最大萃取液组成所需的萃取剂用量。

4．对于 B 与 S 不互溶系统的萃取计算

此类系统的萃取中，萃取剂只能溶解组分 A，而与组分 B 完全不互溶，故在萃取过程中，仅有溶质 A 的相际传递，稀释剂 B 及萃取剂 S 均只分别出现在萃余相及萃取相中，故用质量比表示两相中的组成较为方便。此时溶质在两液相间的平衡关系可以用与吸收中的气液平衡类似的方法表示，即

$$Y=f(X) \tag{10-19}$$

若在操作范围内，以质量比表示相组成的分配系数 K 为常数，则平衡关系可表示为

$$Y=KX$$

溶质 A 的质量衡算式为

$$m_B(X_F-X_1)=m_S(Y_1-Y_S) \tag{10-20}$$

式中：m_B——原料液中稀释剂的量，kg 或 kg/h；

m_S——萃取剂的量，kg 或 kg/h；

X_F、Y_S——原料液和萃取剂中组分 A 的质量比组成；

X_1、Y_1——单级萃取后萃余相和萃取相中组分 A 的质量比组成。

联立式(10-19)与式(10-20)，即可求得 Y_1 与 m_S。

上述解法也可在直角坐标图上表示，式(10-20)可改写为

$$\frac{Y_1-Y_S}{X_1-X_F}=-\frac{m_B}{m_S} \tag{10-21}$$

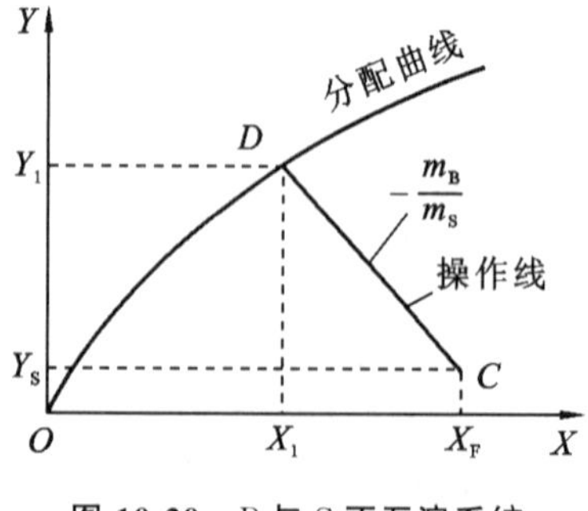

式(10-21)即为该单级萃取的操作线方程。由于该萃取过程中 m_B、m_S 均为常量，故操作线为一通过点(X_F,Y_S)、斜率为 $-m_B/m_S$ 的直线。当已知原料液处理量 m_F 及组成 X_F、萃取剂的组成 Y_S 和萃余相的组成 X_1，要求所需的萃取剂用量时，可由 X_1 在图中确定点(X_1,Y_1)，于是连接点(X_1,Y_1)和点(X_F,Y_S)得其操作线，计算该操作线的斜率即可求得所需的萃取剂用量 m_S，如图 10-20所示。反之，当已知原料液处理量 m_F 及组成 X_F、萃取剂的用量 m_S 及组成 Y_S，要求达平衡后萃取相和萃余相的组成 Y_1、X_1 时，则可在图中确定点(X_F,Y_S)，过该点作斜率为 $-m_B/m_S$ 的直线与分配曲线交于点(X_1,Y_1)，从而确定单级萃取后萃取相和萃余相的组成。

图 10-20　B 与 S 不互溶系统的单级萃取

【例 10-2】 在 25 ℃下，以水(S)为萃取剂从醋酸(A)与氯仿(B)的混合液中提取醋酸。已知原料液流量

为 1 000 kg/h，其中醋酸的质量分数为 35%，其余为氯仿。用水量为 800 kg/h。操作温度下，E 相和 R 相以质量分数表示的平衡数据列于表 10-3 中。试求：

(1) 经单级萃取后 E 相和 R 相的组成及流量；

表 10-3　醋酸-氯仿-水系统在 25 ℃时以质量分数表示的平衡数据　（单位：%）

氯仿层（R 相）		水　层（E 相）		氯仿层（R 相）		水　层（E 相）	
醋酸	水	醋酸	水	醋酸	水	醋酸	水
0.00	0.99	0.00	99.16	27.65	5.20	50.56	31.11
6.77	1.38	25.10	73.69	32.08	7.93	49.41	25.39
17.72	2.28	44.12	48.58	34.16	10.03	47.87	23.28
25.72	4.15	50.18	34.71	42.5	16.5	42.50	16.50

(2) 将 E 相和 R 相中的溶剂完全脱除后萃取液及萃余液的组成和流量；

(3) 操作条件下的选择性系数 β；

(4) 若组分 B、S 可视为完全不互溶，且操作条件下以质量比表示相组成的分配系数 $K=3.4$，要求原料液中的溶质 A 有 80% 进入萃取相，则每千克原溶剂 B 需要消耗的萃取剂 S 的量。

解　根据相平衡数据，在等腰直角三角形相图中作出溶解度曲线和辅助曲线，如图 10-21 所示。

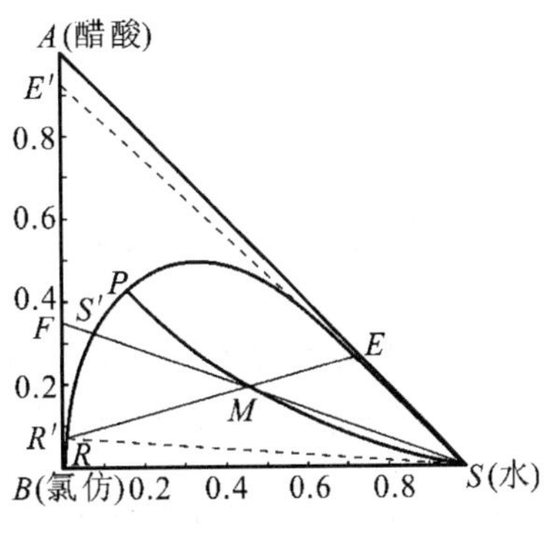

图 10-21

(1) 根据原料液中醋酸的质量分数为 35%，在图 10-21 的 AB 边上确定点 F，作点 F 与点 S 的连线，根据 F、S 的流量用杠杆规则在 FS 线上确定点 M。

由于 E 相和 R 相的组成均未知，故需借辅助曲线，用试差作图法确定通过 M 点的联结线 ER。由图读得两相的组成分别为

E 相　　$y_A=27\%$，　$y_B=1.5\%$，　$y_S=71.5\%$

R 相　　$x_A=7.2\%$，　$x_B=91.4\%$，　$x_S=1.4\%$

由总物料衡算得

$$m_M=m_F+m_S=(1\ 000+800)\ \text{kg/h}=1\ 800\ \text{kg/h}$$

由图量得

$$\overline{RM}:\overline{RE}=31:50$$

E 相的量为

$$m_E=m_M\frac{\overline{RM}}{\overline{RE}}=1\ 800\times\frac{31}{50}\ \text{kg/h}=1\ 116\ \text{kg/h}$$

R 相的量为

$$m_R=m_M-m_E=(1\ 800-1\ 116)\ \text{kg/h}=684\ \text{kg/h}$$

(2) 连接点 S、E，并延长 SE 与 AB 边交于 E'，由图读得 $y_{E'}=92\%$。连接点 S、R，并延长 SR 与 AB 边交于 R'，由图读得 $x_{R'}=7.3\%$。

萃取液和萃余液的量分别为

$$m_{E'}=m_F\frac{x_F-x_{R'}}{y_{E'}-x_{R'}}=1\ 000\times\frac{35-7.3}{92-7.3}\ \text{kg/h}=327\ \text{kg/h}$$

$$m_{R'}=m_F-m_{E'}=(1\ 000-327)\ \text{kg/h}=673\ \text{kg/h}$$

萃取液的流量 E' 也可用式(10-12)计算。

$$m_{E'}=m_F\frac{\overline{R'F}}{\overline{R'E'}}$$

由图量得

$$\frac{\overline{R'F}}{\overline{R'E'}}=1/3$$

所以

$$m_{E'}=1\ 000\times 1/3\ \text{kg/h}=333\ \text{kg/h}$$

$$m_{R'}=m_F-m_{E'}=(1\ 000-333)\ \text{kg/h}=667\ \text{kg/h}$$

两方法所得结果存在的差异为作图和读图误差所致。

(3) 选择性系数

$$\beta=\frac{\dfrac{y_A}{y_B}}{\dfrac{x_A}{x_B}}=\frac{\dfrac{27\%}{1.5\%}}{\dfrac{7.2\%}{91.4\%}}=228.5$$

由于系统中B和S的互溶度很小，所以β值较高，得到的萃取液组成很高。

(4)

$$X_F=\frac{x_F}{1-x_F}=0.538\ 5$$

$$X_1=(1-\eta_A)X_F=(1-0.8)\times 0.538\ 5=0.107\ 7$$

$$Y_S=0$$

$$Y_1=KX_1=3.4\times 0.107\ 7=0.366\ 2$$

由式(10-21)得

$$m_S/m_B=(X_F-X_1)/Y_1=(0.538\ 5-0.107\ 7)/0.366\ 2=1.176$$

即每千克B需要消耗1.176 kg萃取剂S。

在实际生产中，通常萃取剂是循环使用的，其中会含有少量的组分A与B。同样，因脱除萃取剂不够完全，萃取液和萃余液中也会含少量S。在这种情况下，图解计算的原则和方法仍然适用，只是点S、E'及R'的位置均在三角形相图的均相区内。

10.3.3　多级错流萃取的计算

为了进一步降低单级萃取后的萃余相中溶质的含量，可再次加入新鲜溶剂进行萃取，如此将多个单级萃取进行组合操作，便构成了多级萃取。图10-22所示为多级错流萃取流程示意图，最终可以得到溶质组成低于指定值的萃余相。

多级错流萃取的操作特点是：① 每级都加入新鲜萃取剂；② 前级的萃余相为后级的原料；③ 多级错流萃取的计算就是单级萃取计算的多次重复。这种操作方式的传质推动力大，只要级数足够多，最终可得到溶质组成很低的萃余相，但溶剂的用量较多。

多级错流萃取设计型计算中，通常已知m_F、x_F及各级溶剂的用量m_S，规定最终萃余相组成x_R，计算理论级数。

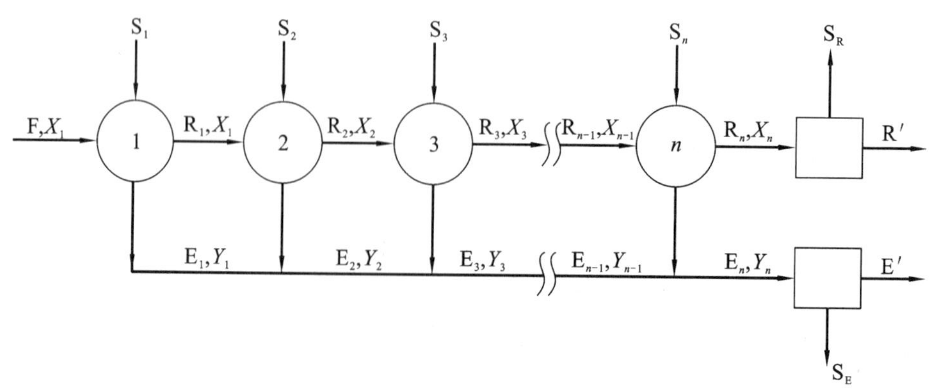

图10-22　多级错流萃取流程示意图

1. 组分 B、S 部分互溶系统的萃取图解法

通常已知系统的相平衡数据、原料液的质量 m_F 及组成 x_F、萃取剂的组成 y_S，规定最终的萃余相组成 x_R，要选择萃取剂的用量，并求所需理论级数。下面以三级错流萃取为例。图解过程见图 10-23。

若原料液为 A、B 二元溶液，各级均用纯溶剂进行萃取（即 $y_{S1}=y_{S2}=y_{S3}=0$）。萃取剂总用量为各级用量之和，各级萃取剂用量可以相等，也可以不等。但可以证明，只有在各级萃取剂用量相等，达到一定的分离程度时萃取剂的总用量最少。

根据原料 F 的组成 x_F 及萃取剂 S_1 的组成 y_{S1}，作 FS_1 连线，由 F 和 S_1 的量，依据杠杆规则，在连线上确定第一级混合液的组成点 M_1，求得 M_1 的量和组成，通过 M_1 作联结线 E_1R_1，再依据杠杆规则求得萃取相 E_1 和萃余相 R_1 的组成。在第二级萃取操作中，由 R_1 与 S_2 的量确定混合液的组成点 M_2，过 M_2 作联结线 E_2R_2，同法得到第二理论级的分离结果。如此重复，直至某级萃余相中溶质的组成等于或低于指定值 x_R 为止。此时，所作联结线的数目即为所需的理论级数。图 10-23 中，萃取剂 S_1、S_2、S_3 以 S 表示。上述图解过程表明：多级错流萃取的图解法是单级萃取图解的多次重复。

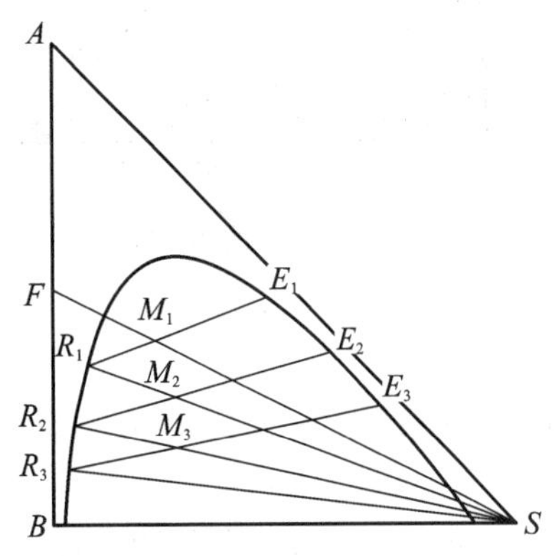

图 10-23　三级错流萃取图解计算

【例 10-3】　25 ℃下用三氯乙烷为萃取剂在三级错流萃取装置中萃取丙酮-水溶液中的丙酮。原料液的处理量为 500 kg/h，其中丙酮的质量分数为 40%，第一级溶剂用量与原料液流量之比为 0.5，各级萃取剂用量相等。试求丙酮的回收率。以质量分数表示的丙酮(A)-水(B)-三氯乙烷(S)系统的溶解度和联结线数据如表 10-4、表 10-5 所示。

表 10-4　　（单位：%）

三氯乙烷	水	丙酮	三氯乙烷	水	丙酮
99.89	0.11	0	38.31	6.84	54.85
94.73	0.26	5.01	31.67	9.78	58.55
90.11	0.36	9.53	24.04	15.37	60.59
79.58	0.76	19.66	15.49	26.28	58.33
70.36	1.43	28.21	9.63	35.38	54.99
64.17	1.87	33.96	4.35	48.47	47.18
60.06	2.11	37.83	2.18	55.97	41.85
54.88	2.98	42.14	1.02	71.80	27.18
48.78	4.01	47.21	0.44	99.56	0

表 10-5

水相中丙酮 x_A/(%)	5.96	10.0	14.0	19.1	21.0	27.0	35.0
三氯乙烷相中丙酮 y_A/(%)	8.75	15.0	21.0	27.7	32	40.5	48.0

解　丙酮的回收率可由下式计算：

$$\eta_A=\frac{m_F x_F-m_{R3}x_3}{m_F x_F}$$

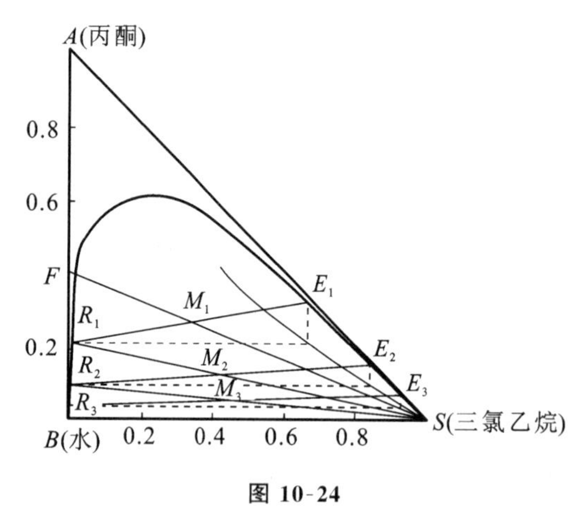

图 10-24

关键是求算 m_{R3} 及 x_3。由题给数据在等腰直角三角形相图中作出溶解度曲线和辅助曲线，如图 10-24 所示。每级加入的萃取剂量为

$$m_S = 0.5m_F = 0.5 \times 500\ \text{kg/h} = 250\ \text{kg/h}$$

由第一级的总物料衡算得

$$m_{M1} = m_S + m_F = (250+500)\ \text{kg/h} = 750\ \text{kg/h}$$

由 m_F 和 m_S 用杠杆规则确定第一级混合液组成点 M_1，用试差法作过 M_1 点的联结线 E_1R_1。根据杠杆规则得

$$m_{R1} = m_{M1}\frac{\overline{E_1M_1}}{\overline{E_1R_1}} = 750 \times \frac{33}{67}\ \text{kg/h} = 369.4\ \text{kg/h}$$

再用 250 kg/h 的溶剂对第一级的 R_1 相进行萃取。重复上述步骤计算第二级的有关参数，即

$$m_{M2} = m_S + m_{R1} = (250+369.4)\ \text{kg/h} = 619.4\ \text{kg/h}$$

$$m_{R2} = m_{M2}\frac{\overline{E_2M_2}}{\overline{E_2R_2}} = 619.4 \times \frac{43}{87}\ \text{kg/h} = 321\ \text{kg/h}$$

同理，求得第三级的有关参数为

$$m_{M3} = 571\ \text{kg/h},\quad m_{R3} = 298\ \text{kg/h}$$

由图读得 $x_3 = 3.5\%$，于是丙酮的回收率为

$$\eta_A = \frac{m_F x_F - m_{R3} x_3}{m_F x_F} = \frac{500 \times 0.40 - 298 \times 0.035}{500 \times 0.40} = 94.8\%$$

2. 组分 B、S 不互溶系统的理论级数

设每一级的萃取剂加入量相等，则各级萃取相中的萃取剂的量 m_S 和萃余相中的稀释剂的量 m_B 均保持不变，萃取相中只有 A、S 两组分，萃余相中只有 A、B 两组分。为简便起见，物料衡算中的溶质组成采用质量比 $Y(m_A/m_S)$ 和 $X(m_A/m_B)$ 表示。下面分别介绍直角坐标图解法和解析法。

1) 直角坐标图解法

若组分 B、S 完全不互溶或互溶度很小可视为不互溶，此时采用直角坐标图求解理论级数更为方便。

对图 10-22 中第一级萃取作溶质 A 的物料衡算得

$$m_B X_F + m_S Y_S = m_B X_1 + m_S Y_1$$

即

$$Y_1 - Y_S = -\frac{m_B}{m_S}(X_1 - X_F) \tag{10-22}$$

式(10-22)为第一级萃取过程中萃取相与萃余相组成变化的操作线方程。

对第二级萃取作溶质 A 的物料衡算得

$$Y_2 - Y_S = -\frac{m_B}{m_S}(X_2 - X_1) \tag{10-23}$$

同理，对第 n 级萃取作溶质 A 的物料衡算得

$$Y_n - Y_S = -\frac{m_B}{m_S}(X_n - X_{n-1}) \tag{10-24}$$

式(10-24)表示任一级的萃取相组成 Y_n 与萃余相组成 X_n 之间的关系，为错流萃取任一级的操作线方程。因为 m_B/m_S 为常数，故上式为通过点(X_{n-1}, Y_S)的直线方程。根据理论级的概念，离开任一级的 Y_n 与 X_n 处于平衡状态，故点(X_n, Y_n)也位于分配曲线上，为操

作线与分配曲线的交点。据此,可在 XOY 直角坐标图上用图解法求出所需的理论级,具体步骤如下(见图 10-25)。

(1) 在直角坐标系中作出分配曲线;

(2) 根据 X_F 和 Y_S 确定 L 点,过 L 点作斜率为 $-m_B/m_S$ 的操作线,与分配曲线相交于点 $E_1(X_1,Y_1)$,其坐标值表示离开第一级的萃取相 E_1 与萃余相 R_1 的组成;

(3) 过 E_1 作垂线与 $Y=Y_S$ 线交于 $V(X_1,Y_S)$,因各级萃取剂用量相等,通过 V 点作 LE_1 的平行线与分配曲线交于点 $E_2(X_2,Y_2)$,此点坐标为离开第二级的萃取相 E_2 与萃余相 R_2 的组成。

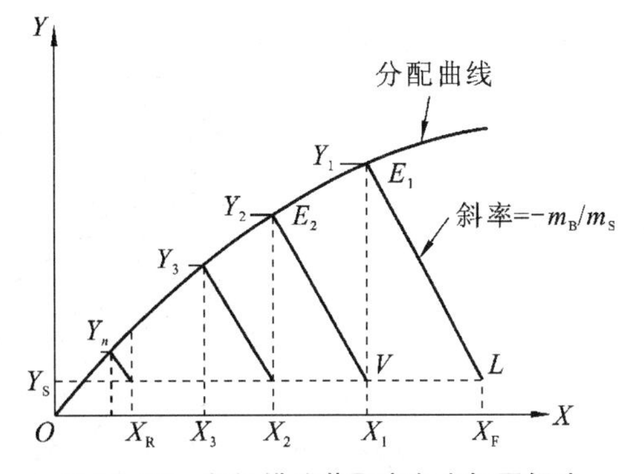

图 10-25　多级错流萃取直角坐标图解法

以此类推,直至萃余相组成 X_n 等于或低于指定值 X_R 为止。所作操作线的数目即为所求的理论级数 n。

注意:① 若各级萃取剂用量不相等,则各操作线相互不平行;② 如果萃取剂中不含溶质,即 $Y_S=0$,则 L、V 等点位于 x 轴上。

2) 解析法

若在操作条件下分配系数可视为常数,则平衡关系满足式(10-5),此时,就可用解析法求解理论级数。

如图 10-25 所示,第一级萃取相平衡关系为

$$Y_1=KX_1 \tag{10-25}$$

将上式代入式(10-22),消去 Y_1 可解得

$$X_1=\frac{X_F+\dfrac{m_S}{m_B}Y_S}{1+\dfrac{Km_S}{m_B}} \tag{10-26}$$

令 $Km_S/m_B=A_m$,则上式变为

$$X_1=\frac{X_F+\dfrac{m_S}{m_B}Y_S}{1+A_m} \tag{10-27}$$

式中:A_m——萃取因子,对应于吸收中的解吸因子。

对第二级萃取则有

$$X_2=\frac{X_F+\dfrac{m_S}{m_B}Y_S}{(1+A_m)^2}+\frac{\dfrac{m_S}{m_B}Y_S}{1+A_m} \tag{10-28}$$

同理,对第 n 级萃取则有

$$X_n=\left(X_F-\frac{Y_S}{K}\right)\left(\frac{1}{1+A_m}\right)^n+\frac{Y_S}{K} \tag{10-29}$$

整理式(10-29)并取对数得

$$n=\frac{1}{\ln(1+A_m)}\ln\frac{X_F-\dfrac{Y_S}{K}}{X_n-\dfrac{Y_S}{K}} \tag{10-30}$$

式(10-30)的关系可用图 10-26 表示。

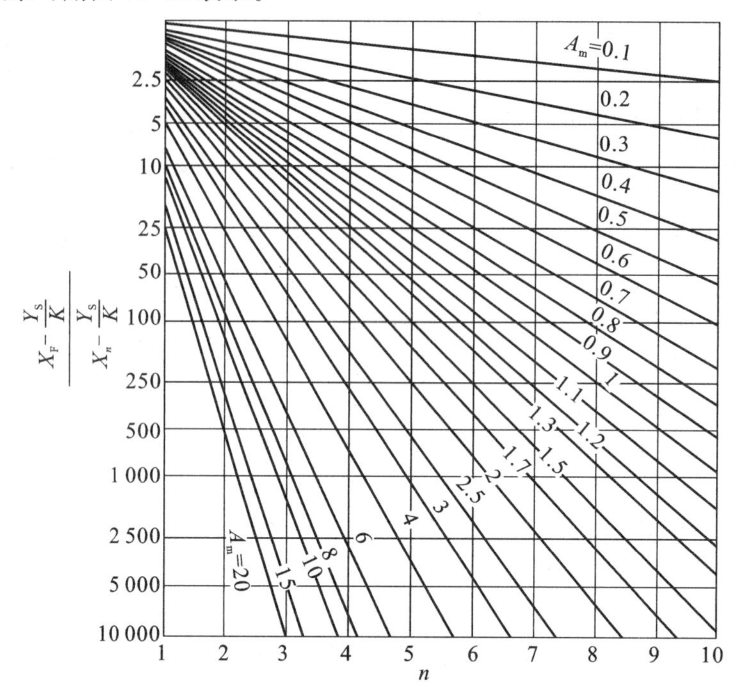

图 10-26　多级错流萃取 n 与 $\dfrac{X_F-\dfrac{Y_S}{K}}{X_n-\dfrac{Y_S}{K}}$ 的关系图(A_m 为参数)

【例 10-4】 用含丙酮 1%(质量分数)的三氯乙烷作萃取剂,采用 5 级错流萃取,每级中加入的萃取剂量都相同,对丙酮(A)-水(B)混合液进行萃取,水和三氯乙烷可视为完全不互溶。在操作条件下,丙酮的分配系数可视为常数,$K=1.71$。原料液中丙酮的质量分数为 20%,其余为水,处理量为 1 000 kg/h。要求最终萃余相中丙酮的质量分数不大于 1%。试求萃取剂的用量及萃取相中丙酮的平均组成。

解　由题意知,组分 B、S 完全不互溶,且分配系数 K 可视为常数,故可通过萃取因子 A_m 值来计算萃取剂用量 m_S。

$$X_F=20/80=0.25,\quad X_n=1/99=0.010\ 1,\quad Y_S=1/99=0.010\ 1$$

$$m_B=m_F(1-x_F)=1\ 000\times(1-0.2)\ \text{kg/h}=800\ \text{kg/h}$$

$$\frac{X_F-\dfrac{Y_S}{K}}{X_n-\dfrac{Y_S}{K}}=\frac{0.25-\dfrac{0.010\ 1}{1.71}}{0.010\ 1-\dfrac{0.010\ 1}{1.71}}=58.1$$

由上面的计算值和 $n=5$ 从图 10-26 查得 $A_m=1.23$。每级纯溶剂的用量为

$$m_{S1}=A_m m_B/K=1.23\times800/1.71\ \text{kg/h}=575.4\ \text{kg/h}$$

则含 1%丙酮的萃取剂的总用量为

$$m_S=5m_{S1}/(1-0.01)=5\times575.4/0.99\ \text{kg/h}=2\ 906\ \text{kg/h}$$

设萃取相中溶质的平均组成为 $\overline{Y}$,对全系统作溶质的物料衡算得

$$m_B X_F+m_S Y_S=m_B X_n+m_S\overline{Y}$$

所以

$$\overline{Y}=\frac{m_B(X_F-X_n)}{m_S}+Y_S$$

即

$$\overline{Y}=\frac{800\times(0.25-0.010\ 1)}{2\ 906}+0.010\ 1=0.076\ 14$$

$$\bar{y}=\frac{\bar{Y}}{1+\bar{Y}}=\frac{0.07614}{1.07614}=0.07075$$

10.3.4　多级逆流萃取的计算

多级逆流萃取就是将若干个单级萃取串联起来，实现萃取相与萃余相的逆流操作。其操作流程如图 10-27(a)所示。原料液由第一级进入，每一级的萃余相作为下一级的原料；萃取剂从最后一级进入，每一级的萃取相作为上一级的萃取剂。因此，在多级逆流萃取中，萃余相的溶质含量从第一级到第 n 级逐级减少，而萃取相的溶质含量从第 n 级到第一级逐级升高。可见，多级逆流萃取操作可在溶剂用量较少的情况下获得较高的分离效率，其传质平均推动力大，一般为连续操作，因而广泛应用于工业生产中，特别是当 A 与 B 均为产品，需要较完全分离时的场合。最终的萃取相与萃余相可在溶剂回收装置中脱除萃取剂，得到萃取液与萃余液，脱除的萃取剂返回系统循环使用。

本节讨论不同情况下的设计型计算。一般已知系统的相平衡数据、原料液的流量 m_F 和组成 x_F，规定最终萃余相中溶质组成 x_R，在设计中可根据经济性选定萃取剂的用量 m_S 和组成 y_S，求解满足上述萃取所需的理论级数。

1. 组分 B 和 S 部分互溶系统的图解法

1）三角形相图图解法

对于组分 B 和 S 部分互溶的系统，每一级的两相中均含有 3 个组分，故多级逆流萃取所需的理论级数需借助三角形相图。下面以纯溶剂为例，介绍图解计算过程（见图 10-27(b)）。

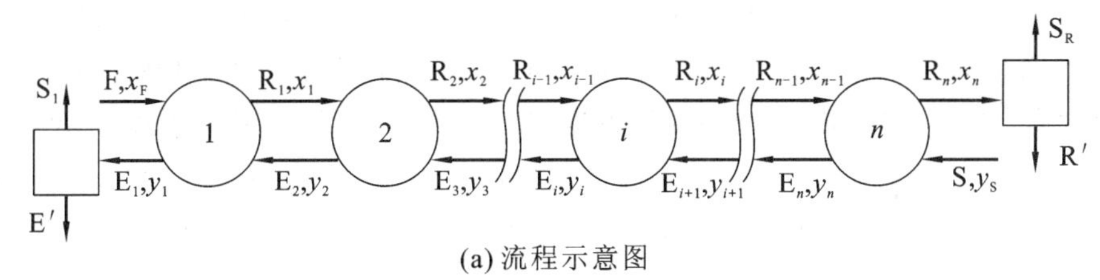

(a) 流程示意图

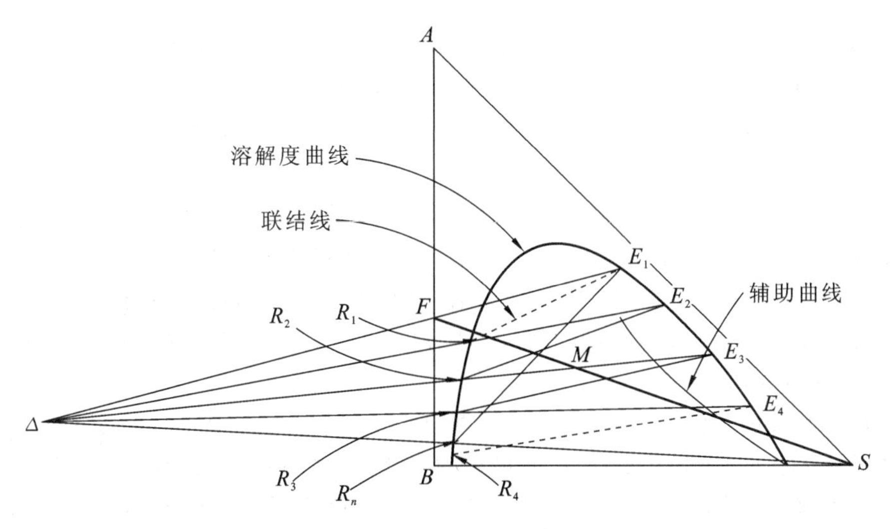

(b) 萃取理论级的图解计算

图 10-27　多级逆流萃取

(1) 根据平衡数据,在三角形相图上绘出溶解度曲线和辅助曲线。

(2) 由原料液组成 x_F 和萃取剂组成 y_S,在图上定出 F 和 S 两点位置,再由 m_S/m_F 在 FS 连线上定出和点 M 的位置。

(3) 由规定的最终萃余相组成 x_R 在相图上确定点 R_n,连接点 R_n、M 并延长 R_nM 与溶解度曲线交于点 E_1,此点即为最终的萃取相状态点,由该点可读取最终萃取相的组成。再根据杠杆规则,计算最终萃取相及萃余相的流量,即

$$m_{E1}=m_M\frac{\overline{MR_n}}{\overline{R_nE_1}},\quad m_{Rn}=m_M-m_{E1}$$

(4) 利用平衡关系和物料衡算,用图解法求理论级数。

在图 10-27(a)所示的第一级与第 n 级之间作总物料衡算得

$$m_F+m_S=m_{Rn}+m_{E1}\quad 或\quad m_F-m_{E1}=m_{Rn}-m_S$$

对第一级作物料衡算得

$$m_F+m_{E2}=m_{R1}+m_{E1}\quad 或\quad m_F-m_{E1}=m_{R1}-m_{E2}$$

对第二级作物料衡算得

$$m_{R1}+m_{E3}=m_{R2}+m_{E2}\quad 或\quad m_{R1}-m_{E2}=m_{R2}-m_{E3}$$

以此类推,对第 n 级作物料衡算得

$$m_{R(n-1)}+m_S=m_{Rn}+m_{En}\quad 或\quad m_{R(n-1)}-m_{En}=m_{Rn}-m_S$$

对各级衡算式进行整理得

$$m_F-m_{E1}=m_{R1}-m_{E2}=m_{R2}-m_{E3}=\cdots=m_{R(n-1)}-m_{En}=m_{Rn}-m_S=m_\Delta \tag{10-31}$$

式(10-31)为多级逆流萃取的操作线方程,它表明离开任意级的萃余相与进入该级的萃取相的流量差为常数,以 m_Δ 表示,其组成也可以在三角形相图上用点 Δ 表示,称为操作点。显然,点 Δ 分别为 F 与 E_1、R_1 与 E_2、R_2 与 E_3……R_{n-1} 与 E_n、R_n 与 S 等流股的差点。各直线 $E_1F\Delta$,$E_2R_1\Delta$,…,$SR_n\Delta$ 为各级操作线,通常由 E_1F 与 SR_n 的延长线交点来确定点 Δ 的位置。

操作点 Δ 确定后,过点 E_1 作联结线与溶解度曲线相交于点 R_1,连接点 R_1 和点 Δ 得操作线,该操作线与溶解度曲线相交于点 E_2;以此类推,交替地作联结线和操作线,直至某联结线所得萃余相组成等于或小于所规定的最终萃余相组成 x_R 为止,所作联结线数目即为所需的理论级数。

应予指出,点 Δ 的位置与系统联结线的斜率、原料液的流量 m_F 及组成 x_F、萃取剂用量 m_S 及组成 y_S、最终萃余相组成 x_R 等参数有关,可能位于三角形相图的左侧或右侧。若其他条件一定,则点 Δ 的位置由溶剂比决定。当 m_S/m_F 较小时,点 Δ 在三角形左侧,此时点 R 为和点;当 m_S/m_F 较大时,点 Δ 在三角形右侧,此时点 E 为和点;当 m_S/m_F 为某数值时,点 Δ 位于无穷远处,这时可将各操作线视为平行。

【例 10-5】 以氯苯为萃取剂进行多级连续逆流萃取,处理含丙酮 50%(质量分数,下同)的水溶液。已知原料液处理量为 500 kg/h,溶剂用量也为 500 kg/h,要求最终萃余相中丙酮组成不超过 2%。试求:(1) 所需的理论级数;(2) 最终萃取相和全部脱除溶剂后的萃取液的组成与流量。操作条件下的溶解度曲线和辅助曲线如图 10-28 所示。

解 (1) 由 $x_F=50\%$ 在 AB 边上定出点 F,连接 FS。操作溶剂比 $m_S/m_F=1$,由溶剂比在 FS 线上定出和点 M ($\overline{FM}=\overline{MS}$)。

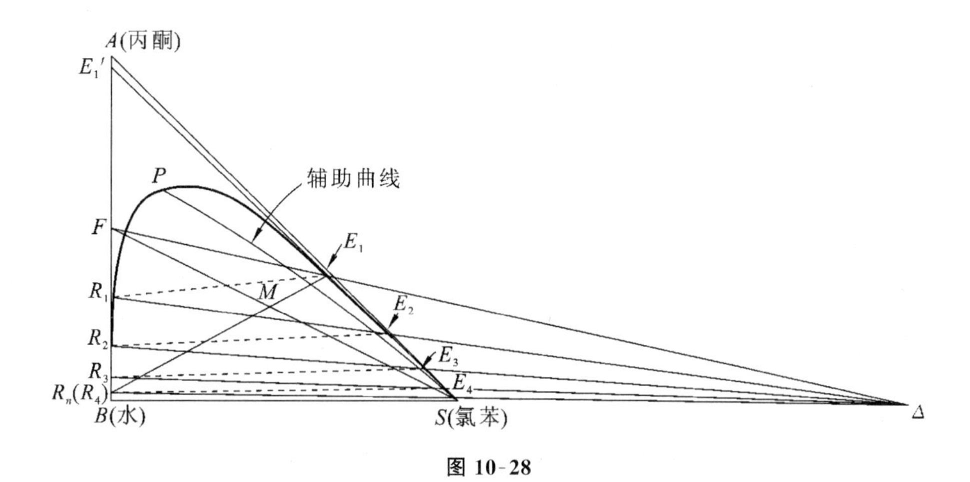

图 10-28

由 $x_n=2\%$ 在相图上定出点 R_n，延长点 R_n 及 M 的连线与溶解度曲线交于点 E_1，此点即为最终萃取相组成点。

连接点 E_1、F 与点 S、R_n，并延长两连线交于点 Δ，此点即为操作点。过点 E_1 借助辅助线作联结线 E_1R_1，点 R_1 即代表与 E_1 成平衡的萃余相组成点。连接点 Δ 和点 R_1 交溶解度曲线于点 E_2（操作关系），此点即为进入第一级的萃取相组成点。

重复上述步骤，过点 E_2 作联结线 E_2R_2，连接点 Δ 和 R_2 交溶解度曲线于点 E_3，以此类推，由图可知，当作至联结线 E_4R_4 时，$x_4=2\%$，故知用 4 个理论级即可满足萃取分离要求。

(2) 连接点 S 和点 E_1 并延长与 AB 边交于点 E_1'，此点即代表最终萃取液的组成点。由图读得最终萃取相(E_1 相)组成 $y_1=36.3\%$，最终萃取液(E_1' 相)组成 $y_1'=97.5\%$。

利用杠杆规则求 E_1 相的流量，即

$$m_{E1}=m_M\frac{\overline{MR_n}}{\overline{E_1R_n}}=(500+500)\times\frac{64}{85}\ \text{kg/h}=753\ \text{kg/h}$$

利用杠杆规则同样可求得萃取液的流量，但从图中可见，萃余相几乎没有溶剂，可视萃取液由 E_1 完全脱除所加溶剂 S 而得到，即

$$m_{E'1}=m_{E1}-m_S=(753-500)\ \text{kg/h}=253\ \text{kg/h}$$

2）直角坐标图解法

当萃取过程所需理论级数较多时，在三角形相图上进行图解会因线条过密而不够清晰，此时可用直角坐标图（见图 10-29）求解理论级数。具体作法如下。

(1) 由平衡数据在三角形相图上绘出溶解度曲线和辅助曲线，确定 F、R_n、S 及 E_1 四个点，连接点 R_n、S 及点 F、E_1，并将连线延长交于点 Δ，此点即操作点。

(2) 借助辅助曲线确定任意若干组共轭相中溶质的平衡组成，在直角坐标系中依平衡数据作出分配曲线 OGQ。

(3) 在直角坐标系中作操作线。于 $FE_1\Delta$ 与 $R_nS\Delta$ 两直线之间任意作若干条操作线，每条操作线均与溶解度曲线交于两点，将该两点的坐标 y_A 与 x_A 转移到直角坐标系中，便得到一条操作线 WH。

(4) 从点 $W(x_F, y_1)$ 开始在分配曲线与操作线之间作阶梯，直至某一阶梯所指的萃余相中溶质组成等于或小于要求的最终萃余相组成 x_R 为止，所绘阶梯数为所需理论级数。

2. 组分 B 和 S 完全不互溶系统的理论级数

当组分 B 和 S 完全不互溶，或在操作范围内互溶度极小时，可视各级萃取相和萃余相中

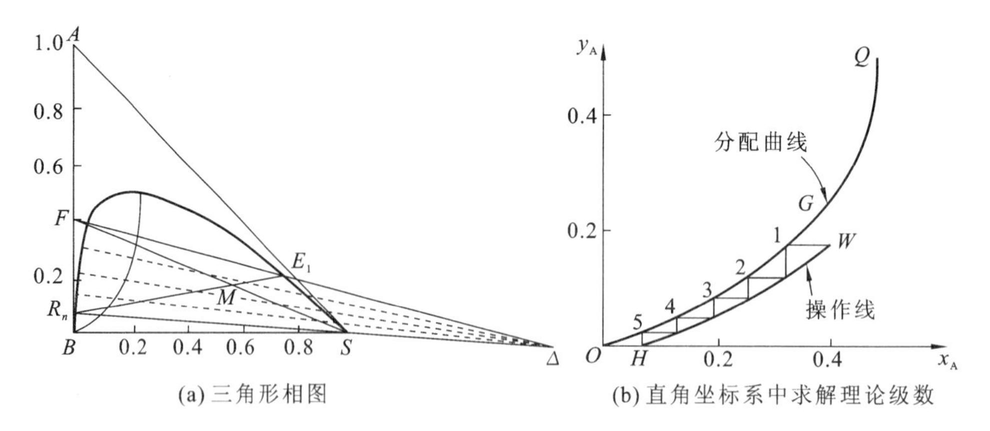

(a) 三角形相图　　(b) 直角坐标系中求解理论级数

图 10-29　在直角坐标系中求解理论级数

只有两个组分，即稀释剂 B 只存在于萃余相中，而萃取剂 S 只存在于萃取相中，它们在各级的量维持不变，所以溶质组成采用质量比 Y (m_A/m_S) 和 X (m_A/m_B) 表示更为方便，所得操作线在直角坐标系中为一直线，求理论级数的方法与解吸过程十分相似，可用图解法或解析法。图解法就是在直角坐标系中，从点(X_F,Y_1)开始，于分配曲线与操作线之间作阶梯直到 $X_n \leqslant X_R$，阶梯数即为理论级数。

若分配曲线不为直线，用直角坐标图解法计算萃取理论级数较解析法方便，具体求解步骤如下(见图 10-30)。

(1) 由平衡数据在直角坐标系中绘出分配曲线。

(2) 在直角坐标系中作出多级逆流萃取的操作线。

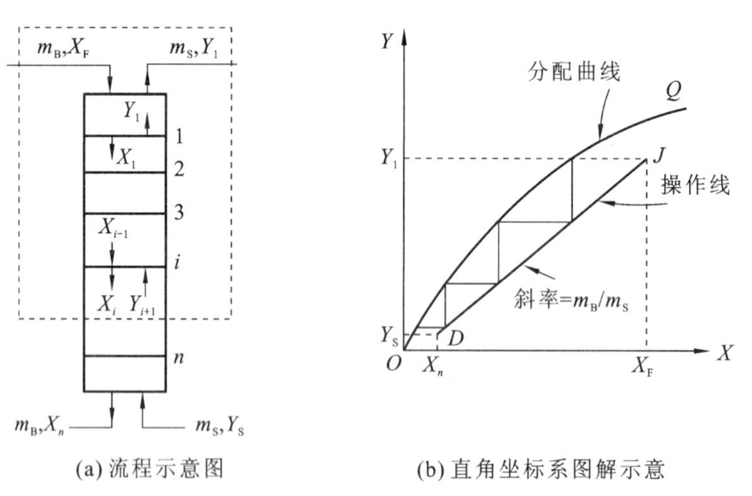

(a) 流程示意图　　(b) 直角坐标系图解示意

图 10-30　B、S 完全不互溶系统多级逆流萃取的图解计算

在图 10-30(a)中的第一级至第 i 级作溶质的物料衡算得

$$m_B X_F + m_S Y_{i+1} = m_B X_i + m_S Y_1$$

整理得

$$Y_{i+1} = \frac{m_B}{m_S} X_i + \left(Y_1 - \frac{m_B}{m_S} X_F \right) \tag{10-32}$$

式中：X_i——离开第 i 级的萃余相中溶质的质量比组成；

Y_{i+1}——离开第 $i+1$ 级的萃取相中溶质的质量比组成；

m_B、m_S——B 与 S 的质量或质量流量，kg 或 kg/s。

式(10-32)称为多级逆流萃取操作线方程，其斜率为 m_B/m_S，连接两端点 $J(X_F, Y_1)$ 和 $D(X_n, Y_S)$ 得操作线 DJ。

(3) 从点 J 开始，在分配曲线与操作线之间画阶梯直至或过 D 点，阶梯数即为所求理论级数(见图 10-30(b))。

当分配曲线为通过原点的直线时，由于操作线也为直线，萃取因子 $A_m = Km_B/m_S$ 为常数，则理论级数为

$$n = \frac{1}{\ln A_m}\ln\left[\left(1-\frac{1}{A_m}\right)\frac{X_F - \dfrac{Y_S}{K}}{X_n - \dfrac{Y_S}{K}} + \frac{1}{A_m}\right] \tag{10-33}$$

3. 最小溶剂比和最小萃取剂用量

在萃取操作中，溶剂比对设备费用和操作费用的影响与吸收操作中的液气比相似。以组分 B 和 S 完全不互溶系统为例，萃取分离任务一定，若减小溶剂比 m_S/m_F，则回收萃取剂所消耗的能量减少，但减小 m_S/m_F 会导致 m_B/m_S 增大，由图10-31可见，这时操作线向分配曲线靠拢，所需的理论级数增多；反之，增大溶剂比 m_S/m_F，回收萃取剂所消耗的能量增加，但 m_S/m_F 增加会引起 m_B/m_S 减小，所需的理论级数减少。因此，应根据经济效益来确定适宜的溶剂比。

当萃取剂用量减小致使操作线和分配曲线相交(或相切)时，为了达到规定的分离程度，所需的理论级数为无穷多，这时的萃取剂用量为最小用量 $m_{S,\min}$。显然，萃取剂的用量必须大于此极限值才能进行实际操作，一般实际萃取剂用量 $m_S = (1.1\sim2.0)\ m_{S,\min}$。

同样，由三角形相图 10-32 也可看出，m_S/m_F 值愈小，和点 M 移至 M'，操作点 Δ 移至 Δ'，操作线和联结线愈接近，所需的理论级数愈多。当萃取剂的用量减小至 $m_{S,\min}$ 时，就会出现某一操作线和联结线相重合的情况，此时所需的理论级数为无穷多。$m_{S,\min}$ 的值可由杠杆规则求得。用 $\delta(\delta = m_B/m_S)$ 代表正常操作的操作线斜率，则使用最小萃取剂用量 $m_{S,\min}$ 时的操作线斜率 $\delta_{\max} = m_B/m_{S,\min}$，即最小萃取剂用量 $m_{S,\min}$ 的计算式为

$$m_{S,\min} = m_B/\delta_{\max} \tag{10-34}$$

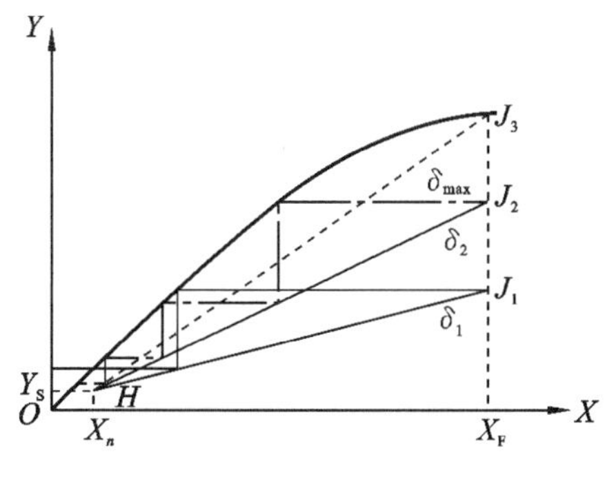

图 10-31　萃取剂最小用量

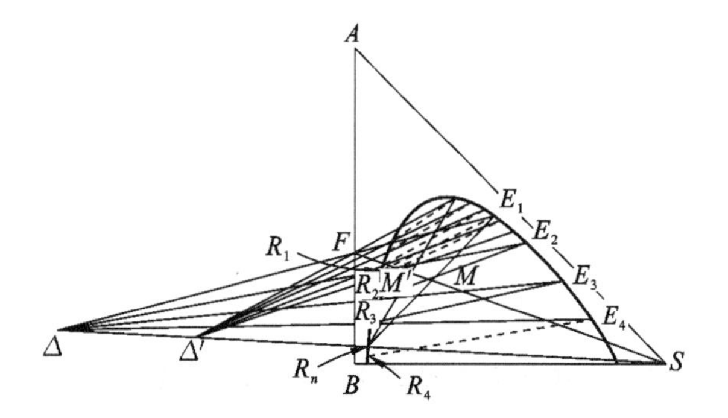

图 10-32　溶剂比对理论级数的影响

【例 10-6】　在多级逆流萃取装置中，用纯三氯乙烷从含丙酮 35%(质量分数，下同)的丙酮水溶液中提取丙酮。原料液的流量为 1 000 kg/h，要求最终萃余相中丙酮的质量分数不大于 5%。萃取剂的用量为最小用

量的 1.3 倍。水和三氯乙烷可视为完全不互溶,试在直角坐标系中求解所需的理论级数。操作条件下的平衡数据见例 10-3 中表 10-4 和表 10-5。

若操作条件下该系统的分配系数 K 取 1.71,试用解析法求解所需的理论级数。

解 (1) 图解法求所需理论级数。

将表 10-5 中联结线数据换算为质量比组成,换算结果如表 10-6 所示。

表 10-6

X	0.063 4	0.111	0.163	0.236	0.266	0.370	0.538
Y	0.095 9	0.176	0.266	0.383	0.471	0.681	0.923

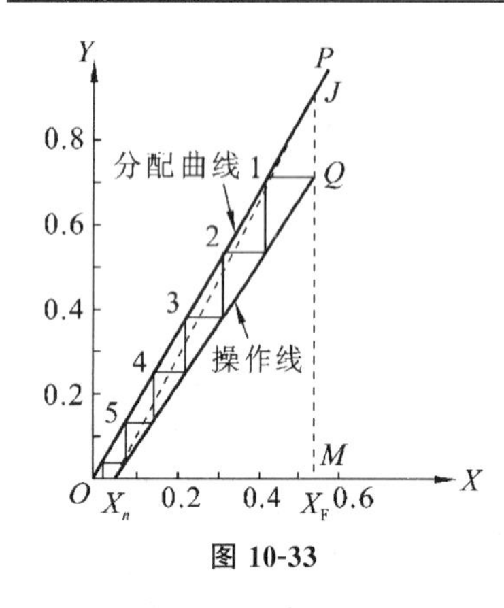

图 10-33

在直角坐标系中根据表 10-6 中的数据作图,得分配曲线 OP,如图 10-33 所示。

由题给数据得

$$X_F=35/65=0.538,\quad X_n=5/95=0.052\ 6$$

$$m_B=m_F(1-x_F)=1\ 000\times(1-0.35)\ \text{kg/h}=650\ \text{kg/h}$$

因 $Y_S=0$,故在图 10-33 横轴上确定 X_F 及 X_n 两点,过 X_F 作垂线与分配曲线交于点 J,连接 X_n、J 两点便可求得 δ_{max},即

$$\delta_{max}=(0.923-0)/(0.538-0.052\ 6)=1.90$$

最小萃取剂用量

$$m_{S,min}=m_B/\delta_{max}=650/1.9\ \text{kg/h}=342\ \text{kg/h}$$

$$m_S=1.3m_{S,min}=1.3\times342\ \text{kg/h}=445\ \text{kg/h}$$

实际操作线斜率为

$$\delta=m_B/m_S=650/445=1.46$$

于是,可作出实际操作线 QX_n。在分配曲线与操作线之间作阶梯,求得所需理论级数为 5.5。

(2) 解析法求所需理论级数。

由已知数据得

$$A_m=Km_S/m_B=(1.71\times445)/650=1.171$$

$$\frac{X_F-\frac{Y_S}{K}}{X_n-\frac{Y_S}{K}}=\frac{0.538-0}{0.052\ 6-0}=10.23$$

所以

$$n=\frac{1}{\ln A_m}\ln\left[\left(1-\frac{1}{A_m}\right)\frac{X_F-\frac{Y_S}{K}}{X_n-\frac{Y_S}{K}}+\frac{1}{A_m}\right]$$

$$=\frac{1}{\ln1.171}\ln\left[\left(1-\frac{1}{1.171}\right)\times10.23+\frac{1}{1.171}\right]=5.41$$

比较得出,由两种方法计算的结果极为相近。

10.3.5 微分接触式逆流萃取的计算

微分接触式逆流萃取过程通常在塔式设备中进行,其流程如图 10-34 所示,重液(如原料液)自塔顶进入,向下运动;轻液(如溶剂)自塔底进入,并向上运动。重液与轻液呈逆流微分接触,溶质浓度沿塔高连续变化,最终萃取相与萃余相分别从塔顶和塔底流出。

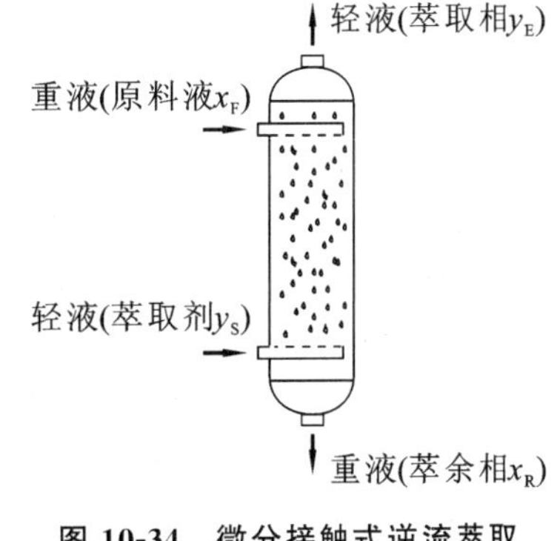

图 10-34　微分接触式逆流萃取

塔式微分接触式逆流萃取设备的计算与气液传质设备一样，主要是确定塔径和塔高。塔径取决于两液相的流量及适宜的操作速度；而塔高的计算通常有理论级当量高度法和传质单元法两种方法。

1. 理论级当量高度法

理论级当量高度是指萃取效果相当于一个理论级的塔段高度，以 HETP 表示。HETP 是衡量萃取塔传质特性的一个参数，其值与设备型式、系统性质及操作条件有关，需在相似条件下进行实验确定。

于是塔的萃取段有效高度由下式获得：

$$H=n\cdot \text{HETP} \tag{10-35}$$

式中：H —— 萃取塔的有效高度，m；

n —— 逆流萃取所需的理论级数；

HETP —— 理论级当量高度，m。

2. 传质单元法

如图 10-35 所示，以微元段为控制体，对溶质组分作物料衡算有

$$\mathrm{d}(m_E Y)=K_Y(Y^*-Y)\alpha\Omega \mathrm{d}H \tag{10-36}$$

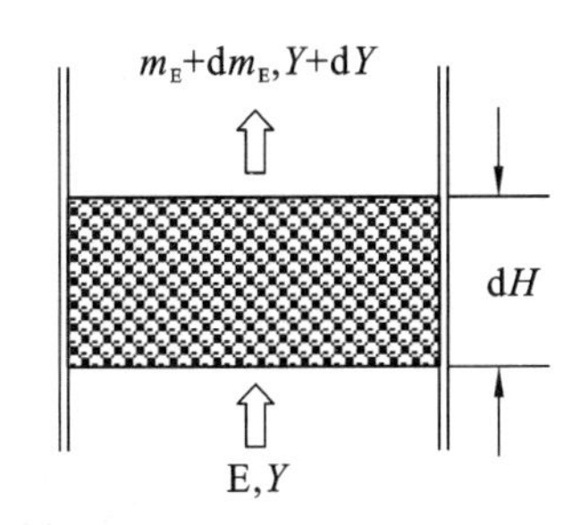

图 10-35　微元段内的物料衡算

当组分 B 和 S 完全不互溶，并且溶质组成较低时，在整个萃取段内体积传质系数 $K_Y\alpha$ 和萃取剂 S 的流量均可视为常数，且 $m_E=m_S$，于是式(10-36)可写为

$$\mathrm{d}(m_S Y)=K_Y(Y^*-Y)\alpha\Omega \mathrm{d}H$$

分离变量得

$$\mathrm{d}H=\frac{m_S}{\Omega K_Y\alpha}\frac{\mathrm{d}Y}{Y^*-Y}$$

积分边界条件：$H_1=0$ 时，$Y_1=Y_S$；$H_2=H$ 时，$Y_2=Y_E$。所以

$$H=\frac{m_S}{\Omega K_Y\alpha}\int_{Y_S}^{Y_E}\frac{\mathrm{d}Y}{Y^*-Y} \tag{10-37}$$

记为

$$H=H_{OE}N_{OE} \tag{10-38}$$

式中：m_S —— 萃取剂的流量，kg/h 或 kg/s；

α —— 单位塔体积的传质面积，m^2/m^3；

Ω —— 塔截面积，m^2；

K_Y —— 以萃取相组成为推动力的总传质系数；

Y^* —— 与萃余相组成 X 成平衡的萃取相组成；

Y —— 萃取相中溶质的质量比组成。

其中，总传质单元数 $N_{OE}=\int_{Y_S}^{Y_E}\frac{\mathrm{d}Y}{Y^*-Y}$，总传质单元高度 $H_{OE}=\frac{m_S}{\Omega K_Y\alpha}$，由实验测定。当分配曲线为直线时，可由对数平均推动力法计算 N_{OE}，即

$$N_{OE}=\int_{Y_S}^{Y_E}\frac{\mathrm{d}Y}{Y^*-Y}=\frac{Y_E-Y_S}{\Delta Y_m}$$

其中

$$\Delta Y_m=\frac{(Y_F^*-Y_E)-(Y_R^*-Y_S)}{\ln\dfrac{Y_F^*-Y_E}{Y_R^*-Y_S}}$$

萃取相的总传质单元数也可由图解积分法或数值积分法求得。以上是对萃取相讨论的结果,类似地,也可对萃余相写出相应的计算式。

【例 10-7】 在塔径为 0.05 m,有效高度为 1 m 的填料逆流萃取实验塔内,用纯溶剂 S 从质量分数为 0.15 的水溶液中提取溶质 A。水与溶剂可视为完全不互溶,要求最终萃余相中溶质 A 的质量分数不大于 0.004。操作溶剂比为 $m_S/m_B=2$,溶剂用量为 130 kg/h。操作条件下平衡关系为 $Y^*=1.6X$。试求萃取相的总传质单元数和总体积传质系数。

解 由于组分 B、S 可视为完全不互溶,且分配系数为常数,故可用平均推动力法求总传质单元数 N_{OE},而总体积传质系数 $K_Y\alpha$ 则由总传质单元高度 H_{OE} 求算。

(1) 求总传质单元数 N_{OE}。

由题给数据得

$$X_F=\frac{x_F}{1-x_F}=\frac{0.15}{1-0.15}=0.1765,\quad Y_F^*=1.6X_F=1.6\times0.1765=0.2824$$

$$X_R=\frac{x_R}{1-x_R}=\frac{0.004}{1-0.004}=0.004,\quad Y_R^*=1.6X_R=1.6\times0.004=0.0064$$

$$Y_S=0,\quad Y_E=\frac{X_F-X_R}{m_S/m_B}=\frac{0.1765-0.004}{2}=0.08625$$

所以

$$\Delta Y_m=\frac{(Y_F^*-Y_E)-(Y_R^*-Y_S)}{\ln\dfrac{Y_F^*-Y_E}{Y_R^*-Y_S}}=\frac{(0.2824-0.08625)-(0.0064-0)}{\ln\dfrac{0.2824-0.08625}{0.0064-0}}=0.05544$$

$$N_{OE}=\int_{Y_S}^{Y_E}\frac{dY}{Y^*-Y}=\frac{Y_E-Y_S}{\Delta Y_m}=\frac{0.08625-0}{0.05544}=1.56$$

(2) 求总体积传质系数 $K_Y\alpha$。

练习题(10.3)

$$H_{OE}=\frac{H}{N_{OE}}=\frac{1}{1.56}\ \text{m}=0.641\ \text{m}$$

$$K_Y\alpha=\frac{m_S}{H_{OE}\Omega}=\frac{130}{0.641\times0.785\times0.05^2}\ \text{kg/(m}^3\cdot\text{h)}=1.0334\times10^5\ \text{kg/(m}^3\cdot\text{h)}$$

10.3.6 回流萃取

回流萃取是将一部分脱除溶剂后的最终萃取液引回塔内作为回流,其原理与精馏类似,原料液从塔的中部进入,原料入口以下为萃余相提浓段,原料入口以上为萃取相增浓段。原料液 F 由中段的第 f 级加入,经从第 f 级至第 1 级的多级增浓,由第 1 级得到最终萃取相 E_1,在萃取剂回收器中将 E_1 相中的萃取剂脱除后得到萃取液 E_1',萃取液的一部分作为产品 D,另一部分 R_0 作为回流液被送至第 1 级。图 10-36为带回流的多级逆流萃取流程示意图。

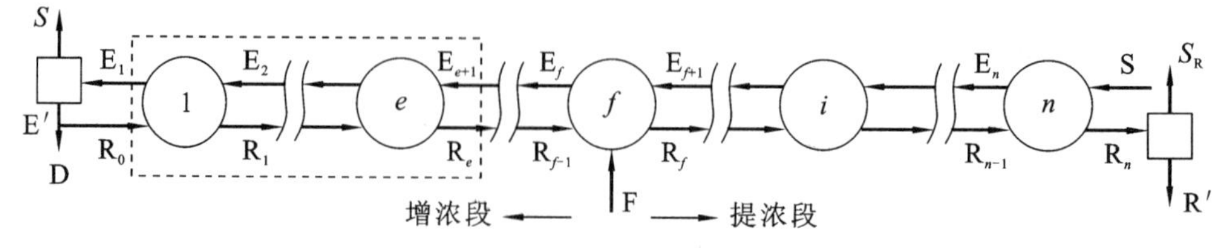

图 10-36 回流萃取流程示意图

10.4 液-液萃取设备

萃取设备的作用是实现两液相的充分混合，并使混合后新得到的两液相进行分层，进而达到组分分离的目的。因此，对萃取设备的基本要求是：萃取系统的两液相在萃取设备内能够密切接触，并伴有较高程度的湍动，使溶质较快地从原料液进入萃取剂，形成两个新的分散液相；随后，这两个分散的液相各自聚集，并靠密度差而分层。此外，还要求萃取设备生产强度大，操作弹性好，结构简单，易于制造和维修等。

萃取设备的种类很多，根据两液相的接触方式，萃取设备分为逐级接触式和连续逆流接触式两大类。逐级接触式设备可以单级使用，也可以串联成多级使用。在逐级接触式设备中，每一级内两相都经历混合与分离两个过程，在不同级之间两液相的组成呈阶跃式变化。在连续逆流接触式设备中，两相逆流，连续接触，连续传质，故两相的组成沿物流方向呈连续变化。

由于液-液萃取中两液相间的密度差较小，若仅靠重力作用，则两液相间的相对流速较小，传质速率慢。为了提高两相的相对流速，改善流体分散状况，实现两相的密切接触，常采用施加动力的方法，如搅拌、振动和离心等。工业上常用萃取设备的分类见表10-7。

表10-7 萃取设备分类

流体分散的动力		逐级接触式	连续逆流接触式
无外加功	重力差	筛板塔	喷淋塔、填料塔
有外加功	脉　冲	脉冲混合-澄清器	脉冲填料塔、脉冲筛板塔
	旋转搅拌	混合-澄清器	转盘塔(RDC)、偏心转盘塔(ARDC)
	往复搅拌	—	往复振动筛板塔
	离心力	卢威(Luwesta)离心萃取机	波德式(POD)离心萃取机

10.4.1 混合-澄清器

混合-澄清器是一种典型的逐级接触式液-液萃取设备，由混合器与澄清器两部分组成。它是最早使用且目前仍广泛用于工业生产的一种萃取设备。根据生产需要，混合-澄清器可以进行单级操作，也可以将其按错流、逆流等方式组合进行多级操作。

混合器内通常装有搅拌器，对加入混合器中的萃取剂和原料液进行搅拌，使其中的一相破碎成为液滴，并分散于另一相中，以增大两液相的接触面积，增加湍动程度，加快传质表面更新速度，提高传质效率。也可采用脉冲或喷射器来实现两相的充分混合，图10-37为机械搅拌混合器和喷射混合器示意图。

澄清器的作用是将经过充分接触传质后接近平衡状态的两液相分离开来，包括液滴沉降(或浮升)及凝聚分层两个步骤。对于易于澄清的混合液，依靠两相间的密度差，借助重力便可进行有效沉降(或浮升)和凝聚分层。对于两相间的密度差和界面张力均很小的混合液，重力分离时间往往很长，可采用离心式澄清器(如离心分离机)加速两相的分离过程。

混合器和澄清器有着不同的功能，它们可以是两个独立的设备，也可以将混合器和澄清器合并成为一个装置。通常，混合传质过程较快而澄清分层速度较慢，故澄清器的容积一般比混

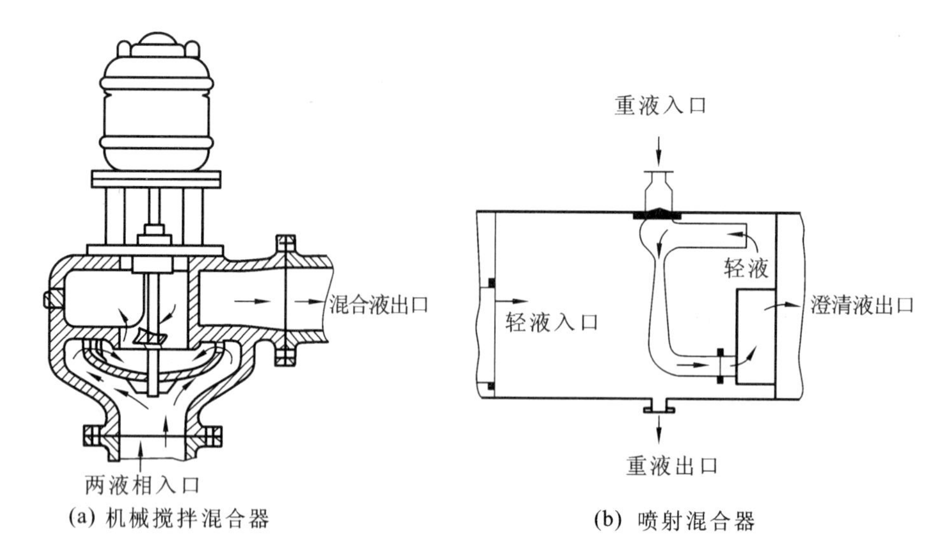

(a) 机械搅拌混合器　　(b) 喷射混合器

图 10-37　混合器

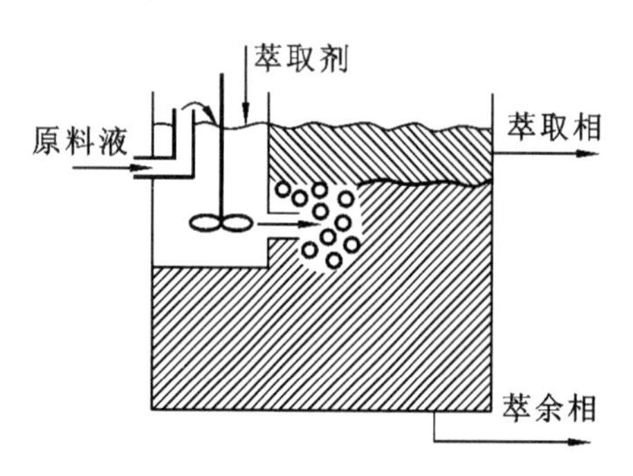

图 10-38　单级混合-澄清器

合器的大。

典型的单级混合-澄清器如图 10-38 所示。操作时,原料液和萃取剂先在混合器内借助搅拌装置的作用充分混合,实现两相间的传质,随后进入澄清器中,在重力作用下,分散相液滴沉降(或浮升)分层,并在界面张力作用下凝聚,分离成萃取相和萃余相。

多级混合-澄清器是由多个单级萃取单元组合而成的。图 10-39 所示为水平排列的三级逆流混合-澄清萃取设备示意图。

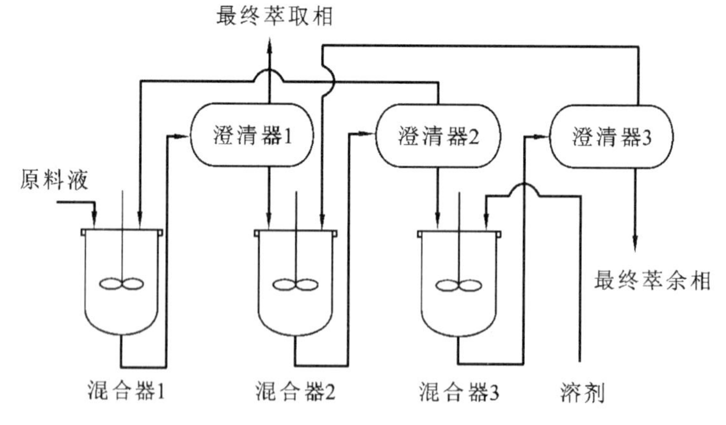

图 10-39　三级逆流混合-澄清萃取设备

混合-澄清器具有以下优点:

(1) 两液相接触良好,混合充分,传质效率高,级效率可高于 75%;

(2) 结构简单,操作方便可靠,易实现多级连续操作;

(3) 两液相的流量可以在较大的范围内变化,还可处理含有悬浮固体的物料。

因此，混合-澄清器适用于大、中、小型生产过程，应用较为广泛。

混合-澄清器具有以下缺点：

(1) 每级均设有搅拌装置，液体在级间流动需泵输送，所以能耗较大，操作费用较高；

(2) 每级均需澄清器，加上设备水平排列占地面积大，因而设备费用较大。

10.4.2　塔式萃取设备

塔式萃取设备占地面积小，适用范围广，应用比较广泛。由于使两相混合和分散所采用的措施不同，所以塔式萃取设备的结构种类很多，以下介绍工业上较常见的几种。

1. 喷淋萃取塔

喷淋萃取塔是塔式萃取设备中结构最简单的一种，塔内无构件，只是在塔的上、下设有液体分布装置，轻、重两相分别从液体分布装置进入，并在密度差作用下呈逆流流动。塔的两端各有一个澄清室，以供两相分层，如图 10-40 所示。若以重相为分散相，则重相由塔顶的分布装置分散为液滴进入由轻相构成的连续相，沿轴向下流动过程中与轻相接触传质，降至塔底分离段处聚集形成重液层排出装置；轻相由下部进入，沿轴向上流动过程中与重相接触传质，最后聚集在塔顶后排出，见图 10-40(a)。若以轻相为分散相，则轻相由塔底的分布装置分散为液滴进入由重相构成的连续相，沿轴向上流动过程中与重相接触传质，升至塔顶分离段处聚集形成轻液层排出装置；重相由上部进入，沿轴向下流动过程中与轻相接触传质，至塔底处与轻相分离后排出，见图 10-40(b)。

尽管喷淋萃取塔结构简单，但轴向返混严重，传质效率低，一般只有 1～2 个理论级。

2. 填料萃取塔

填料萃取塔的结构与吸收和精馏使用的填料塔基本相同，即在塔体内支承板上充填一定高度的填料层，轻相由底部进入而从顶部排出，重相由顶部进入而从底部排出，如图 10-41 所示。萃取操作时，连续相充满整个塔，分散相以液滴状态通过连续相。轻相入口管设在支承器之上 25～50 mm 处，可有效防止分散相的液滴在填料层入口处聚集和过早出现液泛。选择填料材质时，不仅要考虑其耐腐蚀性，还要考虑其被润湿性。为了保证分散相与连续相有较大的

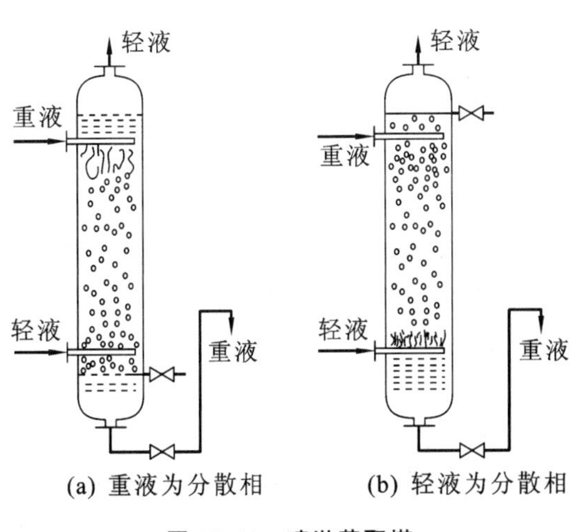

图 10-40　喷淋萃取塔

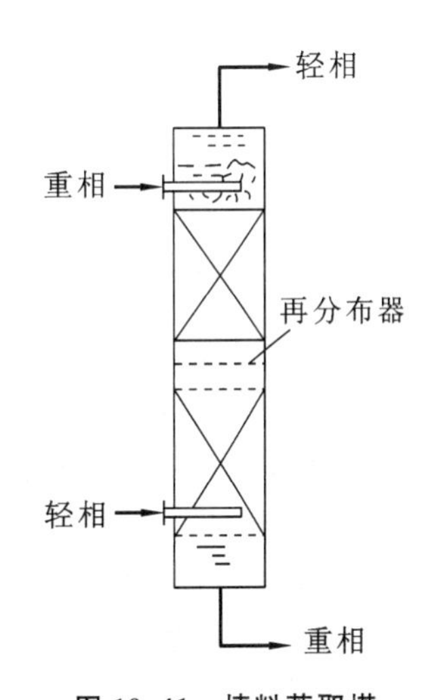

图 10-41　填料萃取塔

接触面积,填料应优先被连续相液体所润湿,若分散相比连续相更易润湿填料,则分散相液滴会在填料表面和填料间聚积,使相际接触面积减小。通常,瓷质填料易被水相润湿;石墨或塑料填料易被有机相润湿;金属填料的润湿性需通过实验确定。

填料萃取塔结构简单,操作方便,适合于处理腐蚀性料液,缺点是传质效率仍然较低。

3. 筛板萃取塔

筛板萃取塔的结构与气液传质过程所采用的筛板塔类似,如图10-42所示。塔体内装有若干层筛板,为了使分散相产生较小的液滴,筛孔直径比气液传质的孔径要小。工业所用孔径一般为 3～9 mm,孔距为孔径的 3～4 倍,筛孔的总开孔面积可在较宽的范围内变化,一般开孔率为 10%～25%。每一层筛板及板上空间的作用相当于单级混合-澄清器。板上空间为两液相混合、接触和分层提供了场所,板间距通常为 150～600 mm。

筛板萃取塔的降液管结构根据分散相的不同而不同。①如果轻相为分散相,如图 10-42 所示,轻相由塔板下方经筛孔分散成液滴而上升,在塔板上与连续相接触传质后分层凝聚并聚积在上一层筛板的下面,然后借助压力差的推动,再经上层筛板的筛孔分散到上层塔板,如此逐层向上流,最后由塔顶排出。重相(连续相)由上部进入,水平流经筛板并与轻相(分散相)的液滴错流进行传质,然后经降液管进入下一层塔板,如此逐层向下流,最后由塔底排出。②如果重相为分散相,如图 10-43 所示,塔板上的降液管须改为升液管,重相聚集在筛板上面,穿过板上的筛孔,分散成液滴而落入连续相的轻相中,轻相则连续地从升液管进入上一层塔板,直到塔顶。两相如此依次反复进行接触与分层,便构成逐级接触萃取。

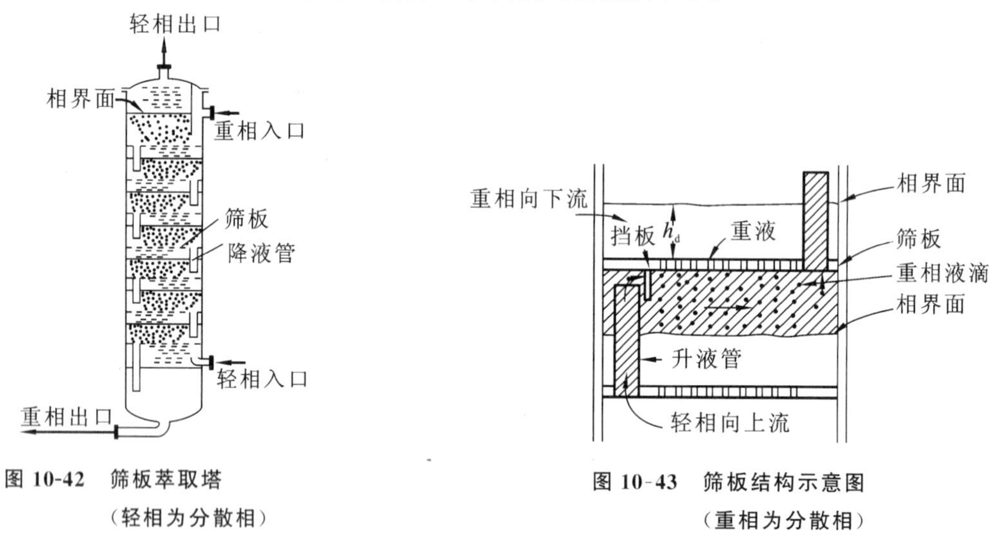

图 10-42　筛板萃取塔
(轻相为分散相)

图 10-43　筛板结构示意图
(重相为分散相)

由于多层筛板的限制,轴向返混减小,同时由于分散相的反复分散和聚积,液滴表面不断更新,筛板萃取塔的效率比填料萃取塔有所提高,再加上筛板萃取塔结构简单,价格低廉,可处理腐蚀性料液,因而在许多萃取过程中得到广泛应用。

4. 脉冲筛板塔

脉冲筛板塔也称液体脉动筛板塔,是一种利用外力作用使塔内液体产生脉冲运动的筛板塔。其结构与气-液系统中无降液管的筛板塔类似,如图 10-44 所示。塔两端直径较大的部分为上部澄清段和下部澄清段,中间为两相传质段,其中传质段装有很多块具有小孔的筛板,筛板间距通常为50 mm。脉冲作用使塔内液体作上下往复脉冲运动,迫使液体经过筛板上的小孔，使分散相以较小的液滴分散在连续相中，并形成强烈的湍动，从而促进传质过程的进行。

机械脉冲发生器有多种，常用的有活塞型、膜片型、风箱型等，也可用压缩空气驱动。

筛板萃取塔内加入脉动，可以增加相际接触面积及湍动程度，故可提高传质效率。脉冲筛板塔的效率与脉动的振幅和频率有密切关系，若脉动过分激烈，会导致塔内严重的纵向返混，反而使传质效率降低。研究结果和生产实践证明，萃取效率受脉动频率影响较大，受振幅影响较小。频率较高和振幅较小时萃取效果较好。在脉冲筛板塔中，脉动振幅的范围为 9～50 mm，脉动频率的范围为 30～200 min^{-1}。

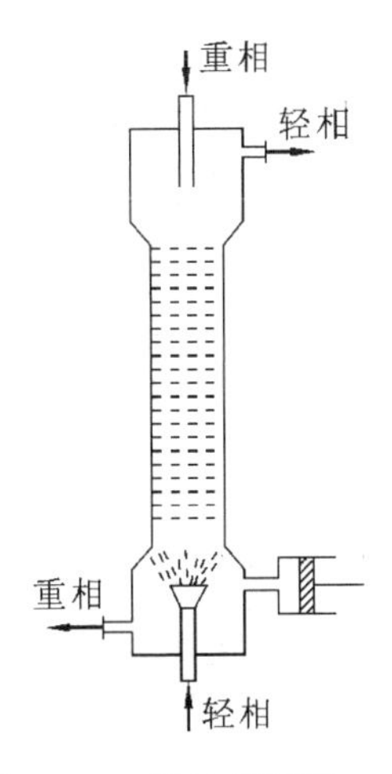

图 10-44　脉冲筛板塔

脉冲筛板塔的传质效率高(理论级当量高度小)，结构也不复杂，可以处理含有固体粒子的料液，但生产能力较小，在化工生产应用中受到一定限制。

5. 往复筛板萃取塔

往复筛板萃取塔的结构如图 10-45 所示，将若干层筛板按一定间距固定在中心轴上，由塔顶的传动机构驱动而作往复运动。往复振幅一般为 3～50 mm，频率可达 100 min^{-1}。往复筛板的孔径要比脉冲筛板的孔径大，一般为 7～16 mm。当筛板向上运动时，迫使筛板上侧的液体经筛孔向下喷射；反之，当筛板向下运动时，迫使筛板下侧的液体向上喷射。为了防止液体沿筛板与塔壁间的缝隙短路流过，每隔几层筛板设置一块环形挡板。

往复筛板萃取塔的效率与塔板的往复频率密切相关。当振幅一定时，在不发生液泛的前提下，效率随频率的增高而提高。往复筛板通过机械搅拌强化两相传质，故而往复筛板萃取塔可较大幅度地增加相际接触面积和提高液体的湍动程度，传质效率高，流体阻力小，操作方便，是一种良好的液-液传质设备，在化工生产上的应用日益广泛。但由于机械方面的原因，这种塔的尺寸受到限制，目前还不能适应大型化生产的需要。

6. 转盘萃取塔

转盘萃取塔(RDC 塔)的基本结构如图 10-46 所示，在塔体内壁面上按一定间距装有若干

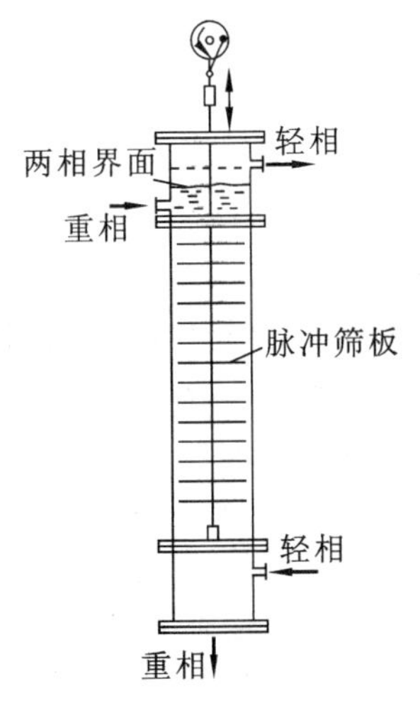

图 10-45　往复筛板萃取塔

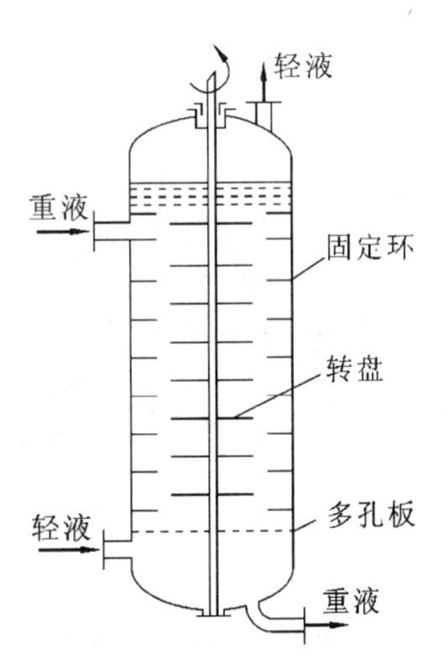

图 10-46　转盘萃取塔

块环形挡板,称为固定环,固定环将塔内分割成若干个小空间。两固定环之间均有一转盘,转盘固定在中心轴上,转轴由塔顶的电动机驱动。转盘的直径小于固定环的内径,以便于装卸。

萃取操作时,转盘随中心轴高速旋转,其在液体中产生的剪应力使分散相破裂成许多细小的液滴,在液相中产生强烈的旋涡运动,从而增大了相际接触面积和传质系数。同时固定环的存在在一定程度上抑制了轴向返混,因而转盘萃取塔的传质效率较高。转盘萃取塔结构简单,传质效率高,生产能力大,因而在石油化工中应用比较广泛。

为了进一步提高转盘萃取塔的效率,近年来又开发了不对称转盘萃取塔(偏心转盘萃取塔),其基本结构如图 10-47 所示。带有搅拌转盘的转轴安装在塔体的偏心位置,塔内不对称地设置垂直挡板,将其分成混合区和澄清区。混合区由横向水平挡板分割成许多小室,每个小室内的转盘起混合搅拌器的作用。澄清区又由环形水平挡板分割成许多小室。

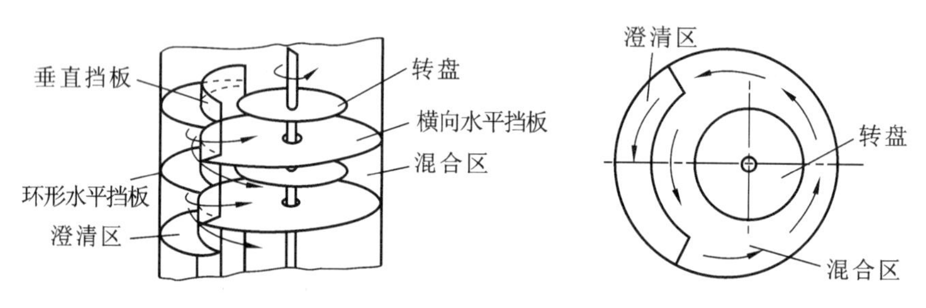

图 10-47　偏心转盘萃取塔内部结构

偏心转盘萃取塔既保持原有转盘萃取塔用转盘进行分散的特点,同时分开的澄清区又可以使分散相液滴反复进行凝聚-分散,抑制了轴向混合,从而提高了萃取效率。此外,该类型萃取塔的尺寸范围很宽,塔高可达 30 m,塔径可达 4 m,对系统的性质(密度差、黏度、界面张力等)适应性很强,且适用于含有悬浮固体或易乳化的料液。

10.4.3　离心萃取器

离心萃取器是利用高速旋转所产生的离心力使存在密度差的两液相快速混合,并快速分离的萃取装置。至今已开发出多种类型的离心萃取器,广泛应用于制药(如抗生素的提取)、香料、染料、废水处理、核燃料处理等领域。

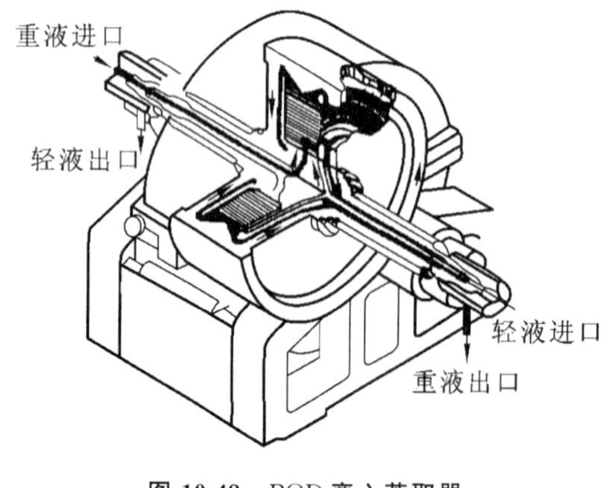

图 10-48　POD 离心萃取器

离心萃取器有多种分类方法,按两相接触方式可分为连续逆流接触式离心萃取器和逐级接触式离心萃取器。其中,两相的作用方式分别类似于连续逆流萃取塔和混合-澄清器。这里简要介绍波德式离心萃取器。

波德式离心萃取器也称离心薄膜萃取器,简称 POD 离心萃取器,是卧式连续逆流接触式离心萃取器的一种,其基本结构如图 10-48 所示。它主要由一固定在水平转轴上的圆筒形转鼓及固定外壳组成。转鼓由一多孔的长带绕制而成,其转速很高,一般为

2 000～5 000 r/min，所产生的离心力可为重力的几百倍乃至几千倍。操作时轻相从转鼓外缘引入，重相由转鼓的中心引入。由于转鼓旋转时产生的离心作用，重相从中心向外流动，轻相则从外缘向中心流动，同时液体通过螺旋带上的小孔被分散，两相在螺旋通道内逆流流动的过程中密切接触，进行传质，最后重液从转鼓外缘的出口通道流出，轻液则由萃取器的中心经出口通道流出。

连续逆流接触式离心萃取器的传质效率很高，其理论级数随所处理的物料性质和通量等而异。通常，一台 POD 离心萃取器的理论级数可达 3～12。

离心萃取器的优点是结构紧凑、生产强度高、物料停留时间短、分离效果好，特别适用于轻重两相密度差很小、难以分离、易产生乳化现象的系统及要求物料停留时间短、处理量小的场合。其缺点是结构复杂、制造困难、操作费用高。

10.4.4　液-液萃取设备中流体的流动与传质

在塔式萃取设备的操作中，分散相和连续相是依靠两相的密度差，在重力或其他外力的作用下，产生相对运动并密切接触而进行传质的。两相之间的传质速率与两相接触和流动状况密切相关，而流动状况和传质速率又决定了其设备的尺寸(如萃取塔的直径和传质高度)。

1. 萃取塔的流动特性

在逆流操作的萃取塔中，分散相和连续相的流量不能任意加大。流量过大，一方面会导致两相接触时间减少，萃取效率降低；另一方面，两相速度加大还将引起流动阻力的增加，当速度增大至某一极限值时，一相会因流动阻力的增加而被另一相夹带形成断路并流出塔外。这种两液体互相夹带的现象称为液泛，此时的速度称为液泛速度。液泛时塔内的正常萃取操作被破坏，因此萃取塔中的实际操作速度必须低于液泛速度。

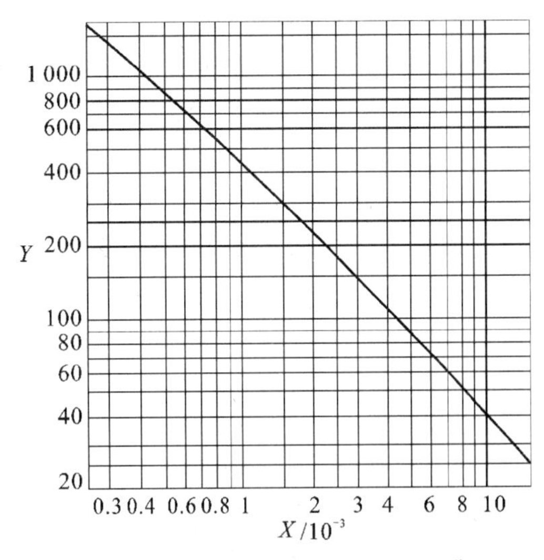

图 10-49　填料萃取塔的液泛速度关联图

在萃取塔的设计中，为了确定塔径，必须首先确定两液相适宜的操作速度，而操作速度需根据液泛速度确定，因此确定液泛速度是萃取塔设计计算中的主要步骤。

关于液泛速度，许多研究者针对不同类型的萃取设备提出了经验关联式或半经验关联式，有的还绘成关联图。图 10-49 为计算填料萃取塔的液泛速度 U_{cf} 关联图。

由已知的两液相的物性参数及所用填料的空隙率 ε 和比表面积 a，算出图10-49中横坐标 X 的数值，查图得纵坐标 Y 的数值，从而求出液泛速度 U_{cf}。其中

$$X=\frac{\mu_c}{\Delta\rho}\left(\frac{\sigma}{\rho_c}\right)^{0.2}\left(\frac{a}{\varepsilon}\right)^{1.5},\quad Y=\frac{U_{cf}[1+(U_D/U_c)^{0.5}]^2\rho_c}{a\mu_c}$$

式中：U_{cf}——连续相泛点表观速度(液泛速度)，m/s；

U_D、U_c——分散相和连续相的表观速度，m/s；

ρ_c——连续相的密度，kg/m^3；

$\Delta\rho$——两相密度差，kg/m^3；

σ——界面张力，N/m；

a——填料的比表面积，m^2/m^3；

μ_c——连续相的黏度，Pa·s；

ε——填料层的空隙率。

实际设计中，空塔速度取液泛速度的0.5～0.8倍。由空塔速度计算塔径，即

$$D=\sqrt{\frac{4V_c}{\pi U_c}}=\sqrt{\frac{4V_D}{\pi U_D}} \tag{10-39}$$

式中：D——塔径，m；

V_c、V_D——连续相和分散相的体积流量，m^3/s；

U_c、U_D——连续相和分散相的表观速度，m/s。

2. 萃取塔的传质特性

为了获得更高的萃取效率，必须提高萃取设备的传质速率。传质速率取决于液-液两相的传质系数、接触面积和传质推动力。

1）液-液两相的传质系数

与气-液传质过程类似，液-液传质过程也包括相内传质和相际传质。在没有外加功的萃取塔中，两相的相对速度取决于两相密度差。一般液-液两相的密度差较小，因而两相的传质分系数都很小。通常，处于分散相的液滴内的传质分系数比连续相的还小。在有外加能量的萃取塔中，外加能量主要是改善液滴外连续相的流动状态，而不能造成液滴内的湍动。液滴内的流体运动主要来自两方面的影响：① 液滴在连续相中运动时，由于相界面的摩擦力而产生内部环流；② 当液滴外的连续相处于湍流状态时，由于湍流运动所固有的不规则性，以及液滴表面传质速率的不规则变化，液滴表面的不同位置或者液滴表面的同一位置在不同时刻的传质速率、溶质组成及界面张力均不相同。界面张力不同，导致液滴表面受力不平衡，液滴的界面便产生抖动等不规则运动。这种液滴内的环流和抖动均有强化传质的作用，使液滴内的传质分系数增大，从而加大总传质系数。

液滴的凝聚和再分散是影响液滴内传质分系数的另一个重要因素。从热力学角度看，小液滴有凝聚成大液滴的倾向，而生成的大液滴易于破碎，因而必然有再分散过程，在此过程中液滴表面得到更新，从而加速了传质过程。鉴于此，许多萃取塔的设计都通过各种手段促进液滴的凝聚和再分散，如筛板萃取塔和转盘萃取塔。

2）液-液两相的接触面积

萃取设备内，两相接触面积主要取决于分散相的滞液率和液滴尺寸。单位体积混合液所具有的相际接触面积可近似计算如下：

$$a=\frac{6v_D}{d_m} \tag{10-40}$$

式中：a——单位体积混合液所具有的相际接触面积，m^2/m^3；

v_D——分散相的滞液率（体积分数）；

d_m——液滴的平均直径，m。

由式(10-40)可以看出，分散相的滞液率愈高，液滴的尺寸愈小，则能提供的相际接触面积愈大，传质速率就愈大。分散相液滴不宜过小，其原因在于尽管小液滴有凝聚成大液滴的倾

向，但液滴过小则难以凝聚。事实上，液滴的凝聚是一个复杂的过程，其影响因素较多，如液滴的尺寸、表面形状、两相的密度差、两相的黏度、界面张力、温度、杂质等。所以要根据不同的系统，选择合适的设备与操作条件，控制液滴的大小，以期达到既有较大的两相接触面积，又容易凝聚、分层，不易乳化、液泛的目的。

3）液-液两相的传质推动力

假设萃取塔内的两液相均呈理想活塞流动，即同一塔截面上两液相流体质点的流速各自相等，此时传质推动力最大，其塔内浓度变化如图 10-50 虚线所示。

但实际上无论是连续相还是分散相，总存在返混现象，即有一部分液体的流动滞后于主体流动，或者向相反方向运动，或者产生不规则的旋涡运动。造成液体返混的原因如下：

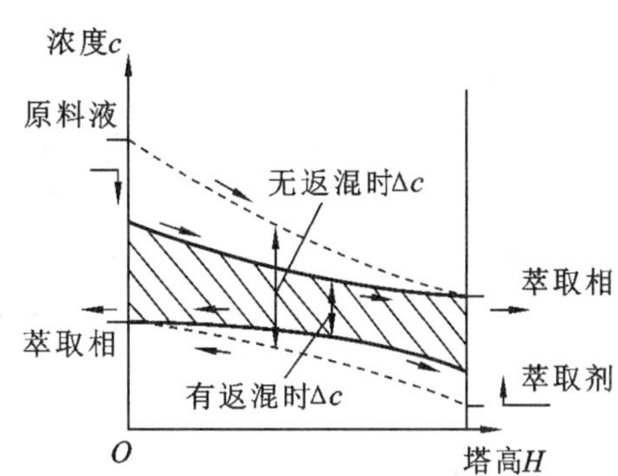

图 10-50　萃取段中的轴向混合影响

（1）连续相流体与塔壁或其他构件之间的摩擦阻力大，因而靠近这些部位的流速要较中心处的小，于是原本同时入塔的流体在塔内的停留时间出现了差异，从而导致一部分液体的流动滞后于主体流动；

（2）分散相液滴的大小不一，大液滴在塔内的流速较大，停留时间较短，小液滴流速较小，停留时间较长，更小的液滴甚至被连续相夹带，产生反方向运动；

（3）塔内液体产生旋涡而引起局部轴向混合。

塔内液体的返混使两相在轴向的浓度梯度均小于理想流动时的值，塔内截面上两液相间的浓度差也即传质推动力减小（如图 10-50 实线所示），传质速率降低。不仅如此，塔内液体的返混还降低了设备的生产能力。

与气-液系统相比，由于液-液萃取过程中两相密度差小、黏度大，两相间的相对速度较小，所以返混的影响更为严重。必须指出，大型萃取设备内的返混要比小型设备大得多，因而萃取设备的放大更为困难，往往要通过与工业生产条件相适应的中试后，再进行放大设计。

10.4.5　萃取设备的选择

萃取设备的类型很多，特点各异，不同系统对操作的影响错综复杂。对于具体的萃取过程，萃取设备的选择原则是：在满足工艺条件和生产要求的前提下，使设备费用和操作费用的总和趋于最低。一般选择萃取设备时应考虑以下因素。

1. 理论级数

当需要的理论级数为 2～3 级时，各种萃取设备均可满足要求；当需要的理论级数为 4～5 级时，可选用筛板萃取塔；当需要更多的理论级数（如 10～20 级）时，可选用有外加功的设备，如脉冲筛板塔、往复筛板萃取塔和转盘萃取塔等。

2. 生产能力

处理量较大时，可选用混合-澄清器及转盘萃取塔。处理量较小时，可选用填料萃取塔及脉冲筛板塔。另外，筛板萃取塔及离心萃取器的处理能力也相当大。

3. 系统的性质

对密度差较大、界面张力较小的系统，可选用无外加能量的设备；对密度差较小、界面张力较大的系统,宜选用有外加能量的设备;对密度差甚小、界面张力小、易乳化的系统,应选用离心萃取器。

对有较强腐蚀性的系统,宜选用结构简单的填料萃取塔或脉冲筛板塔。对于放射性元素的提取,脉冲筛板塔和混合-澄清器用得较多。

系统中有固体悬浮物或在操作过程中产生沉淀物时,需定期清洗,此时一般选用混合-澄清器或转盘萃取塔。另外,往复筛板萃取塔和脉冲筛板塔本身具有一定的自清洗能力,在某些场合也可考虑使用。

4. 系统的稳定性和液体在设备内的停留时间

对生产中要考虑物料的稳定性、要求在设备内停留时间短的系统,如抗生素的生产,宜选用离心萃取器;反之,若萃取系统中伴有缓慢的化学反应,要求有足够长的反应时间,则宜选用混合-澄清器。

在选用萃取设备时,还应考虑其他一些因素。如从节能角度考虑,尽可能选用依靠重力流动的设备;当厂房面积受到限制时,宜选用塔式设备,而当厂房高度受到限制时,则宜选用混合-澄清器。选择设备时应考虑的各种因素列于表10-8。

表 10-8　萃取设备的选择

考虑因素＼设备类型		喷淋萃取塔	填料萃取塔	筛板萃取塔	转盘萃取塔	往复筛板萃取塔	离心萃取器	混合-澄清器
工艺条件	理论级数多	×	△	△	○	○	△	△
	处理量大	×	×	△	○	×	△	○
	两相流量比大	×	×	×	△	△	○	○
系统性质	密度差小	×	×	×	△	△	○	○
	黏度高	×	×	×	△	△	○	○
	界面张力大	×	×	×	△	△	○	△
	腐蚀性强	○	○	△	△	△	×	×
系统性质	有固体悬浮物	○	×	×	○	△	×	△
生产费用	设备费用	○	△	△	△	△	×	△
	操作费用	○	○	○	△	△	×	×
	维修费用	○	○	△	△	△	×	△
安装场地	面积有限	○	○	○	○	○	○	×
	高度有限	×	×	×	△	△	○	○

注:○—适用;△—可以;×—不适用。

10.5　超临界萃取和液膜萃取

10.5.1　超临界萃取

超临界萃取是用超过临界温度、临界压力状态下的气体作为溶剂，从液体或固体中萃取所需的组分，然后采用等温变压或等压变温等方法，将溶剂与所萃取的组分分离的单元操作。

1. 超临界流体的特性

图 10-51 表示纯物质相态与温度、压力的关系。超临界流体是指温度超过临界温度、压力超过临界压力的流体。为了较好地认识其特性，与常温常压下的气体和液体的比较见表 10-9。从表中可以看出，超临界流体通常兼有液体和气体的某些特性，黏度和渗透能力接近于气体，密度和溶解能力接近于液体，这意味着超临界萃取时的传质速率将远大于其处于液态下的溶剂萃取速率，且能够很快地达到萃取平衡。

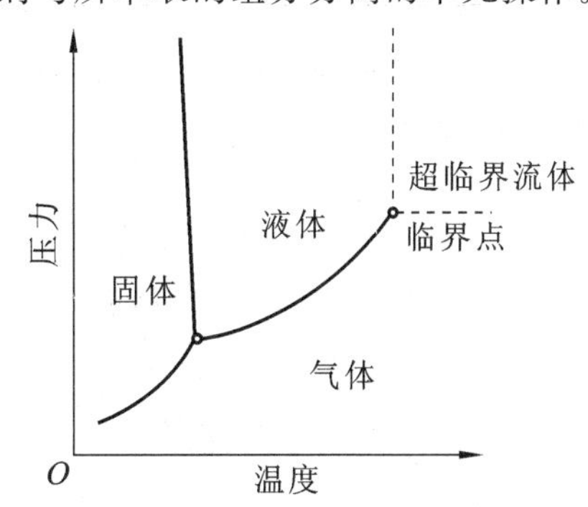

图 10-51　纯物质相态与温度、压力的关系

表 10-9　超临界流体与常温常压下气体、液体的物性比较

介质 / 性能	气体（常温常压）	超临界流体		液体（常温常压）
		(T_c, p_c)	$(T_c, 4p_c)$	
密度/(kg/m³)	0.6～2	200～500	400～900	600～1 600
黏度×10⁵/(Pa·s)	1～3	1～3	3～9	20～300
扩散系数×10⁵/(m²/s)	1～4	7×10^{-3}	2×10^{-3}	$(0.2\sim2)\times10^{-4}$

常用超临界溶剂的临界值见表 10-10。CO_2 的临界温度(31.0 ℃)比较接近于常温，安全易得，价廉，且能分离多种物质，故 CO_2 是最常用的超临界流体。图10-52为 CO_2 的对比压力与对比密度的关系。图中阴影部分是超临界萃取的实际操作区域。可以看出，在稍高于临界温度的区域内，压力的微小变化将引起密度的很大变化。利用这一特性，可在高密度条件下萃取分离所需组分，然后经稍微升温或降压将溶剂与所萃取的组分分离。

表 10-10　常用超临界溶剂的临界值

溶　剂	临界温度/℃	临界压力/MPa	临界密度/(kg/m³)	溶　剂	临界温度/℃	临界压力/MPa	临界密度/(kg/m³)
甲醇	240.5	8.1	0.272	丙烷	96.6	4.24	0.217
氨	132.4	11.3	0.235	丙烯	91.8	4.62	0.233
二氧化碳	31.0	7.38	0.468	异丙醇	235.5	4.6	0.273
乙醇	243.4	6.2	0.276	正丁烷	152	3.68	0.228

续表

溶　剂	临界温度/℃	临界压力/MPa	临界密度/(kg/m³)	溶　剂	临界温度/℃	临界压力/MPa	临界密度/(kg/m³)
乙烷	32.2	4.88	0.203	正戊烷	197	3.37	0.237
乙烯	9.2	5.03	0.218	苯	288.9	4.89	0.302
乙醚	193.6	3.56	0.267	甲苯	319	4.11	0.292

图 10-53 所示为 CO_2-乙醇-水系统的三角形相图。可以看出，超临界萃取具有与一般液-液萃取相类似的相平衡关系。

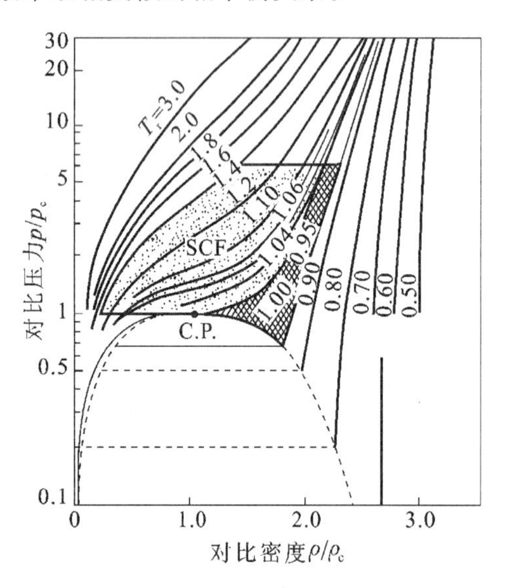

图10-52　CO_2 的对比压力与对比密度的关系

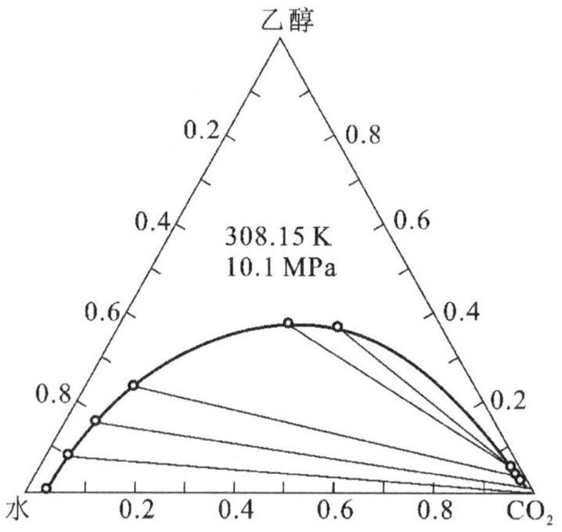

图 10-53　CO_2-乙醇-水系统的相平衡图

2. 超临界萃取与一般液-液萃取的比较

超临界萃取在溶解能力、传递性能及溶剂回收等方面较一般的液-液萃取具有突出的优势，表 10-11 对两者的特点进行了详尽的比较。

表 10-11　超临界萃取与液-液萃取的比较

比较项目	超临界萃取	液-液萃取
溶剂的作用	超临界溶剂在混合液中选择性地溶解溶质后形成超临界流体相；在大多数情况下，溶质在超临界流体相中的浓度很小，超临界流体相组成接近于纯溶剂	在需要分离的混合液中加入溶剂，以便形成两个液相；萃取相中溶质浓度可以很大
影响萃取能力的因素	超临界溶剂的萃取能力主要与其密度有关，选用适当压力和温度可控制其密度大小，从而影响溶解能力	溶剂的萃取能力取决于温度和混合溶剂的组成，与压力的关系不大

续表

比较项目	超临界萃取	液-液萃取
传递速率	超临界流体比液体溶剂萃取具有更高的传质速率,能更快地达到萃取平衡	传质情况通常不如超临界萃取
萃取效果	超临界萃取过程具有萃取和精馏的双重特性,有可能分离一些难分离的物质	往往是混合液分离的第一步
适用范围	由于超临界萃取一般选用化学性质稳定、无毒无腐蚀性、临界温度不过高或过低的物质(如 CO_2)作萃取剂,不会引起被萃取物的污染,可用于医药、食品等工业,特别适用于热敏性、易氧化物质的分离或提纯	不利于对热敏性、易氧化物质的处理
操作条件	在高压下操作,一般在室温下进行,对处理热敏性物质有利,在制药、食品和生物工程制品中得到广泛应用	常温、常压下操作,在化工产品生产中得到广泛应用
分离过程的经济性	由于在接近临界点处,压力和温度的微小变化都将引起超临界流体密度的改变,从而引起其溶解能力的变化,因此萃取后溶质和溶剂易于分离且能节省能源	对于萃取后的液体混合物,通常借助蒸馏把溶质与溶剂分开,热能消耗较大
设备投资	操作都在高压下进行,设备的一次性投资比较大	操作都在常压下进行,设备投资比较小

3. 超临界萃取的流程

超临界萃取流程主要由萃取过程和分离过程两部分组成。根据溶剂分离方法的不同,可将超临界萃取流程分为四类,即等温变压流程、等压变温流程、等温等压吸附流程和添加惰性气体的等压法。

1) 等温变压流程

等温变压流程是最常用的一种流程,如图 10-54(a)所示。萃取剂通过压缩达到超临界状态,然后进入萃取器与原料混合进行超临界萃取,萃取后的超临界流体相经减压阀后密度降低,溶解能力下降,从而使溶质与溶剂在分离器中得到分离。萃取剂再通过压缩达到超临界状态并重复上述萃取和分离步骤,直至达到预定的萃取率为止。整个过程中流体的温度基本保持不变。

2) 等压变温流程

等压变温流程是利用不同温度下物质在超临界流体中的溶解度差异来实现溶质与超临界流体的分离,如图 10-54(b)所示。萃取后的超临界流体相经加热升温使溶质与溶剂分离,溶质由分离器下方取出,萃取剂经压缩和调温后循环使用。这里的等压是指在萃取器和分离器中流体的压力基本相同。

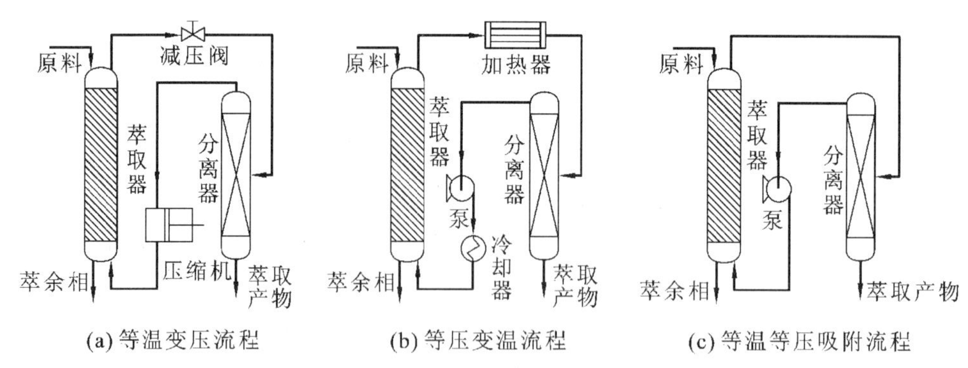

(a) 等温变压流程　　(b) 等压变温流程　　(c) 等温等压吸附流程

图 10-54　三种典型的超临界萃取流程

3）等温等压吸附流程

等温等压吸附流程是在分离器内放置仅吸附溶质而不吸附萃取剂的吸附剂，溶质在分离器内因被吸附而与萃取剂分离，萃取剂经压缩后循环使用，如图 10-54(c)所示。

4）添加惰性气体的等压法

在超临界流体中加入 N_2、Ar 等惰性气体，可使溶质的溶解度发生变化而将溶剂再生。

4. 超临界萃取的工业应用举例

1）在食品工业中的应用

由于用超临界 CO_2 萃取的操作温度较低，能避免分离过程中有效成分的分解，故其在天然产物有效成分的分离提取中极具应用价值。例如，从咖啡豆中脱除咖啡因、从名贵香花中提取精油、从酒花及胡椒等物料中提取香味成分和香精、从大豆中提取豆油。

其中，以从咖啡豆中脱除咖啡因最为典型。传统的脱除工艺是用二氯乙烷萃取咖啡因，选择性较差且残存的溶剂不易除尽。而用超临界 CO_2 处理咖啡豆时，除咖啡因外，其他芳香成分并不损失，CO_2 也不会残留于咖啡豆中。图 10-55 为操作流程示意图。

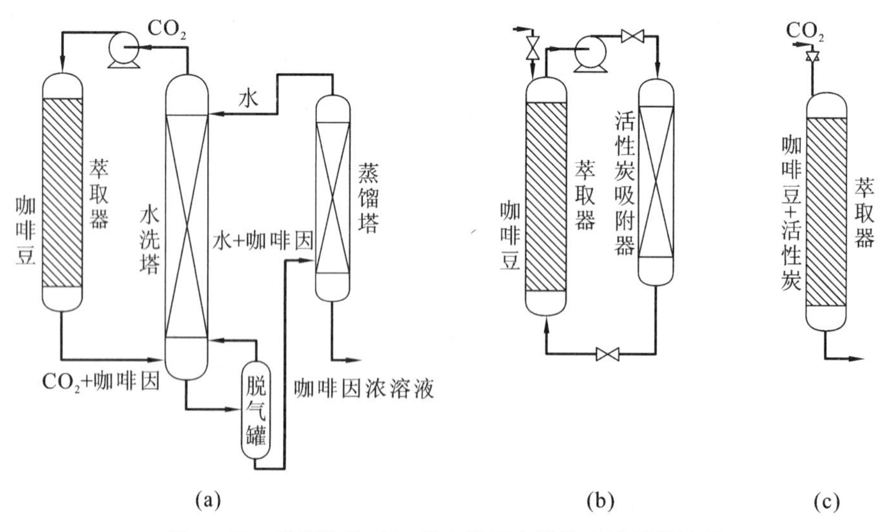

(a)　　(b)　　(c)

图 10-55　用超临界 CO_2 从咖啡豆中脱除咖啡因的流程

图 10-55(a)所示流程是半连续操作过程。将浸泡过的生咖啡豆置于压力容器中，然后连续通入 90 ℃、16～22 MPa 的 CO_2 进行萃取，溶有咖啡因的 CO_2 进入水洗塔后用水洗涤，咖啡

因转入水相，CO_2 从水洗塔顶部逸出，用泵加压后进入萃取器顶部，实现 CO_2 的循环使用。含有咖啡因的水溶液中溶有 CO_2，进入脱气罐，顶部逸出 CO_2，经脱气后的水相进入蒸馏塔以回收咖啡因。

图 10-55(b)所示的条件与图 10-55(a)相同，只是用活性炭吸附器取代了水洗塔。从萃取器顶部排出的 CO_2、水和咖啡因混合物进入吸附器顶部，通过活性炭床层时，咖啡因被活性炭吸附，CO_2 回到萃取器。要获得咖啡因，还需进一步将咖啡因从活性炭中分出。

图 10-55(c)所示流程与前两种有所不同。将加水的咖啡豆和活性炭混合后，一起装入萃取器内，在 90 ℃、22 MPa 的条件下，用 CO_2 进行萃取，达到要求的萃取率后，从萃取器放出所有的固体物料，通过筛分将活性炭和咖啡豆分开，再进一步将咖啡因从活性炭中分出。

2）在生物工程中的应用

许多生物活性物质属热敏性物质，其提取常需在室温或低温下进行，需要高的传质速率，而且产品中往往不允许带入溶剂。因此，超临界萃取在生物工程中的研究和应用备受关注。利用超临界 CO_2 萃取氨基酸、利用超临界 N_2O 萃取紫杉醇、在生产链霉素和青霉素时利用超临界 CO_2 脱除甲醇和醋酸正丁酯等有机溶剂，以及从单细胞蛋白游离物中提取脂类等均显示了超临界萃取技术的优势。

3）稀水溶液中有机物的分离

超临界流体具有较强的溶解能力，对稀溶液中的溶质进行分离或提取有显著的优势。如乙醇、醋酸等常用发酵法生产，所得发酵液往往组成很低，通常需用精馏或蒸发的方法进行浓缩分离，能耗很大。超临界萃取工艺为获得这些有机产品提供了一条节能的有效途径。超临界 CO_2 对许多有机物具有选择性溶解能力，利用这一特点可将有机物从水相转入 CO_2，将有机物-水系统的分离转变为有机物-CO_2 系统的分离，从而达到节能的目的。

超临界萃取是一种新型分离技术，目前，超临界流体萃取已逐步应用于生物、轻工、医药、食品、冶金、环保等领域。随着对超临界萃取的深入研究，超临界萃取技术将获得更大的发展，并得到更多的应用。

10.5.2　液膜萃取

液膜萃取是萃取和反萃取同时进行的过程，如图 10-56 所示。原液相（待分离的液体混合物）中的溶质首先溶解于液膜相（主要组成为溶剂），经过液膜相又传递至回收相，并溶解于其中。溶质从原液相向液膜相传递的过程即为萃取过程，溶质从液膜相向回收相传递的过程即为反萃取过程。通常，当原液相为水相时，液膜相为油相，回收相为水相；当原液相为油相时，液膜相为水相，回收相为油相。液膜萃取按操作方式可分为乳状液型液膜萃取和支撑体型液膜萃取。

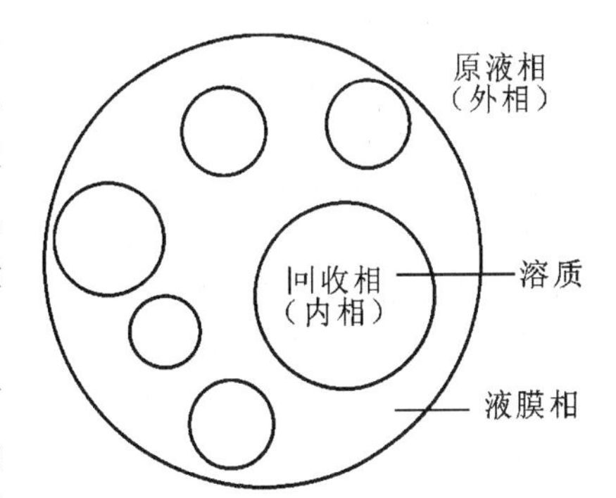

图 10-56　W/O/W 乳状液型液膜萃取

图 10-56 所示为 W/O/W 乳状液型液膜萃取。首先将内相（回收相）与液膜溶剂充分乳化制成 W/O（油包水）型乳液，然后将乳液分散在外相（原液相）中形成 W/O/W（水包油包水）型多相乳液。通常，内相液滴直

径只有几微米，而液膜相液滴外径为0.1～1 mm，液膜的比表面积很大，传质速率很快。乳状液的稳定性是液膜萃取技术的关键，因此，液膜稳定剂的选择是非常重要的。

图 10-57 是支撑体型液膜萃取示意图。为了减小传质阻力，要求支撑体很薄且有一定的机械强度和亲溶剂性。液膜溶液是依靠表面张力和毛细管作用附着在支撑体的微孔中的。作支撑体材料的有聚四氟乙烯、聚乙烯、聚丙烯和聚砜等疏水性多孔膜，膜厚为 25～50 μm，微孔直径为 0.02～1 μm。通常，孔径越小，液膜越稳定，但传质阻力越大。因此，获得传质阻力小且其性能在较长操作时间内稳定而不衰减的液膜是技术的关键。

图 10-58 为乳状液型液膜萃取处理废水的流程。首先，将反应剂水溶液与溶剂放在乳化器中制乳，反应剂水溶液作为内相，溶剂作为液膜相，形成油包水的乳化液。在液膜萃取器中放入工业废水和乳化液，以工业废水作外相，形成水包油包水的多相乳化液进行液膜萃取。萃取后的多相乳化液进入澄清器，使液膜相(带有内相)与外相先沉降分离，外相作为已处理的废水，从澄清器的下部放出。带有内相的液膜相进入破乳器破乳，使之分相，上层为回收溶剂，可循环使用，下层为回收相。

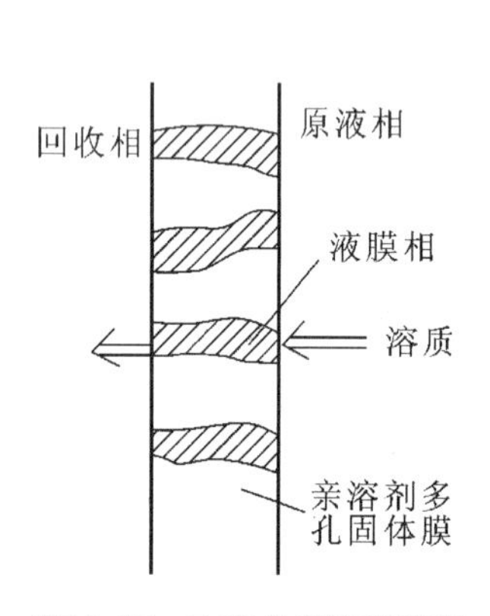

图10-57　支撑体型液膜萃取

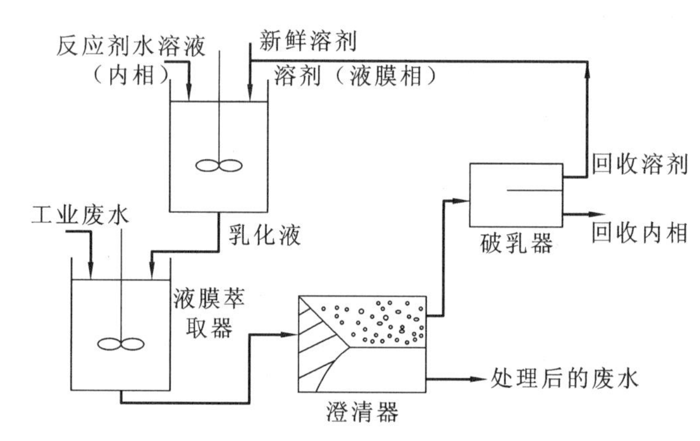

图 10-58　液膜萃取处理废水的流程

思　考　题

练习题(10.5)

1. 对于一种液体混合物，根据什么原则决定是采用蒸馏方法还是萃取方法进行分离？

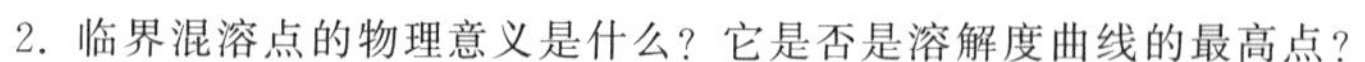

2. 临界混溶点的物理意义是什么？它是否是溶解度曲线的最高点？

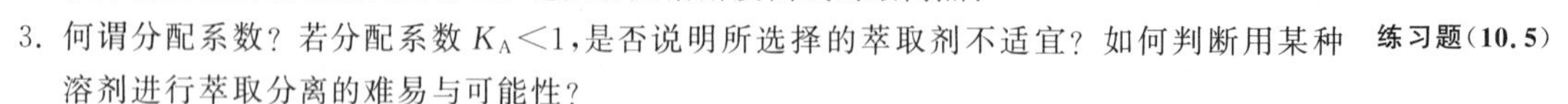

3. 何谓分配系数？若分配系数 $K_A<1$，是否说明所选择的萃取剂不适宜？如何判断用某种溶剂进行萃取分离的难易与可能性？
4. 温度对于萃取分离效果有何影响？如何选择萃取操作的温度？
5. 简述选择性系数 β 值的范围及其含义。
6. 选择萃取剂的必要条件是什么？如何确定其用量或溶剂比？
7. 萃取塔在操作时，液体流速的大小对操作有何影响？何谓液泛和轴向返混？它们对萃取操作有何影响？
8. 根据哪些因素来决定是采用错流萃取操作还是逆流萃取操作？
9. 什么是超临界萃取？超临界萃取的基本流程是怎样的？试比较超临界萃取和一般液-液萃取的特点。
10. 液膜萃取的基本原理是什么？液膜萃取按操作方式可分为哪两种类型？

习　　题

1. 在操作条件下，以纯净的氯苯为萃取剂，在单级接触萃取器中，萃取含丙酮的水溶液。丙酮-水-氯苯三元混合液的平衡数据见表 10-12。

(1) 在直角三角形坐标系下，绘制此三元系统的相图，其中应包括溶解度曲线、联结线和辅助曲线。

(2) 若近似地将前五组数据中 B 与 S 视为不互溶，试在 Y-X 直角坐标图上标绘分配曲线。

(3) 若丙酮水溶液质量比为 0.4，并且 $m_B/m_S=2.0$，在 Y-X 直角坐标图上求丙酮在萃余相中的浓度。

(4) 求当水层中丙酮浓度为 45%(质量分数，下同)时，水与氯苯的组成以及与该水层成平衡时的氯苯层的组成。

(5) 由 0.12 kg 氯苯和 0.08 kg 水所构成的混合液中，尚需加入多少丙酮即可成为三元均相混合液？

(6) 预处理含丙酮 35% 的原料液 800 kg，并要求达到萃取平衡时，萃取相中丙酮浓度为 30%，试确定萃取剂(氯苯)的用量。

(7) 求条件(6)下的萃取相和萃余相的量，并计算萃余相中丙酮的组成。

(8) 若将条件(6)的萃取相中的溶剂全部回收，求可得萃取液的量及组成。

表 10-12　(单位：%)

水层			氯苯层		
丙酮(A)	水(B)	氯苯(S)	丙酮(A)	水(B)	氯苯(S)
0	99.89	0.11	0	0.18	99.82
10	89.79	0.21	10.79	0.49	88.72
20	79.69	0.31	22.23	0.79	76.98
30	69.42	0.58	37.48	1.72	60.80
40	58.64	1.36	49.44	3.05	47.51
50	46.28	3.72	59.19	7.24	33.57
60	27.41	12.59	62.07	22.85	15.08
60.58	25.66	13.76	60.58	25.66	13.76

((3) $X_R=0.28$；(4) $x_A=0.546$，$x_R=0.396$，$x_B=0.058$；(5) 0.302 kg 丙酮；(6) 萃取剂用量为 273.8 kg；(7) 萃余相量为 685 kg，萃取相量为 388.8 kg，萃余相组成为 0.244；(8) 萃取液量为 120.9 kg，组成为 0.972)

2. 以异丙醚为萃取剂，从浓度为 50%(质量分数)的醋酸水溶液中萃取醋酸。在单级萃取器中，用 600 kg 异丙醚萃取 500 kg 醋酸水溶液，20℃时醋酸-水-异丙醚系统的平衡数据如表 10-13 所示。

(1) 在直角三角形相图上绘出溶解度曲线及辅助曲线。

(2) 确定原料液与萃取剂混合后混合液 M 的组成坐标。

(3) 由三角形相图求出此混合液分为两个平衡液层 E 与 R 后，两液层的组成和质量。

(4) 试求上述两液层的分配系数 K_A 及溶剂的选择性系数 β。

表 10-13　(单位：%)

水层			异丙醚层		
醋酸(A)	水(B)	异丙醚(S)	醋酸(A)	水(B)	异丙醚(S)
0.69	98.1	1.2	0.18	0.5	99.3
1.4	97.1	1.5	0.37	0.7	98.9
2.7	95.7	1.6	0.79	0.8	98.4
6.4	91.7	1.9	1.9	1.0	97.1
13.3	84.4	2.3	4.8	1.9	93.3

续表

水层			异丙醚层		
醋酸(A)	水(B)	异丙醚(S)	醋酸(A)	水(B)	异丙醚(S)
25.5	71.1	3.4	11.4	3.9	84.7
37.0	58.6	4.4	21.6	6.9	71.5
44.3	45.1	10.6	31.1	10.8	58.1
46.4	37.1	16.5	36.2	15.1	48.7

3. 在 25 ℃下,用甲基异丁基甲酮(MIBK)从含丙酮 40%(质量分数)的水溶液中萃取丙酮。原料液的流量为 1 500 kg/h。操作条件下的平衡数据和联结线数据分别见表 10-14 和表 10-15。

(1) 当要求在单级萃取装置中获得最大组成的萃取液时,萃取剂的用量为多少(kg/h)?

(2) 若将(1)求得的萃取剂用量分为两等份进行两级错流萃取,试求最终萃余相的流量和组成。

(3) 比较(1)、(2)两种操作方式中丙酮的萃取率。

表 10-14　　(单位:%)

丙酮(A)	水(B)	MIBK(S)	丙酮(A)	水(B)	MIBK(S)
0	2.2	97.8	48.4	18.8	32.8
4.6	2.3	93.1	48.5	24.1	27.4
18.9	3.9	77.2	46.6	42.8	20.6
24.4	4.6	71.0	42.6	45.0	12.4
28.9	5.5	65.6	30.9	64.1	5.0
37.6	7.8	54.6	20.9	75.9	3.2
43.2	10.7	46.1	3.7	94.2	2.1
47.0	14.8	38.2	0	98.0	2.0

表 10-15　　(单位:%)

丙酮		丙酮	
水层	MIBK 层	水层	MIBK 层
5.58	10.66	29.5	40.0
11.83	18.0	32.0	42.5
15.35	25.5	36.0	45.5
20.6	30.5	38.0	47.0
23.8	35.3	41.5	48.0

((1) 1 029.5 kg/h;(2) 940.1 kg/h,0.127;(3)单级萃取过程回收率 51.9%,两级错流萃取过程回收率 80.1%)

4. 在多级错流萃取装置中,用水从含乙醛 6%(质量分数,下同)的乙醛-甲苯混合液中提取乙醛。原料液的流量为 120 kg/h,要求最终萃余相中乙醛含量不大于 0.5%。每级中水的用量均为 25 kg/h。操作条件下,水和甲苯可视为完全不互溶,以乙醛质量比组成表示的平衡关系为 $Y^{*}=2.2X$。试在直角坐标系中用作图法

和解析法分别求所需的理论级数。　((1) 7 级(图解法);(2) 7 级(解析法))

5. 在 25 ℃下,以甲基异丁基甲酮(MIBK)为萃取剂,用逆流萃取操作,从含有 45%(质量分数)丙酮的水溶液中萃取丙酮。原料液的流量为 1 500 kg/h,溶剂比(m_S/m_F)为 0.87,要求最终萃余相中丙酮的组成不大于 2.5%(质量分数)。试用直角三角形坐标求需要几个萃取理论级。操作条件下的平衡数据见表 10-14。

(4 级(图解法))

6. 在多级逆流萃取装置中用纯氯苯萃取吡啶水溶液中的吡啶。原料液中吡啶的质量分数为 35%,要求最终萃余相中吡啶组成不大于 5%。操作溶剂比为 0.8。操作条件下的平衡数据(质量分数)如表 10-16 所示。

若将水和氯苯视为完全不互溶,试在直角坐标系中求解所需的理论级数,并求操作溶剂用量为最小用量的倍数。

表 10-16　(单位:%)

萃取相			萃余相		
吡啶(A)	水(B)	氯苯(S)	吡啶(A)	水(B)	氯苯(S)
0	0.05	99.95	0	99.92	0.08
11.05	0.67	88.28	5.02	94.82	0.16
18.95	1.15	79.90	11.05	88.71	0.24
24.10	1.62	74.28	18.90	80.72	0.38
28.60	2.25	69.15	25.50	73.92	0.58
31.55	2.87	65.58	36.10	62.05	1.85
35.05	3.95	61.00	44.95	50.87	4.18
40.60	6.40	53.00	53.20	37.90	8.90
49.00	13.20	37.80	49.00	13.20	37.80

((1) 4 级(图解法);(2) 操作溶剂用量是最小用量的 1.16 倍)

本章主要符号说明

符号	意　义	计量单位
A_m	萃取因子;对应于吸收中的解吸因子	
C	物质在超临界流体中的溶解度	g/m^3
c	组分在水相或有机相中的平衡浓度	kmol/ m^3
d_m	液滴的平均直径	m
D	萃取塔塔径	m
H	萃取段有效高度	m
HETP	理论级当量高度	m
H_{OE}	萃取相的总传质单元高度	m
H_{OR}	萃余相的总传质单元高度	m
k	以质量分数表示组成的分配系数	
K	以质量比表示组成的分配系数	

符号	意　义	计量单位
X	萃余相中组分的质量比组成	
y	萃取相中组分的质量分数	
Y	萃取相中组分的质量比组成	
z	混合液中组分的质量分数	
β	溶剂的选择性系数	
Δ	净流量	kg/h
ε	填料层的空隙率	
δ	以质量比表示的操作线斜率	
$\delta_{\min}$	最小溶剂用量时操作线斜率	
μ	液体的黏度	Pa·s
μ_c	临界流体的黏度	Pa·s
ρ	液体的密度	kg/m^3
K	以体积浓度表示的萃取反应平衡常数	
$K_X\alpha$	以萃余相中溶质的质量比为推动力的总体积传质系数	$kg/(m^3 \cdot h)$
$K_Y\alpha$	以萃取相中溶质的质量比为推动力的总体积传质系数	$kg/(m^3 \cdot h)$
m	物质的质量或流量	kg 或 kg/h
n	萃取理论级数	
N_{OE}	萃取相的总传质单元数	
N_{OR}	萃余相的总传质单元数	
p	压力	Pa 或 MPa
p_c	临界压力	Pa 或 MPa
T_c	临界温度	K
T_r	对比温度	
U	连续相或分散相在塔内的流速	m/s 或 m/h
v_D	分散相的滞液率	
V	连续相或分散相在塔内的体积流量	m^3/s 或 m^3/h
x	萃余相中组分的质量分数	
α	单位体积混合液所具有的相际接触面积;填料的比表面积	m^2/m^3
ρ_c	临界流体的密度	kg/m^3
$\Delta\rho$	两液相的密度差	kg/m^3
σ	界面张力	N/m
Ω	塔截面积	m^2
φ	萃取率	
下标		
A、B、S	组分 A、B、S	
C	连续相	
D	分散相	
E	萃取相	
f	液泛	
R	萃余相	

第11章　固体干燥

本章学习要求

■ **掌握**：干燥过程的特点及分类；对流干燥过程机理；湿空气的性质计算、湿度图及其应用；干燥过程的物料衡算与热量衡算；干燥过程空气状态的确定；干燥器的热效率；物料中各种水分的划分与关系；恒速干燥阶段与降速干燥阶段的特点。

■ **熟悉**：恒定干燥条件下干燥速率与干燥时间的计算。

■ **了解**：工业常用干燥器的性能及选用原则。

11.1　概　　述

11.1.1　固体物料的去湿方法

化工生产中的固体原料、半成品或产品，为了便于运输、储藏、使用或进一步加工，须除去其中的湿分（水分或其他溶剂）。例如，塑料颗粒若含水量超过规定数值（聚氯乙烯的含水量须低于0.2%），则在其制品中有气泡生成，影响产品的品质；抗生素等药物或食品中若含水量过多，将影响其使用期限。去除固体物料湿分的方法主要有以下几种。

（1）机械去湿法。它是通过过滤、挤压、沉降、离心分离等机械分离方法除去大量的湿分的方法。该法能耗较少，但只能除去物料中的一部分湿分，往往不能满足工艺要求。

（2）吸附去湿法。利用某种平衡分压很低的干燥剂（如石灰、无水氯化钙、硅胶）与湿物料并存，使物料中湿分相继转入干燥剂内。这种去湿方法因干燥剂吸湿能力有限，只适用于除去物料中的微量湿分。

（3）供热去湿法（又称干燥）。向湿物料供热以汽化其中的湿分，从而获得含湿分较少的干物料。该法去湿完全，但能耗较大。

此外，含有固体溶质的溶液还可利用蒸发、结晶的方法脱除溶剂以获得固体产品。

在化工生产中，为了使去湿的操作经济有效，往往先用机械去湿等方法除去物料中的大部分湿分，然后进行干燥，所以干燥操作往往紧跟在过滤、离心分离、结晶等操作之后进行，最后得到合格的固体产品。

固体干燥在造纸、纺织、制革、木材和农副产品加工中也有广泛的应用。

11.1.2　干燥操作的类型

干燥操作可按不同原则进行分类。按操作压力可分为常压干燥和真空干燥，后者适用于处理热敏性、易氧化或要求产品含湿量极低的物料。按操作方式又可分为连续干燥和间歇干燥，前者的特点是生产能力大、产品质量均匀、热效率高及劳动条件好；后者的特点是干燥过程易于控制，较适用于小批量、多品种或要求干燥时间较长的物料干燥。按热能传给湿物料的方式可分为传导干燥、对流干燥、辐射干燥、介电加热干燥等。

（1）传导干燥又称间接加热干燥，利用热传导的方式将热量通过金属壁传给湿物料，使湿物料中的湿分汽化，并由周围的气流带走。其特点是热能利用率较高，但与金属壁面接触的物料在干燥时易过热变质。

（2）对流干燥又称直接加热干燥。载热体（干燥介质）掠过物料表面，向物料供热，使其中的湿分汽化，并带走所产生的蒸气。其干燥介质通常为热空气，因热空气的温度易调节，物料不易过热。但热空气离开干燥器时，同时带走相当大一部分热量，故热能利用效率比传导干燥低。

（3）辐射干燥是由辐射元件发射电磁波至湿物料表面，部分电磁波被物料吸收后转变为热能，使湿分加热汽化而达到干燥的目的。辐射源可分为电能和热能两种，用电能的辐射器有专供发射红外线、远红外线或微波等装置。

（4）介电加热干燥是将要干燥的物料置于高频电场内，由于高频电场的交变作用使物料加热而达到干燥的目的。

（5）真空冷冻干燥是将湿物料或溶液在较低的温度（－50～－10℃）下冻成固态，然后在真空（1.3～13 Pa）下使其中的水分不经液态直接升华成气态，最终使物料脱水而达到干燥的目的。真空冷冻干燥常用于药品、生物制品及食品等物料的干燥。

在传导干燥和对流干燥过程中，由于热能都是从物料表面传至内部，所以物料表面温度高于内部温度，而水分则由内部扩散至表面，物料表面水分先汽化，从而形成绝热层，增加内部水分扩散至表面的阻力，所以物料干燥时间较长。而介电加热干燥则相反，湿物料在高频电场内很快被均匀加热，由于水分的介电常数比固体物料的大得多，在干燥过程中物料的内部水分比表面的多，因此物料内部吸收的电能或热能也较多，则物料内部温度比表面的高，由于温度梯度与水浓度梯度方向相同，故增大了物料内部水分的扩散速率，从而使扩散时间缩短，所得到的干燥产品亦均匀而洁净。但此方法费用较高，所以在工业上的普遍推广受到一定限制。

目前化工生产中使用最广泛的是对流干燥，通常使用的干燥介质是空气，被除去的湿分是水分。本章主要讨论这种干燥过程。

11.1.3　对流干燥过程的传热与传质

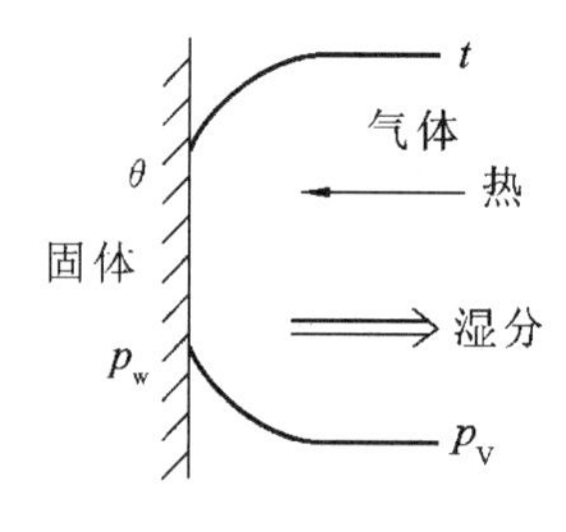

图 11-1　热空气与物料间的传热与传质

如图 11-1 所示，在对流干燥过程中，热空气（干燥介质）将热量传至物料表面，再由表面传至物料的内部。传热的推动力为空气温度 t 与物料表面温度 θ 之差（$\Delta t=t-\theta$）。同时，物料表面的水汽向空气主体传递，被空气带走，水汽传质的推动力为湿物料表面水的分压 p_w 与空气主体中的水汽分压 p_V 之差 $\Delta p=p_w-p_V$。由此可见，物料的干燥过程是传热和传质同时进行的过程。

在干燥器中，空气既要为物料提供水分汽化所需的热量，又要带走汽化产生的水汽，以保证干燥过程的进行。因此，空气既是载热体，又是载湿体。空气在进入干燥器之前需要经预热器加热到一定温度，以保证必要的传热推动力；在干燥器中，空气经降温增湿后又需及时将水汽带走，以保证被干燥物料表面的水汽分压大于空气的水汽分压，即保持一定的传质推动力。

11.2　湿空气的性质与湿度图

11.2.1　湿空气的性质

人类周围的大气为干空气和水汽的混合物，称为湿空气。在对流干燥过程中，湿空气经预热后与湿物料发生热量和质量交换，湿空气的水汽含量、温度、焓等性质都会发生变化。因此，在研究干燥过程之前，首先要了解表示湿空气性质或状态的参数及其相互之间的关系。

在干燥过程中，湿空气中的水汽含量是不断变化的，而其中的绝对干空气（简称干空气）作为载体，其质量流量是不变的。为了计算方便，湿空气的许多性质参数都以单位质量干空气为基准。而且，干燥过程的操作压力通常较低，湿空气可视为理想气体。

1. 湿空气的水汽分压 p_V

作为干燥介质的湿空气是不饱和的空气，即空气中的水汽分压低于同温度下水的饱和蒸气压。根据道尔顿分压定律，湿空气的总压 p 等于干空气的分压 p_B 与水汽的分压 p_V 之和。当总压一定时，湿空气的水汽分压越大，其水汽含量亦越大。

$$\frac{n_V}{n_B}=\frac{p_V}{p_B}=\frac{p_V}{p-p_V} \tag{11-1}$$

式中：n_V——湿空气中水汽的物质的量，kmol；

n_B——湿空气中干空气的物质的量，kmol。

2. 湿度 H

湿度是表示湿空气中水汽含量的参数，又称湿含量或绝对湿度，定义为湿空气中单位质量干空气所含有的水汽质量，即

$$H=\frac{\text{湿空气中水汽的质量}}{\text{湿空气中干空气的质量}}=\frac{n_V M_V}{n_B M_B} \tag{11-2}$$

式中：H——湿空气的湿度，kg(水)/kg(干空气)；

M_V——水汽的摩尔质量，kg/kmol；

M_B——干空气的摩尔质量，kg/kmol。

将式(11-1)代入式(11-2)，可得

$$H=0.622\times\frac{p_V}{p-p_V} \tag{11-3}$$

式(11-3)表明，湿度与湿空气的总压及其水汽分压有关，当总压一定时，则仅由水汽分压决定。

若水汽分压等于同温度下水的饱和蒸气压 p_s，则表明湿空气呈饱和状态，此时湿空气的湿度称为饱和湿度，用 H_s 表示，即

$$H_s=0.622\times\frac{p_s}{p-p_s} \tag{11-4}$$

3. 相对湿度 φ

在一定的总压下，湿空气中水汽分压 p_V 与同温度下湿空气中水汽分压可能达到的最大值之比定义为相对湿度，用 φ 表示。

当总压为 101.33 kPa，空气温度低于 100 ℃时，空气中水汽分压的最大值应为同温度下水的饱和蒸气压 p_s，则

$$\varphi=\frac{p_V}{p_s}\times 100\% \qquad (p_s\leqslant p) \tag{11-5}$$

当空气温度较高，该温度下水的饱和蒸气压 p_s 会大于总压，但空气总压已给定，水汽分压的最大值等于总压，于是

$$\varphi=\frac{p_V}{p}\times 100\% \qquad (p_s>p) \tag{11-6}$$

由此可见,相对湿度 φ 表示了空气中水汽含量的相对大小。当 $\varphi=100\%$ 时,表示湿空气中的水汽已达到饱和,不能再接纳任何水分。φ 越低,表示该湿空气距离饱和程度越远,吸收水汽的能力越强。故湿度 H 只能表示湿空气中水汽含量的绝对值,而相对湿度 φ 却能反映湿空气吸收水汽的能力。

将式(11-5)代入式(11-3),可得

$$H=0.622\times\frac{\varphi p_s}{p-\varphi p_s} \tag{11-7}$$

由上式可知,当总压一定时,湿空气的湿度只与空气的相对湿度及温度有关,即

$$H=f(\varphi,t) \tag{11-8}$$

4. 湿空气的比体积 v_H

将 1 kg 干空气及其所带的 H kg 水汽所占的总体积称为湿空气的比体积,亦称湿比容,用 v_H 表示。当压力为 p(kPa)、温度为 t(℃)时,有

$$v_H=v_g+Hv_V \tag{11-9}$$

式中:v_H——湿空气的比体积,m^3/kg(干空气);

v_g——干空气的比体积,m^3/kg(干空气);

v_V——水汽的比体积,m^3/kg。

其中

$$v_g=\frac{22.4}{29}\times\frac{t+273}{273}\times\frac{101.33}{p}=0.773\times\frac{t+273}{273}\times\frac{101.33}{p} \tag{11-10}$$

$$v_V=\frac{22.4}{18}\times\frac{t+273}{273}\times\frac{101.33}{p}=1.244\times\frac{t+273}{273}\times\frac{101.33}{p} \tag{11-11}$$

$$v_H=(0.773+1.244H)\frac{t+273}{273}\times\frac{101.33}{p} \tag{11-12}$$

根据湿空气的比体积,可将干空气的质量流量换算成湿空气的体积流量,以此作为输送机械选型的依据之一。由式(11-12)可知,在总压一定时,湿空气的比体积与空气温度和湿度有关。

5. 湿空气的比热容 c_{pH}

常压下,将 1 kg 干空气及其所带的 H kg 水汽升高 1 ℃所需的热量,称为湿空气的比热容,简称湿比热,用符号 c_{pH} 表示。

$$c_{pH}=c_{pg}+Hc_{pV}=1.01+1.88H \tag{11-13}$$

式中:c_{pH}——湿空气的比热容,kJ /(kg(干空气)·℃);

c_{pg}——干空气的比热容,约为 1.01 kJ/(kg(干空气)·℃);

c_{pV}——水汽的比热容,约为 1.88 kJ/(kg·℃)。

6. 湿空气的焓 I

将 1 kg 干空气及其所带的 H kg 水汽所具有的焓称为湿空气的焓,用符号 I 表示。

$$I=I_g+HI_V \tag{11-14}$$

式中:I——湿空气的焓,kJ / kg(干空气);

I_g——干空气的焓,kJ / kg(干空气);

I_V——水汽的焓,kJ / kg(水汽)。

干空气的焓以 0 ℃的气体为基准,水汽的焓以 0 ℃时的液态水为基准。因此,对于温度为 t(℃)、湿度为 H 的湿空气,其焓包括由 0 ℃的液态水变为 0 ℃的水汽所需的潜热和湿空气由 0 ℃升温至 t 所需的显热,即

$$I=(c_{pg}+Hc_{pV})t+r_0H=(1.01+1.88H)t+2\,490H \tag{11-15}$$

式中：r_0——0 ℃时水的汽化潜热，约为 2 490 kJ/kg。

7. 露点 t_d

在总压和湿度 H 保持不变的情况下，将不饱和湿空气冷却至饱和状态时的温度，称为该湿空气的露点温度，简称露点，用符号 t_d 表示。当达到露点时，空气的相对湿度 $\varphi=100\%$，此时式(11-7)可写成

$$H=0.622\times\frac{p_s}{p-p_s} \tag{11-16}$$

以 H 与 p 作为已知值，由上式便可计算出露点时水的饱和蒸气压 p_s，亦即

$$p_s=\frac{Hp}{0.622+H} \tag{11-17}$$

显然，当空气的总压一定时，露点 t_d 仅与空气的湿度 H 有关。如已知空气的总压和露点，由露点查得该温度下水的饱和蒸气压 p_s，根据式(11-16)可计算出空气的湿度，此即露点法测定空气湿度的依据。

8. 干球温度 t 及湿球温度 t_w

在湿空气中，用普通温度计所测得的温度称为湿空气的干球温度。图 11-2 所示为干、湿球温度计。将温度计的感温球露在空气中，称为干球温度计，所测得的温度为空气的干球温度，也是空气的真实温度，用 t 表示。将温度计的感温球用纱布包裹，纱布另一端浸入水槽中，由于毛细管作用，纱布完全被水湿润，该温度计称为湿球温度计。在避免热辐射和热传导的条件下，该温度计在空气中所达到的平衡温度称为空气的湿球温度，用符号 t_w 表示。不饱和空气的湿球温度 t_w 低于干球温度 t。

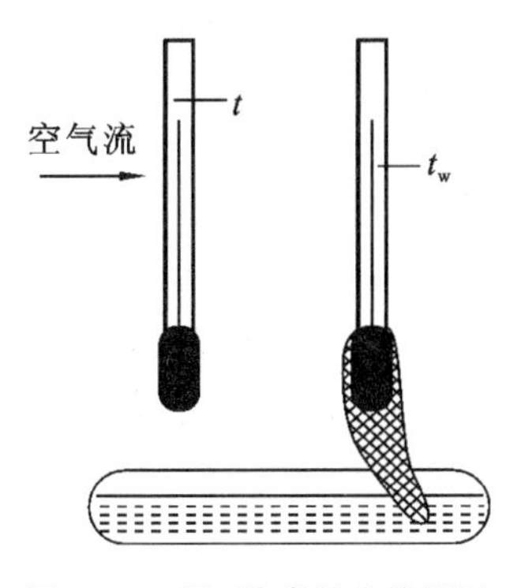

图 11-2 干、湿球温度的测量

用湿球温度计测定空气湿球温度的机理如下。设有大量的不饱和空气，其温度为 t，水汽分压为 p_V，湿度为 H。当空气流速足够大(大于 5 m/s)，气温不太高时，便可排除热辐射、热传导及流动的影响。设开始时湿纱布水分的初温高于空气的露点，则纱布表面的水汽分压比空气中的水汽分压高，水分便自湿纱布表面汽化，并扩散至空气主体中。汽化水分所需的潜热首先来自湿纱布中水的显热，因而使水温下降；当水温低于空气的干球温度时，热量则由空气传向纱布中的水分，其传热速率随着两者温差的增大而增大。当由空气传入纱布的传热速率恰好等于自纱布表面汽化水分所需的传热速率时，两者达到平衡状态，这时湿纱布中的水温即保持恒定，该平衡温度即为空气的湿球湿度。

因湿空气的流量大，在流过湿纱布表面时可认为其温度和湿度均不改变，即大量不饱和空气与少量水接触的过程中可认为空气的干球温度和湿度保持不变。当达到平衡时，空气向湿纱布表面传递热量的速率为

$$Q=\alpha A(t-t_w) \tag{11-18}$$

式中：Q——传热速率，kW；

α——空气对湿纱布的给热系数，kW/(m^2·℃)；

A——空气与湿纱布接触的表面积，m^2；

t——空气的干球温度，℃；

t_w——空气的湿球温度，℃。

同时，湿纱布中水分向空气汽化，其传质速率为

$$N_A = k_H A(H_w - H) \tag{11-19}$$

式中：N_A——传质速率，kg/s；

k_H——以湿度差为推动力的传质系数，kg/(m^2·s)；

H_w——空气在湿球温度下的饱和湿度，kg(水)/kg(干空气)；

H——空气的湿度，kg(水)/ kg(干空气)。

在达到平衡状态后，湿纱布与空气间进行的传质、传热过程可用下式表示：

$$\alpha A(t - t_w) = k_H A(H_w - H) r_w$$

整理得

$$t_w = t - \frac{k_H r_w}{\alpha}(H_w - H) \tag{11-20}$$

式中：r_w——湿球温度下水的汽化潜热，kJ/kg。

上式中 k_H/α 为气相传质系数与给热系数之比，凡能改变气相湍动程度的因素，都会引起这两个系数以相同比例变化，所以湿球温度是空气干球温度 t 和湿度 H 的函数。对于空气-水系统，$\alpha/k_H = 1.09$ kJ/(kg·℃)。

应该指出的是，湿球温度实际上是湿纱布中水分的温度，并不代表空气的真实温度，但它的高低是由湿空气的温度、湿度所决定的，而与湿纱布水分的初始温度无关。对于干球温度一定的湿空气，其湿度越低，湿球温度就越低。而对于饱和湿空气，湿球温度与干球温度相等。

9. 绝热饱和温度 t_{as}

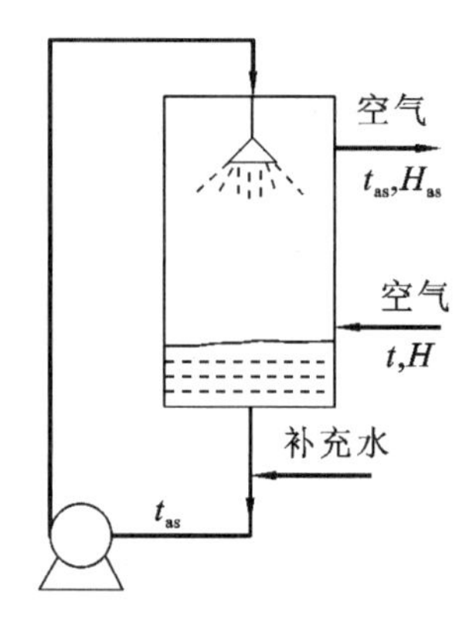

图 11-3　绝热饱和器

图 11-3 所示为绝热饱和器。设有温度为 t、湿度为 H 的不饱和空气在绝热饱和器内与大量水接触，水用泵循环，若设备保温良好，则热量只在气、液两相之间传递，而对周围环境是绝热的。这时可认为水温完全均匀，故水向空气中汽化时所需的潜热只能来自空气的显热。这样，空气的温度下降，而湿度增加，即空气失去显热，水汽将此部分热量以潜热的形式带回空气中，故空气的焓值可视为不变(忽略水汽的显热)，这一过程为空气的绝热降温增湿过程，是等焓过程。

绝热增湿过程进行到空气被水汽所饱和时，空气的温度不再下降，等于循环水的温度，称此温度为该空气的绝热饱和温度，用符号 t_{as} 表示，其对应的饱和湿度为 H_{as}。

设进入和离开绝热饱和器时湿空气的焓值分别为 I_1 和 I_2，则

$$I_1 = c_{pH} t + H r_0 = (1.01 + 1.88H)t + H r_0 \tag{11-21}$$

$$I_2 = c_{pH,as} t_{as} + H_{as} r_0 = (1.01 + 1.88H_{as}) t_{as} + H_{as} r_0 \tag{11-22}$$

因为 H 和 H_{as} 很小，故可认为 c_{pH} 及 $c_{pH,as}$ 均不随湿度而变化，$c_{pH} = c_{pH,as}$。又因为该过程近似等焓过程，$I_1 = I_2$，则

$$t_{as} = t - \frac{r_0}{c_{pH}}(H_{as} - H) \tag{11-23}$$

由式(11-23)可知，空气的绝热饱和温度 t_{as} 随着空气的干球温度和湿度改变而变化。

湿球温度与绝热饱和温度是两个完全不同的概念。湿球温度是大量空气与少量水接触后水的稳定温度，而绝热饱和温度是大量水与少量空气接触后空气的稳定温度。水温达到湿球温度时，气、液两相处于动态平衡，依然存在着热、质传递，属于动力学范围；而气体达到绝热饱

和温度时，平衡是静态平衡，没有热、质传递，属于静力学范围。

比较式(11-20)和式(11-23)可知，湿球温度和绝热饱和温度在数值上的差异取决于 α/k_H 与 c_{pH} 的差别。对于空气-水系统，由于 $\alpha/k_H \approx c_{pH}$，所以可以认为空气-水系统的湿球温度与绝热饱和温度是近似相等的，即 $t_w = t_{as}$。但对于其他系统，如某些有机溶剂和空气组成的系统，湿球温度高于绝热饱和温度。

对于空气-水系统，$t_w = t_{as}$，这给干燥计算带来很大方便。因湿球温度 t_w 是比较容易测定的，可根据空气的干球温度和绝热饱和温度，从空气的湿度图中查得空气的湿度 H。

从上述结论可看出，表示空气性质的三个温度 t、t_w(或 t_{as})及 t_d 的关系如下。

对于不饱和湿空气　　$t > t_w(t_{as}) > t_d$

对于饱和湿空气　　$t = t_w(t_{as}) = t_d$

【例 11-1】 已知湿空气的总压为 101.33 kPa，相对湿度为 60%，干球温度为 20 ℃。试求：(1)湿空气的湿度；(2)湿空气中的水汽分压；(3)露点；(4)湿空气的比体积；(5)湿空气的比热容；(6)湿空气的焓。

解　已知 $p=101.33$ kPa，$\varphi=60\%$，$t=20$ ℃，由饱和蒸气压表查得，水在 20 ℃时的饱和蒸气压

$$p_s = 2.337 \text{ kPa}$$

(1) 湿度 H。

$$H = 0.622 \times \frac{\varphi p_s}{p - \varphi p_s} = 0.622 \times \frac{0.60 \times 2.337}{101.33 - 0.60 \times 2.337} \text{ kg(水)/kg(干空气)}$$
$$= 0.008\,73 \text{ kg(水)/kg(干空气)}$$

(2) 水汽分压 p_V。

$$p_V = \varphi p_s = 0.60 \times 2.337 \text{ kPa} = 1.402\,2 \text{ kPa}$$

(3) 露点 t_d。

由 $p_V = 1.402\,2$ kPa，查饱和蒸气压表得

$$t_d = 12℃$$

(4) 湿空气的比体积。

$$v_H = (0.773 + 1.244H)\frac{t+273}{273} \times \frac{101.33}{p}$$
$$= (0.773 + 1.244 \times 0.008\,73) \times \frac{20+273}{273} \times \frac{101.33}{101.33} \text{ m}^3\text{(湿空气)/kg(干空气)}$$
$$= 0.841 \text{ m}^3\text{(湿空气)/kg(干空气)}$$

(5) 湿空气的比热容。

$$c_{pH} = 1.01 + 1.88H = (1.01 + 1.88 \times 0.008\,73) \text{ kJ/(kg(干空气)·℃)}$$
$$= 1.026 \text{ kJ/(kg(干空气)·℃)}$$

(6) 湿空气的焓。

$$I = (1.01 + 1.88H)t + 2\,490H$$
$$= [(1.01 + 1.88 \times 0.008\,73) \times 20 + 2\,490 \times 0.008\,73] \text{ kJ/kg(干空气)}$$
$$= 42.26 \text{ kJ/kg(干空气)}$$

11.2.2　湿空气的湿度图及其应用

在总压 p 一定时，上述湿空气性质的各个参数(p_V、t、φ、H、I、t_w等)中，只要规定其中两个互相独立的参数，湿空气的状态即被唯一确定。参数的确定可用前述公式进行计算，但相对烦琐而且有时需要用试差法求解。为了方便起见，工程上将各参数之间的关系用平面坐标的算图形式来表示，使参数的确定变得比较简便。下面介绍工程计算中常用的以湿空气的焓值 I 为纵坐标，湿度 H 为横坐标的湿度图(也称焓湿图)，即 I-H 图。

1. 焓湿图的构造

图 11-4 所示是根据总压 $p=101.3$ kPa 而标绘的焓湿图。为了避免图中许多线条挤在一起而难以读出数据，故两轴采用斜角坐标系，其间夹角为 135°。同时，为了便于读取湿度数据，将横轴上湿度 H 的数值投影于与纵轴正交的辅助水平轴上。图中共有五种线，图上任一点都代表一定温度 t 和湿度 H 的湿空气状态。

(1) 等湿线(等 H 线)是一组与纵轴平行的直线。在同一条等 H 线上的点具有相同的湿度值，其值在水平辅助线上读出。

(2) 等焓线(等 I 线)是一组与横轴平行的直线。在同一条等 I 线上不同的点所代表的湿空气状态不同，但都具有相同的焓值，其值在纵轴上读出。

(3) 等温线(等 t 线)。将式(11-15)改写成

$$I=1.01t+(1.88t+2\ 490)H$$

由上式可知，当空气的干球温度 t 不变时，I 与 H 呈直线关系，故在 I-H 图上，对应不同的 t 时可作出一系列等 t 线。

不同温度下的等 t 线与水平轴呈倾斜状态，其斜率为 $1.88t+2\ 490$，故温度愈高，其斜率愈大。因此，等 t 线并不是互相平行的。

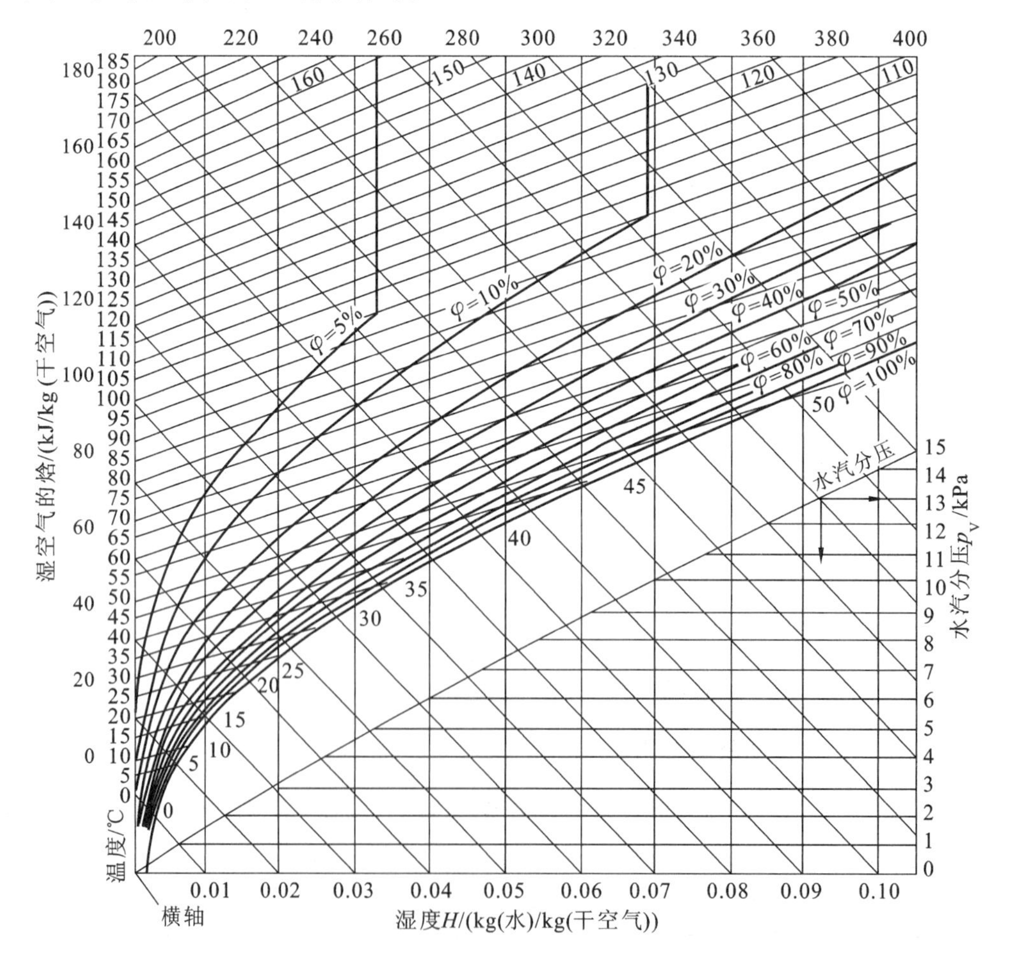

图 11-4　湿空气 I-H 图

(4) 等相对湿度线(等 φ 线)是根据式(11-7)绘制而成的，是一组从坐标原点散发出来的曲线。对于某一 φ 值，若已知温度 t，就可查得对应的饱和蒸气压 p_s，由式(11-6)算出对应的湿度 H，将许多(t,H)点连接起来，就成为某一 φ 值的相对湿度线。用同样的方法可绘出 φ 为5%～100%的一系列曲线。

图中 $\varphi=100\%$的曲线称为饱和空气线，此时空气完全被水汽所饱和。饱和空气线以上($\varphi<100\%$)为不饱和区，此区域对干燥操作有意义；饱和空气线以下为过饱和空气区，此时湿空气呈雾状，它会使物料增湿，故在干燥操作中应予以避免。

(5) 水汽分压线表示空气的湿度 H 与空气中的水汽分压 p_V之间的关系。将湿度的表达式改写成

$$p_V=\frac{pH}{0.622+H}$$

由上式可知，当湿空气的总压 p 不变时，水汽分压 p_V随湿度 H 的变化而变化。水汽分压标于右端纵轴上，其单位为 kPa。

2. 焓湿图的用法

利用 I-H 图查取湿空气的各个参数非常方便。只要知道表示湿空气性质的各个参数中任意两个在图上有交点的参数，就可以在 I-H 图上定出一个交点，这点表示湿空气所处的状态，由此点即可求出其他各个参数。

已知湿空气的某一状态点 A 的位置，如图 11-5 所示，可直接读出通过点 A 的四条参数线的数值，它们是相互独立的参数 t、φ、H 及 I。等 H 线与水汽分压线相交于点 C，从右端纵轴读出水汽分压 p_V值；由点 A 沿等 H 线向下与 $\varphi=100\%$饱和空气线相交于点 B，再由过点 B 的等 t 线读出露点 t_d值；由点 A 沿等 I 线与 $\varphi=100\%$饱和空气线相交于点 D，再由过点 D 的等 t 线读出绝热饱和温度 t_{as}(即湿球温度 t_w)值。

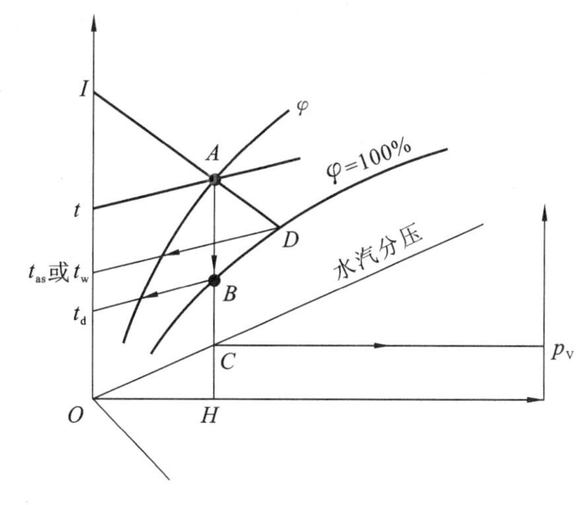

图 11-5　I-H 图的用法

使用 I-H 图时，首先必须确定代表湿空气的状态点(如图 11-5 中的点 A)，然后才能查得各种参数。通常根据下述已知条件之一来确定湿空气的状态点(如图 11-6 所示)。

(1) 湿空气的干球温度 t 和湿球温度 t_w，如图 11-6(a)所示。

(2) 湿空气的干球温度 t 和露点 t_d，如图 11-6(b)所示。

(3) 湿空气的干球温度 t 和相对湿度 φ，如图 11-6(c)所示。

练习题(11.2)

【例 11-2】 已知湿空气的总压为 101.3 kPa，相对湿度为 50%，干球温度为 20 ℃。试用 I-H 图求解：

(1)湿空气中的水汽分压 p_V；

(2)湿空气的湿度 H；

(3)湿空气的焓 I；

(4)湿空气的露点 t_d；

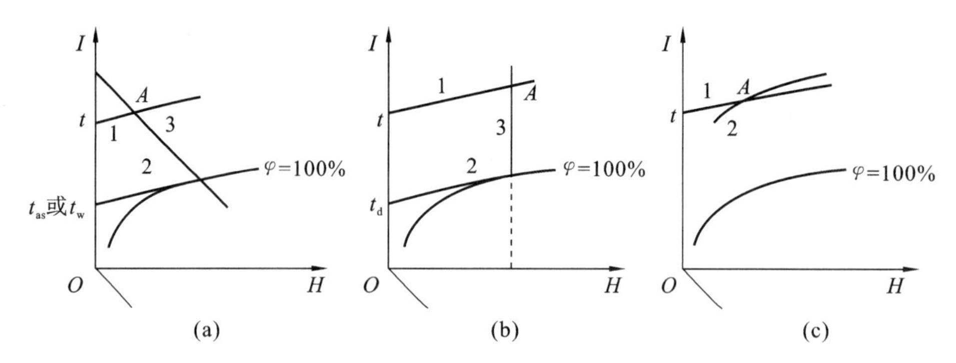

图 11-6　在 I-H 图中确定湿空气的状态点

(5)湿空气的湿球温度 t_w;

(6)如将干空气流量为 1 200 kg/h 的湿空气从 20 ℃预热至 117 ℃,所需的热量 Q。

解　由已知条件 $p=101.3$ kPa,$\varphi=50\%$,$t=20$ ℃,在 I-H 图(见图 11-7)上定出湿空气的状态点 A。

(1) 湿空气中的水汽分压 p_V。

由点 A 沿等 H 线向下交水汽分压线于点 C,在图右边纵坐标上读得 $p_V=1.2$ kPa。

(2) 湿空气的湿度 H。

由点 A 沿等 H 线向下交水平辅助轴于 C 点,读得 $H=0.007\ 5$ kg(水)/kg(干空气)。

(3) 湿空气的焓 I。

通过点 A 作等 I 线的平行线,交纵轴于点 E,读得 $I_0=39$ kJ/kg(干空气)。

(4) 湿空气的露点 t_d。

由点 A 沿等 H 线向下与 $\varphi=100\%$饱和空气线相交于点 B,由等 t 线读得 $t_d=10$ ℃。

(5) 湿空气的湿球温度 t_w。

由点 A 沿等 I 线与 $\varphi=100\%$饱和空气线相交于点 D,由等 t 线读得 $t_w=14$ ℃。

(6) 所需热量。

因湿空气通过预热器加热,其湿度不变,所以可由点 A 沿等 H 线向上与 $t_1=117$ ℃线相交于点 G,读出 $I_1=138$ kJ/ kg(干空气)(即湿空气离开预热器的焓值)。每小时含 1 200 kg 干空气的湿空气通过预热所需的热量为

$$Q=\frac{1\ 200}{3\ 600}\times(I_1-I_0)=\frac{1}{3}\times(138-39)\ \text{kW}=33.0\ \text{kW}$$

【例 11-3】　今测得空气的干球温度 $t=60$℃,湿球温度 $t_w=45$ ℃,试利用 I-H 图确定湿空气的湿度 H、相对湿度 φ、焓 I 及露点 t_d。

解　在 I-H 图上作 $t=45$ ℃等 t 线与 $\varphi=100\%$线相交,再从交点 A 作等 I 线与 $t=60$ ℃等 t 线相交于点 B,点 B 即为空气的状态点(见图 11-8)。由此点读得

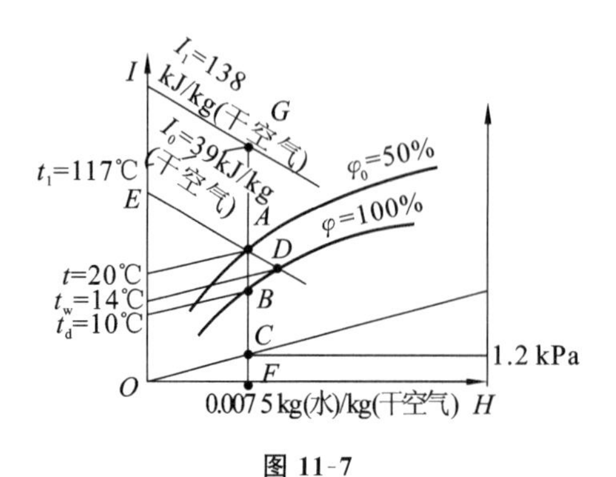

图 11-7

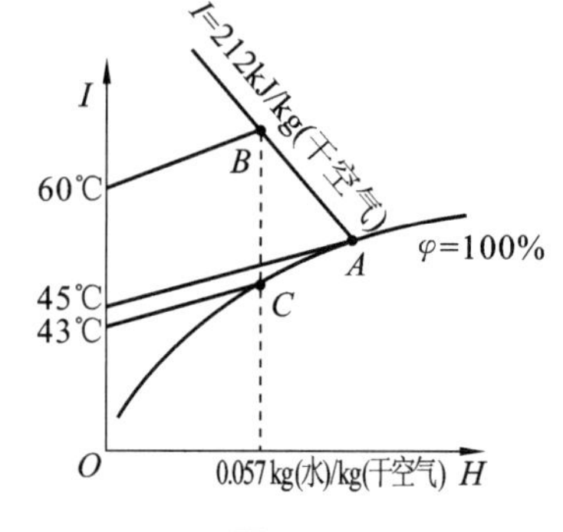

图 11-8

$$H=0.057\ \text{kg(水)/kg(干空气)},\quad \varphi=43\%,\quad I=212\ \text{kJ/kg(干空气)}$$

从点 B 引一垂线与 $\varphi=100\%$ 线相交于点 C，点 C 的温度就是所求的露点，$t_d=43$ ℃。

11.3　干燥过程中的物料衡算与热量衡算

对流干燥过程是用热空气除去被干燥物料中的水分。空气在进入干燥器前先经预热器加热，然后在干燥器中供给湿物料热量以汽化其中的水分，并将水分带走。干燥过程的物料衡算和热量衡算，可确定干燥过程除去的水分量、所需空气量和热量、干燥过程的热效率等，是选择适宜型号的风机、计算所需换热面积、设计或选择预热器和干燥器的基础。

11.3.1　干燥过程中的物料衡算

1. 物料含水量的表示方法

(1) 湿基含水量 w 是以湿物料为基准计算的，即

$$w=\frac{\text{湿物料中水分的质量}}{\text{湿物料的总质量}} \tag{11-24}$$

(2) 干基含水量 X 是以湿物料中绝对干物料为基准计算的，即湿物料中水分的质量与绝对干物料的质量之比。

$$X=\frac{\text{湿物料中水分的质量}}{\text{湿物料中绝对干物料的质量}} \tag{11-25}$$

在工业生产中，通常是以湿基含水量表示湿物料中含水分的多少。但是由于湿物料的质量在干燥过程中因失去水分而逐渐减少，故用湿基含水量表示时，不能用干燥前、后物料含水量直接相减的结果来表示干燥过程所除去的水分。而绝对干物料的质量在干燥过程中是不变的，故用干基含水量计算较为方便。这两种含水量之间的换算关系为

$$X=\frac{w}{1-w} \tag{11-26}$$

$$w=\frac{X}{1+X} \tag{11-27}$$

2. 物料衡算

在干燥过程中，需要将湿物料干燥到规定的含水量。通过物料衡算，可确定干燥过程除去的水分量和空气消耗量。

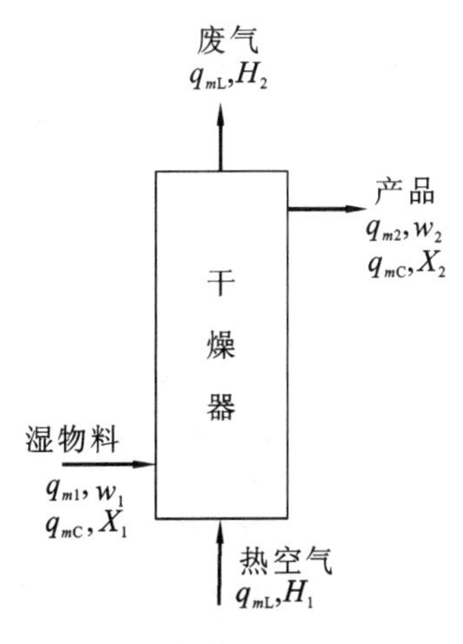

图 11-9　干燥器的物料衡算

对干燥器作物料衡算，通常已知单位时间(或每批量)干燥物料的质量、物料在干燥前后的含水量、湿空气进入干燥器的状态(主要指温度、湿度等)。在图11-9所示的连续干燥器中，设 q_{m1} 为进入干燥器的湿物料质量流量，kg/h；q_{m2} 为出干燥器的产品质量流量，kg/h；q_{mC} 为湿物料中绝对干物料的质量流量，kg/h；w_1、w_2 分别为干燥前、后物料的湿基含水量，kg(水)/kg(湿物料)；X_1、X_2 分别为湿物料和产品的干基含水量，kg(水)/kg(干物料)；H_1、H_2 分别为进、出干燥器的湿空气湿度，kg(水)/ kg(干空气)；q_{mW} 为水分蒸发量，kg/h；q_{mL} 为干空气的质量流量，kg(干空气)/h。若不计干燥过程中物料损失量，则在干燥前、后的物料中

绝对干物料的质量不变，即

$$q_{mC}=q_{m1}(1-w_1)=q_{m2}(1-w_2) \tag{11-28}$$

由上式可以得出

$$q_{m1}=q_{m2}\frac{1-w_2}{1-w_1} \tag{11-29}$$

$$q_{m2}=q_{m1}\frac{1-w_1}{1-w_2} \tag{11-30}$$

1）水分蒸发量 q_{mW}

干燥过程的水分蒸发量为

$$q_{mW}=q_{m1}-q_{m2}=q_{m1}\frac{w_1-w_2}{1-w_2}=q_{m2}\frac{w_1-w_2}{1-w_1} \tag{11-31}$$

若以干基含水量表示，则水分蒸发量可用下式计算：

$$q_{mW}=q_{mC}(X_1-X_2) \tag{11-32}$$

2）干空气消耗量

湿物料中水分减少量等于空气中水汽增加量，即

$$q_{mW}=q_{mL}(H_2-H_1)$$

整理得

$$q_{mL}=\frac{q_{mW}}{H_2-H_1} \tag{11-33}$$

式(11-33)两边同除以 q_{mW}，得到蒸发 1 kg 水分所消耗的干空气量，称单位空气消耗量，符号为 l，单位为 kg(干空气)/kg(水)。

$$l=\frac{q_{mL}}{q_{mW}}=\frac{1}{H_2-H_1} \tag{11-34}$$

如以 H_0 表示湿空气预热前的湿度，而空气预热前、后的湿度不变，故 $H_1=H_0$。则上式可变为

$$q_{mL}=\frac{q_{mW}}{H_2-H_0}$$

$$l=\frac{1}{H_2-H_0}$$

由上式可知，空气的消耗量随着进入预热器的空气湿度 H_0 的增大而增多。因为夏季空气湿度最大，故应按夏季的空气湿度确定全年中最大空气消耗量，以此风量选择风机。

在选用风机型号时，应把空气消耗量的质量流量换算成风机进口条件下的湿空气的体积流量 q_V（即风量，m^3/h）。

$$q_V=q_{mL}v_H=q_{mL}(0.773+1.244H_0)\frac{t_0+273}{273}\times\frac{101.33}{p} \tag{11-35}$$

【例 11-4】 在一连续干燥器中，处理湿物料量为 1 000 kg/h。要求物料的含水量由 30%减至 6%（均为湿基含水量）。干燥介质为空气，初始温度为 15 ℃，相对湿度为 50%，经预热器加热至 120 ℃后进入干燥器，出干燥器时温度降为 45 ℃，相对湿度为 80%。试求：

(1) 水分蒸发量 q_{mW}；

(2) 干空气消耗量 q_{mL}；

(3) 风机装在进口处时风机的风量 q_V。

解 (1) 水分蒸发量 q_{mW}。

$$q_{mW}=q_{m1}\frac{w_1-w_2}{1-w_2}=1\ 000\times\frac{0.30-0.06}{1-0.06}\ \text{kg/h}=255.3\ \text{kg/h}$$

（2）干空气消耗量 q_{mL}。

由 I-H 图查得，空气在 $t_0=15$ ℃，$\varphi_0=50\%$时的湿度 $H_0=0.005$ kg(水)/kg(干空气)，在 $t_2=45$ ℃，$\varphi_2=80\%$时的湿度 $H_2=0.052$ kg(水)/kg(干空气)。空气通过预热器前、后湿度不变，即 $H_1=H_0$。干空气消耗量为

$$q_{mL}=\frac{q_{mW}}{H_2-H_1}=\frac{255.3}{0.052-0.005}\ \text{kg(干空气)/h}=5\ 432\ \text{kg(干空气)/h}$$

（3）风机的风量 q_V。

$$\begin{aligned}v_H&=(0.773+1.244H_0)\frac{t_0+273}{273}=(0.773+1.244\times0.005)\times\frac{15+273}{273}\ \text{m}^3\text{(湿空气)/kg(干空气)}\\&=0.822\ \text{m}^3\text{(湿空气)/kg(干空气)}\end{aligned}$$

$$q_V=q_{mL}v_H=5\ 432\times0.822\ \text{m}^3\text{(湿空气)/h}=4\ 465\ \text{m}^3\text{(湿空气)/h}$$

11.3.2　干燥过程中的热量衡算

通过干燥系统的热量衡算，可以求出预热器消耗的热量、向干燥器补充的热量、干燥过程的热效率。干燥器的热量衡算是计算预热器传热面积及干燥热效率的基础。

1. 预热器的加热量

以图 11-10 中预热器为控制体作热量衡算，并忽略预热器的热损失，得

$$q_{mL}I_0+Q_P=q_{mL}I_1 \tag{11-36}$$

或

$$Q_P=q_{mL}(I_1-I_0)=q_{mL}c_{pH1}(t_1-t_0) \tag{11-37}$$

式中：Q_P——预热器的加热量，kW。

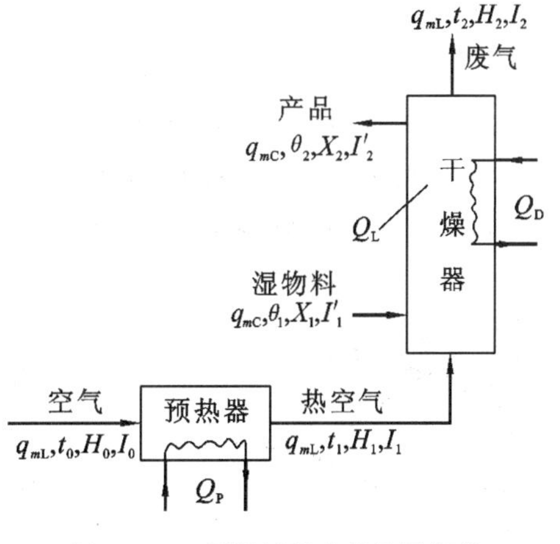

图 11-10　干燥过程中的热量衡算

2. 干燥器的热量衡算

以图 11-10 中的干燥器为控制体作热量衡算，得

$$q_{mL}I_1+q_{mC}I'_1+Q_D=q_{mL}I_2+q_{mC}I'_2+Q_L \tag{11-38}$$

或

$$Q_D=q_{mL}(I_2-I_1)+q_{mC}(I'_2-I'_1)+Q_L \tag{11-39}$$

式中：I'_1——湿物料的焓，kJ/kg(干物料)；

I'_2——产品的焓，kJ/kg(干物料)；

Q_D——单位时间内向干燥器补充的热量，kW；

Q_L——干燥器的热损失，kW。

其中湿物料的焓是以 0 ℃为基准时，1 kg 绝对干物料及其所含水分两者焓之和，以 kJ/kg(干物料)表示。若物料温度为 θ，含水量为 X，则其焓为

$$I'=c_{ps}\theta+Xc_{pW}\theta=(c_{ps}+Xc_{pW})\theta=c_{pm}\theta \tag{11-40}$$

式中：c_{ps}——绝对干物料的平均比热容，kJ/(kg·℃)；

c_{pW}——水的平均比热容，其值为 4.187 kJ/(kg·℃)；

c_{pm}——湿物料的平均比热容，kJ/(kg(干物料)·℃)。

干燥系统的总加热量 $Q=Q_P+Q_D$，联立式(11-37)和式(11-39)，可得

$$Q=Q_P+Q_D=q_{mL}(I_2-I_0)+q_{mC}(I'_2-I'_1)+Q_L \tag{11-41}$$

式（11-37）、式（11-39）及式（11-41）为连续干燥过程热量衡算的基本方程，计算时可根据已知条件和要求加以选用。

11.3.3　空气通过干燥器时的状态变化

在应用物料衡算和热量衡算基本方程时，首先要确定空气离开干燥器时的状态，这就涉及空气通过干燥器时的状态变化过程。

当空气通过预热器时，其温度升高而湿度不变。若空气经预热后温度为 t_1，则空气的状态也就确定了。但是，当空气通过干燥器时，由于空气与物料之间既传热又传质，而且还有补充热量或损失热量的影响，因此空气离开干燥器时的状态是较难确定的，通常根据工艺要求或规定条件（如空气出口温度 t_2 不低于某值或相对湿度 φ 不高于某值等），经过计算求得。

通常，根据干燥过程中空气焓的变化情况将干燥过程分为等焓干燥（理想干燥）和非等焓干燥（实际干燥）过程。

1. 等焓干燥过程

等焓干燥的条件：

（1）不向干燥器中补充热量，即 $Q_D=0$；

（2）干燥器的热损失可忽略不计，即 $Q_L=0$；

（3）物料进、出干燥器的焓值相等，即 $I_1'=I_2'$。

由式（11-39）可知，满足上述条件时，$I_1=I_2$。实际干燥过程很难满足等焓干燥的条件。

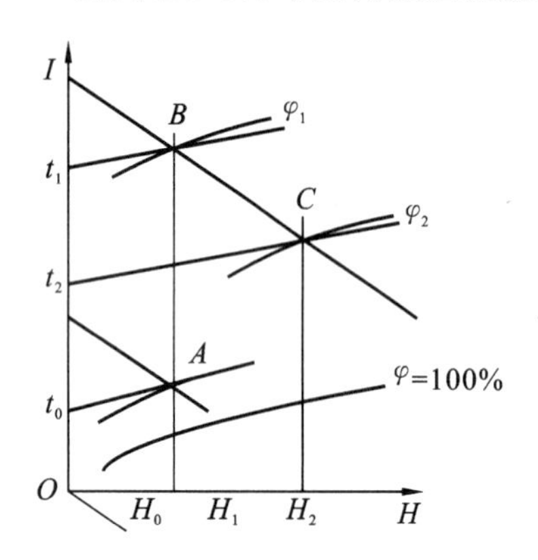

图 11-11　等焓过程湿空气的状态变化

等焓干燥过程的空气状态变化如图 11-11 所示。根据新鲜空气的两个状态参数（如 t_0 和 H_0）在 I-H 图上定出湿空气的状态点 A。然后空气在预热器内被加热到 t_1，而湿度不变（$H_1=H_0$），故从点 A 沿等 H 线向上与等 t 线 t_1 交于点 B，该点为离开预热器（即进入干燥器）时空气的状态点。由于空气在干燥器内按等焓过程变化，即沿过点 B 的等 I 线变化，故只要已知空气离开干燥器时的一个参数（如温度 t_2），则过点 B 的等 I 线与等 t 线（t_2）的交点 C 即为空气离开干燥器时的状态点。

【例 11-5】 在常压连续理想干燥器中干燥某湿物料。已知干燥器生产能力为 300 kg/h（按干燥产品计），物料含水量 X 由 0.20 降至 0.01（干基含水量）。空气进预热器前温度为15 ℃、湿度为0.007 kg（水）/kg（干空气），进干燥器前温度为 100 ℃，出干燥器时温度为 45 ℃。试求：

（1）新鲜空气的消耗量，$\mathrm{m^3}$（湿空气）/h；

（2）预热器中的加热量，kW；

（3）预热器中加热蒸汽（压力为 200 kPa 的饱和蒸汽）消耗量，kg/h。

解　（1）新鲜空气的消耗量。

$$q_{mC}=\frac{q_{m2}}{1+X_2}=\frac{300}{1+0.01}\ \text{kg（干物料）/h}=297\ \text{kg（干物料）/h}$$

$$q_{mW}=q_{mC}(X_1-X_2)=297\times(0.20-0.01)\ \text{kg（水）/h}=56.4\ \text{kg（水）/h}$$

因为该过程是理想干燥过程，所以

$$I_1=I_2$$

即
$$(1.01+1.88H_1)t_1+2\,490H_1=(1.01+1.88H_2)t_2+2\,490H_2$$

$$H_2=\frac{(1.01+1.88H_1)t_1+2\,490H_1-1.01t_2}{2\,490+1.88t_2}$$

$$=\frac{(1.01+1.88\times0.007)\times100+2\,490\times0.007-1.01\times45}{2\,490+1.88\times45}\ \text{kg(水)/kg(干空气)}$$

$$=0.029\ \text{kg(水)/kg(干空气)}$$

干空气量为
$$q_{mL}=\frac{q_{mW}}{H_2-H_1}=\frac{56.4}{0.029-0.007}\ \text{kg/h}=2\,564\ \text{kg/h}$$

新鲜空气的消耗量为

$$q_V=q_{mL}v_H=q_{mL}(0.773+1.244H_0)\frac{t_0+273}{273}\times\frac{101.33}{101.33}$$

$$=2\,564\times(0.773+1.244\times0.007)\times\frac{15+273}{273}\ \text{m}^3\text{(湿空气)/h}=2\,114\ \text{m}^3\text{(湿空气)/h}$$

(2) 预热器中的加热量。

$$Q_P=q_{mL}(I_1-I_0)=q_{mL}(1.01+1.88H_0)(t_1-t_0)$$

$$=\frac{2\,564}{3\,600}\times(1.01+1.88\times0.007)\times(100-15)\ \text{kW}=61.9\ \text{kW}$$

(3) 预热器中加热蒸汽消耗量。

当加热蒸汽的压力为200 kPa时，可查得汽化潜热为2 205 kJ/kg，则加热蒸汽消耗量为

$$q_{mD}=\frac{Q_P}{r}=\frac{61.9}{2\,205}\ \text{kg/s}=0.0281\ \text{kg/s}=101\ \text{kg/h}$$

本例的干燥过程为常压理想干燥过程，利用等焓条件 $I_1=I_2$，即可求得湿空气离开干燥器时的湿度 H_2。

2. 非等焓干燥过程

实际干燥过程为非等焓过程，此时空气通过干燥器的状态变化，或空气离开干燥器时状态的确定，应视具体情况，联立干燥过程的物料衡算、热量衡算及焓的定义式求解。非等焓过程根据空气焓的变化有以下几种情况。

1) 干燥过程中空气的焓值减小

这种过程的条件：

(1) 不向干燥器补充热量，即 $Q_D=0$；

(2) 干燥器的热损失不能忽略，即 $Q_L\neq0$；

(3) 物料进、出干燥器时的焓不相等，即 $I_1'\neq I_2'$ 并且 $I_2'>I_1'$。

将以上条件代入式(11-41)可以得到 $I_1>I_2$。这种过程的操作线 BC_1 在等 I 线 BC 的下方，如图11-12所示。

2) 干燥过程中空气的焓值增大

若向干燥器中补充的热量大于损失的热量与加热物料消耗的热量之和，即 $I_1<I_2$，则操作线 BC_2 在等 I 线 BC 的上方。

3) 干燥过程中空气经历等温过程

若向干燥器补充的热量足够多，恰好使干燥过程在等温下进行，即空气在干燥过程中维持恒定的温度 t_1，这种过程的操作线为过点 B 的等 t 线，如图11-12中 BC_3 线所示。

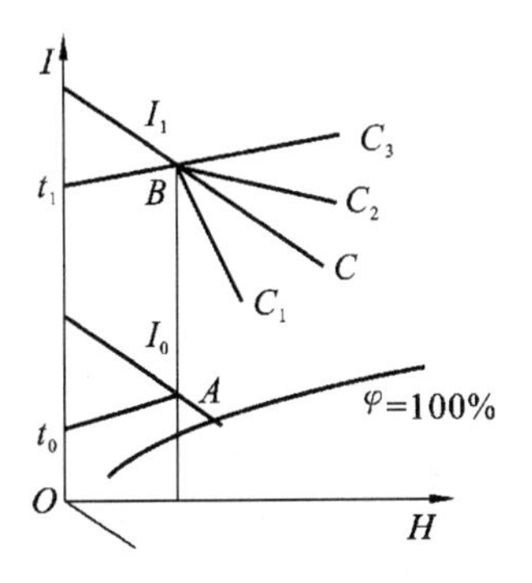

图11-12　非等焓过程湿空气的状态变化

若干燥器绝热良好，不向干燥器补充热量，且物料

进、出干燥器时温度十分接近，实际干燥过程可近似按等焓过程处理。

【例 11-6】 在常压实际干燥器中干燥某湿物料。已知干燥器生产能力为 300 kg/h(按干燥产品计)，物料含水量 X 由 0.20 降至 0.01(干基含水量)，进口温度为 15 ℃，出口温度为30 ℃，干料比热容为 1.9 kJ/(kg·℃)。空气进预热器前温度为 15 ℃、湿度为 0.007 kg(水)/kg(干空气)，预热至100 ℃后进入干燥器，离开干燥器时的温度为 45 ℃。若热损失按空气在预热器中获得热量的 5%计算，干燥器中不补充热量。试求：

(1) 新鲜空气的消耗量，m^3(湿空气)/h；

(2) 预热器中的加热量，kW。

解 (1) 新鲜空气的消耗量。

$$q_{mC}=\frac{q_{m2}}{1+X_2}=\frac{300}{1+0.01}\ \text{kg(干物料)/h}=297\ \text{kg(干物料)/h}$$

$$q_{mW}=q_{mC}(X_1-X_2)=297\times(0.20-0.01)\ \text{kg(水)/h}=56.4\ \text{kg(水)/h}$$

湿物料的焓为

$$I_1'=c_{ps}\theta_1+X_1c_{pW}\theta_1=(c_{ps}+X_1c_{pW})\theta_1=(1.9+0.20\times4.187)\times15\ \text{kJ/kg(干物料)}$$
$$=41.04\ \text{kJ/kg(干物料)}$$

$$I_2'=c_{ps}\theta_2+X_2c_{pW}\theta_2=(c_{ps}+X_2c_{pW})\theta_2=(1.9+0.01\times4.187)\times30\ \text{kJ/kg(干物料)}$$
$$=58.26\ \text{kJ/kg(干物料)}$$

气体的焓为

$$I_0=(1.01+1.88H_0)t_0+2\,490H_0$$
$$=[(1.01+1.88\times0.007)\times20+2\,490\times0.007]\ \text{kJ/kg(干空气)}$$
$$=37.89\ \text{kJ/kg(干空气)}$$

$$I_1=(1.01+1.88H_1)t_1+2\,490H_1$$
$$=[(1.01+1.88\times0.007)\times100+2\,490\times0.007]\ \text{kJ/kg(干空气)}$$
$$=119.7\ \text{kJ/kg(干空气)}$$

热损失为
$$Q_L=0.05q_{mL}(I_1-I_0)$$

热量衡算式为
$$q_{mL}I_1+q_{mC}I_1'+Q_D=q_{mL}I_2+q_{mC}I_2'+Q_L \qquad ①$$

物料衡算式为
$$q_{mL}=\frac{q_{mW}}{H_2-H_1} \qquad ②$$

式①中 I_2 包含未知数 H_2，联立式①、式②求解，便可求出 H_2 和 q_{mL}。为此，将 I_2 代入式①，经整理后得

$$H_2=\frac{0.95I_1+0.05I_0+H_0q_{mC}(I_2'-I_1')/q_{mW}-1.01t_2}{2\,490+1.88t_2+q_{mC}(I_2'-I_1')/q_{mW}}$$
$$=\frac{0.95\times119.7+0.05\times37.89+0.007\times297\times(58.26-41.04)/56.4-1.01\times45}{2\,490+1.88\times45+297\times(58.26-41.04)/56.4}\ \text{kg(水)/kg(干空气)}$$
$$=0.026\,6\ \text{kg(水)/kg(干空气)}$$

干空气用量为
$$q_{mL}=\frac{q_{mW}}{H_2-H_1}=\frac{56.4}{0.026\,6-0.007}\ \text{kg(干空气)/h}=2\,878\ \text{kg(干空气)/h}$$

新鲜空气的消耗量为

$$q_V=q_{mL}v_H=q_{mL}(0.773+1.244H_0)\frac{t_0+273}{273}\times\frac{101.33}{101.33}$$
$$=2\,878\times(0.773+1.244\times0.007)\times\frac{15+273}{273}\ \text{m}^3\text{(湿空气)/h}=2\,252\ \text{m}^3\text{(湿空气)/h}$$

(2) 预热器的加热量。

$$Q_P=q_{mL}(I_1-I_0)=q_{mL}(1.01+1.88H_0)(t_1-t_0)$$
$$=\frac{2\,878}{3\,600}\times(1.01+1.88\times0.007)\times(100-15)\ \text{kW}=69.5\ \text{kW}$$

将本例与例 11-5 比较可知，在物料的干燥要求相同，气体进、出干燥器的温度也相同的条件下，由于存在热损失和物料带走热量，新鲜空气的消耗量和预热器的加热量将显著增加。

本例中出口气体的焓为

$$\begin{aligned} I_2 &= (1.01+1.88H_2)t_2+2\ 490H_2 \\ &= [(1.01+1.88\times 0.026\ 6)\times 45+2\ 490\times 0.026\ 6]\text{kJ/kg(干空气)} \\ &= 113.9\ \text{kJ/kg(干空气)} \end{aligned}$$

出口气体的焓 I_2 明显低于进干燥器的气体的焓 I_1，则达到同一出口温度 t_2 时出口气体湿度 H_2 将比例 11-5 中明显降低（参见图 11-12 中 C_1 点）。因此需要的空气用量更多。

11.3.4　干燥过程的热效率

干燥过程中热量的有效利用率是决定过程经济性的重要方面。为了确定干燥过程中热量的有效利用率，现通过以下分析，将干燥过程消耗的总热量分解为四方面。

(1) 水分 q_{mW} 由液态温度 θ_1 加热并汽化，至气态温度 t_2 后随气流离开干燥系统，所需热量为

$$Q_1 = q_{mW}(r_0 + c_{pV}t_2 - c_{pW}\theta_1) = q_{mW}(2\ 490 + 1.88t_2 - 4.187\theta_1) \tag{11-42}$$

(2) 原湿物料 $q_{m1} = q_{m2} + q_{mW}$，其中干燥产品 q_{m2} 被从 θ_1 加热至 θ_2 后离开干燥器，所需热量为

$$Q_2 = q_{mC}c_{pm2}(\theta_2 - \theta_1) \tag{11-43}$$

(3) 将湿度为 H_0 的新鲜空气由 t_0 加热至 t_2，所需热量为

$$Q_3 = q_{mL}c_{pH0}(t_2 - t_0) = q_{mL}(1.01 + 1.88H_0)(t_2 - t_0) \tag{11-44}$$

(4) 干燥系统损失的热量为 Q_L。

根据上述分析，可将式(11-41)写成

$$Q = Q_P + Q_D = Q_1 + Q_2 + Q_3 + Q_L \tag{11-45}$$

由式(11-45)可知，干燥系统中加入的总热量消耗于四方面，即汽化水分 Q_1、物料升温 Q_2、废气带走 Q_3、干燥系统热损失 Q_L。其中 Q_1 是直接用于干燥的，Q_2 是达到规定含水量所不可避免的。因此，干燥过程的热效率定义为

$$\eta = \frac{Q_1 + Q_2}{Q_P + Q_D} \tag{11-46}$$

由于空气在预热器中获得的热量可根据式(11-37)分解成两部分，即

$$Q_P = q_{mL}c_{pH0}(t_1 - t_0) = q_{mL}c_{pH0}(t_1 - t_2) + q_{mL}c_{pH0}(t_2 - t_0) \tag{11-47}$$

将式(11-44)代入，得

$$Q_P = q_{mL}c_{pH0}(t_1 - t_2) + Q_3 \tag{11-48}$$

若干燥器内未补充热量，且热损失也可忽略，即 $Q_D = Q_L = 0$，则由式(11-45)可得 $Q_1 + Q_2 = Q_P - Q_3$，将其代入式(11-46)，得

$$\eta = \frac{t_1 - t_2}{t_1 - t_0} \tag{11-49}$$

显然，提高热效率可以从提高预热温度 t_1 和降低废气出口温度 t_2 这两方面着手。

降低废气出口温度可以提高热效率，但同时降低了干燥效率，延长了干燥时间，增加了设备容积；另外，废气出口温度如果过低以至于接近饱和状态，气流易在设备及管道出口处散热而析出水滴。为了安全起见，废气出口温度须比进干燥器气体的湿球温度高 20～50 ℃。

提高空气的预热温度也可提高热效率。空气预热温度高，单位质量干空气携带的热量多，干燥过程所需要的空气用量少，废气带走的热量相应减少，故热效率得以提高。但是，空气的

预热温度应以物料不致在高温下受热破坏为限。对不能经受高温的物料,采用中间加热的方式(即在干燥器内设置一个或多个中间加热器)可以提高热效率。

【例 11-7】 在某常压连续干燥器内,已知干燥器的生产能力为 200 kg/h(按干燥产品计)。空气进预热器前 $t_0=20$ ℃,$\varphi_1=60\%$;离开干燥器时 $t_2=40$ ℃,$\varphi_2=60\%$;进干燥器前 $t_1=90$ ℃。物料进干燥器前 $\theta_1=20$ ℃,$X_1=0.25$ kg(水)/kg(干物料);出干燥器时 $\theta_2=35$ ℃,$X_2=0.01$ kg(水)/kg(干物料)。绝对干物料的比热容 $c_{ps}=1.6$ kJ/(kg(干物料)·℃)。假定干燥器的热损失可忽略不计。试求:

(1) 水分蒸发量,kg/h;

(2) 新鲜空气消耗量,m³/h;

(3) 预热器的传热量,kJ/h;

(4) 干燥器需补充的热量,kJ/h;

(5) 干燥器的热效率。

解 (1) 水分蒸发量 q_{mW}。

绝对干物料的量为

$$q_{mC}=q_{m2}(1-w_2)=q_{m2}\left(1-\frac{X_2}{1+X_2}\right)=200\times\left(1-\frac{0.01}{1+0.01}\right)\ \text{kg(干物料)/h}$$
$$=198\ \text{kg(干物料)/h}$$

则水分蒸发量为

$$q_{mW}=q_{mC}(X_1-X_2)=198\times(0.25-0.01)\ \text{kg(水)/h}=47.5\ \text{kg(水)/h}$$

(2) 新鲜空气消耗量 q_V。

查 I-H 图可得,当 $t_0=20$ ℃、$\varphi_1=60\%$时,$H_0=0.01$ kg(水)/kg(干空气);$t_2=40$ ℃、$\varphi_2=60\%$时,$H_2=0.03$ kg(水)/kg(干空气)。因空气经预热器前、后湿度保持不变,即 $H_1=H_0$,则干空气的量为

$$q_{mL}=\frac{q_{mW}}{H_2-H_1}=\frac{47.5}{0.03-0.01}\ \text{kg(干空气)/h}=2\ 375\ \text{kg(干空气)/h}$$

新鲜空气的消耗量 q_V(按进预热器前空气状态计)为

$$q_V=q_{mL}v_H=q_{mL}(0.773+1.244H_0)\frac{t_0+273}{273}\times\frac{101.33}{101.33}$$
$$=2\ 375\times(0.773+1.244\times0.01)\times\frac{20+273}{273}\ \text{m}^3\text{(湿空气)/h}=2\ 002\ \text{m}^3\text{(湿空气)/h}$$

(3) 预热器的传热量 Q_P。

$$Q_P=q_{mL}(I_1-I_0)=q_{mL}(1.01+1.88H_0)(t_1-t_0)$$
$$=2\ 375\times(1.01+1.88\times0.01)\times(90-20)\ \text{kJ/h}$$
$$=1.71\times10^5\ \text{kJ/h}=47.5\ \text{kW}$$

(4) 干燥器需补充的热量 Q_D。

因为

$$Q=Q_P+Q_D=Q_1+Q_2+Q_3+Q_L$$
$$=q_{mW}(2\ 490+1.88t_2-4.187\theta_1)+q_{mC}c_{pm2}(\theta_2-\theta_1)$$
$$+q_{mL}(1.01+1.88H_0)(t_2-t_0)+Q_L$$

所以

$$Q_D=q_{mW}(2\ 490+1.88t_2-4.187\theta_1)+q_{mC}c_{pm2}(\theta_2-\theta_1)$$
$$+q_{mL}(1.01+1.88H_0)(t_2-t_0)+Q_L-Q_P$$
$$=[47.5\times(2\ 490+1.88\times40-4.187\times20)+198\times(1.6+0.01\times4.187)$$
$$\times(35-20)+2\ 375\times(1.01+1.88\times0.01)\times(40-20)+0-1.71\times10^5]\ \text{kJ/h}$$
$$=6.137\times10^2\ \text{kJ/h}=0.170\ \text{kW}$$

(5) 干燥器的热效率 η。

$$\eta=\frac{Q_1+Q_2}{Q_P+Q_D}=\frac{122\ 746}{171\ 614}=71.5\%$$

11.4　干燥速率和干燥时间

前面介绍的湿空气性质、干燥器的物料衡算和热量衡算，都属于干燥静力学范畴，由此可确定湿物料除去的水分量、干燥过程所需空气量、干燥过程的传热量和热效率等，这些数据可作为预热器计算和风机选用的依据。而干燥器的尺寸和所需干燥时间则涉及干燥速率，这部分内容属于干燥动力学范畴。由于干燥过程中除去水分的过程涉及水分以气态或液态的形式自内部向表面扩散传递的问题，因此，干燥过程的干燥速率不仅取决于空气的性质和操作条件，而且受到物料中所含水分性质的影响。

11.4.1　物料中所含水分的性质

1. 平衡水分与自由水分

在一定的干燥条件下，根据其能否用干燥方法除去，可将物料中所含水分分为平衡水分与自由水分。

1) 平衡水分

当物料与一定状态(如 t、H 一定)的空气接触后，物料可能被除去水分或吸入水分，直至物料表面所产生的蒸气压与空气中的水汽分压平衡，此时，物料中的水分将不再因与空气接触时间的延长而有所变化。在此空气状态下，物料中所含的水分称为该物料的平衡水分，用 X^* 表示，单位为 kg(水)/kg(干物料)。

各种物料的平衡水分由实验测定。在一定温度下，物料的平衡水分与空气相对湿度的关系曲线称为平衡曲线。图 11-13 所示为某些物料在 25 ℃时的平衡曲线。平衡水分随物料的种类及空气的状态不同而异。

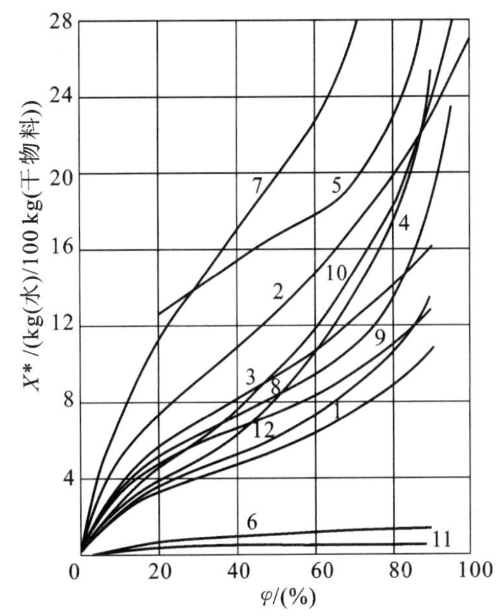

图 11-13　25 ℃时某些物料的平衡曲线

1—新闻纸；2—羊毛、毛织物；3—硝化纤维；4—丝；5—皮革；6—陶土；7—烟叶；8—肥皂；9—牛皮胶；10—木材；11—玻璃绒；12—棉花

平衡水分是湿物料在一定空气状态下的干燥极限。由图 11-13 可知，当空气的 $\varphi=0$ 时，各种物料的 $X^*=0$，表示湿物料只有与干空气接触时，才可能获得绝对干物料。以图 11-13 中曲线 10 所代表的木材为例，若将它置于相对湿度为 60% 的空气中干燥，木材的平衡水分 $X^*=0.12$ kg(水)/kg(干物料)，此值即为木材在 25 ℃和 $\varphi=60\%$ 的空气状态下所能达到的干燥极限。

2) 自由水分

物料中所含的水分大于平衡水分的那一部分称为自由水分。自由水分 $(X-X^*)$ 是能用干燥方法除去的水分。物料中所含有的总水分为

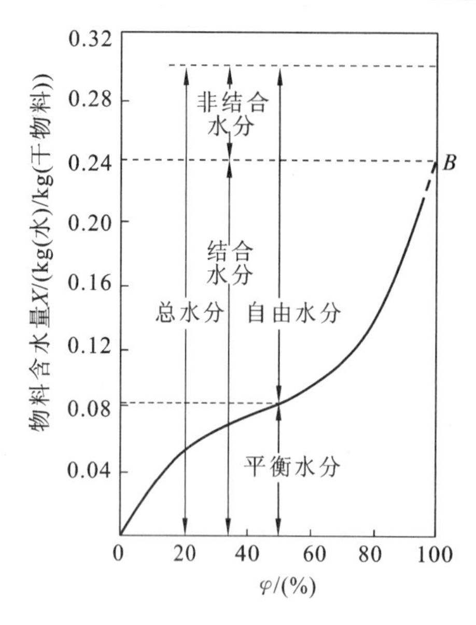

图 11-14　固体物料中所含水分的性质

自由水分与平衡水分之和(如图 11-14 所示)。

2. 结合水分与非结合水分

根据物料与水分结合力的状况,可将物料中所含水分分为结合水分与非结合水分。

1) 结合水分

借化学力或物理化学力与固体相结合的水分统称为结合水分,如物料细胞壁内的水分、物料内毛细管中的水分、以结晶水形态存在于固体物料之中的水分等。这些水分由于结合力强,其平衡蒸气压低于同温度下纯水的饱和蒸气压,致使干燥过程的传质推动力降低,故除去结合水分较困难。

2) 非结合水分

当物料含水较多时,除一部分水分与固体结合外,其余水分只是机械地附着于固体表面或颗粒堆积层的大空隙中(不存在毛细管力),这些水分称为非结合水分。物料中非结合水分与物料的结合力弱,其平衡蒸气压与同温度下纯水的饱和蒸气压相同,因此,干燥过程中除去非结合水分较容易。

用实验方法直接测定某物料的结合水分与非结合水分较困难,但根据其特点,可利用平衡曲线外推得到。在一定温度下,实验测得某物料的平衡曲线(图 11-14 中粗实线部分),现将该平衡曲线延长(图 11-14 中粗虚线部分)与 $\varphi=100\%$的轴线相交,交点以下的部分即为该物料的结合水分,交点以上的部分则为非结合水分。因此,在一定温度下,物料中结合水分和非结合水分的划分只取决于物料本身的特性,而与空气的状态无关。物料中平衡水分和自由水分的划分不仅与物料性质有关,而且还取决于空气的状态,对同一种物料而言,若空气状态不同,则其平衡水分和自由水分的值也不相同。

还需注意,当固体含水量较低(均属结合水分),而空气相对湿度较大时,两者接触非但不能达到干燥物料的目的,水分还可以从气相转入固相,此为吸湿现象,如饼干返潮。

11.4.2　恒定干燥条件下的干燥速率

1. 干燥速率

单位时间、单位干燥表面积上汽化的水分量称为干燥速率,用符号 N_A 表示,单位为 $kg/(m^2 \cdot s)$。

$$N_A=\frac{dq'_{mW}}{Ad\tau} \tag{11-50}$$

式中:q'_{mW}——蒸发水分的质量,kg;

A——干燥面积,m^2;

τ——干燥时间,s。

因为

$$dq'_{mW}=-q'_{mC}dX \tag{11-51}$$

所以式(11-50)可写成

$$N_A = -\frac{q'_{mC}\,dX}{A\,d\tau} \tag{11-52}$$

式中：q'_{mC}——湿物料中绝对干物料的质量，kg；

X——湿物料的干基含水量，kg(水)/kg(干物料)。

式(11-52)中的负号表示物料含水量随着干燥时间的延长而减少。

2. 干燥曲线与干燥速率曲线

由于干燥机理及干燥过程都很复杂，干燥速率多为实验测定值。为了简化影响因素，干燥速率的测定通常在恒定干燥条件下进行，即干燥介质的温度、湿度、流速及与物料的接触方式在整个干燥过程中均保持恒定。当采用大量空气干燥少量湿物料时，可以认为接近恒定干燥条件。

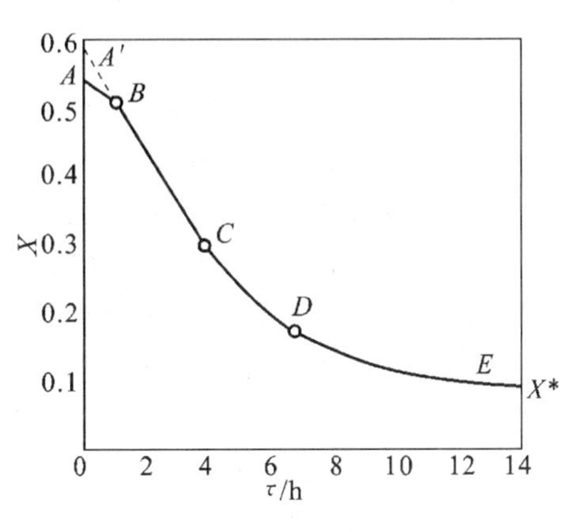

图 11-15 干燥曲线

在干燥实验过程中，物料含水量 X 与干燥时间 τ 的关系曲线(如图 11-15 所示)称为干燥曲线。随着干燥时间的延长，物料的含水量趋近于平衡含水量。

由干燥曲线求出各点斜率$\frac{dX}{d\tau}$，按式(11-52)计算物料在不同含水量时的干燥速率，由此可作出物料干燥速率 N_A 与物料含水量 X 的关系曲线(如图 11-16 所示)，称为干燥速率曲线。

干燥曲线和干燥速率曲线是在恒定干燥条件(指干燥介质的流速、温度、湿度一定)下获得的。对指定的物料，空气的温度、湿度不同时，干燥速率曲线的位置也不同，如图 11-17 所示。

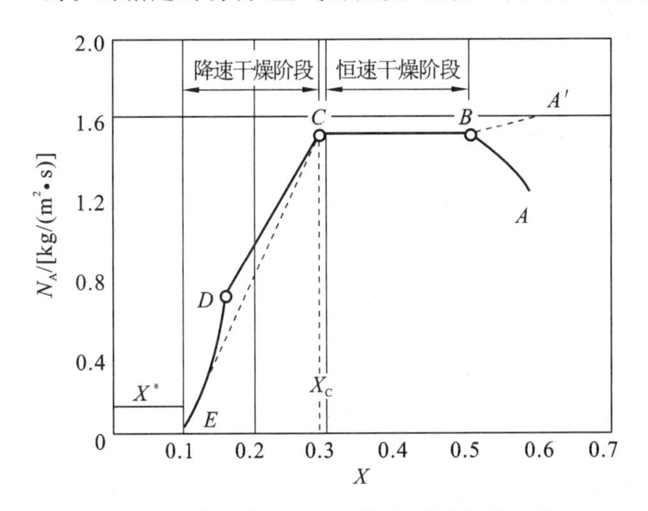

图 11-16 典型的干燥速率曲线(恒定干燥条件)

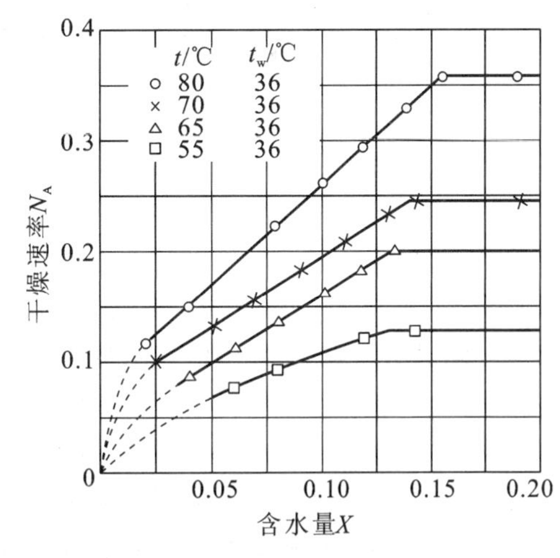

图 11-17 石棉纸的干燥速率曲线

由干燥速率曲线可知，整个干燥过程可分为恒速干燥和降速干燥两个阶段。

1) 恒速干燥阶段

此阶段干燥速率如图 11-16 中 BC 段所示。这一阶段中，物料表面充满着非结合水分，其性质与液态纯水相同。在恒定干燥条件下，物料的干燥速率保持恒定，不随物料含水量而变。

在恒速干燥阶段，由于物料内部的水分能迅速地到达物料的表面，物料内部水分扩散速率大于表面水分汽化速率，水分去除为物料表面上水分的汽化速率所限制，因此，恒速干燥阶段又称为表面汽化控制阶段。此时空气传给物料的热量等于水分汽化所需的热量，物料表面的温度始终保持为空气的湿球温度。此阶段干燥速率的大小，主要取决于干燥介质的性质，而与湿物料的性质关系很小。

由于物料刚移入干燥介质时的初温不会恰好等于空气的湿球温度，干燥初期有一预热阶段，如图 11-15 中的 AB 段。此段所需时间很短，干燥计算中往往忽略不计。

2）降速干燥阶段

如图 11-16 所示，干燥速率曲线的转折点（点 C）称为临界点，与该点对应的物料含水量，称为临界含水量，用 X_c 表示，该点的干燥速率仍等于恒速干燥阶段的干燥速率 N_A。当物料的含水量降到临界含水量以下时，物料的干燥速率也逐渐降低。

图 11-16 中 CD 段为第一降速阶段，物料内部水分扩散到表面的速率已小于表面水分在湿球温度下的汽化速率，这时物料表面不能维持全面湿润而形成“干区”，由于实际汽化面积减小，从而导致以物料全部外表面积计算的干燥速率下降。

图 11-16 中 DE 段称为第二降速阶段，水分的汽化面随着干燥过程的进行逐渐向物料内部移动，从而使热、质传递途径加长，阻力增大，造成干燥速率下降。到达点 E 后，物料的含水量已降到平衡含水量 X^*（即平衡水分），再继续干燥也不可能降低物料的含水量。

多孔性物料在干燥过程中水分残留的情况如图 11-18 所示。

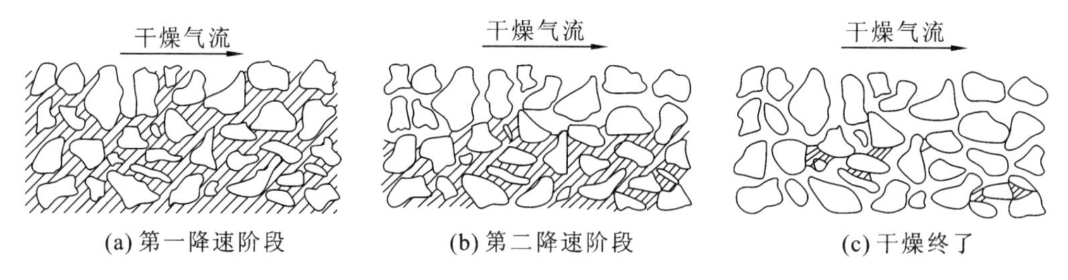

(a) 第一降速阶段　(b) 第二降速阶段　(c) 干燥终了

图 11-18　水分在多孔性物料中的分布

降速干燥阶段的干燥速率主要取决于物料本身的结构、形状和尺寸等，而与外界干燥条件关系不大，故降速干燥阶段又称为物料内部扩散控制阶段。此时空气传给湿物料的热量大于水分汽化所需的热量，使物料表面的温度不断上升，直至接近于空气的温度。

综上所述，当物料中的含水量大于临界含水量 X_c 时，属于表面汽化控制阶段，即恒速干燥阶段；而当物料含水量小于临界含水量 X_c 时，属于内部扩散控制阶段，即降速干燥阶段；当物料含水量达到平衡含水量 X^* 时，干燥速率为零。在工业生产中，物料的含水量不会达到平衡含水量，而是在临界含水量和平衡含水量之间，这需视产品要求和经济核算而定。

必须注意，物料干燥至临界含水量时，物料仍含有少量非结合水。临界含水量只是恒速干燥阶段和降速干燥阶段的分界点。

11.4.3　恒定干燥条件下干燥时间的计算

在恒定干燥条件下，物料从最初含水量 X_1 干燥至最终含水量 X_2 所需的时间 τ，可根据相同情况下的干燥速率曲线求取。

1. 恒速干燥阶段的计算

设恒速干燥阶段的干燥速率为 $N_{A恒}$，根据干燥速率的定义，有

$$d\tau=-\frac{q'_{mC}\,dX}{AN_{A恒}}$$

分离变量后积分

$$\int_0^{\tau_1}d\tau=-\frac{q'_{mC}}{AN_{A恒}}\int_{X_1}^{X_c}dX$$

$$\tau_1=\frac{q'_{mC}}{AN_{A恒}}(X_1-X_c) \tag{11-53}$$

2. 降速干燥阶段的计算

在此阶段中，物料的干燥速率 N_A 随物料含水量的减少而降低，物料从临界含水量 X_c 降至规定的 X_2 所需干燥时间可用多种方法求得。这里介绍常用的两种。

1）积分法

$$\tau_2=-\frac{q'_{mC}}{A}\int_{X_c}^{X_2}\frac{dX}{N_A} \tag{11-54}$$

此时积分式中的 N_A 为变量，若干燥速度曲线已知，不论曲线形状如何，均可用图解法求解，即以 $1/N_A$-X 作图，求得 $X_2\sim X_c$ 对应的面积，再由式(11-54)求得时间 τ_2。

2）近似计算法

近似计算法的依据是：假定在降速干燥阶段中干燥速率与物料中的自由水分含量($X-X^*$)成正比，连接临界点 C 与点 E，可用直线 CE 代替降速干燥阶段的干燥速率曲线，如图 11-16 所示。

$$N_A=-\frac{q'_{mC}\,dX}{A\,d\tau}=K_X(X-X^*) \tag{11-55}$$

上式中的 K_X 为近似直线的斜率，可表示为

$$K_X=\frac{N_A}{X-X^*}=\frac{N_{A恒}}{X_c-X^*} \tag{11-56}$$

将式(11-56)代入式(11-55)中，积分并整理，得到降速干燥阶段干燥时间为

$$\tau_2=\frac{q'_{mC}}{AK_X}\ln\frac{X_c-X^*}{X_2-X^*}=\frac{q'_{mC}(X_c-X^*)}{AN_{A恒}}\ln\frac{X_c-X^*}{X_2-X^*} \tag{11-57}$$

【例 11-8】 用一间歇干燥器将一批湿物料从含水量 $w_1=25\%$ 干燥到含水量 $w_2=5\%$。湿物料的质量为 300 kg，干燥面积为 0.025 m²/kg(干物料)，装卸时间 $\tau'=1$ h，试确定每批物料的干燥时间。由该物料的干燥速率曲线可知 $X_c=0.2$，$X^*=0.05$，$N_{A恒}=2.5$ kg/(m²·h)。

解 绝对干物料量 $q'_{mC}=q_{m1}(1-w_1)=300\times(1-0.25)\ \text{kg}=225\ \text{kg}$

干燥总面积 $A=225\times0.025\ \text{m}^2=5.63\ \text{m}^2$

$$X_1=\frac{w_1}{1-w_1}=\frac{0.25}{1-0.25}=0.33$$

$$X_2=\frac{w_2}{1-w_2}=\frac{0.05}{1-0.05}=0.053$$

恒速干燥阶段(由 $X_1=0.33$ 至 $X_c=0.2$)。

$$\tau_1=\frac{q'_{mC}}{AN_{A恒}}(X_1-X_c)=\frac{225}{5.63\times2.5}\times(0.33-0.2)\ \text{h}=2.08\ \text{h}$$

降速干燥阶段(由 $X_c=0.2$ 至 $X^*=0.05$)。

$$K_X=\frac{N_{A恒}}{X_c-X^*}=\frac{2.5}{0.2-0.05}\ \text{kg/(m}^2\cdot\text{h)}=16.7\ \text{kg/(m}^2\cdot\text{h)}$$

$$\tau_2=\frac{q'_{mC}}{K_X A}\ln\frac{X_c-X^*}{X_2-X^*}=\frac{225}{16.7\times5.63}\ln\frac{0.2-0.05}{0.053-0.05}\ \text{h}=9.39\ \text{h}$$

每批物料的干燥时间

$$\tau=\tau_1+\tau_2+\tau'=(2.08+9.39+1)\ \text{h}=12.47\ \text{h}$$

本题先分段计算恒速、降速干燥阶段的干燥时间，然后求得每批物料的干燥时间。

11.5 干 燥 器

工业生产中，由于被干燥物料的形态、干燥程度和处理量等不尽相同，故采用的干燥方法和干燥器型式是多种多样的。按加热方式不同，干燥器通常可进行如图 11-19所示的分类。

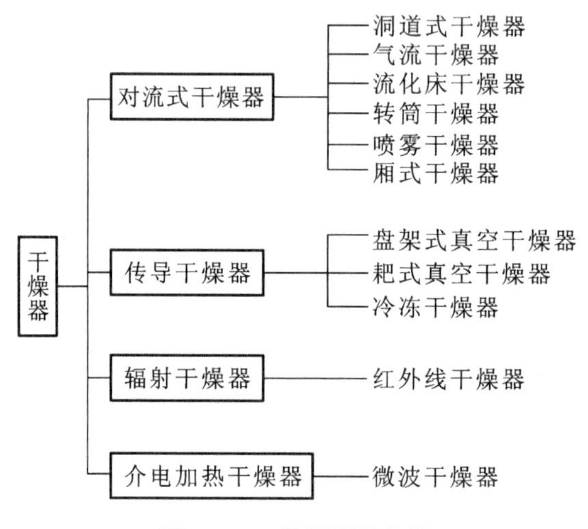

图 11-19 干燥器的分类

无论什么型式的干燥器，都应具备以下特性。

(1) 能够适应被干燥物料的外观性状，这既是对干燥器的基本要求，也是选用干燥器的首要条件。如有的产品要求保持一定的结晶形状和色泽，有的产品要求不变形或不发生龟裂等。

(2) 干燥速率快，干燥时间短，以减小设备尺寸，提高设备的生产能力，降低能耗。

(3) 干燥器的热效率高，这是干燥器的主要技术经济指标。

(4) 干燥系统的流体阻力小，以降低动力消耗。

(5) 操作方便，易于控制，劳动条件好，附属设备简单等。

11.5.1 对流式干燥器

1. 厢式干燥器

厢式干燥器又称盘式干燥器，一般小型的称为烘箱，大型的称为烘房。按气流的流动方式，厢式干燥器又可分为并流式(热风沿物料的表面通过)、穿流式(热风垂直穿过物料)和真空式。并流厢式干燥器的基本结构如图 11-20 所示，干燥器外壁由砖墙覆以适当的绝热材料构成。厢内支架上放有许多浅盘，湿物料置于盘中，物料在盘中的堆放厚度为 10～100 mm。厢内设有翅片式空气加热器，用风机造成循环流动。通过调节风门，可在恒速干燥阶段排出较多的废气，而在降速干燥阶段使更多的废气循环。

厢式干燥器一般为间歇式，但也有连续式的，此时将堆物盘架搁置在移动的小车上，或将物料直接铺在缓缓移动的传送网上。

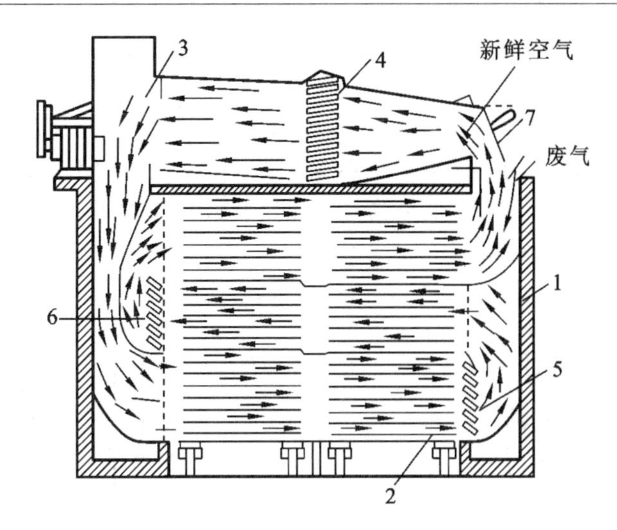

图 11-20　并流厢式干燥器

1—干燥室；2—小车板；3—送风机；4，5，6—空气预热器；7—调节门

若被干燥的是热敏性物料，或高温下易燃、易爆的危险性物料，或物料中的湿分在常压下难以汽化，或物料中的湿分需要回收，厢式干燥器可在真空下操作，称为厢式真空干燥器。

厢式干燥器的优点是对各种物料的适应性强，干燥产物易于进一步粉碎，且结构简单，设备投资小。缺点是湿物料得不到分散，干燥时间长，完成规定干燥任务所需的设备容积及占地面积大，热损失多。因此，厢式干燥器主要用于产量不大、品种需要更换的物料的干燥，尤其适合作为实验室的干燥装置。

2. 洞道式干燥器

若需要干燥大量物料，可采用洞道式干燥器，如图 11-21 所示。干燥器主体为狭长的洞道，内敷设铁轨，一系列小车载着盛于浅盘中或悬挂在架上的湿物料通过洞道，在洞道中与热空气接触而被干燥。小车可以连续地或间歇地进出洞道。

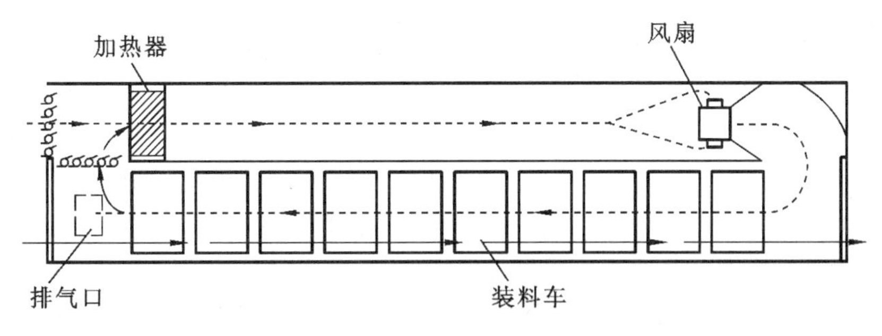

图 11-21　洞道式干燥器

由于洞道式干燥器的容积大，小车在干燥器内停留时间长，因此适用于处理量大、干燥时间长的物料，例如木材、陶瓷等的干燥。干燥介质为热空气或烟道气。气流速度一般应大于 2 m/s。洞道中也可进行中间加热或废气循环操作。

3. 气流干燥器

气流干燥器广泛应用于粉状物料的干燥，其流程如图 11-22 所示。空气由风机吸入，通过过滤器除尘，再经翅片加热器预热至指定温度，然后送入气流干燥管底部。物料由加料器连续送入，在干燥管中被高速气流分散。在干燥管中空气与物料并流流动，水分汽化。干物料随气流进入旋风分离器,与湿空气分离后被收集。

气流干燥器操作的关键是连续而均匀地加料,并将物料分散于气流中。连续加料可使用各种型式的加料器,图 11-23 所示为常用的几种固体加料器。这几种加料器均适用于散粒状物料,其中(b)、(d)两种还适用于硬度不大的块状物料,(d)也适用于膏状物料。由于粘并成团的潮湿物料往往难以分散,因此,如果物料是滤饼状或块状的,则需在气流干燥装置前安装湿物料分散机或块状物料粉碎机。

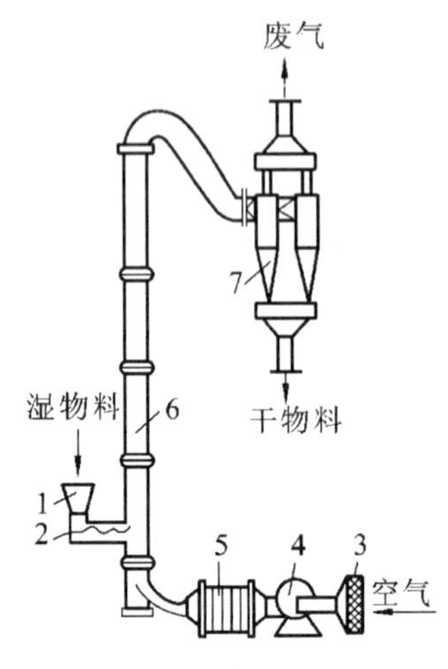

图 11-22　气流干燥器

1—料斗;2—螺旋加料器;3—空气过滤器;4—风机;
5—预热器;6—干燥管;7—旋风分离器

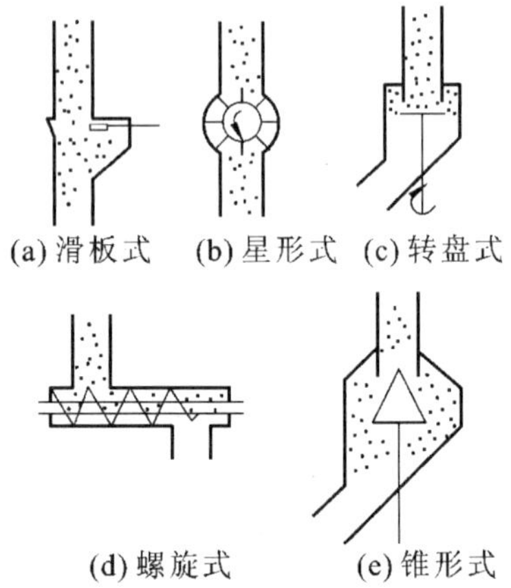

(a) 滑板式　(b) 星形式　(c) 转盘式

(d) 螺旋式　(e) 锥形式

图 11-23　常用的几种固体加料器

气流干燥器具有以下主要特点:

(1) 体积给热系数大。由于被干燥的物料分散地悬浮在气流中,物料的全部表面都参与传热,因而传热面积大,体积给热系数大。体积给热系数为 2 300～7 000 W/(m^3 · ℃),比转筒干燥器高 20～30 倍。

(2) 适用于热敏性物料的干燥。对于分散性良好的物料,操作气速通常为10～40 m/s,物料在干燥器中的停留时间短,为 0.5～2 s,故可用于干燥热敏性物料,如煤粉的干燥等。

(3) 热效率较高。气流干燥器的散热面积小,热损失低。干燥非结合水分时,热效率可达60%左右;但在干燥结合水分时,由于进干燥器的空气温度较低,热效率约为 20%。

(4) 结构简单,操作方便。气流干燥器的主体设备是一根空管,管高为 6～20 m,管径为 0.3～1.5 m,设备投资小。气流干燥器可连续操作,容易实现自动控制。

(5) 附属设备体积大,分离设备负荷大。又因操作气速高,物料在高速气流的作用下不仅会冲击管壁而加快管壁的磨损,而且物料间的相互碰撞与摩擦易将产品磨碎,产生微粉,故不适用于对晶体粒度有严格要求的物料的干燥。

4. 喷雾干燥器

1) 喷雾干燥器的构造

喷雾干燥器是用喷雾器将悬浮液、乳浊液等喷洒成直径为 10～60 μm 的液滴后进行干燥,因液滴小,其饱和蒸气压大,且分散于热气流中,所以水分迅速汽化,干燥时间短。

常用的喷雾干燥器流程如图 11-24 所示。浆料用送料泵压至雾化器(喷嘴),经喷嘴喷成雾滴而分散在热气流中,雾滴在干燥器内与热气流接触,使其中的水分迅速汽化,成为微粒或细粉落到干燥器底。产品由风机吸至旋风分离器中而被回收,废气经风机排出。由此可知,喷雾干燥由四个过程组成:①料液喷雾;②空气与雾滴混合;③雾滴干燥;④产品的分离和收集。

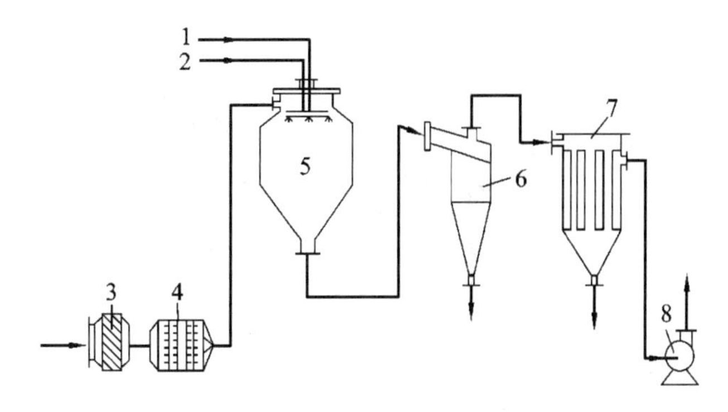

图 11-24 喷雾干燥器流程

1—料液;2—压缩空气;3—空气过滤器;4—翅片加热器;
5—喷雾干燥器;6—旋风分离器;7—袋滤器;8—风机

雾化器为喷雾干燥器的重要部件,它的优劣将直接影响产品质量。雾化器的作用是将物料喷洒成直径为 10~60 μm 的细滴,从而获得很大的汽化表面(100~600 m^2/L(溶液))。常用的雾化器有压力喷嘴、离心转盘和气流式喷嘴等三种。

(1) 压力喷嘴(见图 11-25(a))。用高压泵使液体在 3~20 MPa 的压力下通过孔径为 0.25~0.5 mm 的喷嘴,离开喷嘴的液体首先形成一圆锥形的薄膜,继而撕成细丝,分散成滴。由于料液通过喷嘴时的速度很高,孔口常易磨损,故喷嘴应使用碳化钨等耐磨材料制造。此种喷嘴不能处理含固体颗粒的液体,否则孔口容易堵塞。

(2) 离心转盘(见图 11-25(b))。将物料注于 2 000~5 000 r/min 的旋转圆盘上,借离心力使料液向四周抛出,分散成滴。这种雾化器适用于各种物料(包括悬浮液或黏稠液体),但传动装置的制造、维修要求较高。

(3) 气流式喷嘴(见图 11-25(c))。使 0.1~0.5 MPa 的压缩空气与料液同时通过喷嘴,在喷嘴出口处压缩空气将料液分散成雾滴。此种方法常用于溶液和乳浊液的喷洒,也可用于含固体颗粒的浆料。其缺点是需消耗压缩空气,动力费用较大。

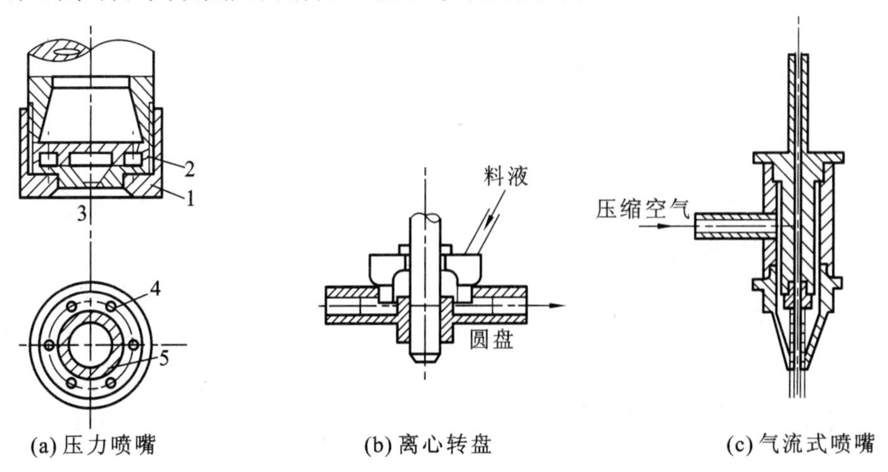

图 11-25 常用的雾化器

1—外套;2—圆板;3—旋涡室;4—小孔;5—喷出口

喷雾干燥器中热气流与液滴的流向有多种(见图 11-26),应按物料性质妥善选择。

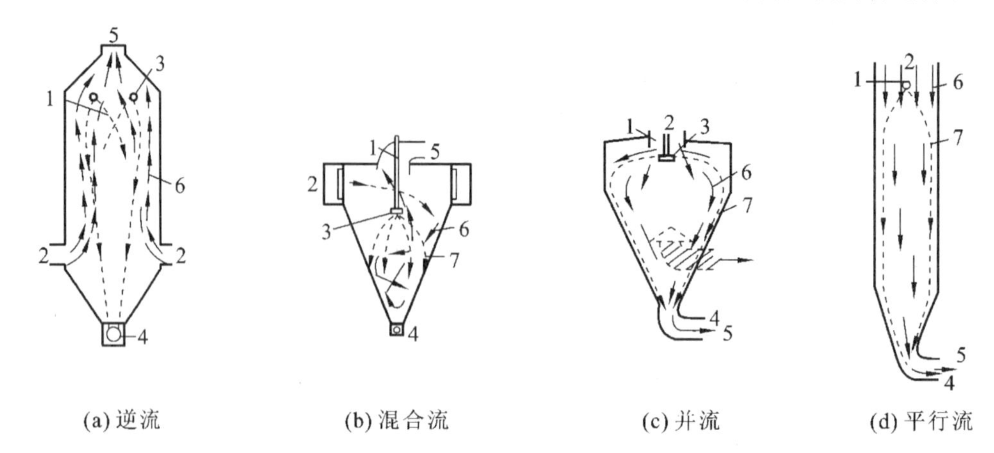

图 11-26　喷雾干燥器中热气流与液滴的流向

1—物料;2—热空气;3—喷嘴;4—产品;5—废气;6—气流;7—雾滴

2) 喷雾干燥器的特点

喷雾干燥器具有以下优点:

(1) 在高温介质中,干燥过程极快,干燥时间短,适用于处理热敏性物料;

(2) 处理物料种类广泛,如溶液、悬浮液、浆状物料等;

(3) 喷雾干燥可直接获得干燥产品,省去溶液的蒸发、结晶等工序;

(4) 能得到速溶的粉末或空心细颗粒;

(5) 过程易于连续化、自动化,并可减轻粉尘飞扬,改善劳动环境。

喷雾干燥器具有以下缺点:

(1) 热效率低,设备占地面积大,设备成本高;

(2) 对气固混合物的分离要求较高,一般需要两级除尘,回收设备投资大。

乳粉喷雾干燥

喷雾干燥器广泛应用于合成树脂、食品、制药等工业领域。

5. 流化床干燥器

流化床干燥器适用于粉粒状物料,图 11-27 所示为单层流化床干燥器。湿物料经进料器进入床层,热空气由下而上通过多孔式气体分布板。当气速(空床气速)较低时,颗粒床层呈静止状态,气流穿过颗粒间的空隙,此时颗粒床层为固定床。当气速增加到一定程度后,颗粒床层开始松动,略有膨胀,并在小范围内变换位置。气速继续增大到某一数值后,颗粒在气流中呈悬浮状态,形成颗粒与气体的混合层,恰如液体沸腾状态,气、固两相激烈运动,相互接触。这种状态的床层称为流化床或沸腾床。气速愈大,流化床层就愈高。当气速增大到与颗粒的自由沉降速度相等时,颗粒开始同气流一起向上流动,成为气流干燥状态。

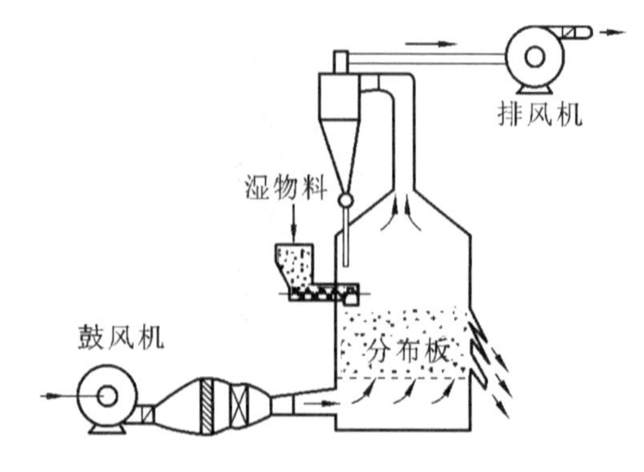

图 11-27　单层流化床干燥器

在流化床中，有的颗粒因短路，在床层中停留时间短，未达到干燥要求即排出；有的颗粒因返混，停留时间较长而产生过度干燥现象。因此，单层流化床干燥器仅适用于易干燥、处理量较大而对干燥产品的要求不太高的场合。对于干燥要求较高或所需干燥时间较长的物料，一般可采用多层（或多室）流化床干燥器，如图11-28所示。它在长方形床层中，沿垂直于颗粒流动的方向安装若干垂直挡板，将流化床分隔为几个室，挡板下端距多孔分布板有一定距离，使颗粒能逐室流动，颗粒的停留时间分布较均匀，以防止未干的颗粒排出。

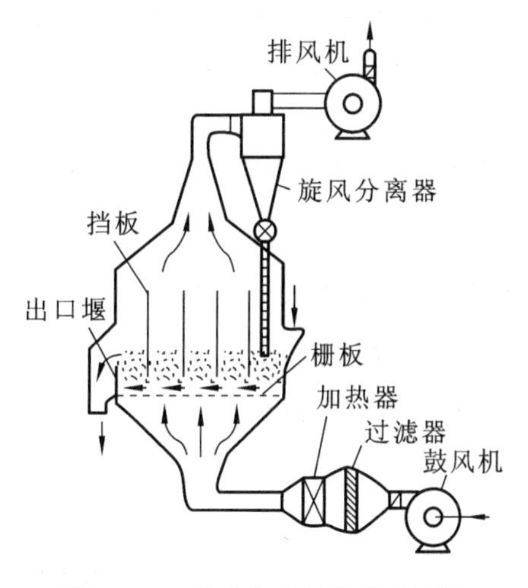

图11-28　卧式多室流化床干燥器

流化床干燥器的主要优点是床层温度均匀，并可调节；传热速度快，处理能力大；停留时间可在几分钟到几小时范围内调节，使物料含水量降至很低；物料依靠进、出口床层高度差自动流向出口，不需要输送装置；结构简单，可动部件少，操作稳定。缺点是对物料的形状和粒度有限制。

6. 转筒干燥器

经真空过滤所得的滤渣、团块物料以及颗粒较大而难以流化的物料，可在转筒干燥器内获得一定程度的分散，使干燥产品的含水量降至较低。

转筒干燥器的主体是一个沿水平方向略倾斜放置的圆筒（见图11-29(a)和图11-29(b)），圆筒的倾斜度为1/50～1/15，物料自高端送入，自低端排出，转筒以0.5～4 r/min的速度缓慢地旋转。转筒内设置有各种抄板（见图11-29(c)），在旋转过程中将物料不断举起、撒下，使物料分散并与气流密切接触，同时也使物料向低处移动。

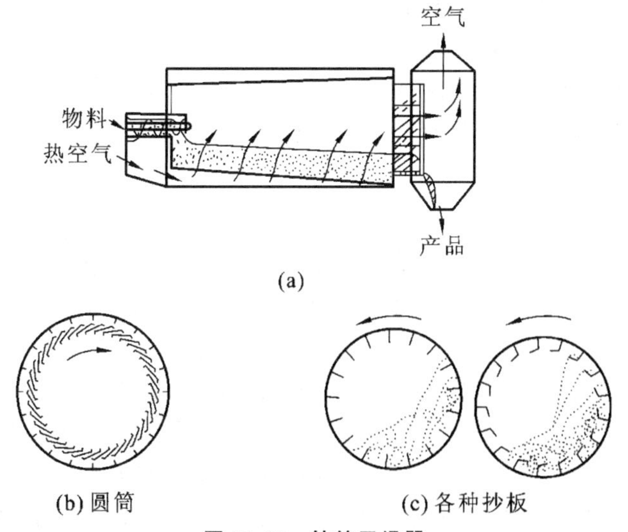

图11-29　转筒干燥器

热空气或燃烧气可在干燥器内与物料总体上同向或逆向流动，为了便于气固分离，通常转筒内的气速并不高。对于粒径小于1 mm的颗粒，气速为0.3～1 m/s；对于粒径为5 mm左右的颗粒，气速为3 m/s以下。

物料在干燥器内的停留时间可借转速加以调节，通常停留时间为 5 min 至数小时，使产品的含水量降至很低，以满足产品的含水量要求。

转筒干燥器的主要优点是可连续操作，处理量大；与气流干燥器、流化床干燥器相比，对物料含水量、粒度等因素变动的适应性强；操作稳定可靠，应用广泛。缺点是设备笨重，占地面积大。

11.5.2　非对流式干燥器

1. 耙式真空干燥器

耙式真空干燥器是一种以传导供给热量、间歇操作的干燥器，结构如图 11-30 所示。

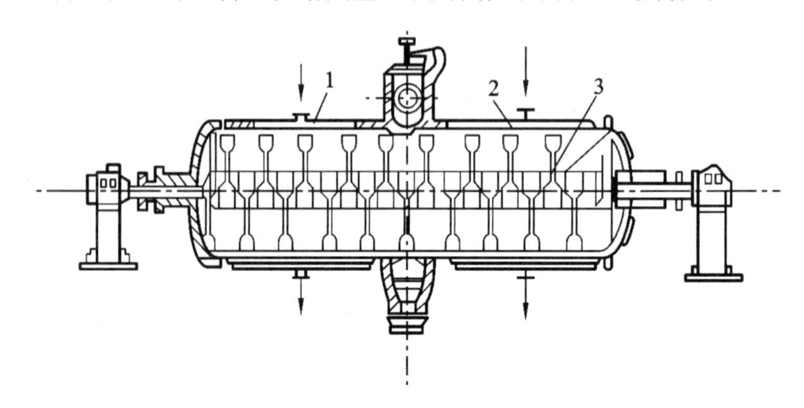

图 11-30　耙式真空干燥器

1—外壳；2—蒸汽夹套；3—水平搅拌轴

在一个带有蒸汽夹套的圆筒中装有一个水平搅拌轴，轴上有许多叶片，不断地翻动物料。汽化产生的水汽和不凝气体由真空系统排出，干燥完毕时切断真空并停止加热，使干燥器与大气相通，然后将物料由底部卸料口排出。

耙式真空干燥器通过间壁传导供热，操作系统密闭，不需空气作为干燥介质，故适用于在空气中易氧化的有机物的干燥。此种干燥器对糊状物料适应性强，物料的初始含水量允许在很宽的范围内变动，但生产能力很低。

2. 红外线干燥器

红外线干燥器是利用红外线辐射源发出波长为 0.72～1 000 μm 的红外线，投射于被干燥物体上，使物体温度升高，湿分汽化，进而达到干燥的目的。通常把波长为 5.6～1 000 μm 的红外线称为远红外线。

不同物质的分子吸收红外线的能力不同。如氢、氮、氧等双原子分子不吸收红外线，而溶剂、树脂等则能很好地吸收红外线。此外，当物体表面被干燥后，红外线要穿透干固体层深入物料内部比较困难。因此，红外线干燥器主要用于薄层物料的干燥，如油漆、油墨的干燥等。

目前常用的辐射源有两种：一种是红外线灯，用高穿透性玻璃和钨丝制成，钨丝通电后在 2 200 ℃下工作，可辐射 0.6～3 μm 的红外线，灯泡呈抛物面以使辐射线束较为集中；另一种辐射源是使煤气与空气的混合气体(一般空气量是煤气量的 3.5～3.7 倍)在薄金属板或钻了许多小孔的陶瓷板的背面发生无烟燃烧，当板的温度达到 340～800 ℃(一般是 400～500 ℃)时即放出红外线。

红外线干燥器具有以下特点：

(1) 设备简单，操作方便灵活，可以适应干燥物品的变化；

(2) 能保持干燥系统的密闭性，防止干燥过程中溶剂或其他毒物挥发对人体造成危害，或避免空气中的尘粒污染物料；

(3) 能耗大，但干燥速率快；

(4) 因固体的热辐射是一个表面过程，故仅限于薄层物料的干燥。

3. 冷冻干燥器

冷冻干燥是使物料在低温下将其中水分由固体直接升华进入气相而达到干燥目的。图11-31为冷冻干燥器示意图。

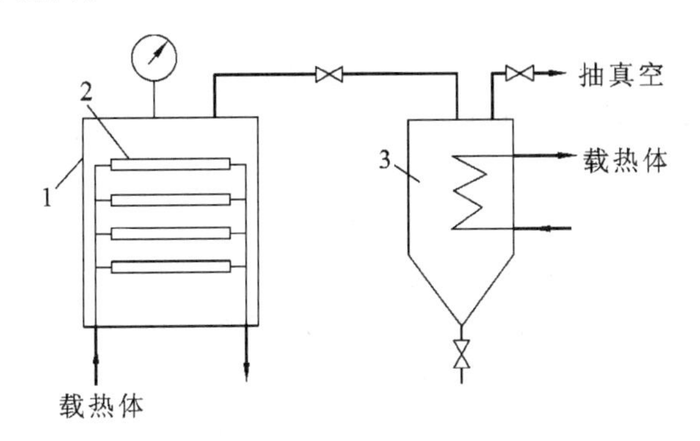

图11-31　冷冻干燥器

1—干燥器；2—隔板；3—冷凝器

湿物料置于干燥箱内的若干隔板上。首先用冷冻剂预冷，将物料中的水冻结成冰。由于物料中水溶液的冰点较纯水低，预冷温度应比溶液冰点低 5 ℃左右，一般为 −30 ～ −5 ℃。随后对系统抽真空，使干燥器内的绝对压力约保持为130 Pa，物料中的冰升华为水汽并进入冷凝器中冻结成霜。此阶段应向物料供热以补偿冰升华所需的热量，也可通入热媒加热。干燥后期为一升温阶段，可将物料升温至 30～40 ℃并保持 2～3 h，使物料中剩余水分去除干净。

冷冻干燥器主要用于生物制品、药物、食品等热敏性物料的脱水，以保持酶、天然香料等有效成分不受到高温或氧化破坏。在冷冻干燥过程中物料的物理结构未遭破坏，产品加水后易于恢复原有的状态。但冷冻干燥费用很高，只用于少量贵重物品的干燥。

11.5.3　干燥器的选用

干燥器的选用是一个受诸多因素影响的过程。在选择干燥器时，要考虑以下因素。

1. 被干燥物料的性质

选择干燥器是以被干燥物料的物理性质(如腐蚀性、毒性、可燃性等)为基础的。首先应考虑被干燥物料的形态。物料的形态不同，处理这些物料的干燥器也不同。在处理液态物料时，所选择的设备通常限于喷雾干燥器、转筒干燥器和耙式真空干燥器。对黏度不大的液体物料，也可采用旋转闪蒸干燥器和惰性载体干燥。对于粉粒状物料，可以考虑流化床干燥器或气流干燥器。而厢式干燥器和洞道式干燥器对物料形态的适应性较强，从粉粒、块、片、短纤维到膏糊状物料均适用。

2. 物料的干燥特性

不同湿物料,其干燥特性曲线或临界含水量也不同,所需的干燥时间可能相差悬殊,应选择不同类型的干燥器。干燥器的选择应考虑湿物料中湿分的类型、初始和最终湿含量、允许的最高干燥温度、产品的粒度分布等。对于吸湿性物料或临界含水量高的难以干燥的物料,应选择干燥时间长的干燥器,而对于临界含水量低的易于干燥的物料以及对温度比较敏感的物料,则可选择干燥时间短的干燥器,如气流干燥器、喷雾干燥器。对产品不能受污染(如食品、药品等)或易氧化的物料,可选择冷冻干燥器或耙式真空干燥器。对要求产品有良好外观的物料,在干燥过程中干燥速率不能太大,否则,可能使物料表面硬化或严重收缩,应选择干燥条件比较温和的干燥器,如带有废气循环的干燥器。

3. 处理量

被干燥物料的量也是选择干燥器时需要考虑的主要问题之一。一般来说,处理量小时,宜选用厢式干燥器;处理量大时,连续操作的干燥器更适宜。当然,操作方式并不是决定生产能力的唯一因素。

4. 价格、安全和环境因素

为了节省能源,在满足干燥要求的前提下,应尽可能选择热效率高的干燥器。若排出的废气中含有污染环境的粉尘或有毒物质,应选择合适的干燥器以减少排出的废气量。

选择干燥器时通常需考虑设备价格、操作费用、产品质量、安全等方面,最终提出一个综合评价方案。

思考题

1. 固体去湿的方法有哪些?
2. 对流干燥过程进行的条件是什么?
3. 表示湿空气性质的参数有哪些?如何定义?
4. 湿空气湿度大,则其相对湿度也大。这种说法对吗?为什么?
5. 干球温度、湿球温度、露点三者有何区别?它们的大小顺序如何?在什么条件下三者数值相等?
6. 湿球温度和绝热饱和温度有何区别?对什么系统,两者数值上近似相等?
7. I-H 图上如何确定空气状态点?如何由湿空气状态点在 I-H 图上确定空气的有关性质?
8. 湿物料含水量的表示方法有哪几种?如何相互换算?
9. 如何确定干燥过程中干空气量及新鲜空气量?
10. 如何计算预热器传热量 Q_P 和干燥器中补充热量 Q_D?
11. 等焓干燥过程的条件是什么?
12. 对等焓干燥过程,在 I-H 图上如何确定空气出干燥器时的状态?
13. 何谓平衡水分、自由水分、结合水分和非结合水分?如何区分?
14. 干燥过程有哪几个阶段?它们各有何特点?
15. 恒定干燥条件指什么?
16. 恒定干燥条件下干燥时间如何计算?
17. 厢式干燥器、气流干燥器、喷雾干燥器、流化床干燥器和转筒干燥器的特点各是什么?
18. 耙式真空干燥器、红外线干燥器、冷冻干燥器的特点各是什么?
19. 选择干燥器时应考虑哪些因素?

习题

1. 湿空气总压为 101.33 kPa,干球温度为 50 ℃,露点为 20 ℃。试求:

(1) 水汽分压；

(2) 湿度；

(3) 相对湿度；

(4) 焓。

((1) 2.338 kPa；(2) 0.014 7 kg(水)/kg(干空气)；(3) 18.9%；(4) 88.5 kJ/kg(干空气))

2. 已知湿空气中的水汽分压 $p_V=4.241$ kPa，总压 $p=101.33$ kPa，分别求温度为 50 ℃、120 ℃时的相对湿度 φ。 (34.37%，4.18%)

3. 湿空气总压为 101.33 kPa，干球温度为 60 ℃，相对湿度为 40%。试求：

(1) 水汽分压；

(2) 湿度；

(3) 湿空气的比体积。

((1) 7.968 kPa；(2) 0.053 1 kg(水)/kg(干空气)；(3) 1.023 m^3/kg(干空气))

4. 总压为 101.33 kPa 的湿空气，利用 *I-H* 图填充表 11-1，并绘出序号Ⅴ的求解过程示意图。

表 11-1

序号	干球温度/℃	湿球温度/℃	湿度/(kg(水)/kg(干空气))	相对湿度	焓/(kJ/kg(干空气))	水汽分压/kPa	露点/℃
Ⅰ	60	35					
Ⅱ	40						25
Ⅲ	20			75			
Ⅳ			0.024		120		
Ⅴ	50					3.0	

5. 在常压下将干球温度为 60 ℃、湿球温度为 45 ℃的空气冷却至 25 ℃，计算 1 kg 干空气可凝结的水分及放出的热量。 (0.040 kg(水)/kg(干空气)，140 kJ/kg(干空气))

6. 用连续干燥器干燥某湿物料，已知湿物料处理量为 0.3 kg/s，物料由含水量 40%干燥到 5%(均为湿基)。试求绝对干物料的量、水分蒸发量及干燥产品量。 (0.18 kg/s，0.11 kg/s，0.19 kg/s)

7. 在常压连续干燥器中干燥某湿物料，每小时处理物料 1 000 kg，经干燥后物料含水量由 50%降至 1%(均为湿基)。进干燥器的空气温度为 120 ℃，其水汽分压为 1.0 kPa，空气在 40 ℃、$\varphi=70\%$下离开干燥器。试求所需新鲜空气量(kg/s)。 (5.05 kg(干空气)/s)

8. 某物料在连续理想干燥器中进行干燥，物料处理量为 1 kg/s，物料含水量由 5%降到 1%(均为湿基)。空气初始温度为 20 ℃、湿度为 0.005 kg(水)/kg(干空气)，空气进干燥器时温度为150 ℃，出干燥器时温度为 70 ℃。试求：

(1) 空气消耗量；

(2) 预热器的传热量。

((1) 1.29 kg(干空气)/s；(2) 171 kW)

9. 在某常压操作的干燥器内，将温度为 30 ℃、含水量为 20%的湿物料干燥至温度为50 ℃、含水量为 5 %(均为湿基)。已知干燥产品量为 53.5 kg/h，绝对干物料的比热容为 1.5 kJ/(kg·℃)。初始温度为 20 ℃、湿度为 0.011 kg(水)/kg(干空气)的空气，经预热器后进入干燥器的温度为 120 ℃，离开干燥器时空气温度为 60 ℃，湿度为 0.04 kg(水)/kg(干空气)。干燥器的热损失可忽略不计。试求：

(1) 空气用量，kg/h；

(2) 预热器的传热量；

(3) 应向干燥器补充的热量。

((1) 348.6 kg/h;(2) 9.87 kW;(3) 36.98 kW)

10. 常压下一理想干燥器将物料由含水5%干燥至含水1%,湿物料的处理量为30 kg/s。室外空气温度为25 ℃,湿度为0.005 kg(水)/kg(干空气),经预热器后送入干燥器。废气排出温度为50 ℃,相对湿度为60%。试求:

(1) 空气用量(m^3/s);

(2) 空气的预热温度;

(3) 干燥器的热效率。

((1) 23.4 m^3/s;(2) 161.5 ℃;(3) 81.7 %)

11. 已知在常压、25 ℃下水分在氧化锌与空气之间存在以下平衡关系:当相对湿度为100%时,平衡含水量为0.02 kg(水)/kg(干物料);当相对湿度为40%时,平衡含水量为0.000 7 kg(水)/kg(干物料)。现氧化锌的含水量为0.25 kg(水)/kg(干物料),令其与25 ℃、相对湿度为40%的空气接触。物料的结合水、非结合水和自由含水量各为多少? (0.02 kg(水)/kg(干料),0.23 kg(水)/kg(干料),0.249 3 kg(水)/kg(干料))

12. 在恒定干燥条件下间歇干燥某湿物料,已知恒速干燥阶段的干燥速率为1.5 kg/(m^2·h),临界含水量为0.2 kg(水)/kg(干物料),平衡含水量为0.05 kg(水)/kg(干物料),设降速干燥阶段的干燥速率与含水量成正比(直线关系),每批湿物料的处理量为1 000 kg,干燥面积为55 m^2。试估计将该物料从含水量为0.38 kg(水)/kg(干物料)干燥到0.1 kg(水)/kg(干物料)所需的时间。 (2.80 h)

13. 在恒定干燥条件下的厢式干燥器内,将湿物料由含水量25%(湿基,下同)干燥到6%,湿物料的处理量为150 kg,实验测得临界含水量为0.2 kg(水)/kg(干物料)。试求在恒速干燥阶段和降速干燥阶段分别除去的水分。 (14.6 kg(水),15.3 kg(水))

本章主要符号说明

符号	意　义	计量单位
A	干燥面积	m^2
c_p	定压比热容	kJ/(kg·℃)
c_{pH}	湿空气的比热容	kJ/(kg(干空气)·℃)
c_{pg}	干空气的比热容	kJ/(kg(干空气)·℃)
c_{pm}	湿物料的平均比热容	kJ/(kg(干物料)·℃)
c_{ps}	干物料的平均比热容	kJ/(kg·℃)
c_{pV}	水汽的比热容	kJ/(kg·℃)
c_{pW}	水的平均比热容	kJ/(kg·℃)
H	空气的湿度	kg(水)/kg(干空气)
H_{as}	空气在绝热饱和温度t_{as}下的饱和湿度	kg(水)/kg(干空气)
H_w	空气在湿球温度t_w下的饱和湿度	kg(水)/kg(干空气)
H_s	湿空气的饱和湿度	kg(水)/kg(干空气)
I	湿空气的焓	kJ/kg(干空气)
I_g	干空气的焓	kJ/kg(干空气)
I_V	水汽的焓	kJ/kg(水汽)
k_H	以湿度差为推动力的传质系数	kg/(m^2·s)
K_X	干燥速率曲线斜率	
l	单位空气消耗量	kg(干空气)/kg(水)

符号	意　义	计量单位
M	摩尔质量	kg/kmol
M_B	干空气的摩尔质量	kg/kmol
M_V	水汽的摩尔质量	kg/kmol
N_A	干燥速率	kg/(m^2·s)
n_B	湿空气中干空气的物质的量	kmol
n_V	湿空气中水汽的物质的量	kmol
p	湿空气总压	Pa
p_B	干空气分压	Pa
p_V	水汽分压	Pa
p_s	水的饱和蒸气压	Pa
q_m	固体物料的质量流量	kg/s 或 kg/h
q_{m1}	进入干燥器的湿物料的质量流量	kg/s 或 kg/h
q_{m2}	出干燥器的产品质量流量	kg/s 或 kg/h
q_{mC}	绝对干物料的质量流量	kg/s 或 kg/h
q'_{mC}	湿物料中绝干物料的质量	kg
q_{mL}	干空气的质量流量	kg/s 或 kg/h
q_{mW}	单位时间水分蒸发量	kg/s 或 kg/h
q'_{mW}	蒸发水分的质量	kg
q_V	湿空气的体积流量	m^3/s 或 m^3/h
Q	传热速率	kW
Q_P	预热器的加热量	kW
Q_D	干燥器补充的热量	kW
Q_L	干燥器的热损失	kW
r	汽化潜热	kJ/kg
r_0	0 ℃时水的汽化潜热	kJ/kg
r_w	湿球温度下水的汽化潜热	kJ/kg
t	空气的干球温度	℃
t_{as}	空气的绝热饱和温度	℃
t_d	露点温度	℃
t_w	空气的湿球温度	℃
v_H	湿空气的比体积	m^3/kg(干空气)
v_g	干空气的比体积	m^3/kg(干空气)
v_V	水汽的比体积	m^3/kg
X	物料的干基含水量	kg(水)/kg(干物料)
X^*	物料的平衡水分	kg(水)/kg(干物料)
X_c	物料的临界含水量	kg(水)/kg(干物料)
α	空气对湿纱布的给热系数	kW/(m^2·℃)
θ	物料表面温度	℃
τ	干燥时间	s 或 h
φ	相对湿度	
w	物料的湿基含水量	kg(水)/kg(湿物料)

第12章　其他传质分离过程

本章学习要求

■ **掌握**：结晶的基本概念；结晶的特点；吸附分离的基本概念；吸附平衡；吸附过程的传质；膜分离的基本原理。

■ **熟悉**：结晶基础；吸附分离过程与技术；各种膜分离过程的特点和应用范围。

■ **了解**：结晶器；常用吸附剂；膜分离方法的选择；膜组件及膜分离过程。

屠呦呦与青蒿素

12.1　结　　晶

结晶是物质以晶体状态从蒸气、溶液或熔融物中析出的过程，在化学工业中常遇到的是从溶液或熔融物中使固体结晶出来的过程。

许多化工产品都是应用结晶方法分离或提纯而得到的晶态物质，如盐、糖、化肥等高产量产品，医药、染料、精细化工品等高附加值的产品。在高新技术领域中，结晶操作的重要性也与日俱增，如生物技术中蛋白质的制造、催化剂行业中超细晶体的生产以及新材料工业中超纯物质的净化都离不开结晶技术。

相对于其他化工分离操作，结晶过程有以下特点：

(1) 能从杂质含量较多的溶液或多组分熔融混合物中分离出高纯或超纯的晶体，且结晶产品外观好，在包装、运输、储存或使用上都较方便；

(2) 结晶过程适用于许多难分离的混合系统，例如同分异构体混合物、共沸物、热敏性系统等，使用其他分离方法难以达到理想的分离要求；

(3) 结晶与精馏、吸收、吸附等分离方法相比，能耗低得多，又可在较低温度下进行，对设备材质要求较低，操作相对安全，一般无有毒气体或废气逸出，有利于环境保护；

(4) 结晶是多相、多组分的传热-传质过程，也涉及表面反应过程，结晶过程和设备种类繁多。

结晶过程一般可分为溶液结晶、熔融结晶、升华结晶和沉淀结晶四类，其中溶液结晶和熔融结晶是化学工业中最常采用的结晶技术。本节将讨论这两种结晶过程。

12.1.1　概述

1. 晶体的特性

晶体是内部结构的质点元(原子、离子或分子)作三维有序规则排列的固态物质。晶体具有以下重要性质：

(1) 自范性。晶体具有自发地生长成为结晶多面体的可能性。理想情况下，晶体在长大时保持几何相似性，且相似多边形的各顶点的连线相交于一中心点，此中心点即为结晶中心点，也即原始晶核的所在位置。

(2) 各向异性。晶体的几何特性和物理性质常随方向的不同而表现出差异。例如，除正方体晶型外，一般晶体各晶面的生长速度是不一样的。

(3) 均匀性。晶体中每一宏观质点的物理性质和化学组成都相同，保证了晶体产品具有很高的纯度。

此外，晶体还具有几何形状和物理效应的对称性、最小内能，以及在熔融过程中熔点保持不变等特性。

2. 晶系和晶习

构成晶体的微观质点（原子、离子或分子）在晶体所占有的空间中按一定的几何规律排列，各质点间有相互作用力——晶体结构中的键。由于键的存在，质点得以维持在固定的平衡位置上，彼此保持一定距离，形成空间晶格，称为晶胞。对某一晶胞，选取 x、y、z 三个坐标轴作为晶轴，其长度分别记为 a、b、c。三个坐标面即为晶轴面，晶轴的夹角称为晶轴角，分别记为 α、β、γ。根据 a、b、c、α、β、γ 这六个参数的组合，可将晶体分为七种晶系，即立方晶系（等轴晶系）、四方晶系、六方晶系、立交晶系、单斜晶系、三斜晶系和三方晶系（菱面体晶系）。各晶系的晶格空间结构如图 12-1 所示。实际晶体形态可以属于单一晶系，也可能是两种晶系的过渡体，晶体形态比较复杂。不同的物质，所属晶系可能不同；同一种物质，当所处的物理环境（如温度、压力等）改变时，晶系也可能变化。

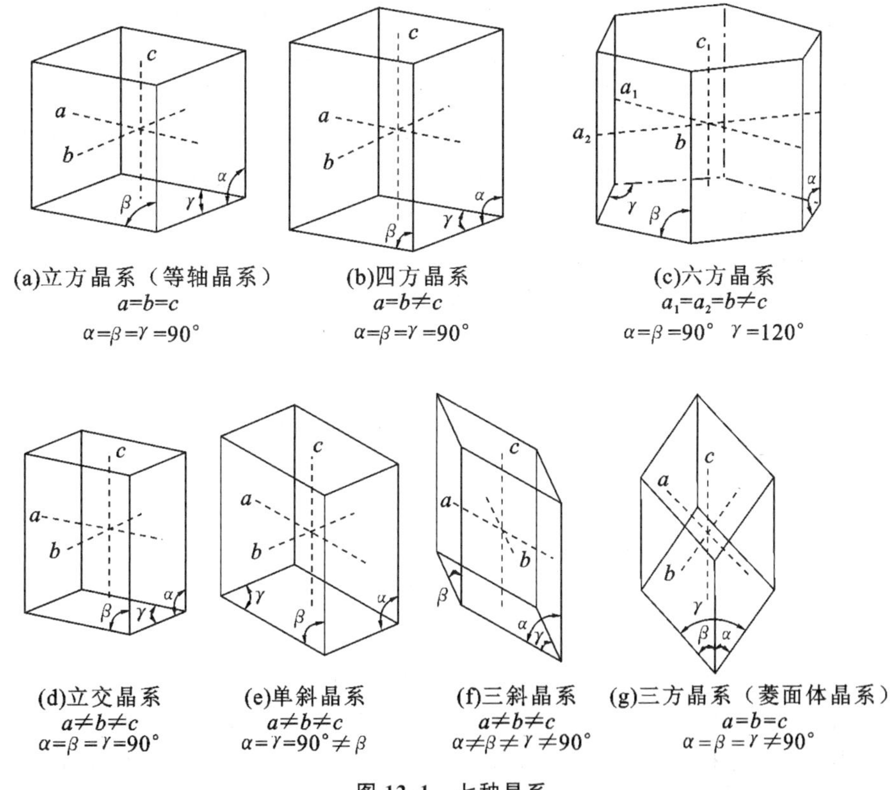

图 12-1　七种晶系

晶习是指在一定环境中晶体的外部形态，也称晶形或晶体形态。同一物质即使基本晶系不变，晶习也可能不同，如六棱柱晶体可能是短粗形、细长形，也可能呈薄片状或多棱针状。一般而言，生长速度较快的晶面对晶习影响不大，晶习主要取决于生长速度慢的晶面。溶剂和杂质对晶习有很大影响。不同溶剂与晶体晶面间的界面结构不同，从而引起不同的生长速度。杂质嵌入生长着的晶格后，晶格的立体化学结构发生变化，从而阻碍晶面的进一步生长，导致晶体呈现不同的晶习。

3. 粒度

工业结晶产品的粒度范围是很大的,从纳米级到毫米级,甚至更大。对于大粒子的行为可以用纯物理理论来解释,但随着粒子尺寸的减小,比表面积逐渐增大,化学作用的影响越来越显著,不但影响其外观,而且影响着产品质量和加工性能。因此,对于固体粒子,除要分析其化学组成外,还应对粒度和形状进行表征。

晶体的粒度不是单一的,而是存在一个分布范围。晶体的粒度分布是产品的一个重要的质量指标,它是指不同粒度的晶体质量(或粒子数目)与粒度的分布关系。将晶体样品经过筛分分析,由筛分分析数据标绘筛下(或筛上)累积质量分数与筛孔尺寸的关系曲线。更简便的方法是以平均粒度和变异系数来描述粒度分布。平均粒度相当于筛下累积质量比为某一定值(常取为50%)处的筛孔尺寸值。结晶操作不仅要求能耗低、产物的纯度高,而且要求晶体有适当的粒度和较窄的粒度分布。

12.1.2 结晶基础

溶质从溶液中结晶出来的过程要经历两个步骤:① 产生微观的晶粒作为结晶的核心,这些核心称为晶核,产生晶核的过程为成核过程;② 晶核逐渐长大,成为宏观的晶体,该过程为晶体生长。以上两阶段的推动力是一种浓度差,称为溶液的过饱和度。晶核形成和晶体生长不是相互独立的,而是相互关联的,并受结晶系统参数的影响。在结晶器中由溶液结晶出来的晶体与残留的溶液构成的混合物称为晶浆,通常需要用搅拌或其他方法将晶浆中的晶体悬浮在液相中,以促进结晶的进行,因此晶浆是一种悬浮体。晶浆去除了悬浮于其中的晶体后所残留的溶液称为母液。

本节内容主要针对溶液结晶,然而所讨论的很多基础知识也适用于熔融结晶。

1. 溶解度和过饱和度

1) 溶解度

固体与其溶液之间的固液平衡关系通常可用固体在溶剂中的溶解度表示。溶解度的单位常采用100份质量的溶剂中最多溶解多少份质量的无水溶质来表示。工业上及文献中也有用其他单位表示的,如mol/L(溶液)、mol/kg(溶剂)及摩尔分数等。

不同物质的溶解度相差很大,即使是看起来相似的物质,其溶解度也可能有很大差别。物质的溶解度除与其本身的化学性质和溶剂的性质有关外,还与温度密切相关,而压力的影响一般可以忽略。因此,溶解度数据常用溶解度-温度的关系表示,称为溶解度曲线。不同物质的溶解度随温度的变化趋势不同。有些物质的溶解度随温度的升高而迅速增大,如KNO_3;有的随温度升高以中等速度增加,如KCl;有的则随温度升高只有微小的变化,如NaCl。这些物质在溶解过程中需要吸收热量,具有正溶解度特性。还有一些物质(如$CaCrO_4$),其溶解度随温度升高而减小,在溶解过程中放出热量,具有逆溶解度特性。许多物质的溶解度曲线是连续的;有些能形成水合物晶体,其溶解度曲线上有断折点,又称变态点。例如,在低于32.4 ℃时,从Na_2SO_4水溶液中结晶出来的固体是$Na_2SO_4 \cdot 10H_2O$,而在32.4 ℃以上结晶出来的固体是无水Na_2SO_4,这两种固相的溶解度曲线在32.4 ℃处相交。一种物质可能有几个变态点。

物质的溶解度特征对选择结晶方法起决定性作用。一般来说,对溶解度随温度变化敏感的物质,适宜选择变温结晶方法;对于溶解度随温度变化缓慢的物质,则适宜选择蒸发结晶工艺。例如,对于NaCl而言,如采用冷却结晶法,即使将NaCl饱和溶液从90 ℃冷却到20 ℃,

从每 100 kg 水中只能得到约 7 kg NaCl 晶体，因此工业上采用蒸发结晶方法来提高产量。而对于 $CuSO_4$，只用冷却方法就能得到足够量的晶体。另外，根据在不同温度下的溶解度数据还可计算出结晶过程的理论产量。

工业溶液极少为纯物质溶液，除温度外，结晶母液的 pH 值、可溶性杂质等可能改变溶解度数值，所以引用手册数据时须慎重，必要时应对实际系统进行测定。

如果在溶液中存在两种溶质，则用 x 轴和 y 轴分别表示两种溶质的浓度，其溶解度用等 t 线表示。若有三种或更多的溶质，可采用两维和三维图形描述溶解度。

2）过饱和度

溶液的过饱和度决定了成核和晶体生长的推动力，影响结晶的速率。图 12-2 是溶解度-超溶解度曲线图，当溶液浓度恰好等于溶质的溶解度时，称为饱和溶液，用曲线 AB 表示。CD 线表示溶液过饱和且能自发产生晶核，称为超溶解度曲线。这两条曲线将浓度-温度图分为三个区域。AB 线以下的区域是稳定区，在此区域中溶液尚未达到饱和，不可能产生晶核；AB 线和 CD 线之间为介稳区，在该区域中不会自发地产生晶核，但如果向溶液中加入晶种（少量溶质晶体的小颗粒），这些晶种就会长大；CD 线以上的区域是不稳区，在此区域中，溶液能自发地产生晶核和进行结晶。大量的研究证实，一个特定系统只有一条确定的溶解度曲线，但超溶解度曲线的位置受到很多因素的影响，如有无搅拌、搅拌强度、有无晶种、晶种大小与多少、冷却速度等，因此，超溶解度曲线应是一簇曲线，其相对位置大致平行，如虚线 $C'D'$。图中 EFH、$EF'G'$ 和 EG'' 线分别表示对欲结晶系统 E 使用冷却法、蒸发法和真空绝热蒸发法的结晶途径。

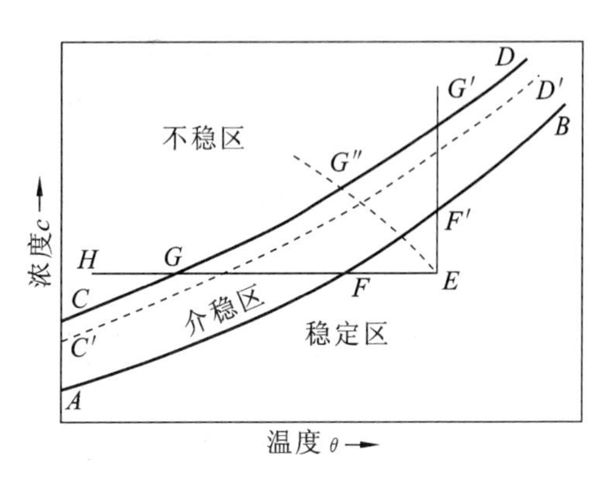

图 12-2　溶解度-超溶解度曲线

过饱和度的常用表示方法是：浓度推动力 Δc、过饱和度比 S 和相对过饱和度 σ。其定义分别为

$$\Delta c = c - c^* \tag{12-1}$$

$$S = c/c^* \tag{12-2}$$

$$\sigma = \Delta c/c^* = S - 1 \tag{12-3}$$

式中：c——过饱和溶液的浓度；

c^*——饱和溶液的浓度。

工业结晶过程中要获得平均粒度较大的晶体产品，应避免自发成核，即应尽量控制在介稳区内结晶。因此，在工业结晶条件下得到的超溶解度曲线和介稳区宽度对结晶工艺设计非常重要。所谓介稳区宽度，是指溶液的超溶解度曲线与溶解度曲线之间的距离，其中垂直距离代表最大过饱和度 $\Delta c_{\max}$，水平距离代表最大过冷却度 $\Delta\theta_{\max}$，两者的关系为

$$\Delta c_{\max} = \left(\frac{dc^*}{d\theta}\right)\Delta\theta_{\max} \tag{12-4}$$

形成过饱和溶液的方法主要有改变温度、蒸发溶剂、利用化学反应和改变溶剂组成。由于大多数物质的溶解度随温度的降低而减小，因此，冷却法是最常用的形成过饱和溶液的方法。

其次是蒸发溶剂法,特别是对于具有较高饱和蒸气压的非水溶剂系统。利用化学反应形成过饱和溶液的方法称为沉淀法,常用于无机物的生产。当溶剂不易挥发,或产品为热敏性物质时,还可采用添加新溶剂或改变溶剂配比的方法,降低溶质的溶解度。如向对苯二甲酸(TPA)的二甲基亚砜(DMSO)溶液中加水,当溶剂中水含量为13%时,TPA的溶解度从16.5%降低至5%。

2. 晶核形成

在饱和溶液中新形成的结晶微粒称为晶核,它是晶体生长必不可少的核心。晶核形成速率为单位时间内在单位体积晶浆或溶液中生成新粒子的数目。成核速率是决定晶体产品粒度分布的首要动力学因素。工业结晶过程要求有一定的成核速率,如果成核速率过大,将导致晶体产品细碎,粒度分布宽,产品质量下降。

产生晶核的方法一般有以下三种。

(1) 自然成核法:将溶液浓缩到较高的过饱和度,达到介稳区,一般过饱和度比大于1.4时,晶核便自然析出。这种方法生成的晶核数目不易控制,且系统浓度较高,黏度大,流动性差,对结晶不利。目前工业上已很少应用此方法。

(2) 干扰成核法:将溶液浓缩到介稳区,过饱和度比为1.2～1.3时突然施加一个干扰,如改变温度、改变真空度、施以搅拌等,晶核便析出。这种方法的优点是结晶快,晶粒整齐;缺点是仍然不易控制晶核数目和大小。

(3) 种子成核法:将溶液的过饱和度保持在介稳区较低的过饱和状态,投入一定大小和数量的晶种细粉,溶液中的过量溶质便在晶种表面析出。这种方法生成的晶粒整齐,可以控制晶核数目和大小,在工业上广泛应用。

晶核形成模式大体分为两类:① 初级成核,即在无晶体存在下的成核,其中又分为初级均相成核和初级非均相成核;② 二次成核,即在有晶体存在下的成核,包括流体剪应力成核和接触成核。

在工业结晶过程中,一般控制二次成核为晶核主要来源。只有在超微粒子制造中,才依靠初级成核过程爆发成核。

1) 初级成核

(1) 初级均相成核。

初级均相成核发生于无晶体或无任何外来微粒存在的条件下。为满足这一要求,结晶容器必须仔细清理,内壁磨光和密闭操作,避免大气中灰尘侵入引起初级非均相成核。

过饱和溶液是处于非平衡状态的溶液,从宏观上看,溶液的平均浓度是一常量,但从微观看,溶液局部溶质的浓度波动是很大的。这种波动会使溶质单元(分子、原子或离子)进入另一溶质单元的力场中,并可能迅速结合在一起,形成有序微区或线体。根据经典的成核理论,线体在溶液中通过累加机理形成,当线体增大到某种程度后,形成晶胚。晶胚可能继续生长,也可能分解为线体和溶质单元。当晶胚达到某一粒度时,能与溶液建立起热力学平衡,进一步生长的自由能变化可忽略。此时的晶胚粒度称为临界粒度,而这种长大了的稳定的晶胚称为晶核。晶核所含溶质单元数一般为数百个。

对于具有一般溶解度的物质,初级均相成核所需的很大的过饱和度是无法实现的。另外,由于不溶杂质、结晶器壁、搅拌桨和挡板等物理因素的存在,初级均相成核在实际结晶操作中是十分罕见的。

（2）初级非均相成核。

由于真实溶液常常包含大气中的灰尘或其他外来物质粒子，这些外来物质能在一定程度上降低成核的能量势垒，诱导晶核的生成，这类初级成核称为初级非均相成核。初级非均相成核一般在比初级均相成核低得多的过饱和度下发生。

相对于二次成核速率，初级成核速率快得多，对过饱和度变化非常敏感而难以控制，因此除超细粒子制造外，一般工业结晶过程要力图避免发生初级成核。

2）二次成核

在已有晶体存在条件下形成晶核的现象称为二次成核。二次成核是绝大多数工业结晶过程的主要晶核来源，也是决定结晶产品粒度分布的关键。因此，了解二次成核机理、过程操作参数和结晶器结构参数对二次成核的影响是非常重要的。

（1）二次成核机理。

关于二次成核的理论可分为两类：一类认为二次成核由母晶产生，包括初始或灰尘育种、针状结晶育种、接触成核；另一类认为二次成核源于溶质，包括杂质浓度梯度成核、流体剪应力成核。

二次晶核产生于晶体的磨损或来自尚未结晶的溶质吸附层。研究表明，在过饱和溶液中，晶体只要与固体物进行能量很低的接触，就会产生大量的粒子，其粒度一般在 1～10 μm，甚至更大。接触成核的成核速率级数较低，容易实现稳定操作，因此，接触成核在工业结晶中被认为是获得晶核的最好且最简单的方法。接触成核的方式大致有四种：① 晶体与搅拌桨之间的碰撞；② 在湍流运动作用下，晶体与结晶器内表面间的碰撞；③ 湍流运动造成的晶体与晶体之间的碰撞；④ 由于沉降速度不同而造成的晶体与晶体之间的碰撞。其中第一种方式在结晶器中占首要地位。

（2）二次成核动力学。

二次成核是一个很复杂的现象，目前还没有预测成核速率的普遍适用的理论。在工业结晶器中，接触成核是二次成核的主要来源，此时，成核速率是搅拌程度、悬浮液密度和过饱和度的函数。与初级成核相比较，二次成核所需的过饱和度较低，所以在以二次成核为主时，初级成核可忽略不计。

在工业结晶中，可采用以下措施控制二次成核：① 维持稳定的过饱和度，防止结晶器局部产生过饱和度的波动；② 限制晶体的生长速率，不要通过盲目提高过饱和度的方法达到提高产量的目的；③ 尽量降低晶体的机械碰撞能量及概率；④ 对溶液进行加热、过滤等预处理，以消除溶液中可能成为晶核的微粒；⑤ 及时从结晶器中移出过量的微晶，同时将符合粒度要求的晶体产品及时排出；⑥ 将含有过量细晶的母液移出后加热或稀释，使细晶溶解后送回结晶器；⑦ 通过调节溶液酸碱度或加入适宜添加剂等方法改变成核速率。

3. 晶体生长

在过饱和溶液中有晶核形成或加入晶种后，以过饱和度为推动力，溶质分子或离子一层层排列到晶核上使晶核长大，这种现象称为晶体生长。晶核形成和晶体生长共同决定着结晶产品的最终粒度分布。此外，晶体生长环境和速度对产品的纯度和晶习也有巨大影响。

关于晶体生长的理论和模型很多，但还没有一个统一的说法，其中在工业结晶中应用最普遍的是扩散理论。该理论认为，晶体生长过程由三步组成：① 溶质扩散，即待结晶的溶质借扩散穿过靠近晶体表面的一个静止液层，从溶液中转移至晶体表面；② 表面反应，即到达晶体表面的溶质长入晶面,使晶体长大,同时放出结晶热;③ 放出的结晶热借热传导回到溶液中。

扩散过程的推动力是浓度差($c-c_i$)。关于溶质长入晶面的过程机理说法不一,但共同点都是要使溶质分子或离子在空间晶格上排列成有规则的结构。步骤②可以理解为溶质到达晶体表面后,借助另一部分浓度差(c_i-c^*)作为推动力长入晶面。对于步骤③,由于大多数系统的结晶热不大,因此对整个结晶过程的影响一般可忽略。其中,c 为溶液主体浓度,c_i 为界面浓度,c^* 为饱和浓度。

由于操作条件不同,同一系统的结晶过程可能是扩散控制,也可能是表面反应控制。一般而言,温度较高时,表面反应速率提高幅度较大,扩散速率提高程度有限,结晶过程往往是扩散控制;反之,在较低温度下,结晶过程可能转变为表面反应控制。

4. 熔融结晶中的传递现象

熔融结晶是从含有高浓度可结晶物质的混合物中结晶的过程,其动力学过程受溶液结晶和单纯固化共同支配,主要由热量传递速率控制。

熔融结晶过程至少包括以下几步:① 待结晶组分从主体溶液向固液界面传递,与此同时非结晶组分向反方向传递;② 晶体生长,即分子嵌入晶格;③ 固化热自界面向外传出。

其中的传质过程受流体流动的影响,表面嵌入过程受杂质含量的影响,而这些过程又都受温度控制,因为扩散系数和黏度都与温度相关。步骤①和③依赖于浓度和温度梯度,与主体相和固液界面的条件有关,也依赖于过程的类型:层生长或悬浮生长(悬浮结晶)。

在层生长过程中,固相沉积在被冷却的表面上,固化热通过固相连续移出。固相沉积速率正比于传热速率,后者又依赖于传热表面的冷却速率。如果系统采取搅拌来保持界面的稳定性,层过程线性生长速率可高达 7×10^{-6} m/s。这样高的生长速率通过固体晶体层移出热量即可实现。固化热没有通过液相传出,故不产生边界层温度梯度。为了避免杂质在界面处累积,采用搅拌的方法分散杂质,使之返回到熔融的主体中去。层生长的主要优势在于:① 无结垢问题,因为所谓的垢层即是产品,其去除方式由设备操作方法决定;② 晶体生长速率可控性好,通过调节冷壁温度控制结晶推动力;③ 依靠重力作用,无固液分离问题;④ 容易对冷壁表面的晶体层进行后处理,如发汗、洗涤等,以进一步提高产品纯度;⑤ 无晶浆悬浮液,操作简便。层生长也有其局限性,主要表现在:① 冷壁面积(即传质面)有限,产量受限;② 传热表面晶体产品层的不断加厚要求温差推动力不断加大,以保持相同的生长速率;③ 往往需要另外加入热量以重新熔化冷壁表面上黏附的晶体产品,不易实现连续操作;④ 随产品带出的部分液体需要重新固化。

悬浮结晶在绝热下进行,类似于常规的溶液结晶。热量从熔融体移出,使熔融物处于过冷状态,促进晶体生长。悬浮结晶过程的过饱和度应保持比较低,避免过度成核和产生过细的晶粒。其线性生长速率比层生长过程低 1～2 个数量级。为了使结晶热及时从液相移出,控制较低的生长速率是必要的。又由于晶体通常悬浮在液体中,杂质穿过边界层的扩散是很慢的。一般欲得到比较大的晶体粒度,以便于后续固液分离的顺利进行。但其不利因素是减少了可用于晶体生长的表面积,增加了结晶器的体积和停留时间。悬浮结晶的主要优点在于:① 传质过程推动力由化学势差、组分的物性(如传质系数)差别和传质界面面积所决定,主要由小粒子构成的悬浮液可提供很大的传质界面;② 无须进行固体产品的再熔化以清理设备;③ 晶体生长速率适中,产品纯度高。悬浮结晶的不足之处在于需要固液分离以取出最终产品,设备中需要旋转部件,并有结垢问题。

12.1.3　结晶器

1. 溶液结晶器类型

1）无搅拌结晶器

最简单的结晶器是无搅拌结晶器。热的结晶母液置于釜中几小时甚至几天，自然冷却结晶，该法所得晶体纯度较差，容易发生结块现象。另外，设备所占空间较大，生产能力较低。由于这种结晶设备造价低，安装使用条件要求不高，目前在对某些产量不大、对产品纯度及粒度要求不严格时仍在应用。

2）搅拌式结晶器

工业上采用的搅拌式结晶器多用于低吨位的间歇结晶过程。图12-3所示为几种简单的搅拌式结晶器。搅拌桨设在结晶器中央，周围设有挡板以防止产生旋涡。搅拌桨还可设在导流筒内，以实现流体从结晶器底部到顶部的整体循环。这种搅拌方式可以促进传热，减少结垢，使器内过饱和度均匀，产品粒度均匀并可缩短操作时间。可采用夹套冷却，通过内置冷却管或外部换热器实现。

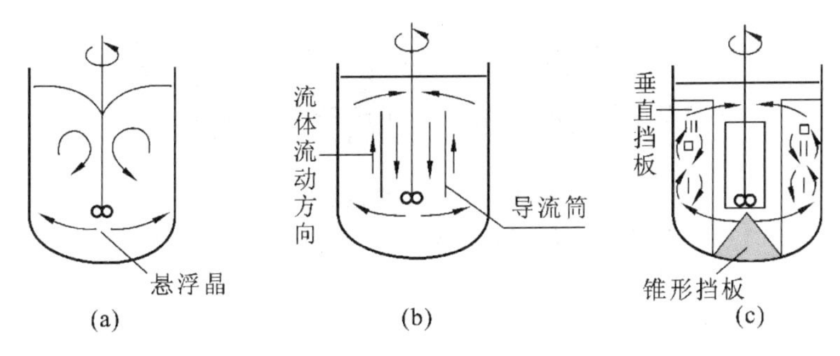

图12-3　几种简单的搅拌式结晶器

3）DTB型结晶器

DTB型结晶器是指带有导流筒和挡板的结晶器，如图12-4所示。这种结晶器的搅拌桨位于导流筒内，搅拌速度较低，用于将细晶悬浮并带入横截面较宽的沸腾区。细晶浆穿过设有挡板的环形区，清液以低速继续上升，而晶体则沉积并降至结晶器底部。结晶器上部的清液通过泵由淘析腿向上循环，用来控制产品粒度。DTB型结晶器可生产粒度为500～1 200 μm的晶体产品。

4）Swenson强制循环式结晶器

强制循环式结晶器通过外力实现外部循环，产品从结晶器底部移出，如图12-5所示。由于晶体和清液都是通过泵循环的，因此二次成核速率和晶体破碎量较大，主要用于生产粒度为200～500 μm的晶体产品。

5）Oslo流化床结晶器

Oslo流化床结晶器中，产生过饱和度的区域与晶体悬浮区和成长区是分开的，如图12-6所示。通过外部冷却或蒸发达到一定过饱和度的溶液被输送进流化床中心处的降液管。降液管周围的环形区域内上升的饱和溶液维持着一个分级床。大粒子(1 000 μm以上)晶体从底部移出。为了提高效率，实际操作中常采用混合悬浮的模式。

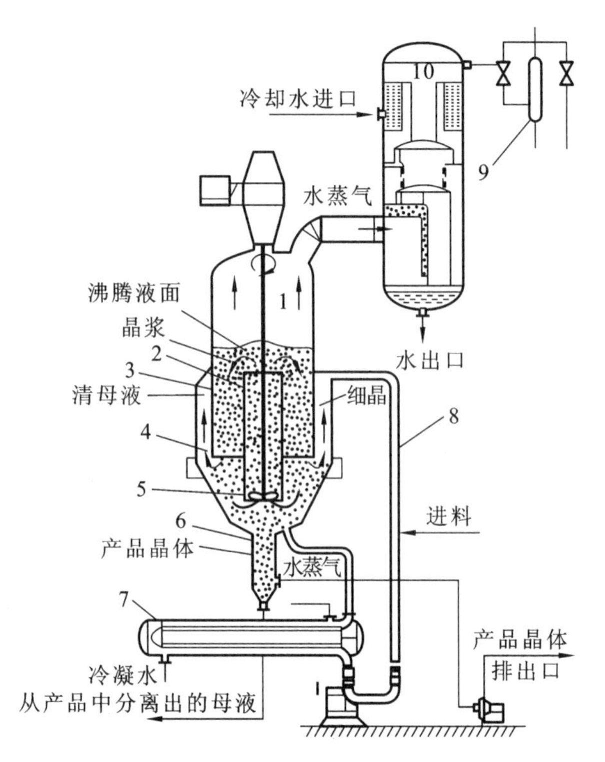

图 12-4　DTB 型结晶器

1—结晶器;2—导流筒;3—环形挡板;4—沉降区;5—搅拌桨;
6—淘析腿;7—加热器;8—循环管;9—喷射真空泵;10—冷凝器

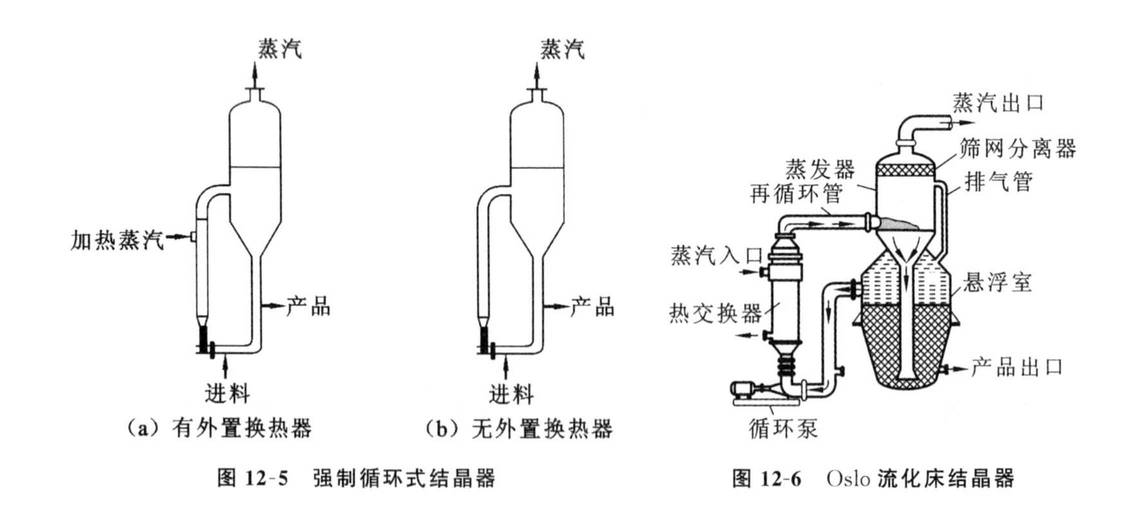

图 12-5　强制循环式结晶器　　**图 12-6　Oslo 流化床结晶器**

2. 熔融结晶器类型

溶液结晶中采用的简单搅拌结晶器对于熔融结晶则不大适用,因为 90%以上的熔融结晶系统密度都很大,不易实现高效搅拌。

1) 刮板结晶器

在悬浮熔融结晶中,晶体是不连续相,熔融液是连续相,有三种不同的设备和操作方法:单

(多)级分离结晶、末端加料塔式结晶和中央加料塔式结晶。已经工业化的熔融结晶过程,大多应用塔式结晶器,能由低共熔混合物或固体溶液中分离出高纯度的产物,并避免经过多次重复的结晶。熔融系统以液体形式进料,高纯度产品也以液体状态由塔中输出,固液交换的传热、传质过程全部在塔内进行。在塔内同时进行着重结晶、逆流洗涤和发汗过程,从而达到分离提纯的目的。

具有夹套的垂直圆柱形容器是常规的单级结晶器,其中装有旋转刮板,如图 12-7(a)所示。这种结晶器直径较大,器内设置通风管和沉降区,分别用于排放黏稠的晶浆产品和无固体的剩余液。图 12-7(b)是水平管式刮板结晶器,器外设置夹套,通入冷却剂移走结晶热,器内安装有缓慢旋转的刮板。成核和晶体的初步生长均在器壁上进行,然后这些晶体被刮板刮下进入熔融主体中,在有足够的过冷度和停留时间的条件下,继续长大为产品。旋转的刮板同时也促使悬浮体平缓地混合。操作时物料在器内呈活塞流。对生产能力大的装置可采用多级串联结构。

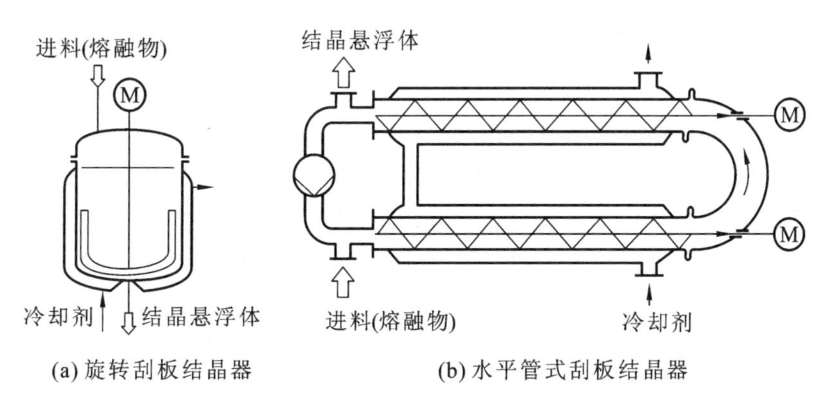

(a) 旋转刮板结晶器　　(b) 水平管式刮板结晶器

图 12-7　刮板结晶器

2) 塔式结晶器

连续多级逆流分步结晶塔是根据精馏原理而开发成功的塔式结晶装置,在塔内通过晶体和液体的逆流进行结晶提纯。与釜式结晶相比,塔式结晶可获得纯度更高的产品。设备结构应保证可靠的固相运动和高效率的加热和除热,以实现高纯度和高产量。塔式结晶器可分为中央加料式和末端加料式,它们在结构和性能上有差别。

中央加料塔式结晶器以熔融液体为原料,在塔内形成晶体,如图 12-8(a)所示。其在外观上与精馏塔相似。在塔底,晶体熔融产生具有较高熔点的产品。塔底的回流与精馏的回流相当。在结晶器塔顶采出相当纯的低熔点产品。部分熔融体在冷却器冷凝后作为回流液返回塔顶。该流程很容易将二元混合物分离成两个相当纯的产品。

Brodie 塔(如图 12-8(b)所示)是卧式中央加料塔,可用于萘和对二氯苯的连续提纯且已经商业化。液体进料位置在热的精制浓缩段和冷的回收段之间。熔融物经过精制浓缩段和回收段器壁间接冷却,在器内形成晶体。结晶后的残液则从塔的最冷处出装置。螺旋输送器控制固体在塔中的输送。

尚有其他类型的中央加料式结晶器,如 Schildknecht 螺旋输送塔式结晶器。

图 12-9 所示的末端加料塔式结晶器由菲利浦石油公司开发并已商业化。熔融进料在刮板表面冷却器中析出晶体,然后进入塔顶。晶体在垂直塔中受到活塞产生的脉冲作用向下移

(a) 流程示意图　　(b) Brodie型结晶器

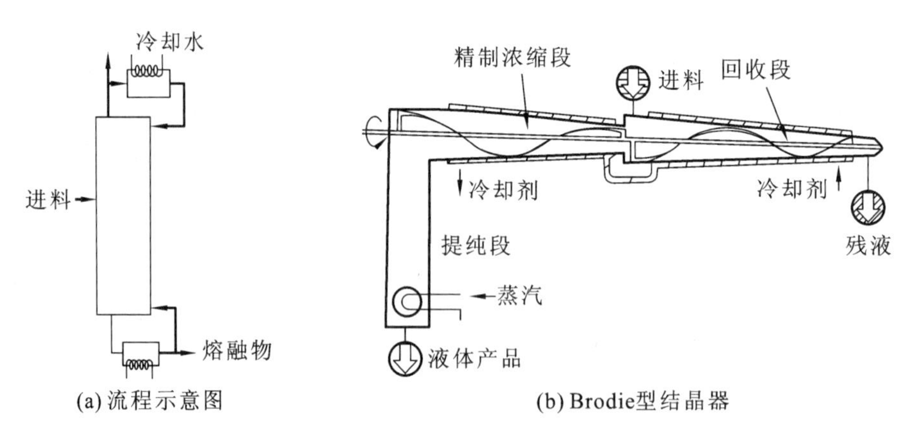

图 12-8　中央加料塔式结晶器

动。在塔的上部,含杂质的母液经塔壁过滤器采出。在塔底加热器中,熔融的纯晶体除作为产品出料外,另有一部分作为洗涤母液向上流动进行传质。

3）Proabd 精制器

图 12-10 为 Proabd 精制器示意图,所进行的结晶过程属于单级逐步冷凝结晶过程,也是间歇冷却过程。在结晶器内流动的熔融体在翅片换热管外表面上逐渐结晶析出,剩余母液中杂质含量不断增加,当结晶操作完成后,停止通入冷却介质,改通加热介质,使晶体缓慢熔化,最初熔化液中杂质含量高,待熔化液中所需组分的浓度达到要求后作为产品收集。

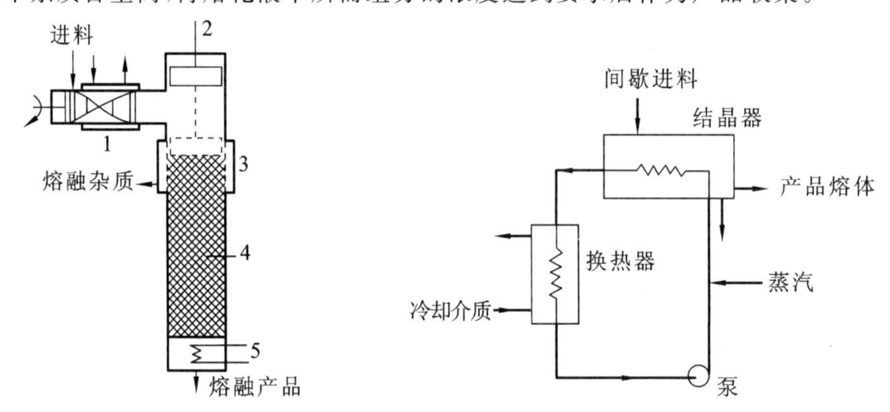

图 12-9　Pillips **脉冲塔结晶器**

1—刮板表面冷却器;2—活塞;3—塔壁过滤器;
4—结晶塔;5—加热器

图 12-10　Proabd **精制器**

4）旋转鼓式结晶器

图 12-11 所示为旋转鼓式结晶器,它也属于单级结晶分离器。熔融体送入槽内,空心转鼓部分进入熔融体内,冷却剂通过转鼓轴心进入与流出转鼓空膛。当转鼓转动时,在转鼓冷却表面部分形成结晶层,随后结晶层又被刮刀刮下成为产品。

具有刮刀的热交换器式结晶器,其中的换热器由带有夹套的圆柱形管构成,在管内装配有刮刀。在结晶时管子以慢速转动。结晶器排出的母液中有细小的晶体,对后续分离要求很高。这种结晶器已用于润滑油的脱蜡及很多有机系统的分离。

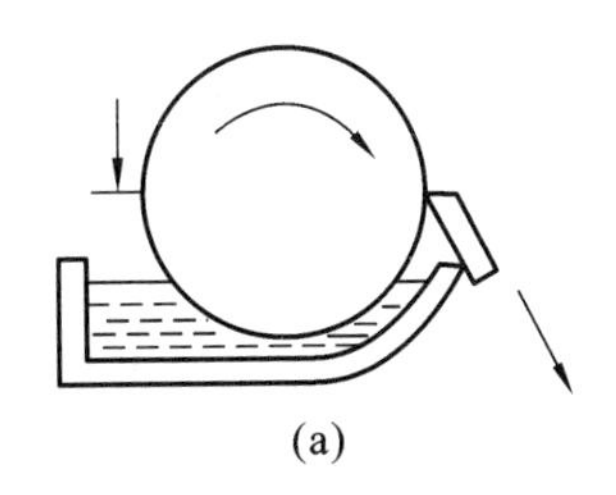
(a)

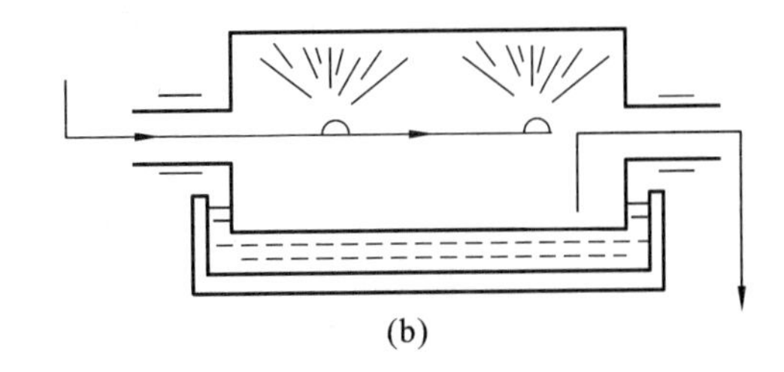
(b)

图 12-11 旋转鼓式结晶器

5）MWB结晶器

当单级熔融结晶难以达到产品所需的纯度要求时，可采用多级结晶。多级结晶有两种操作模式：① 多次重复进行结晶、熔融、再结晶的重结晶操作，重复的次数越多，得到的产品纯度越高，应选择适宜的重复次数；② 完成一次结晶后，用纯的液态物质对晶体进行逆流洗涤，以达到晶体的纯化。如果熔融体内杂质含量高，目的产物含量低，一般选用第一种操作模式。对于固体熔融系统的分离，必须考虑第一种操作模式。对于熔融体内杂质含量低的系统，适合采用第二种操作模式。在许多工业结晶中，实际上是将两种操作模式结合起来实施的。

图12-12所示为苏尔寿MWB结晶装置。它的主体设备是立式管式换热器结构的结晶器，结晶母液循环于管方，冷却介质或加热介质在壳方循环。结晶首先发生在冷却表面上，然后再发汗，再熔融，再结晶，重复操作，直至完成多级结晶过程。MWB结晶装置已经有效地用于有机混合物大规模的工业分离，如氯苯、硝基氯苯、脂肪酸等的工业分离。

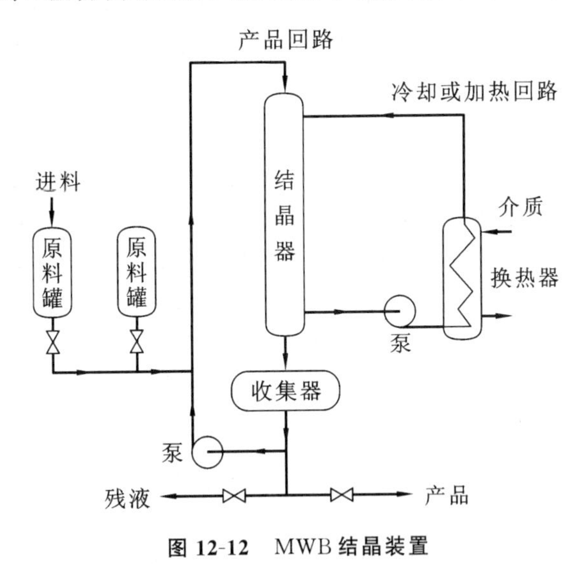

图 12-12 MWB **结晶装置**

12.2 吸附分离过程

12.2.1 概述

1. 吸附过程

吸附是指流体（气体或液体）与固体多孔物质接触时，流体中的一个或多个组分传递并附着于固体内、外表面上形成单分子层或多分子层的过程。被吸附的流体称为吸附质,多孔固体颗粒称为吸附剂。由于吸附质和吸附剂的物理、化学性质不同,吸附剂对不同吸附质的吸附能力不同,即吸附选择性不同,从而实现物质的分离。

吸附通常都是放热过程。气体分子吸附时所放出的热量是其蒸发热的 2～3 倍,液体分子吸附所放出的热量约等于其蒸发热。当进料中吸附质浓度较低(如百分之几或更低)时,大部分吸附热随流体带出,吸附剂的温度接近进料温度。当进料中吸附质浓度较高(如 10%或更高)时,大量吸附热将滞留于床中,导致床层温度随吸附时间的延长而升高。

吸附现象主要源于吸附质和吸附剂表面之间的相互作用力,根据该作用力的不同,吸附可分为物理吸附(又称范德华吸附)和化学吸附(又称活化吸附)。

物理吸附主要是基于范德华力、氢键和静电力,它相当于流体中组分分子在吸附剂表面上的凝聚,可以是单分子层,也可以是多分子层。物理吸附一般速度较快且是可逆的。

化学吸附实际上是基于在固体吸附剂表面发生化学反应使吸附质和吸附剂之间以化学键力结合的吸附过程,因此选择性较强。化学吸附一般速度较慢,只能形成单分子层吸附且不可逆。一般而言,较低温度有利于物理吸附,较高温度(有时可超过 200 ℃)有利于化学吸附。

无论是物理吸附还是化学吸附,吸附过程都是一种表面现象,为了增大吸附容量,吸附剂应具有相当大的比表面积。因此,吸附剂常为具有多孔结构的固体颗粒。

2. 常用吸附剂

吸附剂按其化学结构可分为有机吸附剂和无机吸附剂。常用的有机吸附剂有活性炭、炭化树脂、聚酰胺、纤维素、大孔树脂等,常用的无机吸附剂有硅胶、氧化铝、硅藻土、分子筛等。本节主要介绍在工业生产中应用较广的活性炭、活性氧化铝、硅胶、硅藻土、沸石分子筛和吸附树脂等。

1) 活性炭

活性炭是一类碳质吸附剂的总称,它是由各种有机物质(如木材、煤、果核、果壳、重质石油馏分等)经炭化和活化制成的一种多孔碳质吸附剂。活性炭比表面积巨大(可达 1 200～1 600 m^2/g),孔结构复杂,孔隙形状各异,有很强的吸附能力。活性炭的微观结构单元是类似石墨结构的微晶,尺寸为 15～20 nm。活性炭的主体是碳,表面上的官能团很少,化学稳定性好,极性弱,具有疏水性,特别适合于吸附非极性或弱极性有机物。

在气体吸附中,活性炭可用来吸附各类有机蒸气、油品蒸气及许多有毒有害气体。在液体吸附中,活性炭广泛用于各类水溶液的脱色、脱臭、净化,食品和药物的精制以及废水处理等。

活性炭种类很多,按外形分类,有颗粒状活性炭、粉状活性炭、微型活性炭及活性炭纤维布或纤维板。

粉状活性炭颗粒极细,呈粉末状,其比表面积、吸附力和吸附量都非常大,是活性炭中吸附力最强的一类。但因其颗粒太细,给后续过滤操作带来困难。颗粒状活性炭的粒径较前者大,比表面积相应减小,吸附力与吸附量次于粉状活性炭,但过滤操作较前者容易。

活性碳纤维是用碳素纤维活化而制得的一种纤维状吸附剂,可做成毛毡状、纸片状、布料状、蜂巢状等。活性碳纤维的外表面积比颗粒状活性炭大,吸附和解吸速度比颗粒状活性炭大,且阻力小,容易使气体或液体透过,作为活性炭新品种正在推广应用。

碳分子筛(CMS)较活性炭具有更小的孔径(0.2～1.0 nm)和更窄的孔径分布,可用于分离更小的气体分子,如从空气中分离 N_2。

2）活性氧化铝

活性氧化铝（$Al_2O_3 \cdot nH_2O$）是氢氧化铝胶体经加热脱水后制成的一种多孔大表面吸附剂。通过控制氢氧化铝晶粒尺寸和堆积配位数可以控制氧化铝的孔容、孔径和表面积。活性氧化铝是 γ-Al_2O_3 或是 γ-、χ-和 η-Al_2O_3 的混合物。活性氧化铝具有相当大的比表面积（200～400 m^2/g），且机械强度高，物化稳定性好，耐高温，抗腐蚀，但不宜在强酸、强碱条件下使用。活性氧化铝表面的活性中心是羟基和路易斯酸中心，极性强，对水有很强的亲和作用。活性氧化铝广泛应用于脱除气体中的水，也常用作色谱柱填充材料。

3）硅胶和硅藻土

硅胶（$SiO_2 \cdot nH_2O$）是由 Na_2SiO_3 与无机酸反应生成 H_2SiO_3，其水合物在适宜的条件下聚合、缩合而成为硅氧四面体多聚物（即硅溶胶），硅溶胶经凝胶化、洗盐和脱水形成的。可见，硅胶是 SiO_2 微粒的堆积物，通过控制胶团的尺寸和堆积配位数可以控制硅胶的孔容、孔径和表面积。硅胶的表面保留着大约 5%（质量分数）的羟基，是硅胶的吸附活性中心。在 200 ℃以上羟基会脱去，所以硅胶的活化温度应低于 200 ℃。极性化合物（如水、醇、醚、酮、酚、胺、吡啶等）能与硅胶表面的羟基生成氢键，吸附力很强。硅胶对极性较强的分子（如芳香烃、不饱和烃等）的吸附能力次之。对饱和烃、环烷烃等只有色散力的作用，吸附力最弱。硅胶常作为干燥剂用于气体或液体的干燥脱水，也可用于分离烷烃与烯烃、烷烃与芳香烃，同时硅胶也是常用的色谱柱填充材料。

硅藻土是由硅藻类植物死亡后的硅酸盐遗骸形成的，它是含水的无定形 SiO_2，并含有少量 Fe_2O_3、CaO、MgO、Al_2O_3 及有机杂质，外观一般呈浅黄色或浅灰色，优质的呈白色，质软，多孔而轻。硅藻土的多孔结构使它成为一种良好吸附剂，在食品、化工生产中常用来作助滤剂及脱色剂。

4）沸石分子筛

沸石分子筛是结晶铝硅酸金属盐的水合物，其化学通式为 $M_{x/m}[(AlO_2)_x \cdot (SiO_2)_y] \cdot zH_2O$。M 代表阳离子，$m$ 表示其价态数，z 表示水合数，x 和 y 是整数。沸石分子筛活化后，水分子被除去，余下的原子形成笼形结构（如图 12-13 所示），孔径为 0.3～1.0 nm，取决于阳离子种类和晶体结构。分子筛晶体中有许多一定大小的空穴，空穴之间有许多同直径的孔（也称“窗口”）相连。分子筛能将比其孔径小的分子吸附到空穴内部，而把比孔径大的分子排斥在空穴外，起到筛分分子的作用。

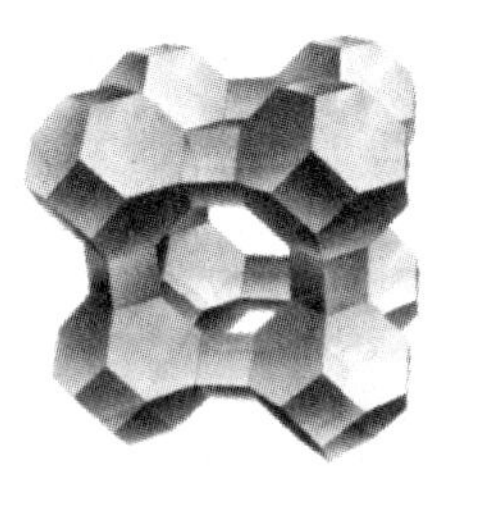

(a) A型

(b) X型

图 12-13　两种常用沸石分子筛的结构

沸石分子筛的吸附作用有两个特点：① 表面上的路易斯中心极性很强；② 沸石中的笼或通道的尺寸很小，使得其中的引力场很强。这两个特点使其对吸附质分子的吸附能力远超过其他类型的吸附剂。即使吸附质的分压（或浓度）很低，吸附量仍很可观。沸石分子筛的吸附分离效果不仅与吸附质分子的尺寸和形状有关，而且与其极性有关，因此，沸石分子筛也可用于尺寸相近的物质的分离。

沸石分子筛已发展到第三代产品。第一代为低、中硅铝比沸石（如 A 型、X 型和 Y 型等几种型号）。第二代是以 ZSM-5 为代表的高硅三维交叉直通道的新结构沸石。这类高硅沸石分子筛的水热稳定性高，亲油疏水，孔径在0.6 nm左右。在此基础上，又将Fe、Cr、Mo、As、Mn、Ca、B、Co、Ni、Ti等元素引入沸石骨架。ZSM沸石分子筛的种类已有从ZSM-2到ZSM-58多种。20世纪80年代开发的非硅铝骨架的磷酸铝系列分子筛是第三代沸石分子筛。这种沸石分子筛将+1到+5价的13种元素引入骨架，构成数十种结构，孔径为0.3～0.8 nm。

5）吸附树脂

吸附树脂是高分子聚合物。常用的有聚苯乙烯树脂和聚丙烯酸酯树脂等。吸附树脂品种很多，单体的变化和单体上官能团的变化可赋予树脂以各种特殊的性能。吸附树脂可分为非极性、中极性、极性及强极性四类。吸附树脂可用于除去废水中的有机物、糖液脱色、天然产物和生物化学制品的分离与精制等。

12.2.2　吸附平衡

一定条件下，流体(气体或液体)与吸附剂接触，流体中的吸附质被吸附剂吸附，经足够长时间后，吸附质在两相中的含量不再改变，即吸附质在流体和吸附剂上的分配达到一种动态平衡，称为吸附平衡。相同条件下，流体中吸附质的浓度高于平衡浓度时，吸附质将被吸附；反之，流体中吸附质浓度低于平衡浓度时，吸附剂上已吸附的吸附质将解吸进入流体相，直至达到新的吸附平衡。可见，吸附平衡关系决定着吸附过程的方向和极限。

目前尚没有成熟的理论来估计流体-固体之间的吸附平衡关系。因此，需要对特定的系统进行实验以测定一定温度下的吸附平衡数据，并绘制吸附剂上吸附质的吸附量与流体中吸附质浓度或分压的关系曲线，这种曲线称为吸附等温线。

1. 吸附等温线的类型

Brunauer等人将纯气体物理吸附实验得到的吸附等温线分为五类，如图12-14所示。其中较为常见的是Ⅰ型、Ⅱ型和Ⅳ型。

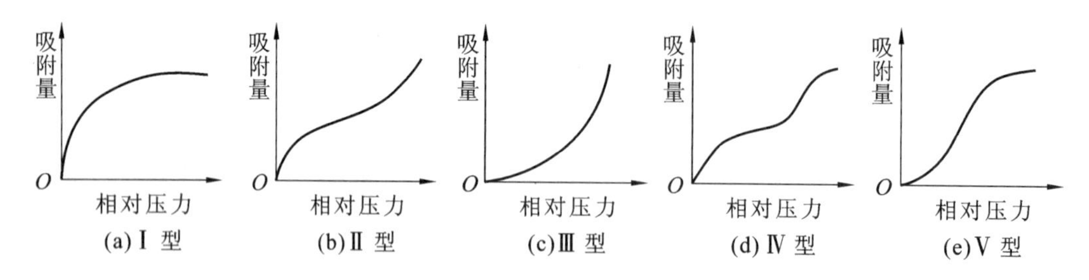

图 12-14　Brunauer的五种类型吸附等温线

吸附等温线的主要作用是选择适宜的吸附剂，判断吸附剂吸附性能的特征和极限。若吸附等温线呈Ⅰ型、Ⅱ型或Ⅳ型，则采用吸附操作较有效；若吸附等温线呈Ⅲ型或Ⅴ型，则吸附操作可能是不经济的。

不同类型的吸附等温线反映了吸附剂吸附吸附质的不同机理，因此提出了多种吸附理论和表达吸附平衡关系的吸附等温线。

2. 单组分吸附平衡关系

1）亨利定律

在固体表面上的吸附层从热力学意义上被认为是性质不同的相，它与气相之间的平衡应遵循一般的热力学定律。在足够低的浓度范围内，平衡关系可用亨利定律表述。

$$q=Hp \quad 或 \quad q=H'c \tag{12-5}$$

式中：q——吸附剂的吸附容量；

p——吸附质在气体混合物中的分压；

c——吸附质浓度；

$H(H')$——亨利系数。

亨利系数是吸附平衡常数，由于吸附放热，所以亨利系数随温度的升高而降低。

2）朗格缪尔吸附等温方程

朗格缪尔基于单分子层吸附理论，针对气体推导出简单且被广泛应用的近似表达式：

$$q=q_m\frac{Kp}{1+Kp} \tag{12-6}$$

式中：q——吸附剂的吸附容量；

q_m——单分子层最大吸附容量；

p——吸附质在气体混合物中的分压；

K——朗格缪尔常数，与温度有关。

上式中 q_m 和 K 可以从关联实验数据得到。

朗格缪尔吸附等温方程(简称朗格缪尔方程)适用于描述Ⅰ型吸附等温线。尽管与朗格缪尔方程完全吻合的系统相当少，但有大量的系统近似符合。该模型在低浓度范围内简化为亨利定律，使物理吸附系统符合热力学一致性要求。正因为如此，朗格缪尔模型被公认为定性或半定量研究变压吸附的基础。

3）弗罗因德利希方程和朗格缪尔-弗罗因德利希方程

弗罗因德利希方程是用于描述平衡数据的最早的经验关系式之一，其表达式为

$$q=Kp^{1/n} \tag{12-7}$$

式中：q——吸附质在吸附剂相中的浓度；

p——吸附质在流体相中的分压；

K、n——与温度有关的特征常数。

n 值一般大于 1，n 值越大，其吸附等温线的线性偏离程度越大，变成非线性吸附等温线。图 12-15 所示为吸附质的相对吸附量(q/q_0)与相对压力(p/p_0)的关系曲线。p_0 为参考压力，q_0 为该压力下吸附质在吸附相中的浓度。由图可见，$n=1$ 时，吸附量与压力呈线性关系，即符合亨利定律；$n>10$ 时的吸附是不可逆吸附。

对式(12-7)两边取对数后得到

$$\lg q=\lg K+(1/n)\lg p \tag{12-8}$$

由实测平衡数据拟合式(12-8)或图解求得直线的斜率是 $1/n$，截距是 $\lg K$。由于 K 和 n 依赖于平衡温度，且依赖关系很复杂，因此可用不同温度的实测数据分别进行回归。

就气体吸附而言，弗罗因德利希方程在低压下不能简化成亨利定律，压力足够高时又无确定的使用极限，通常适用于描述窄范围的吸附数据。较宽范围的数据可分段关联。

为了提高经验关系的适应性，有时将朗格缪尔方程和弗罗因德利希方程结合起来，称为朗格缪尔-弗罗因德利希方程，其形式为

$$\frac{q}{q_s}=\frac{Kp^{1/n}}{1+Kp^{1/n}} \tag{12-9}$$

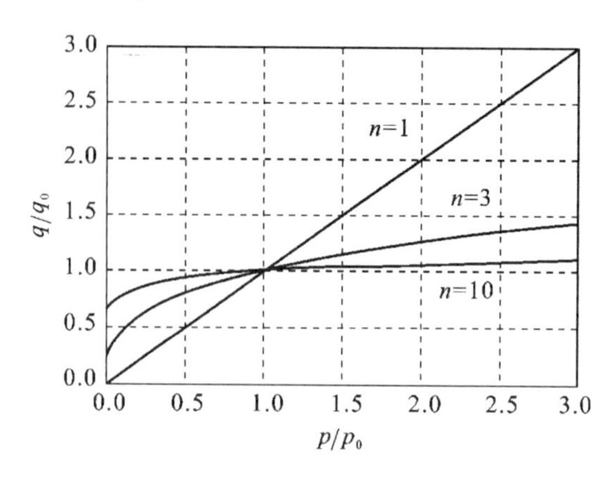

图 12-15 弗罗因德利希吸附等温线

式中常数 K、n 和 q_s 由实验数据确定。该方程是纯经验方程。

需要指出的是,朗格缪尔方程和弗罗因德利希方程不但适用于单组分气体吸附,也适用于低浓度溶液的吸附。当用于液体时,压力 p 用浓度 c 代替。这两个方程在工业上被广泛采用。例如,有机物或水溶液的脱色,环保中生化处理后污水中总有机碳的脱除,其吸附平衡关系常用朗格缪尔方程和弗罗因德利希方程表示。

3. 多组分吸附平衡关系

工业吸附常用于分离多组分气体混合物。如果气体混合物中只有一种吸附质 A 被吸附,而其他组分的吸附都可忽略不计,则仍可使用单组分吸附平衡关系估算吸附质 A 的吸附量,只是用 A 的分压 p_A 代替 p。如果混合物中两个或多个组分都有相当的吸附量,情况就很复杂。实验表明,一个组分的吸附可增加、降低或不影响另外组分的吸附,这取决于被吸附分子间的相互作用。

若忽略吸附质分子间的相互作用,则可将朗格缪尔方程扩展到多组分系统。

$$q_i = q_{m,i}\frac{K_i p_i}{1+\sum\limits_i K_i p_i} \tag{12-10}$$

式中:$q_{m,i}$、K_i——纯组分吸附时的对应值;

p_i——气相中组分 i 的分压。

总吸附量为各组分吸附量之和。类似地,可以得到扩展的朗格缪尔-弗罗因德利希方程:

$$q_i = q_{s,i}\frac{K_i p_i^{1/n_i}}{1+\sum\limits_i K_i p_i^{1/n_i}} \tag{12-11}$$

式中:$q_{s,i}$——最大吸附量,不同于单分子层吸附时的 $q_{m,i}$。

式(12-11)能够很好地表示非极性多组分混合物在分子筛上的吸附数据。

扩展到多组分吸附的朗格缪尔方程和朗格缪尔-弗罗因德利希方程都缺乏热力学一致性。但此类方程形式简单,仍是描述多组分吸附等温线的重要选择之一。另外,对于含有两种或多种溶质的稀溶液,也可用扩展的朗格缪尔方程估计多组分吸附,此时要将压力换成浓度,式中常数可由单个溶质的实验数据得到。当溶质和溶剂间的相互作用不能被忽略时,必须由多组分数据确定常数。扩展的朗格缪尔-弗罗因德利希方程在指定的条件下也可用于液体混合物吸附平衡的预测。

【例 12-1】 CH_4和 CO 在 294 K 时的朗格缪尔常数如表 12-1 所示。

表 12-1

气　　体	$q_m/(cm^3(STP)/g)$	$K/(kPa)^{-1}$
CH_4	133.4	0.001 987
CO	126.1	0.000 905

已知吸附温度 294 K，总压 2 512 kPa，CH_4 69.6%（摩尔分数，下同），CO 30.4%。用扩展朗格缪尔方程预测 CH_4(A)和 CO(B)气体混合物的比吸附体积(STP)。将计算结果与表 12-2 中实验数据进行比较。

表 12-2

总吸附量/(cm³(STP)/g)	吸附质的摩尔分数	
	CH_4	CO
114.1	0.867	0.133

解

$$p_A = y_A p = 0.696 \times 2\,512\ \text{kPa} = 1\,748\ \text{kPa}$$

$$p_B = y_B p = 0.304 \times 2\,512\ \text{kPa} = 763.6\ \text{kPa}$$

代入式(12-10)，有

$$q_A = \frac{133.4 \times 0.001\,987 \times 1\,748}{1 + 0.001\,987 \times 1\,748 + 0.000\,905 \times 763.6}\ \text{cm}^3(\text{STP})/\text{g} = 89.7\ \text{cm}^3(\text{STP})/\text{g}$$

同理得到

$$q_B = 16.9\ \text{cm}^3(\text{STP})/\text{g}$$

总吸附量

$$q = q_A + q_B = 106.6\ \text{cm}^3(\text{STP})/\text{g}$$

计算值比实验值低 6.6%。计算得吸附相组成：$x_A = 0.841$，$x_B = 0.159$。偏离实验值 0.026，说明扩展朗格缪尔方程对该系统有相当好的预测结果。

12.2.3　吸附过程的传质

1. 吸附机理

吸附质在多孔吸附剂表面上的吸附过程可分为以下四步：

(1) 吸附质从流体主体通过对流扩散穿过边界层传递到吸附剂的外表面，称为外扩散过程；

(2) 吸附质通过孔扩散从吸附剂的外表面传递到微孔结构的内表面，称为内扩散过程；

(3) 吸附质沿孔表面的表面扩散；

(4) 吸附质被吸附在孔表面上。

对于化学吸附，吸附质和吸附剂之间有键的形成。第四步可能较慢，甚至是控制步骤。但对于物理吸附，由于吸附速率仅仅取决于吸附质分子与孔表面的碰撞频率和定向作用，第四步几乎是瞬间完成的，吸附速率受前三步控制，统称扩散控制。

吸附剂的再生过程是上述四步的逆过程，且物理解吸过程也是瞬时完成的。因为吸附放热，而解吸吸热，所以吸附和解吸过程伴随着热量传递。对流传热是从颗粒外表面穿过围绕固体颗粒的边界层传热的一种方式，颗粒间的热辐射以及相邻颗粒接触点的热传导是另外两种传热方式。此外，在颗粒内部也有热传导和热辐射，通过孔中的流体也进行对流传热。

2. 外扩散传质过程

吸附质从流体主体对流扩散到吸附剂颗粒外表面的传质和传热速率方程可分别表示为

$$\frac{\mathrm{d}q_i}{\mathrm{d}t}=k_c A(c_{b,i}-c_{s,i}) \tag{12-12}$$

$$e=\frac{\mathrm{d}Q}{\mathrm{d}t}=hA(T_s-T_b) \tag{12-13}$$

式中：$\mathrm{d}q_i/\mathrm{d}t$——吸附质 i 的吸附速率；

k_c——流动相侧的传质系数；

A——单位质量吸附剂的外表面积；

$c_{b,i}$、$c_{s,i}$——流动相主体和吸附剂表面上流动相中吸附质 i 的浓度；

$\mathrm{d}Q/\mathrm{d}t$——外扩散过程的传热速率；

h——外扩散过程的传热系数；

T_b、T_s——流动相主体和吸附剂表面上的温度。

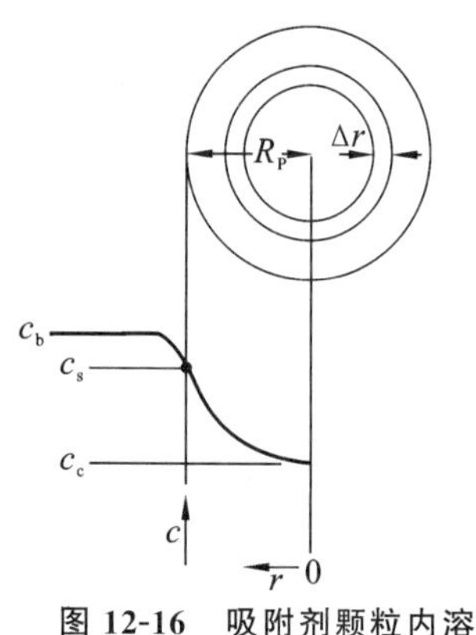

图 12-16　吸附剂颗粒内溶质的浓度分布

3. 内扩散传质过程

多孔吸附剂颗粒具有足够高的有效导热系数，故颗粒内的温度梯度一般可忽略，然而颗粒内的传质必须考虑。

在吸附剂颗粒的微孔中进行传质的数学模型很类似于在多孔催化剂颗粒中的催化反应模型。考虑一个球形微孔吸附剂颗粒内的溶质浓度分布，如图 12-16 所示，c 表示溶质浓度。对厚度为 Δr 的球壳作单位时间的物料衡算，包括扩散进入半径为 $r+\Delta r$ 的壳体的溶质量、壳体内的吸附量以及从半径为 r 的壳体扩散出去的溶质量。应用菲克(Fick)第一定律，有

$$4\pi(r+\Delta r)^2 D_e \left.\frac{\partial c}{\partial r}\right|_{r+\Delta r}=4\pi r^2\Delta r\frac{\partial q}{\partial t}+4\pi r^2 D_e\left.\frac{\partial c}{\partial r}\right|_r \tag{12-14}$$

方程两边除以 $4\pi\Delta r$，并令 $\Delta r\to 0$，可得

$$D_e\left(\frac{\partial^2 c}{\partial r^2}+\frac{2}{r}\frac{\partial c}{\partial r}\right)=\frac{\partial q}{\partial t} \tag{12-15}$$

式中：q——单位体积多孔吸附剂颗粒的吸附量；

D_e——基于整个球形壳体表面的有效扩散系数。

实际上只有大约 50%的孔对扩散是有效的。

12.2.4　吸附分离过程与技术

根据待分离系统中各组分的性质和过程的分离要求(如纯度、回收率、能耗等)，在选择适宜的吸附剂和解吸剂的基础上，采用不同的吸附分离设备和工艺。常用的吸附分离设备有搅拌槽、固定床、移动床和流化床。吸附分离过程以分离组分的多少分类，可分为单组分吸附分离和多组分吸附分离，即单波带传质区、双波带或多波带系统；以分离组分浓度的高低分类，可

分为痕量组分脱除和主体分离；以床层温度的变化分类，可分为不等温（绝热）操作和恒温操作；以进料方式分类，可分为连续进料和间歇的分批进料等。

吸附剂的再生方法主要有变温法（变温吸附）、变压法（变压吸附）、惰性气体吹扫法和置换再生法。惰性气体吹扫法再生时，所使用的吹扫气体在吸附剂上不被吸附或只有很弱的吸附，解吸温度和压力与吸附温度和压力相同或相近。这种方法适用于吸附质是弱吸附易解吸且回收价值较低的物质。置换再生法是利用一种具有更强吸附作用的流体取代被吸附的吸附质，置换流体需要进一步回收。置换再生法通常是在变温法和变压法无法实现的情况下才采用。置换再生法的一个实例是采用 5A 分子筛从支链烷烃和环烷烃混合物中分离中等相对分子质量的支链烷烃（C_{10}～C_{18}）。置换气采用氨气，后经闪蒸与环烷烃组分分离。

1. 搅拌槽吸附过程

将要处理的液体与粉末状（或颗粒状）吸附剂加入搅拌槽中，在良好的搅拌下，形成悬浮液，液固充分接触时吸附质被吸附。由于搅拌作用和采用小颗粒吸附剂，减少了吸附的外扩散阻力，因此吸附速率快。搅拌槽吸附适用于溶质的吸附能力强，传质速率为液膜控制和脱除少量杂质的场合。吸附停留时间取决于达到平衡的时间，一般在比较短的时间内，两相即达到吸附平衡。

搅拌槽吸附有三种操作方式：

（1）间歇操作，即液体和吸附剂经过一定时间的接触和吸附后停止操作，用直接过滤法进行液体与吸附剂的分离；

（2）连续操作，即液体和吸附剂连续地加入和流出搅拌槽；

（3）半间歇半连续操作，即液体连续流进和流出搅拌槽，在槽中与吸附剂接触，而吸附剂保留在槽内，逐渐被消耗。

对于上述三种操作方式，应保证良好的搅拌，使悬浮液处于湍流状态，达到槽内物料完全混合。对半间歇半连续操作，在悬浮区域以上有清液层，以便采出液体。

搅拌槽可以单级操作，也可以设计成多级错流或多级逆流流程。从理论上分析，多级错流和多级逆流吸附操作比单级操作所用的吸附剂量要少，但多级操作的设备和操作过程都比较复杂。

搅拌槽吸附操作多用于液体的精制，如脱水、脱色、脱臭等。吸附剂用量一般为液体处理量的 0.1%～2.0%（质量分数），停留时间为数分钟。价廉的吸附剂使用后一般弃去。如果吸附质是有用的物质，可以用适当溶剂来解吸。如果吸附质为挥发性物质，可以用热空气或蒸气进行解吸。对于溶液脱色过程，吸附质一般是无用物，可以用燃烧法再生，循环使用。搅拌槽吸附过程的设计主要是确定吸附剂用量和吸附操作时间。

2. 固定床吸附过程

固定床吸附器是填装有颗粒状吸附剂的塔式设备。操作循环由吸附和解吸两个阶段组成。在吸附阶段，物料不断地通过吸附塔，吸附质被吸附而留在床层中，其余组分从塔中流出。吸附操作持续到吸附剂达到吸附饱和为止。在解吸阶段（再生阶段），用升温、减压或置换等方法将被吸附的组分解吸下来，同时使吸附剂再生。固定床吸附器结构简单，操作方便，是吸附分离中应用最广泛的一类吸附器。

固定床内流体中溶质的吸附是非稳态传质过程，在此过程中，床内吸附质的浓度分布随时间和沿床层位置不断变化，流出物浓度也随时间而变化。因此，研究固定床中吸附过程的动态特性对固定床吸附器的操作和设计都是十分重要的。

3. 移动床吸附过程

实现吸附剂循环的一个途径是使用流化床。由于流化床中存在大量返混,所以一般采用“分级式”流化床,每一级上吸附剂均匀混合,级间无返混。图 12-17 所示为 Blizzard 流化床吸附系统。该系统包括一个流化床式的吸附塔,塔内放置若干塔盘,使上升的气体与下流的吸附剂实现逐级逆流接触。当使用球形树脂吸附剂时,吸附塔类似于精馏塔,塔盘类似于精馏塔中的筛板。

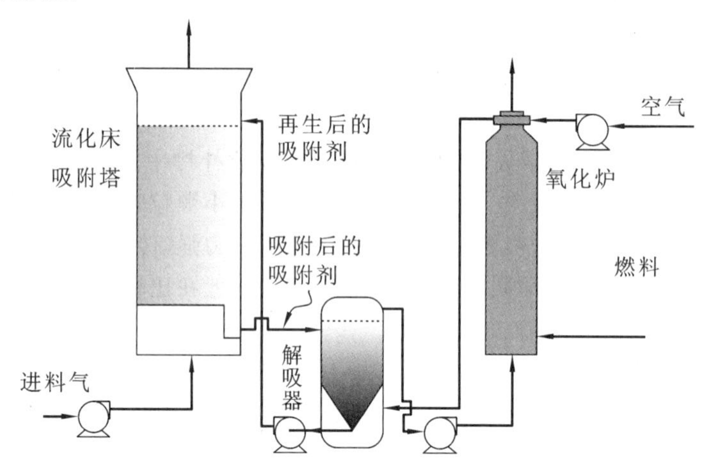

图 12-17　Blizzard 流化床吸附系统

实现吸附循环的另一个途径是使用移动吸附剂床,如柱式旋转体吸附器。它常用于气体混合物中挥发性有机物的脱除,吸附后,气体体积可减小 90%～95%,有机物浓缩倍数可达到 10～20 倍。图 12-18 是简化了的柱式旋转体吸附器的示意图。吸附剂与进料气和再生气交替接触。旋转速度很低,大约 2 r/h。例如,再生气体积约为进料气体积的 10%,则进料组分的浓缩倍数为 10 倍,70%～90%的旋转体用于吸附,其余部分进行再生。处于解吸操作的部分旋转体通过密封装置与旋转体的其他部分隔离。与传统的固定床 TSA 系统相比,这种旋转体吸附器不但装置简化,而且循环时间缩短。传统吸附循环过程需要几小时,而旋转体吸附器的再生时间只有 5～10 min。旋转体吸附器的直径可达4 m以上,适用于活性炭、硅藻土、氧化铝和硅胶等多种吸附剂。有时,同一个旋转体吸附器中还可装填两种吸附剂,如活性炭和硅藻土,其中活性炭用于吸附碳氢类溶质,如二甲苯,硅藻土用于吸附低相对分子质量含氧溶质,如甲醇。

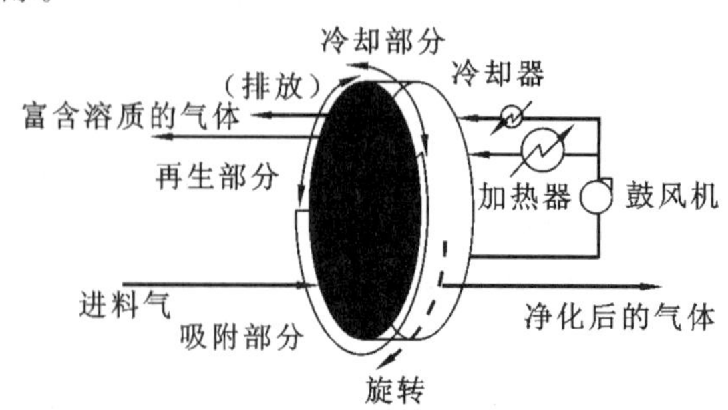

图 12-18　柱式旋转体吸附器

旋转体吸附器在实际操作时的一个问题是待处理气体可能泄漏进入再生部分，而再生气体也可能泄漏进入吸附部分。这种两方面的泄漏使其实际的溶质去除率低于固定床吸附器。此外，其单位床层的传质速率也不如固定床吸附器高。这些因素使旋转体吸附器的溶质去除率为95%～97%。

12.3 膜分离

膜分离是以压力差、化学势差等为推动力，根据液体或气体混合物的不同组分通过膜的渗透率的差异实现组分的分离、分级、提纯或富集的过程。膜分离过程的一般性示意图见图12-19，原料混合物被分离为截留物（原料中未通过膜的部分）和透过物（原料中通过膜的部分）。通常膜原料侧被称为膜上游，透过侧被称为膜下游。膜多为固体，也可以是液体或者气体。膜可以是无孔的，也可以是有孔的。膜材料可以是高分子材料，也可以是无机材料。膜应该有足够的物理化学和机械稳定性，以保证在分离过程中不被溶解、分解或者发生破碎。常见的吹扫介质是液体或者气体，其作用是帮助移走透过物。

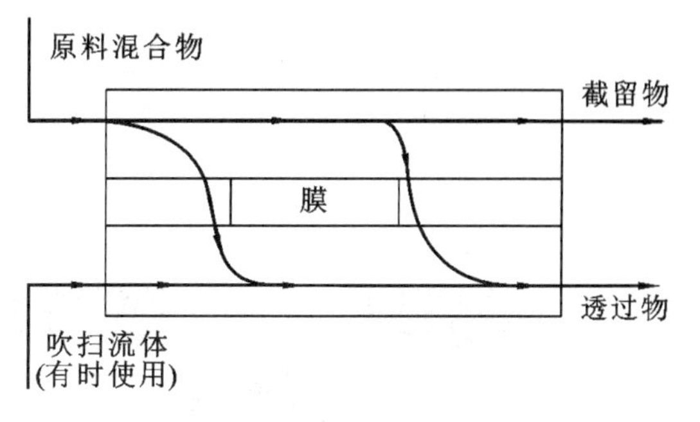

图12-19　膜分离过程示意图

12.3.1 膜

膜是膜分离过程的“心脏”，膜材料的物理化学性质和膜的结构形态对膜分离的效率起着决定性影响。膜具备下述两个特性：① 膜至少具有两个界面，分别与上游侧和下游侧的流体物质互相接触；② 膜应具有选择透过性。

1. 膜的分类和结构形态

膜可按来源、状态、材料、结构形态、孔径、电性、形状、制备方法等进行分类，见表12-3。

表12-3　膜的分类

依　据	类　型
来源	天然膜、合成膜
状态	固膜、液膜、气膜
材料	高分子膜、无机膜、高分子-无机杂化膜
高分子类型	玻璃态膜、橡胶态膜、结晶态膜
结构形态	对称膜、不对称膜（非对称膜、复合膜）
孔径	多孔膜、致密膜（无孔膜、均质膜）
电性	非荷电膜、荷电膜
形状	平板膜、管式膜、中空纤维膜
制备方法	相转化膜、烧结膜、拉伸膜、径迹刻蚀膜、溶出膜

对称膜的断面形态结构是均一的,而不对称膜的断面呈不同的层次结构。对称膜厚度通常较大,因而实用价值较差,主要用于实验室研究阶段膜材料筛选和膜性能表征。不对称膜多用于工业膜分离过程,这种膜具有较高的传质速率和良好的机械强度,由很薄的致密表皮层(0.1～1 μm)和多孔支撑层(100～200 μm)组成,如图12-20所示。不对称膜很薄的致密表皮层(又称致密层、表皮层、活性层)起分离作用,其孔径和亲(疏)水性决定分离特性。多孔支撑层一般只起机械支撑作用,对分离特性和传递速率影响很小。当表皮层与支撑层由不同的材料制成时,称之为复合膜。

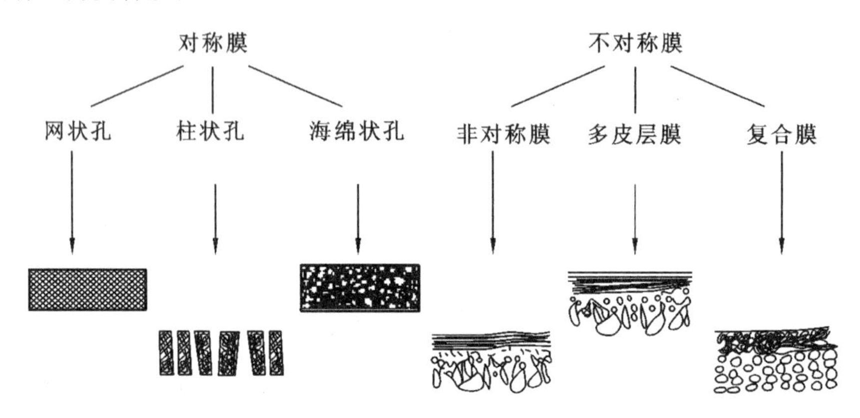

图 12-20　膜的断面结构形态

2. 膜材料的选择

膜材料的选择依据是膜材料本身的物理化学性质,以及膜材料与分离系统中组分间的相互作用。尽管目前还没有建立一套系统、科学的理论,用于指导膜材料的选择,但已有不少方法用于高分子膜材料的定性或半定量分析,如溶解度参数选择法、Lansdale 膜材料选择法、高效液相色谱法、膜材料含水率法、分子模拟法等。无机膜材料目前尚未有公认的膜材料选择理论。

常用膜材料有如下几类。

1) 纤维素衍生物

纤维素是来源最丰富的天然高分子。常见的纤维素衍生物包括醋酸纤维素、硝酸纤维素、再生纤维素等。醋酸纤维素是由纤维素与醋酸反应制成的。硝酸纤维素是由纤维素与硝酸反应制成的。纤维素在某些溶剂中发生降解,相对分子质量降至几万到几十万,在成膜过程中又恢复到纤维素的结构,称为再生纤维素。

纤维素类膜材料的特点是亲水性好、成孔性好、来源广泛、成本低,但耐酸碱和有机溶剂的能力差,抗蠕变性能差,易于压密。纤维素类膜材料是应用研究最早、目前应用最多的膜材料。

2) 聚砜类

聚砜是继醋酸纤维素之后目前最重要、产量最大的高分子膜材料。聚砜中的许多品种都可用作膜材料或复合膜的支撑层材料。这些品种包括双酚 A 型聚砜、酚酞型聚醚砜、聚砜酰胺、聚醚砜、磺化聚砜、聚芳醚砜、酚酞型聚醚酮、聚醚醚酮等。

由于结构中的硫原子处于最高的价态,加上邻近苯环的存在,这类聚合物有良好的化学稳定性,能耐酸碱腐蚀,具有良好的机械性能,抗蠕变能力较好。缺点是亲水性稍差,耐有机溶剂性能差，抗污染能力较差。

3）乙烯类高分子

乙烯类高分子是一大类高分子材料，其中包括聚丙烯腈、聚乙烯醇、聚氯乙烯、聚偏氟乙烯、聚丙烯酸及其酯类、聚甲基丙烯酸及其酯类、聚苯乙烯、聚丙烯酰胺等。其中聚丙烯腈(PAN)是仅次于聚砜和醋酸纤维素的超滤和微滤膜材料。

4）含硅高分子

最常用的是硅橡胶(聚二甲基硅氧烷，PDMS)。硅橡胶是目前所有高分子材料中气体通透性最好的材料，但选择性较低。硅橡胶也可涂覆在多孔超滤膜的表面制成复合膜。此外，硅橡胶的良好黏合性使其常用于某些膜材料的堵孔处理。硅橡胶的缺点是难以超薄化。

其他常用膜材料包括聚烯烃(聚乙烯、聚丙烯等)、聚酰胺类及杂环含氮高聚物(最常用的是聚酰亚胺)、含氟高分子(聚四氟乙烯等)。

无机膜主要包括陶瓷膜、微孔玻璃膜、金属膜和碳分子筛膜。

3. 膜的制备方法

1）高分子膜的制备

用物理、化学方法或将两种方法结合，可制作具有良好分离性能的高分子膜。最实用的制膜方法是相转化法(流涎、纺丝)和复合膜法。

相转化法是指用溶剂、溶胀剂与高分子膜材料制成铸膜液，刮制成膜后，通过L-S(Loeb-Sourirajan)法、热凝胶法、溶剂蒸发法、水蒸气吸入法等使均相的高分子溶液沉淀转化为两相：一相为固相——高分子富相，形成膜的网络结构；另一相为液相——高分子贫相，形成膜孔。一般，沉淀速度越快，形成的孔就越小；反之，沉淀速度越慢，形成的孔就越大。由于膜表面溶液沉淀速度较膜内部快，于是可得到较致密的表皮层和较疏松的支撑层，成为非对称膜。若初始沉淀速度较慢，则形成对称膜。因制膜过程中发生从液相转化为固相的过程，故称相转化法。

其他制备高分子膜的方法包括定向拉伸法、核径迹法(痕迹刻蚀法)、熔融挤压法和溶出法等。

复合膜常用的制备方法有溶液浸涂或喷涂法、界面聚合法、原位聚合(单体催化聚合、就地聚合)法、等离子聚合法和水面展开法等。

2）无机膜的制备

无机膜的制备主要有烧结法、溶胶-凝胶法、化学提取法、高温分解法和一些专门方法(如化学气相沉积法、电化学沉积法等)。

(1) 烧结法。将一定粒度的无机粉料微小颗粒或超细颗粒与适当的介质(黏结剂、塑化剂等)混合分散形成稳定的悬浮液，成型后制成生坯，经干燥后在高温下进行烧结处理，使颗粒间界面消失，制得烧结膜。

(2) 溶胶-凝胶法。以金属或非金属醇盐氧化物为原料，经水解缩聚先制成溶胶层，再改变条件使之凝胶化，然后进行成型、烧结，制成多孔无机膜。

(3) 化学提取法。将固体材料进行某种处理后使之产生相分离，其中一相可用化学试剂(刻蚀剂)提取除去，形成多孔结构。

(4) 高温分解法。将热固性高分子膜在惰性气体中加热裂解，释放出小的气体分子，得到高度多孔的碳分子筛膜。

利用上述方法,可制备出不同形状的膜,常见的有平板式、管式和中空纤维式。

4. 膜的分离性能

膜的分离性能主要用选择性和透过性来表示。选择性是指不同物质在膜下游和上游中浓度的相对变化,透过性是指物质在单位推动力、单位时间、单位膜面积的透过量。对于不同类型的膜过程,选择性和透过性都有其惯用的定义。具有适度的选择性和较高的透过性是一张分离膜具有工业实用价值的最基本条件。

1) 选择性

对于从溶液中脱除固体微粒、盐以及某些高分子物质的膜分离,可用脱除率或截留率 R 表示选择性。

$$R=\left(1-\frac{c_p}{c_w}\right)\times 100\% \tag{12-16}$$

而通常实际测定的是溶质的表观分离率,其定义式为

$$R_E=\left(1-\frac{c_p}{c_b}\right)\times 100\% \tag{12-17}$$

式中:c_b、c_w、c_p——被分离系统高压侧主体、膜界面处和透过液的浓度。

R 与 R_E 可通过基于传质系数的浓差极化比关系式换算。

对于某些液体或气体混合物的膜分离,选择性可用分离因子(又称分离系数)α 或 β 表示。

$$\alpha=\frac{y_A}{y_B}\bigg/\frac{x_A}{x_B} \tag{12-18}$$

$$\beta=\frac{y_A}{x_A} \tag{12-19}$$

式中:x_A、y_A——原料液(气)与透过液(气)中组分 A 的摩尔分数或质量分数;

x_B、y_B——原料液(气)与透过液(气)中组分 B 的摩尔分数或质量分数。

2) 透过性

透过性通常用单位时间内通过单位膜面积的透过通量 J_w 表示。

$$J_w=\frac{V}{St} \tag{12-20}$$

式中:V——透过液的容积或质量;

S——膜的有效面积;

t——运转时间。

实验室研究中 J_w 通常以 mL/(cm^2 · h)为单位,工业生产常以 L/(m^2 · d)为单位。

对于任何一种膜分离过程,总希望选择性高,透过性好,实际上这两者之间往往存在矛盾。一般说来,透过性好的膜选择性低,而选择性高的膜透过性差,即通常所说的 Trade-off 现象。实际应用中,常常需在两者之间权衡考虑。

5. 膜中的传递过程

膜分离过程的机理非常复杂,这是由于分离系统具有多样性。如被分离的物质有不同的物理、化学及传递特性(包括粒度大小、相对分子质量、分子直径、溶解度、相互作用力、扩散系数等),则过程中使用的膜差别很大。因此,不同的膜分离过程往往有不同的分离机理,甚至同一分离过程也可有不同的机理模型。

目前,比较常用的机理模型有筛分机理、溶解-扩散机理和孔流模型。筛分机理假定膜的表面具有无数微孔,膜的孔径分布比较均一,依据分子大小的差异,大于膜孔径的分子被截留,而小于膜孔径的分子可以穿过膜介质,从而达到分离的目的。筛分机理通常应用于超滤、微滤过程中。溶解-扩散机理假设溶质和溶剂都能溶解于膜中,然后各自在浓度差或压力差造成的化学势差推动下扩散通过膜,再从膜下游解吸。溶质和溶剂在膜相中溶解度和扩散性的差异强烈地影响着它们的通量大小。溶解-扩散机理适用于应用致密膜的分离过程。孔流模型是将流体通过膜孔的流动视为毛细管内的层流,其流速可用 Hagen-Poiseuille 定律(均匀圆柱孔)或 Darcy 定律(复杂结构孔)表示。

12.3.2　膜组件

任何一个膜分离过程,不仅需要具有优良分离特性的膜,还需要结构合理、性能稳定的膜分离装置。

膜分离装置的核心是膜组件,它是将膜、固定膜的支撑材料、间隔物或管式外壳等通过一定的形式组装构成的一个单元。膜组件可以有多种形式,工业上应用的膜组件主要有板框式、螺旋卷式、管式、中空纤维等四种。板框式、螺旋卷式膜组件均使用平板膜,管式和中空纤维膜组件均使用管式膜。对于不同的膜分离过程,可选用不同形式的膜组件。

一个性能良好的膜组件一般应具备下述要求:

(1) 原料侧与透过侧的流体有良好的流动状态,以减少返混、浓差极化和膜污染;

(2) 具有尽可能高的装填密度,使单位体积的膜组件中具有较高的有效膜面积;

(3) 对膜能提供足够高的机械支撑,密封性良好,膜的安装和更换方便;

(4) 设备费用和操作费用低;

(5) 适合特定的操作条件,安全可靠,易于维修等。

1) 板框式膜组件

板框式膜组件是最早使用的膜组件,其结构如图 12-21(a)所示,其设计原型来自常规的板框过滤机。两张膜为一组构成夹层结构,两张膜的原料侧相对,由此构成原料腔室和渗透物腔室。在原料腔室和渗透物腔室中安装适当的间隔层。采用密封环和两个端板将一系列这样的膜单元叠放安装在一起以达到要求的膜面积,构成板框式叠放。不同设计的板框式膜组件的主要差别在于料液流道的结构。料液在进料侧空间的膜表面上流动,穿过膜的渗透液则经板间隙孔流出。为防止沟流,即防止流体集中于某一特定流道,也为了形成均一的流量分布,膜组件中可设置挡板。

2) 螺旋卷式膜组件

图 12-21(b)所示为螺旋卷式膜组件的基本构型及料液与渗透液在膜组件内的流向。

将两张长方形的平板膜叠合,密封其中的三个边,使之成信封状的膜袋,在膜袋内夹有间隔材料或支撑材料,将膜袋和间隔材料一起缠绕在收集管上,成为类似于“三明治”的卷束,将其装入圆柱形压力容器内,就形成一个螺旋卷式膜组件。原料物流沿中心收集管轴向流过膜袋外侧,可渗透物质在推动力作用下进入膜袋,沿螺旋方向在膜袋内间隔材料中流动,最后流入中心收集管内而被导出。膜袋的数目称为叶数,有 1 叶、2 叶、4 叶或更多叶的膜组件。叶数越多,密封要求越高,难度越大,但可以增加膜面积,而不增加渗透物流的流道长度和流动阻

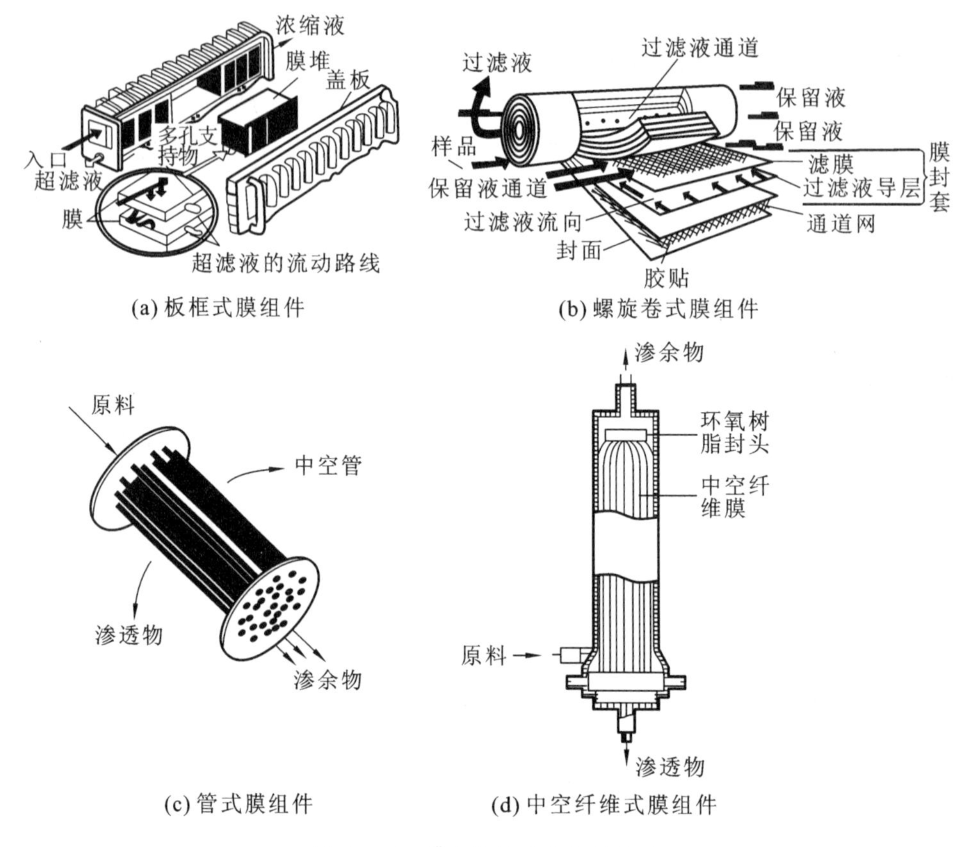

(a) 板框式膜组件　(b) 螺旋卷式膜组件

(c) 管式膜组件　(d) 中空纤维式膜组件

图 12-21　膜组件的四种常见形式

力;加大膜的长度则相反,增加了渗透物流流入中心收集管前的阻力。实际应用中,常把几个膜组件的中心管密封串联起来构成一个组件,再将其安装在压力容器内。

3) 管式膜组件

管式膜组件如图 12-21(c)所示,有外压式和内压式两种。对内压式膜组件,加压的料液从管内流过,透过膜的渗透液在管外侧被收集。对外压式膜组件,膜被浇铸在多孔支撑管外侧面,加压的料液从管外侧流过,渗透液则透过膜进入多孔支撑管内。无论是内压式还是外压式,都可以根据需要设计成串联或并联形式。由于管式膜分离器中膜的填装密度太低,且成本较高,所以已逐渐被螺旋卷式和中空纤维膜分离器所代替。但是管式膜组件有较好的流动状态和较强的抗污染能力,因此仍在超滤、纳滤等过程中得到一定的应用。

4) 中空纤维膜组件

广义上中空纤维膜组件(见图 12-21(d))是管式膜组件的一种,但中空纤维膜不需要支撑物,是自身支撑的膜组件。将大量的中空纤维膜(内径通常为 40～100 μm)两端用黏合剂粘在一起,装入金属或有机玻璃壳体内,经密封处理,即制成中空纤维膜组件。中空纤维膜组件有外压式和内压式两种操作方式,有单封头式和双封头式两种结构。

表 12-4 对四种常用膜组件进行了综合比较。对于某一个膜分离过程,究竟采用哪种形式的膜组件最好,还需根据原料液情况和产品要求等条件具体选定。

表 12-4　四种膜组件的性能比较

项　　目	板　框　式	螺旋卷式	管　　式	中空纤维
填充密度/(m^2/m^3)	30～500	200～800	30～328	500～30 000
流动阻力	中等	中等	小	大
抗污染能力	好	中等	极好	差
易清洗性	好	较好	极好	差
膜更换方式	膜	组件	膜或组件	组件
组件结构	非常复杂	复杂	简单	复杂
膜更换成本	低	较高	中	较高
料液预处理	需要	需要	不需要	需要
高压操作	困难	适合	困难	适合
相对价格	高	较高	较高	低

12.3.3　膜分离过程

1. 膜分离过程简介

膜分离过程是指在一定的传质推动力下，利用膜对不同物质的透过性差异，对混合物进行分离的过程。膜分离过程按推动力不同，可分为压力差、浓度差、电势差等为推动力的膜过程；按分离系统的状态，可分为气体膜分离过程、液体膜分离过程等。几种已在工业中使用的膜分离过程及其特性见表 12-5，其应用范围见图 12-22。

各种膜分离过程尽管具有不同的机理和适用范围，但有许多共同的特点：

(1) 多数膜分离过程无相变发生，能耗通常较低；

(2) 膜分离过程一般无须从外界加入其他物质，可节约资源和保护环境；

(3) 膜分离过程可使分离与浓缩、分离与反应同时实现，大大提高了分离效率；

(4) 膜分离过程通常在温和条件下进行，因而特别适用于热敏性物质的分离、分级、浓缩与富集；

表 12-5　工业化膜分离过程及其特性

分离过程	分离目的	截留物性质(尺寸)	透过物性质	推动力	过程机理	原料、透过物相态
气体分离	气体的浓缩或净化	大分子或低溶解性气体	小分子或高溶解性气体	浓度梯度(分压差)	溶解-扩散	气相
渗透汽化	液体的浓缩或提纯	大分子或低溶解性物质	小分子，高溶解性或高挥发性物质	浓度梯度、温度梯度	溶解-扩散	进料:液相透过物:气相
渗析	大分子溶液脱除低分子溶质，或低分子溶液脱除大分子溶质	大于 0.02 μm，血液透析中大于 0.005 μm	低分子和小分子溶剂	浓度梯度	筛分、阻碍扩散	液体

续表

分离过程	分离目的	截留物性质(尺寸)	透过物性质	推动力	过程机理	原料、透过物相态
电渗析	脱除溶液中的离子或浓缩溶液中的离子成分	大尺寸离子和水	小分子离子	电势梯度	反离子传递	液体
反渗透	脱除溶剂中的所有溶质或溶质浓缩	相对分子质量 1～10 的溶质	溶剂	静压差	溶解-扩散,优先吸附/毛细管流	液体
纳滤	脱除低分子有机物或浓缩低分子有机物	相对分子质量 200～3 000 的溶质	溶剂和无机物及相对分子质量小于 200 的物质	静压差	溶解-扩散及筛分	液体
超滤	脱除溶液中大分子或大分子与小分子溶质分离	相对分子质量 10 000～200 000 的溶质	低分子	静压差	筛分	液体
微滤	脱除或浓缩液体中的颗粒	0.02～10 μm 的物质	溶液或气体	静压差	筛分	液体或气体

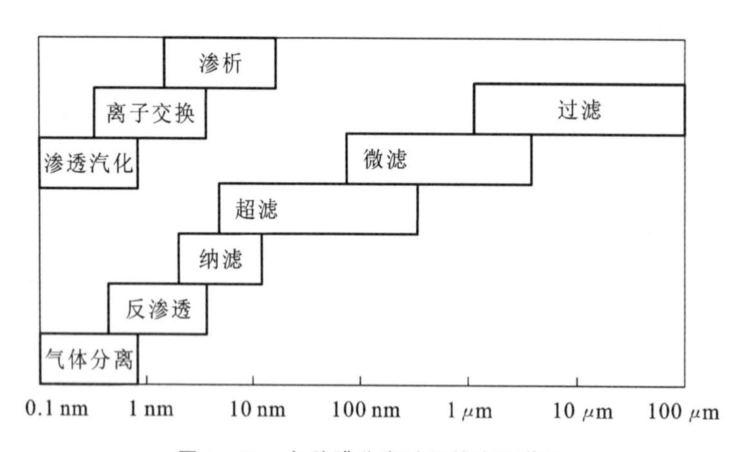

图 12-22　各种膜分离过程的应用范围

(5) 膜分离过程应用范围广;

(6) 膜分离过程的规模和处理能力可在很大范围内变化,而它的效率、设备单价、运行费用等都变化不大;

(7) 膜组件结构紧凑,操作方便,可在频繁的启停下工作,易自控和维修,而且膜分离可以直接插入已有的生产工艺流程。

2. 常用膜分离过程

1）微滤、超滤、纳滤和反渗透

根据被分离物(溶质)粒子的大小及所用膜的结构，可以将压力差为推动力的膜分离过程分为四类：微滤、超滤、纳滤和反渗透。它们构成了一个可分离固态微粒到离子的四级分离过程。

(1) 超滤与微滤。

超滤和微滤都是成熟的膜分离技术，已广泛应用于化工、医药、轻工、机械电子和环保等领域，其中微滤是目前应用最广泛的膜分离过程。

一般来说，超滤用于截留大分子溶质，而允许低分子溶质和溶剂通过，从而将大分子和小分子物质分开；微滤是将胶体或更大尺寸的微粒同真溶液分开。超滤和微滤过程有诸多相似之处，多数情形下两者只有量的差别，而无质的差别。

① 超滤膜和微滤膜。

描述超滤膜的重要参数是透过和截留性能。其中透过性能以纯水的透过速度表示，而截留性能以截留相对分子质量表示。截留相对分子质量为膜对物质截留达到 90%时所对应物质的相对分子质量。一般商品超滤膜的截留相对分子质量为几百至几百万。

描述微滤膜的重要参数为孔径，常见的商品微滤膜的孔径一般在 0.02 μm 至几十微米。但是，孔径相同的膜性质也可能不同，有时还要考虑表面孔隙率、孔结构状态、最大孔径、孔径分布、亲(疏)水性等性质。

② 超滤和微滤传质机理。

超滤和微滤是简单的筛分过程，溶质或悬浮物料按微粒或分子大小不同而分离，比膜孔小的物质和溶剂(水)一起透过膜，而较大的物质则被截留。膜是多孔性的，膜内有很多孔道，水以滞流方式在孔道内流动，因而服从 Hagen-Poiseuille 方程。

微孔滤膜的截留机理大体可分为表面截留和深层截留。表面截留可通过三种方式实现：a. 机械截留，指膜可以截留比它孔径大或与孔径相当的微粒等杂质，即筛分作用；b. 吸附截留，包括吸附和电性质等各种因素的影响；c. 架桥截留，即在孔的入口处，微粒因架桥作用被截留。深层截留过程中微粒并非被截留在膜的表面，而是在膜的内部。

③ 超滤和微滤工艺流程。

超滤和微滤的操作方式有间歇式和连续式两种，间歇式常用于小规模生产，浓缩速度快，所需面积小。

超滤和微滤工艺流程多种多样，按运行方式分为循环式、连续式和部分循环连续式，按组件组合排列形式分为一级一段、一级多段和多级等。原料液升压后一次通过超滤组件，称为一级一段；如果浓缩液直接进入下游组件，称为一级二段；同理，如果第二段的浓缩液再直接进入下游组件，则称为一级三段；其余段数以此类推。如果透过液经升压后进入下游组件，称为二级；其透过液如果经再次升压送入下游组件，称为三级；其余级数以此类推。

(2) 反渗透和纳滤。

反渗透是最早工业化和最成熟的膜分离过程之一，反渗透的工业应用是从海水、苦咸水的脱盐开始的，现在又有了许多新的应用。纳滤是新近发展起来的介于反渗透和超滤的压力驱动膜分离过程，因其能够截留纳米级物质，故得名。

图 12-23 形象地表示出渗透与反渗透现象。开始阶段，盐水放在左侧，纯水放在右侧，中间是致密膜，两侧压力相等。致密膜只允许水通过，而不允许盐通过。由于膜两侧水的

化学势不相等，水从右侧渗透进入左侧的盐水中，引起盐水的稀释，达到平衡时，左侧的压力为 p_1，右侧的压力为 p_2，压力差 $\Pi = p_1 - p_2$ 称为渗透压。渗透压是反渗透过程非常重要的数据。

对于分离过程来说，渗透过程似乎没有用途，因为溶剂在朝着“错误”的方向传递，导致混合而不是分离。然而，溶剂通过膜的传递方向可以逆转，如图 12-23(c)所示，在膜左侧施加压力 p_1，使 $p_1 - p_2 > \Pi$。此时左侧盐水中的水就会通过膜传递到右侧的纯水中，盐水中的盐浓度增大。这种现象称为反渗透。

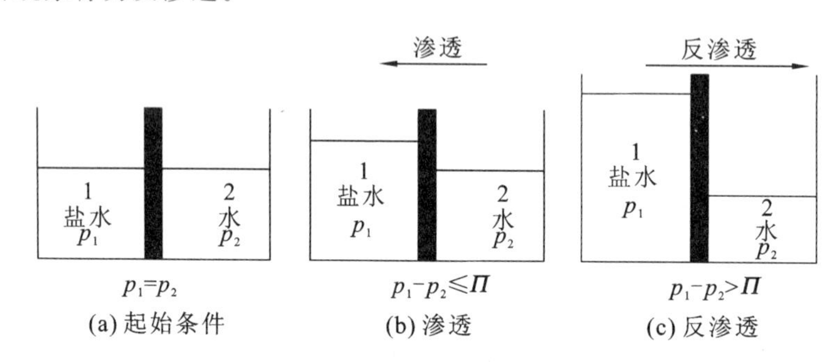

图 12-23　渗透和反渗透现象

2）气体膜分离过程

气体膜分离在膜分离过程中占有重要地位。其特点是能耗低、占地少、投资小、无污染、操作灵活方便，已成为低温精馏、吸收、变压吸附等传统气体分离方法的有力竞争者，并显示出巨大的发展潜力和良好的应用前景。

以下是气体膜分离过程的几个重要参数。

（1）渗透率 P。它是描述均质膜气体透过性的参数，由分离气体和膜的性质所决定。常用的单位是 $cm^3 \cdot cm/(cm^2 \cdot s \cdot cmHg)$，SI 单位是 $m^3 \cdot m/(m^3 \cdot s \cdot Pa)$。

高分子橡胶态膜的渗透率可通过气体在膜材料中的溶解度系数和扩散系数求得，也可根据实验测定压差、膜厚、面积、气体透过膜的体积流量等数据计算求得。

（2）渗透系数 J。对于不对称膜，其致密层厚度难以准确计算或测定，膜的气体透过性不再用渗透率 P 描述，而是使用渗透系数 J。其定义是单位时间、单位膜面积、单位推动力作用下所透过的气体的量，常用单位为 $cm^3/(cm^2 \cdot s \cdot cmHg)$，SI 单位为 $m^3/(m^2 \cdot s \cdot Pa)$。$J$ 是气体性质、膜材料性质及膜结构的函数，可用实验测定。现有的气体分离膜，气体的 J 值在标准状态下一般小于 $1 \times 10^{-4}\ cm^3/(cm^2 \cdot s \cdot cmHg)$。

（3）分离因子 α。分离因子 α 用来描述气体分离膜的选择性。一般将气体膜的分离因子 α 定义为两种气体 A、B 渗透系数之比，即

$$\alpha_{AB} = J_A / J_B \tag{12-21}$$

黏性流对气体没有分离作用，Knudesn 扩散对气体的分离作用也很有限。只有气体通过致密膜，才会有较大的分离作用和实际的使用价值。当膜为橡胶态时，有

$$\alpha_{AB} = P_A / P_B \tag{12-22}$$

3）渗透汽化

渗透汽化又称渗透蒸发，是以液体混合物中各组分在膜两侧的蒸气分压差为推动力，依靠各组分在致密膜中的溶解与扩散速率不同的性质实现分离的过程。渗透汽化过程中组分有相

变发生，相变所需的潜热由原料的显热来提供。

根据膜两侧蒸气压差形成方法的不同，渗透汽化可以分为真空渗透汽化、载气吹扫渗透汽化、热渗透汽化（或温度梯度渗透汽化）、溶剂吸收渗透汽化等。

渗透汽化过程的主要特点如下：

(1) 分离选择性高；

(2) 分离作用不受组分气液平衡的限制，而主要受组分在膜内的渗透速率的控制；

(3) 渗透通量低，一般小于 1 000 $g/(m^2 \cdot h)$；

(4) 过程中有相变；

(5) 在操作过程中，进料侧原则上不需加压，所以不会导致膜的压密；

(6) 在操作过程中将形成溶胀活性层及“干区”，膜可自动转化为非对称膜。

渗透汽化可应用于以下场合：① 从混合液中分离出少量物质、如有机物中少量水的脱除、水中少量挥发性有机物的脱除；② 有机混合物的分离；③ 与反应过程结合，强化反应过程。

4) 电渗析

电渗析(ED)是指在直流电场的作用下，溶液中的带电离子选择性地透过离子交换膜的过程。目前电渗析主要应用于溶液中电解质的分离、转移和脱除，在此主要针对电解质水溶液中电解质的脱除来说明电渗析的原理。

电渗析器的工作原理如图 12-24 所示。在两电极间交替放置着阳离子交换膜（简称阳膜）和阴离子交换膜（简称阴膜）。其中阳膜和阴膜分别选择性透过阳离子和阴离子。在两种膜间所形成的隔离室中充满含离子的溶液（如 NaCl 溶液），当加上直流电压后，在电场的作用下，溶液中的阳离子向阴极方向运动，透过带负电的阳膜，而被带正电的阴膜所阻挡。这种与膜所带电荷相反的离子透过膜的传递现象称为反离子迁移，其结果是在相邻的隔离室中交替出现富离子浓度溶液和贫离子浓度溶液，隔离室分别被称为浓室和淡室。然后可以从浓室中引出被浓缩的离子溶液，而从淡室中引出脱除了部分离子的稀溶液。

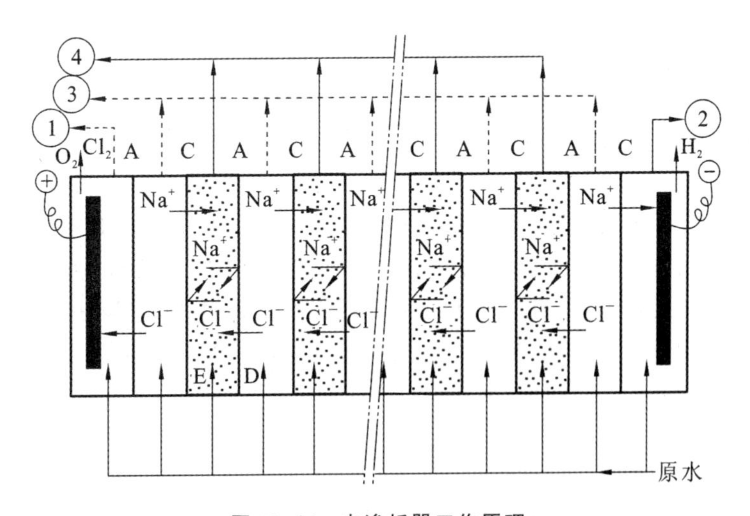

图 12-24　电渗析器工作原理

A—阴膜；C—阳膜；E—浓室；D—淡室

实际的电渗析过程中，物质透过膜的传递过程非常复杂，以水溶液电渗析过程为例（见图

12-25),主要有以下几种传递过程。

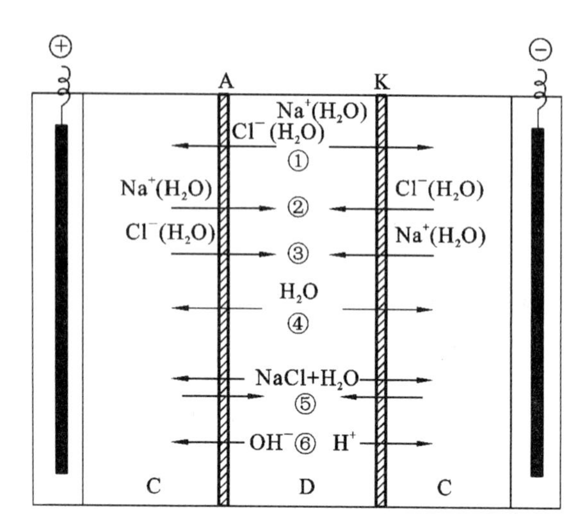

图 12-25 电渗析工作中发生的各种过程

①反离子迁移;②同性离子迁移;③电解质渗析;④水的渗透;⑤压差渗漏;⑥水的电解

A—阴膜; C—浓缩室; D—脱盐室; K—阳膜

(1) 反离子迁移。电渗析过程的主要传递过程是使进料得以脱盐或浓缩。

(2) 同性离子迁移是与膜中固定基团带相同电荷的离子透过膜的迁移。同性离子的迁移降低了电渗析过程的效率。

(3) 电解质渗析也称浓差扩散,是反离子在膜两侧浓度差的作用下发生逆电场力方向由浓室向淡室的扩散。随着浓室中溶液浓度的提高,扩散速度加快,降低了电渗析过程的效率。

(4) 水的渗透。随着电渗析过程的进行,淡室中水的浓度越来越大,使水从淡室渗透至浓室,而导致淡水的损失。

(5) 压差渗漏。在膜两侧压力差的作用下,高压侧溶液向低压侧渗漏,渗漏方向与压力梯度方向一致,渗漏降低了电渗析过程的效率。

(6) 水的电解。由于膜的选择透过性,反离子在膜内的迁移数大于它在溶液中的迁移数,当操作电流密度增大到一定程度时,离子迁移被强化,使膜附近界面内反离子浓度趋于零,从而逼迫淡室中的水分子电离,产生 H^+ 和 OH^- 来负载电流,进入浓室,这种水的电渗析现象称为电渗析过程的极化现象。发生极化的最小电流密度称为极限电流密度。

在上面几种传递过程中,只有反离子迁移有利于电渗析过程,应设法强化,而其他几种都会降低电渗析过程的效率,应设法抑制。这需要通过改进装置部件性能、合理设计装置与工艺系统、合理选择操作参数等手段加以解决。

思 考 题

1. 结晶过程有哪几种类型?溶液结晶操作的基本原理是什么?
2. 什么是晶格、晶系、晶习?
3. 与其他化工分离操作相比,结晶过程有哪些特点?
4. 晶核的形成有哪几种方式?

5. 比较各种类型溶液结晶器的特点。
6. 吸附分离的原理是什么？吸附分离的特点是什么？
7. 有哪几种常用的吸附剂？它们各有什么特点？
8. 常用的吸附分离设备有哪几种类型？
9. 什么是膜分离？常用的膜制备方法有哪些？
10. 简述超滤、反渗透、电渗析、气体分离以及渗透汽化等膜分离过程的基本原理(包括过程推动力、传递机理及所采用膜的类型等)和应用场合。
11. 简述使用多孔膜和致密膜的膜分离过程的主要传递机理。

习　题

1. 100 kg 固体混合物，其中含 $Na_2SO_4\cdot10H_2O$ 和 Na_2SO_4 各 50%(质量分数)(见图 12-26)。

(1) 在20 ℃条件下，加入多少千克水才能使晶体刚好全部溶解？

(2) 若该溶液进一步冷却至 10 ℃，会结晶出哪种晶体？有多少千克？

(3) 若欲从 20 ℃的饱和溶液中得到 Na_2SO_4 晶体，应采用什么方法？

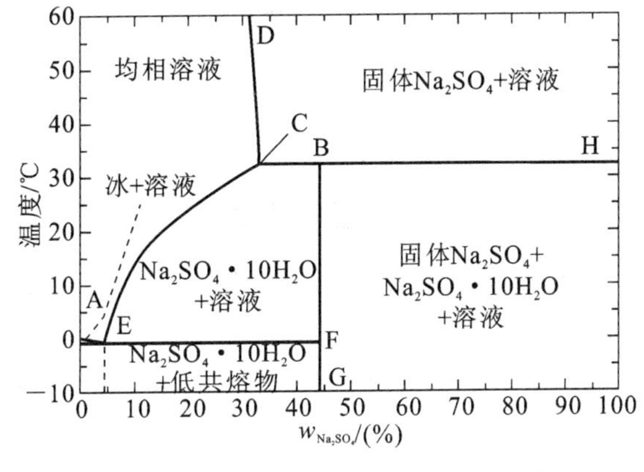

图 12-26

((1) 380.33 kg；(2) $Na_2SO_4\cdot10H_2O$，93.1 kg；(3) 升高温度大于 33 ℃，从系统中蒸发水使之进入“固体 Na_2SO_4＋溶液”区，即可得到 Na_2SO_4 结晶)

2. 某溶液中含有 5 000 kg 水和 1 000 kg 硫酸钠(相对分子质量为 142)。使此溶液冷却到10 ℃，在此温度下无水盐的溶解度是 9.0 g，而结晶出来的盐是水合盐($Na_2SO_4\cdot10H_2O$，相对分子质量为 322)。假设在冷却过程中有 2%的水蒸发，计算结晶产量。　(1 432 kg $Na_2SO_4\cdot10H_2O$)

3. 室温下苯酚水溶液在颗粒状活性炭上的间歇吸附实验的平衡数据如表 12-6 所示，试拟合该实验数据的吸附等温关系。

表 12-6

c/(kg(酚)/m³(溶液))	q/(kg(酚)/kg(活性炭))
0.322	0.150
0.117	0.122
0.39	0.094
0.006	0.059
0.001 1	0.045

(以 $\lg q$ 对 $\lg c$ 作图，得到直线，因此符合弗罗因德利希方程，$q=0.199c^{0.229}$)

4. 搅拌槽中放入含酚 0.21 kg/m³的废水 1 m³,再加入 1.40 kg 新鲜颗粒状活性炭,充分混合达到平衡。吸附平衡关系见习题 3,求酚的脱除率。 (70.5%)

5. 碳氢化物原液的色度为 20 色度单位/kg(溶液),在 80 ℃用活性炭接触过滤釜脱色精制至0.5色度单位/kg(溶液),吸附平衡关系用弗罗因德利希方程表示:

$$X=630Y^{1/2.27}$$

式中的 Y 为色度,色度单位/kg(溶液);X 为吸附平衡浓度,色度单位/kg(活性炭)。试求:

(1) 单釜吸附处理1 000 kg 原液所需要活性炭量;

(2) 二级错流处理 1 000 kg 原液所需要活性炭最小用量。

((1) 42 kg;(2) 21.3 kg)

6. 用反渗透过程处理溶质浓度为 3%(质量分数)的溶液,渗透液中溶质浓度为 0.015%(质量分数)。计算截留率 R 和分离因子 α,并说明这种情况下哪一个参数更适用。

($R=99.5\%$;$\alpha_{水,蔗糖}=206$ 或 $\alpha_{蔗糖,水}=4.85\times10^{-3}$,用溶质截留率表示选择性更为方便)

7. 在超滤实验测定中,膜表面浓度 c_m 难以直接测得,可推导出表观截留率 R_0 与实际截留率 R 以及流速、通量间的关系,由计算的 R 求 c_m。现由膜评价实验测得某大分子溶液的渗透系数 $A=2\times10^{-11}$ m³/(m²·s·Pa),在室温、压力为 0.2 MPa、流速为 0.4 m/s 条件下进行超滤,传质系数 $k=14.22\times10^{-6}u^{0.875}$ m/s,大分子溶液浓度较低,渗透压可忽略不计;溶液的透过通量近似等于溶剂的透过通量。测得表观截留率 $R_0=80\%$,求实际截留率。 (88.2%)

本章主要符号说明

符号	意　义	计量单位
A	单位质量吸附剂的外表面积;膜面积	m²/kg;m²
c	溶液浓度	mol/m³ 或 kg/m³
d_p	孔直径	m
D	溶质在膜中的扩散系数	m²/s
D_e	有效扩散系数	m²/s
D_p	颗粒的直径	m
h	传热系数	W/(m²·K)
H	亨利系数	
ΔH_0	吸附量为零时的极限吸附焓	J/mol
J_w	透过通量	g/(m²·s)
k	传质系数	m/s
k_c	流动相侧(或外)传质系数	m/s
K	朗格缪尔常数;弗罗因德利希方程特征常数	
l	膜厚	m
L	溶液中的溶剂量;表示粒度的特征尺寸、床层长度	kg;m
n	弗罗因德利希方程特征常数;溶液中的组分数	无因次
T_m	膜的平均温度	℃
u	流体的实际流速	m/s
u_c	浓度波前沿移动速率	m/s
V_f、V_p	透过液和原料液的浓度	g/m³
X	吸附剂中吸附质的含量	kg/kg(吸附剂)

符号	意　义	计量单位
Y	溶液中吸附质浓度	kg/kg(溶剂)
α	分离因子	无因次
β	分离因子	无因次
γ	活度系数	无因次
δ	膜的边界层厚度	m
ε	膜孔隙率	无因次
η	气体黏度	Pa·s
θ	时间	s
$\Delta\theta_{\max}$	最大过冷却度	K
p	吸附质在气体混合物中的分压	Pa
p_0	参考压力	Pa
P	渗透率	g/(cm^2·s·MPa)
q	吸附剂的吸附容量	kg/kg 或 mmol/kg
q_0	参考压力下吸附质在吸附相中的浓度	mol/m^3
q_m	单分子层最大吸附容量	kg/kg 或 mmol/kg
q_s	朗格缪尔-弗罗因德利希方程特征常数	kg/kg 或 cm^3/g
Q	体积流量	m^3/s
r	半径	m
r_H	水力半径	m
R	脱除率或截留率	无因次
S	吸附剂量;过饱和度比	kg;无因次
t	时间	s
T	温度	K
μ	化学位;溶液的黏度	kJ/mol;Pa·s
Π	渗透压	Pa
ρ	密度	g/m^3
ρ_p	吸附剂颗粒密度	kg/m^3
ε_p	吸附剂颗粒的孔隙率	无因次
σ	相对过饱和度	无因次
τ	停留时间	s 或 h
上标		
*	饱和	
下标		
b	膜分离主体相;固定床;穿透	
F	进料	
i	界面	
l	液相	
p	膜透过侧	
s	界面;表面	
w	膜界面	

附　　录

附录 A　一些气体溶于水的亨利系数

（单位：10^4 kPa）

气体种类	温度/℃															
	0	5	10	15	20	25	30	35	40	45	50	60	70	80	90	100
H_2	587	616	644	670	692	716	739	752	761	770	775	775	771	765	761	755
N_2	535	605	677	748	815	876	936	998	1050	1100	1140	1220	1270	1280	1280	1280
空气	438	494	556	615	673	730	781	834	882	923	959	1020	1060	1080	1090	1080
CO	357	401	448	495	543	588	628	668	705	739	771	832	857	857	857	857
O_2	258	295	331	369	406	444	481	514	542	570	596	637	672	696	708	710
CH_4	227	262	301	341	381	418	455	492	527	558	585	634	675	691	701	710
NO	171	196	221	245	267	291	314	335	357	377	395	424	444	454	458	460
C_2H_6	128	157	192	290	266	306	347	388	429	469	507	572	631	670	696	701
C_2H_4	55.9	66.2	77.8	90.7	103	116	129	—	—	—	—	—	—	—	—	—
N_2O	—	11.9	14.3	16.8	20.1	22.8	26.2	30.6	—	—	—	—	—	—	—	—
CO_2	7.37	8.87	10.5	12.4	14.4	16.6	18.8	21.2	23.6	26.0	28.7	34.6	—	—	—	—
C_2H_2	7.3	8.5	9.7	10.9	12.3	13.5	14.8	—	—	—	—	—	—	—	—	—
Cl_2	2.72	3.34	3.99	4.61	5.37	6.04	6.69	7.4	8.0	8.6	9.0	9.7	9.9	9.7	9.6	—
H_2S	2.72	3.19	3.72	4.18	4.89	5.52	6.17	6.86	7.55	8.25	8.95	10.4	12.1	13.7	14.6	15.0
SO_2	0.167	0.203	0.245	0.294	0.355	0.413	0.485	0.567	0.661	0.763	0.871	1.11	1.39	1.70	2.01	—

附录 B　一些物质在空气中的扩散系数

（0 ℃，101.3 kPa）

扩 散 物 质	扩散系数 $D/(cm^2/s)$	扩 散 物 质	扩散系数 $D/(cm^2/s)$
H_2	0.611	H_2O	0.220
N_2	0.202	C_6H_6	0.075
O_2	0.178	C_7H_8	0.076
CO_2	0.138	CH_3OH	0.132
HCl	0.156	C_2H_5OH	0.102
SO_2	0.103	CS_2	0.089
SO_3	0.102	$C_2H_5OC_2H_5$	0.078
NH_3	0.198	—	—

附录C　一些物质在水中的扩散系数

（20 ℃，稀溶液）

扩散物质	扩散系数 $D/(10^{-9}\,m^2/s)$	扩散物质	扩散系数 $D/(10^{-9}\,m^2/s)$
O_2	2.08	HNO_3	2.6
CO_2	1.77	NaCl	1.35
N_2O	1.51	C_2H_2	1.29
NH_3	2.04	CH_3COOH	0.88
Cl_2	1.22	CH_3OH	1.28
Br_2	1.90	C_2H_5OH	1.00
H_2	5.94	C_3H_7OH	0.87
N_2	1.90	C_4H_9OH	0.77
HCl	2.64	C_6H_5OH	0.84
H_2S	1.63	$C_{12}H_{22}O_{11}$（蔗糖）	0.45
H_2SO_4	1.73	NH_2CONH_2（尿素）	1.06
NaOH	1.51	$C_5H_{11}O_5CHO$（葡萄糖）	0.6

附录D　几种物质的原子体积与简单气体的分子体积

原　子	原子体积/(cm³/mol)	分　子	分子体积/(cm³/mol)
H	3.7	H_2	14.3
C	14.8	O_2	25.6
F	8.7	N_2	31.2
Cl(R—Cl)	21.6	CO	30.7
Cl(R—CHCl—R)	24.6	CO_2	34
N	15.6	SO_2	44.8
N(在伯胺中)	10.5	NO	23.6
N(在仲胺中)	12.0	N_2O	36.4
Br	27	NH_3	25.8
I	37	H_2O	18.9
O	7.4	H_2S	32.9
O（在甲酯中）	9.1	Cl_2	48.4
O(在乙酯及甲醚、乙醚中)	9.9	Br_2	53.2
O(在高级酯及醚中)	11.0	I_2	71.5

续表

原　　子	原子体积/(cm^3/mol)	分　　子	分子体积/(cm^3/mol)
O(在酸中)	12.0	空气	29.9
O(与 N、S、P 结合)	8.3	—	—
S	25.6	—	—
P	27	—	—

附录 E　一些二元系统的汽液平衡组成

表 E-1　乙醇-水　　(101.3 kPa)

乙醇摩尔分数		温度/℃	乙醇摩尔分数		温度/℃
液　相	汽　相		液　相	汽　相	
0.00	0.00	100	0.327 3	0.582 6	81.5
0.019 0	0.170 0	95.5	0.396 5	0.612 2	80.7
0.072 1	0.389 1	89.0	0.507 9	0.656 4	79.8
0.096 6	0.437 5	86.7	0.519 8	0.659 9	79.7
0.123 8	0.470 4	85.3	0.573 2	0.684 1	79.3
0.166 1	0.508 9	84.1	0.676 3	0.738 5	78.74
0.233 7	0.544 5	82.7	0.747 2	0.781 5	78.41
0.260 8	0.558 0	82.3	0.894 3	0.894 3	78.15

表 E-2　苯-甲苯　　(101.3 kPa)

苯摩尔分数		温度/℃	苯摩尔分数		温度/℃
液　相	汽　相		液　相	汽　相	
0.00	0.0	110.6	0.592	0.789	89.4
0.088	0.212	106.1	0.700	0.853	86.8
0.200	0.370	102.2	0.803	0.914	84.4
0.300	0.500	98.6	0.903	0.957	82.3
0.397	0.618	95.2	0.950	0.979	81.2
0.489	0.710	92.1	1.00	1.00	80.2

表 E-3　氯仿-苯　（101.3 kPa）

氯仿质量分数		温度/℃	氯仿质量分数		温度/℃
液　相	汽　相		液　相	汽　相	
0.10	0.136	79.9	0.60	0.750	74.6
0.20	0.272	79.0	0.70	0.830	72.8
0.30	0.406	78.1	0.80	0.900	70.5
0.40	0.530	77.2	0.90	0.961	67.0
0.50	0.650	76.0	—	—	—

表 E-4　水-醋酸　（101.3 kPa）

水摩尔分数		温度/℃	水摩尔分数		温度/℃
液　相	汽　相		液　相	汽　相	
0.0	0.0	118.2	0.833	0.886	101.3
0.270	0.394	108.2	0.886	0.919	100.9
0.455	0.565	105.3	0.930	0.950	100.5
0.588	0.707	103.8	0.968	0.977	100.2
0.690	0.790	102.8	1.00	1.00	100.0
0.769	0.845	101.9	—	—	—

表 E-5　甲醇-水　（101.3 kPa）

甲醇摩尔分数		温度/℃	甲醇摩尔分数		温度/℃
液　相	汽　相		液　相	汽　相	
0.053 1	0.283 4	92.9	0.290 9	0.680 1	77.8
0.076 7	0.400 1	90.3	0.333 3	0.691 8	76.7
0.092 6	0.435 3	88.9	0.351 3	0.734 7	76.2
0.125 7	0.483 1	86.6	0.462 0	0.775 6	73.8
0.131 5	0.545 5	85.0	0.529 2	0.797 1	72.7
0.167 4	0.558 5	83.2	0.593 7	0.818 3	71.3
0.181 8	0.577 5	82.3	0.684 9	0.849 2	70.0
0.208 3	0.627 3	81.6	0.770 1	0.896 2	68.0
0.231 9	0.648 5	80.2	0.874 1	0.919 4	66.9
0.281 8	0.677 5	78.0	—	—	—

附录F 一些三元系统的液液平衡数据

表 F-1 丙酮(A)-氯仿(B)-水(S) (25 ℃,均为质量分数)

氯仿相			水相		
A	B	S	A	B	S
0.090	0.900	0.010	0.030	0.010	0.960
0.237	0.750	0.013	0.083	0.012	0.905
0.320	0.664	0.016	0.135	0.015	0.850
0.380	0.600	0.020	0.174	0.016	0.810
0.425	0.550	0.025	0.221	0.018	0.761
0.505	0.450	0.045	0.319	0.021	0.660
0.570	0.350	0.080	0.445	0.045	0.510

表 F-2 丙酮(A)-苯(B)-水(S) (30℃,均为质量分数)

苯相			水相		
A	B	S	A	B	S
0.058	0.940	0.002	0.050	0.001	0.949
0.131	0.867	0.002	0.100	0.002	0.898
0.304	0.687	0.009	0.200	0.004	0.796
0.472	0.498	0.030	0.300	0.009	0.691
0.589	0.345	0.066	0.400	0.018	0.582
0.641	0.239	0.120	0.500	0.041	0.459

附录G 填料的特性

装填方式	填料的种类	尺寸/mm	比表面积/(m^2/m^3)	空隙率/(m^2/m^3)	堆积密度/(kg/m^3)
整砌	拉西环(瓷环)	50×50×5	110	0.735	650
		80×80×8	80	0.72	670
		100×100×1	60	0.72	670
	螺旋环	75×75	140	0.59	930
		100×75	100	0.6	900
		150×150	65	0.67	750

续表

装填方式	填料的种类	尺寸/mm	比表面积/(m^2/m^3)	空隙率/(m^2/m^3)	堆积密度/(kg/m^3)
整砌	有隔板的瓷环	75×75	135	0.44	1 250
		100×75	110	0.53	940
		100×100	105	0.58	940
		150×100	72	0.5	1 120
		150×150	65	0.52	1 070
	陶瓷波纹填料		500～600	0.6～0.7	600～700
	金属波纹填料		1 000～1 100	约 0.9	
	木栅填料	10×100　节距 10	100	0.55	210
		10×100　节距 20	65	0.68	145
		10×100　节距 30	48	0.77	110
	金属丝网填料		160	0.95	390
乱堆	瓷　环	6.5×6.5×1	584	0.66	860
		8.5×8.5×1	482	0.67	750
		10×10×1.5	440	0.7	700
		15×15×2	330	0.7	690
		25×25×3	200	0.74	530
		35×35×4	140	0.78	530
		50×50×5	90	0.785	530
	钢质填圈	8×8×0.3	630	0.9	750
		10×10×0.5	500	0.88	960
		15×15×0.5	350	0.92	660
		25×25×0.3	220	0.92	640
		50×50×1	110	0.95	430
	鞍形填料	12.5	460	0.68	720
		25	260	0.69	670
		38	165	0.70	670
	焦　块	块子大小 25	120	0.53	600
		块子大小 40	85	0.55	590
		块子大小 75	42	0.58	650
	石　英	块子大小 25	120	0.37	1 600
		块子大小 40	85	0.43	1 450
		块子大小 75	42	0.46	1 380

参 考 文 献

[1] 陈敏恒,丛德滋,齐鸣斋,等. 化工原理:下册[M]. 5 版. 北京:化学工业出版社, 2020.

[2] 夏清,贾绍义. 化工原理:下册[M]. 2 版. 天津:天津大学出版社, 2012.

[3] 化学工程手册编辑委员会. 化学工程手册[M]. 3 版. 北京:化学工业出版社,2019.

[4] (英)柯尔森,李嘉森著. 化学工程:卷Ⅱ[M]. 3 版. 丁绪淮等译. 北京:化学工业出版社, 1983.

[5] 陈世醒,张克铮,郭大光. 化工原理学习辅导[M]. 北京:中国石化出版社,1998.

[6] 姚玉英. 化工原理:下册[M]. 天津:天津大学出版社,1999.

[7] 谭天恩, 窦梅. 化工原理:下册[M]. 4 版. 北京:化学工业出版社,2018.

[8] 柴诚敬,贾绍义. 化工原理:下册[M]. 4 版. 北京:高等教育出版社,2022.

[9] Sherwood T K, Pigford R L, Wilke C R 著. 传质学[M]. 时钧, 李盘生,等译. 北京:化学工业出版社,1988.

[10] 赵承朴. 萃取精馏及恒沸精馏[M]. 北京:高等教育出版社,1988.

[11] 贾绍义, 柴诚敬. 化工传质与分离过程[M]. 3 版. 北京:化学工业出版社,2020.

[12] 王军武, 许松林, 许世民, 等. 分子蒸馏技术的应用现状[J]. 化工进展, 2002, 21(7): 499-508.

[13] 喻建良, 翟志勇. 分子蒸馏技术的发展及研究现状[J]. 化学工程, 2001, 29(5): 70-74.

[14] Beek W J, Muttzall K M K, van Heuven J W. Transport Phenomena[M]. 2nd ed. 北京:化学工业出版社, 2003.

[15] Perry R H, Chilton C H, Green D W. Chemical Engineers' Handbook[M]. 6th ed. New York: McGraw-Hill Inc,1984.

[16] Walas S. Chemical Process Equipment: Selection and Design [M]. Boston: Butterworth-Heinemann, 2002.

[17] Maan H J, James R F. Structural Analysis and Design of Process Equipment[M]. 3rd ed. New York:John Wiley&Sons Inc, 2018.

[18] 化学工程手册编辑委员会. 化学工程手册:气液传质设备[M]. 北京:化学工业出版社, 1979.

[19] 化工设备设计全书编辑委员会. 化工设备设计全书(塔设备设计)[M]. 上海:上海科学技术出版社,1988.

[20] 王子宗. 石油化工设计手册(第三卷):化工单元过程[M]. 修订版. 北京:化学工业出版社,2019.

[21] 王树楹. 现代填料塔技术指南[M]. 北京:中国石化出版社,1998.

[22] 郑津洋, 桑芝富. 过程设备设计[M]. 5 版. 北京:化学工业出版社,2021.

[23] ASME Boiler&Pressure Vessel Code. Rules for Construction of Pressure Vessel

(Section Ⅷ)[M]. New York:John Wiley & Sons Inc, 2023.

[24] 朱自强. 超临界流体技术——原理和应用[M]. 北京:化学工业出版社,2000.

[25] 王志魁. 化工原理[M]. 5版. 北京:化学工业出版社,2017.

[26] 姚玉英. 化工原理:下册[M]. 2版(修订版). 天津:天津科学技术出版社,2005.

[27] 管国锋,赵汝溥. 化工原理:下册[M]. 4版. 北京:化学工业出版社,2015.

[28] 时钧,汪家鼎,余国琮,等. 化学工程手册[M]. 2版. 北京:化学工业出版社,1996.

[29] McCabe W L, Smith J C, Harriott P. Unit Operations of Chemical Engineering[M]. 7th Edition. New York:McGraw-Hill Inc, 2005.

[30] 袁惠新. 分离工程[M]. 北京:中国石化出版社, 2002.

[31] Seader J D, Henley E J. Separation Process Principles[M]. 北京:化学工业出版社, 2002.

[32] Duong D D. Adsorption Analysis: Equilibria and Kinetics[M]. New York:Imperial College Press, 1988.

[33] Yang R T. Gas Separation by Adsorption Processes[M]. Boston:Butterworths, 1987.

[34] 蒋维钧,余立新. 新型传质分离技术[M]. 2版. 北京:化学工业出版社, 2006.

[35] Schweitzer P. Handbook of Separation Technique for Chemical Engineers[M]. 3rd ed. New York:McGraw-Hill Inc, 1997.

[36] Garside J. Separation Technology: The Next Ten Years[M]. London:Institution of Chemical Engineers, 1994.

[37] Ruthven D M, Farooq S, Kanebel K S. Pressure Swing Adsorption[M]. New York: Wiley-VCH, 1994.

[38] 丁绪淮,谈遒. 工业结晶[M]. 北京:化学工业出版社,1985.

[39] Linke F W. Solubilities of Inorganic Compounds[M]. 4th ed. Washington:American Chemical Society, 1965.

[40] Stephen H, Stenphen T. Solubilities of Inorganic and Organic Compounds[M]. London:The Macmilan Co. , 1963.

[41] Broul M, Nyvlt K, Sohnel O. Solubilities in Binary Aqueous Solution[M]. Prague: Academia, 1981.

[42] Myerson A S. Handbook of Industrial Crystallization[M]. 3rd ed. Boston:Butterworth-Heinemann, 2019.

[43] Wankat P C. Rate-Controlled Separations[M]. 3rd ed. New York:Elsevier Applied Science, 2019.

[44] Jones A G. Crystallization Process Systems[M]. Boston:Butterworth-Heinemann, 2002.

[45] Gerhartz W, Elvers B, Ullmann F. Ullmann's Encyclopedia of Industrial Chemistry [M]. 5th ed. New York:VCH Publishers, 1989.

[46] Kirk-Othmer. Encyclopedia of Chemical Technology[M]. 4th ed. New York:Wiley-Interscience, 1995.

[47] 刘家祺. 分离过程[M]. 北京:化学工业出版社, 2002.

[48] 刘家祺,姜忠义,王春艳. 分离过程与技术[M]. 天津:天津大学出版社, 2001.

[49] 刘茉娥. 膜分离技术[M]. 北京:化学工业出版社,1998.
[50] 王湛,周翀. 膜分离技术基础[M]. 2版. 北京:化学工业出版社,2006.
[51] 时钧,袁权,高从堦. 膜技术手册[M]. 北京:化学工业出版社,2001.
[52] 化工百科全书编辑委员会. 化工百科全书:第17卷[M]. 北京:化学工业出版社,1998.
[53] 化学工程师手册编辑委员会. 化学工程师手册[M]. 北京:机械工业出版社,1999.
[54] Mulder M. 膜技术基本原理[M]. 2版. 李琳,译. 北京:清华大学出版社,1999.
[55] 高以烜,叶凌碧. 膜分离技术基础[M]. 北京:科学出版社,1989.
[56] 徐铜文. 膜化学与技术教程[M]. 合肥:中国科技大学出版社,2003.
[57] 李凤华,于士君. 化工原理[M]. 2版. 大连:大连理工大学出版社,2010.
[58] 中国石化集团上海工程有限公司. 化工工艺设计手册[M]. 5版. 北京:化学工业出版社,2018.
[59] 杨祖荣. 化工原理[M]. 4版. 北京:化学工业出版社,2021.
[60] 蒋维钧,雷良恒,刘茂林,等. 化工原理:下册[M]. 3版. 北京:清华大学出版社,2010.
[61] 潘艳秋,肖武. 化工原理:下册[M]. 4版. 北京:高等教育出版社,2022.
[62] 郑旭煦,杜长海. 化工原理:下册[M]. 2版. 武汉:华中科技大学出版社,2017.